高等学校规划教材

建筑结构基本原理

（第三版）

宋　东　贾建东　编著
宋占海　主审

中国建筑工业出版社

修订版前言

本书是经高等院校土木工程专业指导委员会评审，建设部审定的高等学校建筑类各专业使用的建筑结构课程教材，也是全国高等学校规划教材。

本教材（第一版和第二版）自 1994 年出版以来，由于开创了具有建筑类（含建筑学、城市规划、室内设计、建筑装饰、景观园林、艺术设计等）专业特点的、系统的、完整的教学体系，教材内容密切联系建筑工程实际，以及全书在表述上，尽量做到基本理论深入浅出、设计方法清晰明确、语言表达通俗易懂，而深受读者欢迎。

第三版的建筑结构教材，仍然按照原教材的教学体系，全书内容分为，上下两册，上册《建筑结构基本原理》主要讲述，结构材料、结构设计原则、基本构件与地基的基本原理和设计方法；下册《建筑结构设计》主要讲述，砖混房屋、平面楼盖、单层厂房、多层与高层建筑、中跨与大跨建筑，及其基础的结构选型和一般结构设计方法，两书配套使用。

第三版主要考虑了以下几个方面：

(1) 密切联系我国建筑结构工程的科学发展实际，重点阐述已纳入新规范领域的科学研究成果，努力提高教材的科学技术水平。

(2) 严格按照新版的国家标准规范，对两书重新编写。本教材是在相关规范全面修订后改版的。而每部新版规范均在原规范的基础上，作了很多更新和充实。本教材不仅全面吸收了这些内容，而且按照自身的教学体系，分别引入并予以必要的说明。

(3) 通过近 40 年的教学、设计与施工实践，以及吸收广大读者的有益建议，对原教材作了进一步修改、充实和加工，力求使新版教材，更趋完善、成熟。

(4) 考虑到近些年来，专业知识面要求日益广泛，课程的课时偏紧，故对教材作了适当精简。如考虑到木结构在目前实际建筑结构中应用不多，新版教材对有关木结构内容，则未予陈述。

鉴于本教材适用的专业较多，计划学时不一，使用时宜针对各自专业的需要和学时的多少，酌情取舍，务求学以致用。

全书由原编著者陕西省建工集团总公司宋东（第1章、第3章、第5章、第6章、第8章）、西安交通大学贾建东（第2章、第4章、第7章）、共同编写。全书由西安建筑科技大学宋占海主审。由于水平有限，书中可能存在一些缺点和问题，敬请批评指正。

编 者
2014 年 2 月

2

第一版前言

长期以来，建筑学专业的建筑结构课程，一直沿用工业与民用建筑专业的四大结构教学体系，教材合并，分别讲授。地基及基础则摘取统编教材的部分内容，单独设课；结构选型、多层与高层建筑结构、建筑抗震设计等作为选修课，时有时无。这种教学方式，暴露出不少缺点和弊病。

编者通过多年来的教学改革与教学实践，将钢结构、木结构、钢筋混凝土结构、砌体结构、地基及基础、多层与高层建筑结构、结构型式选择以及建筑抗震设计等多门学科，有机地编写成《建筑结构基本原理》和《建筑结构设计》两册教材，从而形成一整套结合建筑学专业特点的、系统的、完整的教学体系。

《建筑结构基本原理》一书，主要内容包括建筑结构的特点及应用；建筑结构的组成；建筑结构所用材料及地基土的物理力学性能；建筑结构的基本计算原则；四种结构基本构件与建筑地基的设计原理和设计方法，并附有计算例题和习题。其基本目的在于，使学生学习后能掌握一般建筑结构的基本原理和主要基本构件的设计方法，为创作结构合理、造型独特的建筑设计，并为从事一般性房屋的结构设计，奠定必要的理论基础。

《建筑结构设计》一书，主要内容包括建筑结构设计的一般知识；砖混结构房屋、单层厂房、多层与高层建筑、中跨与大跨建筑结构方案的确定；刚性方案砖混结构房屋、钢筋混凝土平面楼盖、单层厂房、框架结构房屋（高度小于40m）的结构设计方法及其建筑结构抗震构造措施；并介绍一些较为成功的国内外建筑工程实例，以及结构设计实例和习题。其基本目的在于，使学生学习后能在建筑设计增强建筑中结构的合理性与可行性，以求得建筑艺术与建筑技术的完美结合；同时，加深了解一般性的房屋结构设计方法，拓宽结构专业的知识面，充分发挥建筑师的创造能力。

《建筑结构基本原理》和《建筑结构设计》两书，虽系为建筑学专业本科的建筑结构课编写的教材，但亦可作为建筑工程相关专业（如城乡建设、城市规划等）的本科、专科和成人高校的教学参考书，还可作为建筑工程技术人员和自学者的参考书。

这套教材的主要特点有：

1. 将多门学科有机地结合起来，务求形成适合于建筑学专业应用的、完整的教学体系。

2. 除重点阐述建筑结构基本原理外，始终着眼于如何更好地结合建筑设计和一般房屋结构设计，重在实际应用。

3. 尽量采用易于接受的表达方式，力求作到论据充分可靠，原理和设计方法简单明确，语言通俗易懂，便于自学和理解。

4. 教材全部按我国近期正式批准施行的新规范编写，努力反映我国现阶段在结构方面的新成果。

这套教材，涉及的范围较广，内容较多，教学中可针对各自的需要和学时的多少，酌情取舍。

本教材是在我校暨建筑系领导的支持下编写的。两书曾先后于 1988 年和 1991 年由我校铅印出版，并连续在我校和其他一些院校作为建筑结构教材使用。在编写和使用过程中得到我校陈绍蕃教授、永毓栋教授、童岳生教授、王崇昌教授、王杰贤教授的审阅与指导。浙江大学、江西工业大学、湖南大学、西安交通大学、西北建筑工程学院、郑州工学院、包头钢铁学院等学校的同志们在使用后给予很大鼓励并提出一些改进意见。嗣后又经全国高等学校建筑工程学科专业指导委员会延请同行专家审阅，提出许多宝贵意见。特别是两书主审人——同济大学张誉教授为提高教材质量作了大量的辛苦的主审工作；两书在中国建筑工业出版社长期编审工作中多次提出富有建设性的意见。所有这些，都对两书的出版给予很大的帮助，这里一并致以衷心的感谢！

两书由全国高等学校建筑工程学科专业指导委员会评定，并经建设部教育司审批，作为高等学校建筑学专业建筑结构教学参考书。

虽然在这次出版前又作了两次慎重的修改，但由于个人的水平和精力所限，书中还可能存在一些缺点和问题，希望读者发现后能够告知，以便今后改进。

目　　录

第 1 章　绪论

1.1　建筑结构与建筑的关系

一个良好的建筑，不论大小，除应满足必要的建筑功能要求和追求良好的建筑艺术效果外，必须做到结构坚固耐久、施工先进可行，还应以最少的代价获得最大的经济效益。

建筑结构设计若不遵从最简捷最有效的结构形式，以及细节上不考虑建筑材料的特点，想要得到良好的艺术效果也会困难重重。建筑艺术与其他艺术的区别之一就在于建筑艺术在很大程度上是由与设计者的个性无关的客观法则所决定的。近代著名建筑工程大师 P. L. 奈尔维（Pier Luigi Nervi）从多年的实践与研究中得出结论认为："一个技术上完善的作品，有可能在艺术上效果甚差，但是，无论是古代还是现代，却没有一个从美学观点上公认的杰作而在技术上却不是一个优秀的作品的。"实践也证明：一个好的建筑结构，不一定是好的建筑；而一个好的建筑，必定是好的建筑结构。看来，良好的建筑结构对于良好的建筑来说，虽不是充分的，但却是一个必要的条件。

建筑设计是按照建筑功能要求，运用力学原理、材料性能、结构造型、设备配置、施工方法、建筑经济等专业知识，并与人文理念、艺术感观相融合，经过不断加工、精心雕琢的创作过程。这种过程，奈尔维称其为建筑技术与建筑艺术的统一，其核心即为建筑结构与建筑艺术的统一。诚然，在此过程中，建筑师应是协调各专业共同建成现代化建筑的统领。学习建筑结构，除为设计合理的房屋结构所必需外，也是了解其他与建筑有关专业需要具备的基础，因为建筑结构学科本身是力学原理在建筑设计中的具体应用。作为一个建筑师，不懂或缺乏建筑结构知识，就很难做出受力合理、性能可靠、具有创造性的建筑设计。所以，建筑结构知识应该是建筑师必须具备的知识之一。

作为一名建筑师，懂得建筑结构知识，还可以从材料性能和结构的造型能力中得到启迪与构思，创造出新型的、壮观的建筑。从古至今，这类成功的例证不胜枚举。我国唐代长安大雁塔用砖砌筑的近乎方筒的结构体系，可以说是建筑艺术与建筑结构的巧妙结合，也说明结构的造型能力在建筑设计中的重要作用。又如奈尔维设计的意大利佛罗伦萨体育场大看台，巧妙地利用压杆和拉杆的联合体系与悬伸结构相平衡，从而做到建筑技术（力学、结构、施工、经济）与建筑艺术的协调统一。相反，如果不具备建筑结构知识，就不可能以建筑结构为主体通过造型艺术进行创作，而只能把精力注重在外表的装饰，无休止地增加造价，或者只停留在图面的"理想方案"上。

综观我国已全面进入小康社会的总趋势，要求我国未来的建筑师，在努力掌握一般建筑结构设计原理的基础上，学会一般建筑的结构设计方法，不断提高具有独特建筑风格的别墅型住宅、高层建筑和大跨建筑的结构造型能力，已提到设计日程中来。

1.2 建筑结构课程的任务和学习方法

学习建筑结构课程的任务，就是使建筑类专业学生在掌握一般建筑结构基本原理的基础上，具备进行一般建筑的结构设计能力，以及具备对于功能复杂、技术先进的大型建筑的结构造型能力。

建筑结构课程涉及多门学科，理论性和实践性都很强，在学习中，建议应注意以下几个问题。

1）要突出重点，主次分明，详略得当

由于本门课程涉及的范围较广，内容较多，在学习中如果不抓住重点，必然会造成杂乱无章，主次不分的恶果。本门课程学习内容的重点只有两个：第一是基本构件，第二是结构造型。对于基本构件，只有真正熟悉基本构件的受力状态和受力性能，才能理解计算方法与相应采取的构造措施，在具体设计中才能灵活运用。在基本构件中，钢结构的轴心受力构件、混凝土结构的受弯构件和砌体结构的受压构件，又是重点的重点。只要把这几个基本构件学深学透、学懂会用，其余基本构件以至整个结构体系就容易接受，所用学时也会相应减少。对于结构造型，只有在已学过建筑力学与建筑结构基本原理的基础上，加强对房屋整体结构和结构体系的受力分析和结构布置方案的学习，才能在未来的建筑设计中得到充分应用。对于非重点内容，例如结构设计方法，在教材中应力求详尽、程序齐全并结合工程实际；学习时则可根据实际需要进行取舍，且应以自学、运用为主。

2）在学习中应防止面面俱到和大删大减

本课程已建立的建筑类专业适用的、统一的、完整的建筑结构教学体系，绝不是将几门学科"拼盘"式地合成一门课程。所以，不能过分强调以往每门课程的系统性与完整性，要集中学习各种结构的共性，避免重复。另一方面，也要防止大删大减，否则势必造成基础理论的削弱和总体结构知识的短缺，这对学生独立分析和解决实际工程问题能力的培养十分不利。

3）学习要紧密联系实际，力求通过设计实践加以应用

建筑结构课的本身是一门解决实际建筑工程问题的专业技术课，只有联系实际才能学懂会用。联系实际的途径可以有三条：一是在学习中联系实际。例如，一个具有大学（或中等）文化基础和具备一定生活实践经验的本科生（或专科生），可以面对用水泥、砂、石、水和钢筋浇筑在一起的钢筋混凝土大梁，思考它正处在怎样的受力状态，此时截面内的混凝土和钢筋的应力如何分布，进而思考和学习当大梁达到破坏阶段将会发生怎样的变化（宏观的和微观的），在此基础上再来学习试验结果与设计方法（如何确定截面尺寸，如何计算配筋，如何满

2

足构造要求等）。这样，使学生有如"身临其境"，可提高学习兴趣，并对混凝土受弯构件有较深入的理解。二是要联系建筑设计实际，即逐步对正在进行的设计方案或已经完成的建筑设计，从结构、施工与经济等方面予以评价，把建筑技术的优劣作为建筑设计的评定标准之一。这既是实际设计之必需，反过来，对建筑结构的学习也是个促进。三是结合工程实际。学生可以利用课余时间（例如假期）承接较简单的实际工程设计任务，在教师或工程师指导下同时完成建筑设计和结构设计，这对毕业后参加实际工作会有很大好处。

4）必须掌握基本构件的计算原理和计算方法，培养亲自动手独立计算的能力

运用基本原理和计算方法，对基本构件的典型计算题切实地、逐步地、完整地进行计算和设计，是学习建筑结构的重要教学环节之一，这也是必经的实践过程。对此必须从严要求，亲自动手，独立完成。

5）要结合本专业特点，不断增强学习建筑结构的信心

建筑类专业学生，由于数学、力学学时较少，在学习建筑结构课之前，往往产生"数学、力学难学、结构更难学"的恐惧感。其实，本门课固然以数学、力学为基础，但并未涉及数学、力学的高深领域。只要充分利用丰富的形象思维这一有利条件，从事物的客观规律中寻求基本原理和计算方法的实质，变"高难"为浅易，再结合实际构件或结构，学一点，掌握一点，便可不断增强学习建筑结构的信心。这样，不仅在建筑设计中可以做出良好的结构方案，就是学会一般结构设计也是完全可能的。

1.3 建筑结构的特点与应用

1.3.1 钢结构

1）钢结构的发展概况

早在公元前 200 多年的秦始皇时代，我国已经用铸铁建造桥墩。公元 200 年前的汉朝，已经开始建造铁链悬索桥。据记载，公元 50～70 年建造的兰津铁链悬索桥是世界上各国公认的最古老的铁桥（它比美洲 1801 年建造的第一座 23m 长的铁索桥早一千七百多年）。建于 1705 年的泸定大渡河桥，全桥共有 13 根铁链，桥面用条石砌成，大桥净长 100m，宽 2.8m，铁链两端系在直径 200mm，长 4m 铁铸的锚桩上。

钢结构大量用于房屋建筑，是在 19 世纪末，20 世纪初。由于炼钢和轧钢技术的改进，铆钉和焊接连接的相继出现，特别是近些年来高强度螺栓的应用，使钢结构的适用范围产生巨大的突破，并以其日益创新的建筑功能与建筑造型，为现代化建筑结构开创了更加宏伟的前景。

2）钢结构的特点

钢结构和其他结构相比，有如下一些特点：

（1）材料强度高，塑性与韧性好。钢材和其他建筑材料相比，强度要高得多，而且塑性、韧性也好。强度高，可以减小构件截面，减轻结构自重（当屋架

3

的跨度和承受荷载相同时,钢屋架的重量最多不过是钢筋混凝土屋架的 $1/3 \sim 1/4$),也有利于运输吊装和抗震;塑性好,结构在一般条件下不会因超载而突然断裂;韧性好,结构则对动荷载的适应性强。

(2) 材质均匀,各向同性。钢材的内部组织比较接近于匀质和各向同性体,当应力小于比例极限时,几乎是完全弹性的,和力学计算的假定比较符合。这为计算准确和保证质量提供了可靠的条件。

(3) 钢结构的可焊性好,制造简便,并能用机械操作,精确度较高。构件常在金属结构厂制作,在工地拼装,可以缩短工期。

(4) 钢材耐腐蚀性差,必须对钢结构注意防护。这使维护费用比混凝土结构高。不过在没有侵蚀性介质的一般厂房中,构件经过彻底除锈并涂上合格的油漆,锈蚀问题并不严重。

(5) 钢材耐热但不耐火。钢材长期经受 100℃ 辐射热时,强度没有多大变化,因此具有一定的耐热性能;但温度达 150℃ 以上时,就必须用隔热层加以保护;当温度超过 $500 \sim 700$℃ 时,钢材就会变软,从而丧失承载能力。钢材不耐火,重要的结构必须注意采取防火措施。

3) 钢结构的应用

钢结构的合理应用范围不仅取决于钢结构本身的特性,还受到国民经济具体发展情况的制约。当前钢结构的适用范围,就民用和工业建筑来说,大致如下:

(1) 大跨度结构

结构跨度越大,自重在全部荷载中所占比重也就越大,减轻自重可以获得明显的经济效果。钢结构强度高而重量轻的优点对于大跨度结构来说特别突出,所以,常用于飞机库、体育馆、大型展览馆、会堂等。例如陕西秦始皇兵马俑陈列馆的三铰拱架总跨度为 72m,有的体育馆跨度已达 110m,飞机装配车间跨度一般在 60m 以上。

(2) 重型厂房结构

钢铁联合企业和重型机械制造业有许多车间属于重型厂房。所谓"重",主要指吊车吨位较大(常在 100t 以上)和使用频繁(如每天 24h 运行)。

(3) 受动态荷载影响的结构

由于钢材具有良好的韧性,设有较大锻锤与产生动力作用的其他设备的厂房或铁轨、桥梁等,即使跨度不很大,也往往采用钢结构。对于抗震性能要求高的结构,也适宜采用钢结构。

(4) 可拆卸的结构

钢结构不仅重量轻,还可以用螺栓或其他便于拆装的手段来连接。需要搬迁的结构,如建筑工地生产和生活用房的骨架,临时性展览馆等,最适宜采用钢结构。混凝土结构施工用的模板支架,现在也趋向于用工具式的钢桁架。

(5) 高耸结构和高层建筑

高耸结构包括塔架和桅杆结构,如高压输电线的塔架、广播和电视发射用的塔架和桅杆等。广州和上海的电视塔高度分别为 200m 和 205m。1977 年建成的北京环境气象塔,塔高 325m,是五层拉线的桅杆结构。超高层建筑的结构骨架,也是钢结构应用范围的一个重要方面。

（6）轻型钢结构

钢结构重量轻不仅对大跨度结构有利，对使用荷载不大的小跨结构也有优越性。因为当使用荷载特别轻时，小跨结构的自重也成为一个重要因素。冷弯薄壁型钢屋架在一定条件下的用钢量可以不超过钢筋混凝土屋架的用钢量。

（7）容器和其他构筑物

在冶金、石油，化工企业中，大量采用钢板做成容器结构，有如油罐、煤气罐、高炉、热风炉等。此外，经常使用的还有皮带通廊栈桥、管道支架、钻井和采油塔架，以及海上采油平台等其他钢构筑物。

1.3.2　钢筋混凝土结构

1）钢筋混凝土的一般概念及其发展概况

钢筋混凝土是由钢筋和混凝土这两种性质截然不同的材料所组成。混凝土的抗压强度较高，而抗拉强度很低，尤其不宜直接用来受拉和受弯；钢筋的抗拉和抗压强度都很高，但单独用来受压时容易失稳，且钢材易锈蚀。二者结合在一起工作，混凝土主要承受压力，钢筋主要承受拉力，这样就可以有效地利用各自材料性能的长处，更合理地满足工程结构的要求。在钢筋混凝土结构中，有时也用钢筋来帮助混凝土承受压力，这在一定程度上可以起到提高构件的承载能力、适当减小截面、增强延性以及减少变形等作用。

钢筋和混凝土之所以能够共同工作，是由于混凝土硬结后与钢筋之间形成很强的粘结力，在外荷载作用下，能够保证共同变形，不产生或很少产生相对滑移。这种粘结力又由于钢筋和混凝土的热线膨胀系数十分接近（钢筋的线膨胀系数为 $1.2 \times 10^{-5}/℃$；混凝土的线膨胀系数为 $1 \times 10^{-5} \sim 1.5 \times 10^{-5}/℃$），而不会遭到破坏。

此外，混凝土作为钢筋的保护层，可使钢筋在长期使用过程中不致锈蚀。

钢筋混凝土结构是十九世纪后期出现的。作为后起的钢筋混凝土结构，由于它具有良好的工作性能，特别是其中大部分材料可以就地取材，不仅直接造价低，保养维修费用也较少。随着预应力混凝土的运用，较成功地解决了混凝土抗裂性能差的缺点，从而在二十世纪，钢筋混凝土结构迅速地在各个领域中得到广泛应用。近些年来，采用型钢和混凝土浇筑而成的型钢混凝土结构，不仅在国外已有较多应用，在我国也已逐渐取用。它吸收了钢结构和混凝土结构的长处，还可以利用型钢骨架承受施工荷载。在用于超高层建筑结构中，既省钢、省模板，又具有相当大的侧移刚度和延性。

2）混凝土结构的特点

（1）混凝土结构除了能够合理地利用钢筋和混凝土两种材料的性能外，还有以下的优点：

（A）耐久性好。混凝土本身的特性之一是其强度不随时间增长而降低，且略有提高，钢筋因得到混凝土的保护而不降低承载力，所以混凝土结构的耐久性很好。

（B）耐火性好。混凝土本身的耐高温性能好，且可保护钢筋不至在高温下

5

发生软化，所以耐火性优于钢、木结构。

（C）整体性好。混凝土构件多由整体浇筑而成，特别是整体式混凝土结构，节点的连接强度也较高，这对提高整个结构的刚度和稳定性十分有利。

（D）可模性好。可以根据设计要求，制成所需的模板，浇筑成任意形状的结构形式。

（E）就地取材。这里主要是指混凝土中的粗、细骨料，产地比较普遍，可以降低结构的造价。

（F）节约钢材。在很大程度上可以用混凝土结构代替钢结构，从而达到节约钢材的目的。

（2）混凝土结构和其他结构相比有如下的缺点，可以采取相应的措施加以改进：

（A）自重大。一般混凝土自重为 22kN/m³～24kN/m³，重混凝土达 25kN/m³ 以上，钢筋混凝土为 25kN/m³。这对抗震不利，也使混凝土在大跨度结构和高层结构中的应用受到限制。为减轻自重，材料本身应向轻质高强方向发展。目前，国际上已开始采用 C80～C100 强度等级的混凝土，最高已达 C150。轻混凝土自重可降低到 14kN/m³ 以下。

（B）抗裂性能差。往往由于裂缝宽度的限制妨碍高强钢筋的应用。为增强混凝土的抗裂性能常采用预应力混凝土结构。即在构件使用之前，通过预先张拉钢筋，靠钢筋回弹使受拉区混凝土预先受到压应力。到使用阶段，在外荷载作用下，受拉区混凝土产生的拉应力若小于预压应力，或最终的拉应力很小，就能达到不开裂或开裂很小的目的。

（C）费工费模板。为此应多采用装配式预制构件和采用可以多次重复使用的钢模板来代替木模板，以及采用滑模、顶升等新的施工工艺或机械化施工方法。

（D）隔声隔热性能差。可以在构件内部填充保温隔热或隔声材料加以解决。

3）混凝土结构的应用，

混凝土结构在基本建设中的应用极为广泛。

在一般性民用建筑中，利用砖墙承重，预制或现浇混凝土梁板作楼盖和屋盖的砖混结构房屋，已经得到普遍应用。

在工业厂房中，大量采用混凝土结构，而且，在很大程度上可以利用钢筋混凝土结构代替钢柱、钢屋架和钢吊车梁。

在多层与高层建筑中，多采用钢筋混凝土框架结构、框架—剪力墙结构、剪力墙结构和筒体结构，在高 200m 以内的绝大部分房屋可采用混凝土结构代替钢框架，目前最高的混凝土结构房屋已建到 76 层，高 262m。

在大跨度结构中，采用预应力混凝土桁架和混凝土壳体结构，可以部分或大部分代替钢桁架和钢薄壳。

此外，在水利工程（水闸、水电站……）、港口工程（船坞、码头……），桥隧工程（桥梁、隧道、枕木……）、地下工程（矿井、巷道、地铁……）、大型容器（水池、料仓、贮罐……）、其他结构（烟囱、水塔、搅拌楼、电视塔……）

以及许多设备基础中，均已大量地采用混凝土结构。

混凝土结构，由于自重大、抗拉强度较低、抗裂性能差，以及工期长和劳动量大等原因，仍然在一定程度上限制它向更高、更大跨度发展。

1.3.3　砌体结构

1）砌体结构的一般概念及其发展概况

砌体主要指用砖（石）和砂浆砌筑而成的砖（石）砌体，以及用中、小型砌块和砂浆砌筑而成的砌块砌体，并统称为无筋砌体。这些砌体除强度有所不同外，其主要计算原理和计算方法基本相同。无筋砌体抗压强度较高，抗拉、抗剪、抗弯强度很低，故多用于受压构件，少数用于受拉、受剪或受弯构件。因为砌体是由砌块和砂浆砌筑而成，所以无筋砌体的强度要比砖、石、砌块本身的强度低得多。

当构件截面受到限制或偏心较大时，亦可采用配筋砌体或组合砌体。

无筋砌体、配筋砌体和组合砌体组成的结构，统称为砌体结构。本书主要讲述无筋砌体。

砖石结构的应用，历史悠久。约在 8000 年前，人类已开始用晒干的砖坯和木材共同建造房屋。我国在西周以前就出现了瓦，战国时期生产了精制砖，进而用砖结构代替木材作承重构件。砖石结构在我国更有其独特的创造发明与成功经验，为当今世人所仰慕。如万里长城距今已有两千多年的历史；公元 523 年建造的河南省登封县嵩山寺塔，是我国现存的年代最久的密檐式砖塔，塔高 39.5m；公元 652 年兴建的西安大雁塔，塔高 66m。到了宋朝所建的砖塔多用双层套筒式结构体系，具有很大的结构刚度以抵抗风力和地震作用。河北省定县宋开元寺塔就采用这种结构型式，塔身为八角形，共 11 层，高达 70m，虽经多次地震也未损坏。更值得称颂的是隋朝公元 605～617 年建造的河北省赵县安济桥（赵州桥），该桥为单孔并列弧券式石拱桥，净跨 37.37m，高 7.23m，两肩各有两个小石券，造型优美、轻巧。该桥是世界上最早的空腹式石拱桥，它无论在结构型式、使用材料、艺术造型和经济效果等方面都达到了很高的水平，对现代建筑也有着深远的影响。当代南京长江大桥的公路引桥所采用的结构型式就运用了它的结构原理。

砌体结构，由于自重大、抗拉强度低等原因，很少单独用来作为整体承重结构。除拱式结构，贮池等外，现今最常用的是由砖墙和钢筋混凝土楼（屋）盖组成的砖混结构。这种结构房屋，由于耐火性和保温隔热性能好，居住舒适，而且施工方便，造价低，所以在民用建筑中至今仍然是主要的结构型式。随着硅酸盐砌块、工业废料（炉渣，矿渣，粉煤灰等）砌块、轻质混凝土砌块以及配筋砌体、组合砌体的发展与应用，使得砌体结构进一步展示其广阔的发展前途和不断创新的光明前景。

2）砌体结构的特点

（1）砌体结构的主要优点：

（A）较易就地取材，天然石材，黏土，砂等，来源广泛而经济；

（B）有很好的耐火性、化学稳定性和大气稳定性；

（C）可节省水泥、钢材和木材，不需模板；

（D）施工技术与施工设备简单；

（E）保温隔热性能好，居住舒适；

（2）砌体结构的主要缺点：

① 自重大。因砌体的强度低，构件的截面和体积相应增大，因而加大自重。在一般砖混结构住宅建筑中，砖墙自重约占建筑物总重的一半，随之材料用量增多，运输量加大，因而主要应向轻质高强方向发展。

② 砌筑工作繁重。在一般砖混结构住宅建筑中，砌砖用工量占 1/4 以上，而且目前基本上还是用手工方式操作，故此应充分利用各种机具搬运提升，以减轻劳动量，同时应尽量采用空心砖和砌块等砌体，以及优先采用工业化施工方法。

③ 砌块和砂浆间的黏结力较弱。砌体的抗拉、抗弯、抗剪强度低，抗震性能差。在 6 度以上的地震区，需要采用必要的设防措施。

④ 普通黏土砖砌体的黏土用量大，往往占用农田过多，影响农业生产。所以应加强对利用工业废料和地方性材料代替黏土砖的研究工作与推广应用。

3）砌体结构的应用

砌体结构的应用也颇为广泛，而且经久不衰。一般五，六层以下的民用房屋大多采用砖墙承重和围护。国内在非地震区砖混房屋已建到九层以上，国外有建成二十层以上的砖墙承重房屋。用毛石砌体承重建造房屋，在国内目前已有高达五层的。中、小型工业厂房也可用砖石砌体作为承重结构。起重量不超过 3t 时，亦可考虑采用砖拱吊车梁。在大型工业厂房中，常用砌体作围护结构。

此外，民用与工业企业中的烟囱、料仓、地沟、管道支架以及对防水要求不高的水池；交通工程中的桥梁、隧道、渠道、涵洞与挡土墙；水利工程中的水坝，堰和渡槽等，亦常用砌体建造。

1.4 建筑结构类型、结构组成及受力特点

建筑结构，主要指的是建筑物的承重骨架。其作用就是保证建筑物在使用期限内把作用在建筑物上的各种荷载或作用可靠地承担起来，并在保证建筑物的强度、刚度和耐久性的同时，把所有的作用力可靠地传到地基中去。

建筑结构，由于建筑功能要求的不同，其组成形式也有多种多样。这里仅就砖混房屋、单层厂房、多层与高层建筑和中跨与大跨建筑的结构组成及其特点，予以概要介绍。

1.4.1 砖混房屋

常见的砖混房屋结构，有单层和多层砖房（图 1-1a）、上柔下刚的多层房屋（图 1-1b）、上刚下柔的多层房屋（图 1-1c）和多层内框架房屋（图 1-1d、e）等几种结构类型。

现以单层和多层砖房为例，说明其结构组成及特点。

单层砖房，多以竖向荷载作用为主，水平荷载（如风力，吊车制动力等）一

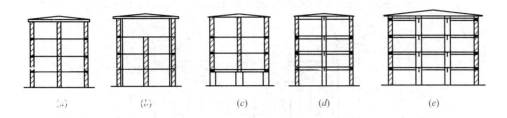

图 1-1 几种砖混房屋结构类型

般属于次要荷载。在竖向荷载作用下，墙、柱可视作上端为不动铰支承于屋盖，下端嵌固于基础的竖向构件。多层砖房，在竖向荷载作用下，墙、柱在每层高度范围内，可近似地视作两端铰支的竖向构件；在水平荷载作用下，墙、柱可视作竖向连续梁。

单层和多层砖房的屋盖和楼盖（通称楼盖），也是砖混结构的重要组成部分。

目前应用较多的整体式钢筋混凝土平面楼盖，主要有单向板肋梁楼盖（一般板的长边与短边之比大于 2）、双向板肋梁楼盖和无梁楼盖等，分别参见图 1-2、图 1-3 和图 1-4。

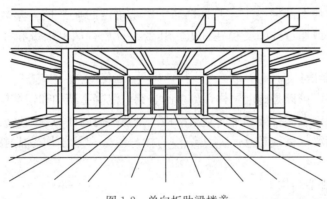

图 1-2 单向板肋梁楼盖

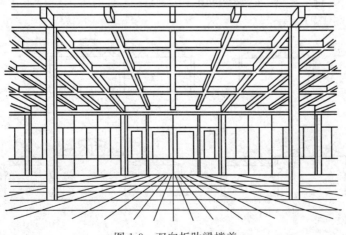

图 1-3 双向板肋梁楼盖

9

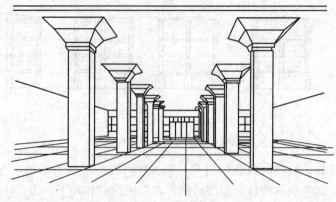

图 1-4 无梁楼盖

钢筋混凝土肋梁楼盖由板、次梁和主梁组成。楼面荷载首先通过板传给次梁，次梁传给主梁，主梁传给柱或墙，最后传至基础。它可以用作各种房屋的楼盖或屋盖，是应用最广泛的一种现浇楼盖形式。当两个方向梁的跨度与截面高度相等或接近相等时，则称为双向板肋梁楼盖，又称为井字楼盖，其楼面荷载通过板传给井字梁，然后沿两个方向传给柱和基础，它的工作状态很像有规律地挖掉一块块下部混凝土，并将钢筋集中于梁内的大平板。无梁楼盖中不设梁，楼板直接或通过柱帽支撑在柱上。其受力特点有如由板带和柱组成的框架结构。

1.4.2 单层厂房

单层厂房，可以是砖混结构，更多的是钢筋混凝土结构和钢结构。其受力特点一般属于平面铰接排架和平面刚架结构。排架结构的柱与基础做成刚接，柱与屋架（或屋面梁）做成铰接，刚架结构的柱与屋架和基础均做成刚接。参见图1-5～图1-9。

1）平面排架结构

一般有钢筋混凝土平面排架结构（图1-5），钢屋架与钢筋混凝土柱组成的平面排架结构（图1-6），以及钢筋混凝土屋架（或钢屋架）与砖柱组成的平面排架结构（图1-7）等。

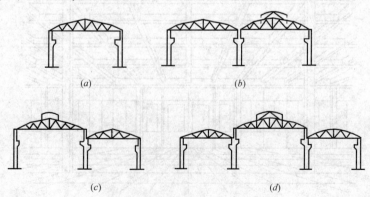

(a)   (b)

(c)   (d)

图 1-5 钢筋混凝土排架结构

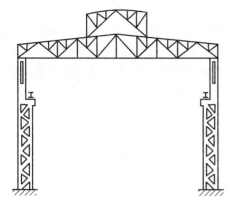

图1-6 钢屋架与钢筋混凝土柱组成的排架结构

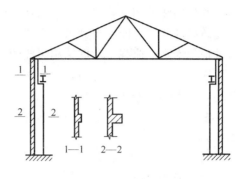

图1-7 砖排架结构

其中，钢筋混凝土平面排架结构，其主要构件均采用钢筋混凝土或预应力混凝土构件。根据厂房生产和使用要求的不同，它又可分为单跨（图1-5a）、两跨或多跨等高（图1-5b）和两跨或多跨不等高（图1-5c、d）等形式。

这种结构的刚度较大，耐久性和防火性较好，施工也较方便，是目前大多数厂房通常采用的结构形式。它的适应跨度可达三十多米，高度可达二十多米，吊车吨位可达一二百吨，甚至更多。

2）平面刚架结构

平面刚架结构，常用的有钢筋混凝土门式刚架（图1-8）和钢刚架结构（图1-9）。

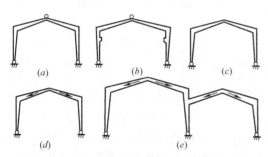

图1-8 钢筋混凝土门式刚架

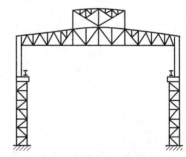

图1-9 刚架结构

门式刚架结构的主要特点是梁与柱合为一个构件，转角处为刚接。根据受力特点一般做成变截面形式。柱与基础一般做成铰接，使基础只承受轴力，不承受弯矩，可以减少基础用料，同时也减少地基变形对上部结构的影响。

钢刚架结构的主要构件（屋架、柱、吊车梁）一般均采用钢结构。钢柱的上柱一直升高至屋架上弦，屋架的上弦和下弦同时与上柱相连接，故使屋架与柱形成刚接，以提高厂房的横向刚度。这种结构的承载力大，刚度大，抗振动和耐高温性能好，但耗钢量大。它一般用于跨度较大（例如36m以上）、内部有重型吊车（例如150t以上）的大型或重型厂房以及高温、或有较大振动设备的车间。如大型的炼钢、铸钢、混铁炉、水压机车间、有重型锻锤的锻工车间等。

11

1.4.3 多层与高层建筑

和单层建筑相反，多层与高层建筑所承受的水平荷载（风荷载和地震作用）随建筑高度的增大而变得越来越重要。因此，对多层与高层建筑结构来说，如何有效地承受水平荷载是考虑结构组成的一个重要问题。在水平荷载作用下，结构不仅应该有足够的承载能力，还应该有足够的刚度，使建筑的上部不至有过大的摆动，给人们以不适的感觉。

多层与高层建筑，多采用钢筋混凝土结构和钢结构。现分别介绍几种主要结构体系。

1）钢筋混凝土结构

（1）框架结构体系

框架是由柱、横梁以及基础所组成的承重骨架（图 1-10），若干榀框架通过连系梁组成框架结构。

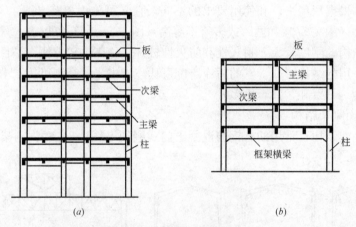

(a)　　　　　　　　　　(b)

图 1-10　钢筋混凝土框架

钢筋混凝土框架，按施工方法的不同，可分为梁、板、柱全部现浇的整体式框架；楼板预制、梁与柱现浇，或者梁、板预制、柱现浇的装配整体式框架；以及梁、板、柱全部预制的装配式框架三种。前者整体性好，刚度大，但施工速度慢，后者则相反。而装配整体式则兼有另两种框架的优点，所以应用较为广泛。

框架结构的优点是建筑平面布置灵活，可以形成较大的空间，能满足各类建筑不同的使用和生产工艺要求。同时，梁、板、柱等构件的施工也较为方便，因而应用十分广泛。框架结构可用于各种类型的建筑，特别是在公共建筑中经常采用。框架结构体系的主要问题是侧移刚度小，承受水平荷载的能力小，水平侧移大，故属于柔性结构。而且在水平荷载作用下，由于框架底部各层梁，柱内力显著增加，必须减小柱距或增大截面与配筋量。因此给建筑平面布置和空间利用带来一定的影响。

（2）框架—剪力墙结构体系

框架—剪力墙结构，即在框架结构内同时增设一些侧移刚度很大的墙体，它使房屋抵抗水平剪力的能力大大提高，所以一般称这些墙体为剪力墙。剪力墙通常采用现浇的钢筋混凝土墙体，对无抗震设防要求的少层房屋也可以采用砖墙作为剪力墙（但层数不宜超过 10 层）。

这种结构体系的房屋，其竖向荷载通过楼板分别由框架和剪力墙共同承担，而水平荷载则由侧移刚度很大的剪力墙承受 70%～80%，其余的 20%～30% 由框架承受。因而使得房屋侧移明显减小，这种结构体系一般属于中等刚性结构。

侧移刚度相差较为悬殊的框架和剪力墙，之所以能够共同承担作用于整个房屋的水平荷载并产生相同的房屋侧移，这主要靠各层水平刚度相当大的楼盖（或屋盖），以及框架与剪力墙之间的连系梁来保证二者的共同工作。因此剪力墙与剪力墙之间的距离不能太远，否则会削弱楼盖的刚度，不利于整个结构体系的共同工作。

框架—剪力墙结构，既有平面布置灵活的优点，又能较好地承受水平荷载，因此是目前国内外高层建筑中经常采用的一种结构体系。尽管剪力墙在一定程度上会限制建筑平面的灵活性，但只要布置得当，这一限制可以减少到很小的程度。这种结构体系可应用于各类建筑，如办公楼、旅馆、公寓、住宅及工业厂房等。

（3）剪力墙结构体系

当房屋的层数更多时，水平荷载对结构的影响进一步增大，如果仍然采用框架—剪力墙结构，则剪力墙的数量与厚度都要大幅度增加，同时框架柱的截面也要相应地加大，此时，全部采用剪力墙结构可能更为合理。

剪力墙结构是利用建筑物的墙体（内、外墙）代替传统的墙、柱构件来承受建筑物的竖向荷载和水平荷载。一般房屋的承重墙主要承受压力，而剪力墙除承受竖向压力以外，还要承受由水平荷载引起的剪力和弯矩。剪力墙既是很好的承重结构，同时又起分隔和围护作用。

剪力墙在水平荷载作用下，犹如一根下部嵌固在基础顶面上的悬臂深梁。其总高可达几十甚至一百多米，其截面高度（即墙体的长度）一般为几米或更大，而截面宽度（即墙体厚度）一般为十几或几十厘米。所以剪力墙的侧移刚度要比框架大得多，在高层建筑中，属于刚性结构。尽管剪力墙结构因其自重较大、基本周期短而引起的地震作用也较大，但由于剪力墙截面惯性矩大，侧移刚度大，水平位移小，所以剪力墙仍然是抗震能力相当强的结构体系，故剪力墙又称抗震墙。

剪力墙结构房屋，由于建筑平面受到墙体限制，平面布置很不灵活。所以，一般用于住宅、公寓或旅馆建筑较为合适。为了满足使用要求，也可将底层或下部两、三层的若干片剪力墙改为框架，则构成框支剪力墙结构体系。

框支剪力墙结构，由于房屋底部刚度突然减小，加上框架与剪力墙连系部位，因结构刚度突变而引起的应力集中（震害表明，这个部位破坏严重），故一般不适用于地震区。若必须在地震区建造时，则需要采取相应的措施。例如限制房屋的层数和高度，或每隔适当距离将剪力墙直落于基础，且不能中断，称之为落地剪力墙；或增强整个底部结构的水平刚度等。

（4）筒体结构体系

筒体结构体系是将剪力墙或密柱深梁式的框架集中到房屋的内部和外围而形

13

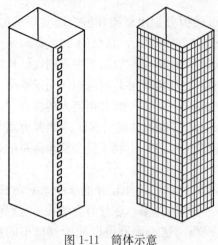

图 1-11　筒体示意

成的空间封闭式的筒体。它使整个结构体系具有相当大的侧移刚度，再通过每一层楼盖保证各片框架与剪力墙之间的共同工作，形成刚度很大的空间构架（图 1-11）。这样不仅能抵抗来自各方向的水平荷载，且将水平侧移控制在较小的范围之内。与此同时，因剪力墙的集中而获得较大的空间，使建筑平面布置重新得到良好的灵活性。

筒体结构的内筒，一般由电梯间、楼梯间、管道井等组成，常称为中央服务竖井。而外筒，多为密排柱（柱距 1.5m～3.0m）和截面高度很大的深梁（梁高 0.6m～1.5m）组成的框筒。可以把这种框筒看成是在实体筒壁上开了一些孔（矩形孔或圆形孔等）。它的受力状态介于整体剪力墙与框架之间，更接近于整体墙。由于整体刚度大，抵抗水平荷载和水平则移的能力强，而且建筑物内部空间大，平面可以灵活划分，所以，适用于多功能、多用途的超高层建筑。

根据筒体布置、组成、数量的不同，筒体结构又可划分为：框架—筒体（框筒）、筒中筒、组合筒三种结构体系。

框架—筒体结构就是由一个或若干个筒体和框架共同组成的结构体系。根据框架布置的位置，又分内筒外框架和外筒内框架两种不同的框架—筒体结构体系。

筒中筒结构体系，是由内、外设置的几层筒体，通过各层楼面梁板连系，而成为一个能共同工作的空间筒状承重骨架（图 1-12）。参见图 1-13 所示的北京兆龙饭店。

因为筒中筒结构体系有内外两重或多重筒体承受荷载，对水平荷载的承载力

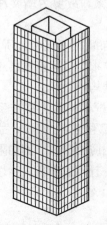

图 1-12　筒中筒示意图

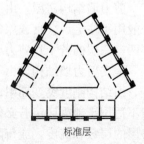

底层　　　　　　　　　标准层

图 1-13　北京兆龙饭店平面

显著增大，所以尤其适用于超高层建筑。中国古代的宝塔就有不少属于砖石结构的筒中筒结构体系，因此，它们能经历漫长的历史年代而至今巍然屹立。

如果建造更高的摩天大厦，必须保证房屋结构具有足够大的整体刚度。而采用组合筒体结构体系是加强结构刚度的一种有效方法。例如图 1-14 所示的筒体，在内部加上两道十字交叉的墙体后，便成为四个筒的组合结构。而整个筒体则因筒与腹部加劲而明显提高了整体刚度，也就能把筒体建得更高。美国芝加哥的西尔斯大厦就是利用上述原理设计而成。西尔斯大厦共 110 层，总高 443m，全部采用钢结构。其平面取正方形，内部划分成九个方格，即由九个方形筒体组合成束。这种结构体系的筒体称为组合筒，或称成束筒。由于每一个单元筒体都具有很大的结构刚度，因此沿建筑物高度方向可以中断某些单元筒体，以取得独特的建筑效果。西尔斯大厦从 50 层开始，沿建筑的高度方向，在三个不同标高处逐步中断了一些单元筒体，故使建筑立面别具一格（图 1-15）。

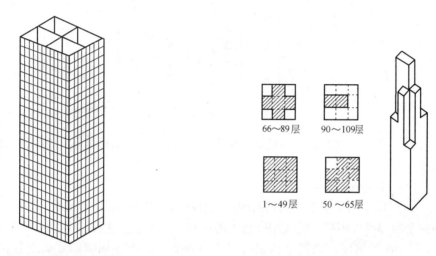

图 1-14　组合筒示意图　　　　　　图 1-15　西尔斯大厦示意图

组合筒体结构整体刚度很大，建筑物内部空间也很大，平面又可以灵活划分，所以，它适用于多功能、多用途的超高层建筑，适用层数可达 80 层以上，以至更多。

2）钢结构

（1）刚架结构体系

高层刚架结构，是以梁和柱组成的多层多跨刚架，用来承受竖向荷载和水平荷载，如图 1-16（a）所示。这种结构在水平荷载作用下，既有作为悬臂梁的整体侧向位移，又有层间剪力引起的局部侧向位移，所以变形较大。它的适用范围不超过 20～30 层。

（2）带撑结构体系

带撑结构，是在两柱之间设置斜撑，形成竖向悬臂桁架，见图 1-16（b）。带撑结构要比刚架结构承受水平荷载的能力高。这种结构的梁和柱之间可以做成柔性连接，节点不传递弯矩，两边列柱不参与承受水平荷载。这种结构适用于 20～45 层。为了增强抵抗侧向变形的刚度，可以在一、二个层间布满支撑，如图

15

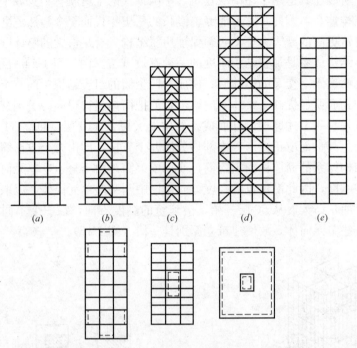

图 1-16　高层钢结构房屋

1-16（c）所示。这时，两边柱列也参与抵抗水平力，结构的适用范围可以提高到 60 层。

（3）筒式结构体系

60 层以上的房屋采用筒式结构比较经济。图 1-16（d）所示的结构，房屋周围四个面都组成桁架，构成刚度很大的空间桁架体系。这种结构已经有效地用于 110 层的高耸房屋。筒式结构也可以不设置斜撑，而在周围四个面把柱排列较密，形成空间刚架式筒体。它可以用到 80 层高的建筑。筒式结构内部还可以利用电梯井做成内筒，和外筒共同承受水平力，中间的其他柱则只承受竖向荷载。

（4）悬挂结构体系

这种结构体系利用位于房屋中心的内筒承受全部竖向荷载和水平荷载，如图 1-16（e）所示。内筒用钢筋混凝土或型钢混凝土结构，采用滑模施工。筒顶有悬伸的桁架，楼板用高强钢材的拉杆挂在桁架上。内筒完工后可以用来吊装钢结构，整个工程工期较短。

1.4.4　中跨与大跨建筑

在砖混结构房屋中，常用的钢筋混凝土简支梁，其跨度控制在 8m 以内较为经济合理；而在单层厂房中，如采用预应力混凝土屋架或是梯形钢屋架，其跨度一般可以做到 36m。本书讲述的中跨与大跨建筑结构，主要指除单层厂房以外的跨度大于 9m 的单层建筑结构。且认为房屋的跨度在 9～36m 之间，属于中等跨度结构房屋；超过 36m 者，当属于大跨度结构房屋。这种划分方法，有待商榷。

中跨与大跨结构，主要由竖向荷载控制设计，但也需要承受一定的横向水平荷载并具有必要的抗横向位移的刚度。房屋的跨度大小是选择结构形式的主要因素。根据房屋跨度大小以及使用功能要求的不同，可以选用梁、屋架（或桁架）、刚架、拱、网架、悬索、壳体或吊挂结构、折板结构、帐篷结构、充气结构等。

中跨与大跨建筑的结构形式灵活多变，而且各具特色。归结起来，不外有平面结构体系和空间结构体系两大类。

1）平面结构体系

在平面结构体系中，主要包括梁式结构、刚架结构和拱式结构。它们同属于单向受荷，单向传力的平面结构。

（1）梁式结构

钢筋混凝土简支梁，一般用于小跨度结构，适用跨度一般不宜超过8m。而预应力混凝土屋面梁的最大跨度可以用到18m。

多跨连续梁，在现浇钢筋混凝土屋盖中也应用甚广。连续梁的弯矩和挠度小于简支梁（图1-17）。因此，当梁的荷载和截面相等时，连续梁可以比简支梁做到更大的跨度。这也是利用结构的连续性来提高结构承载能力和刚度的有效方法之一。

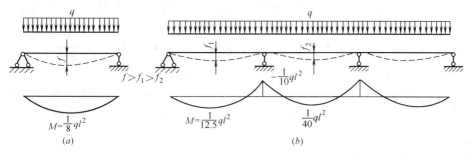

图 1-17　简支梁与连续梁的受力对比

（a）简支梁　（b）三跨连续梁

从图1-17中还可以看出，连续梁支座截面的弯矩仍然很大，梁的截面高度往往由支座截面控制。所以对于较大跨度的结构，常采用变截面的形式（图1-18）。这样不仅受力合理，同时可以减轻结构自重，增大建筑的使用空间。

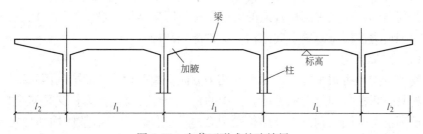

图 1-18　变截面形式的连续梁

（2）刚架结构

单层刚架是由直线形或折线形横梁与立柱刚接而成的平面结构。当跨度不大时，刚架结构比排架结构轻巧，并可节省钢材与混凝土。此外，刚架结构的杆件少，结构内部空间大，施工方便，造价较低。因此，在实际工程中应用也较为广泛。

横梁为折线形的刚架结构，又称门式刚架。门式刚架按结构组成和构造不同，又可分为无铰刚架，两铰刚架和三铰刚架三种形式。

刚架结构，就其结构型式，有钢筋混凝土的，也有预应力混凝土的，还有钢结构桁架式的等。钢筋混凝土门式刚架，目前已有 12，15，18m 的国家标准图，最大可达 30m；预应力混凝土门式刚架跨度可达 40～50m；钢结构门式刚架跨度可达 75m。门式刚架一般适用于体育馆、游泳馆、影剧院、礼堂、食堂、火车站、仓库、车间（吊车起重量不超过 10t）等。

（3）拱式结构

拱的主要内力是轴向压力，而且应力在截面上分布均匀。所以，拱式结构受力性能好，能够较充分地利用材料强度，并获得较好的经济和建筑艺术效果。同时，拱是有推力结构，矢高越小，推力越大。如果通过调节矢高或合理地采取承担水平推力的措施，便可建造跨度较大的拱式结构建筑。

拱式结构可以采用抗压性能较好的砖、石、木、混凝土等材料。然而，目前，应用最多的还是钢筋混凝土拱。当跨度更大时，则采用钢桁架拱。拱式结构的适用跨度较大，许多实际工程都在 100m 以上，最大跨度已建到 200m 以上。

拱式结构，除受力性能较好外，还可有效地利用建筑空间，而且外形多变、造型美观，有利于丰富建筑的形象。因此，它是建筑师比较欢迎的一种结构型式。

拱式结构的类型很多，按其结构组成和支承方式可分为三铰拱、两铰拱和无铰拱三种；按拱的结构型式及外形不同，又可分为钢筋混凝土肋形拱和板式拱，以及格构式钢拱等。

2）空间结构体系

空间结构体系，主要指屋盖本身形成两向或三向传力的空间整体，再把上部荷载传给四周的柱或墙上，或者直接传给基础。如果屋盖的主要承重构件本身已经形成空间整体，便不需另设附加支撑，可以得到十分有效的组成方案。这种结构体系，由于荷载向两个或三个方向传力，杆件内力和截面都较小，不仅可以节省材料，经济效果好，而且结构自重轻，整体刚度大，抗震性能也好。当代中跨与大跨屋盖结构中，采用最普遍的空间结构是网架结构和悬索结构，以及钢筋混凝土或预应力混凝土薄壁空间结构（又称薄壳结构）。

（1）网架结构

网架结构是由很多杆件从两个或几个方向有规律地连接而成的网状结构。这种结构具有抵抗各向外力的性能，其中的每一个杆件既是受力杆又是支撑杆，属于多次超静定空间结构。这种结构受力合理，空间刚度大，整体性和稳定性好，抗震性能强，而且适用于多种建筑平面形状，如圆形、方形、多边形等，造型颇为壮观。因此，应用日渐广泛。

网架结构，按外形分，主要有平板网架和曲面网架（又称壳形网架）两大类。我国采用的网架结构以平板网架为主，它和曲面网架相比，可以把网格做成几种标准尺寸的预制单元，在工厂工业化成批生产，产品质量容易保证，再运到施工现场组装成形。因此，它具有计算、构造、制作和安装方便的突出优点。其适用跨度，在我国已达 100m 以上。

图 1-19 表示出两种双层平板网架。其中图 1-19（a）由倒置四角锥组成，所有构件都是主要承重体系的部件，完全没有附加的支撑。图 1-19（b）则由三个方向交叉的桁架组成，也没有支撑杆。

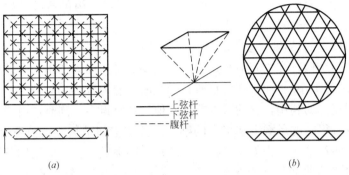

上弦杆
下弦杆
腹杆

（a）　　　　　　　　　　　　　　　　（b）

图 1-19　双层平板网架

（2）悬索结构

悬索结构是采用高强度的钢丝束或钢丝绳作为屋盖承重结构。它是最省钢材的结构形式，因为不仅所用材料强度高，而且主要承重构件受拉。图 1-20 为两种悬索屋盖结构的示意图。其中图 1-20（a）是北京工人体育馆用的双层圆形悬索屋盖结构，上、下两层索都呈辐射状，锚固在钢筋混凝土外环和位于屋盖中心的钢内环上。下索是主要承重索，上索是稳定索，它除直接承受屋面荷载外，还可以承受风吸力。上索必须事先张紧，即施加一定的预拉力，以增强屋盖结构的刚度和稳定性，并避免因其垂度过大而影响排水。图 1-20（b）的悬索沿两个相互垂直的方向张拉，屋面呈马鞍形。在平面图中平行于 x 轴的索向下凹，是主要承重索；平行于 y 轴的索向上凸，称为稳定索。整个索网都要施加一点预应力。这样，稳定索除保证屋盖结构的刚度和稳定性外，还可以起到分布局部荷载的作用。钢索两端锚固在两个斜放的钢筋混凝土落地拱上，拱把钢索的拉力大部

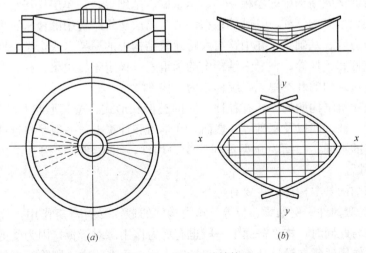

（a）　　　　　　　　　　　　　　（b）

图 1-20　悬索屋盖结构

分直接传到基础，拱下面的支柱（图中未画出）承受的荷载不大。用悬索结构作屋盖，可以适应于各种建筑平面图形，并组成多种多样的空间曲面，这是它的又一特点。

悬索结构的适用跨度，一般认为在 100～150m 范围内是非常经济的。从现有的理论推断，直到 300m，甚至更大的跨度，悬索结构仍然可以做到经济合理的程度。

（3）薄壁空间结构

薄壁空间结构，在均布荷载作用下，主要承受曲面内的轴力和顺剪力的作用（弯矩和扭矩都很小），而且在各自所在的截面上应力皆为均匀分布，所以材料强度能够得到充分的利用，它的厚度要比其他尺寸小得多。同时，由于它的空间工作，所以具有很高的承载力和很大的刚度。薄壁空间结构不仅自重轻，材料省，而且适用于各种平面，为创作多种形式的建筑物提供了良好的结构条件。

薄壳屋盖的曲面形式有多种。如长筒壳、短筒壳，锯齿形壳，锥形壳、球壳，扭壳、双曲扁壳、折板结构、幕结构等。而且通过曲面的剖切和组合还可以创造出千姿百态的屋面形式。

薄壁空间结构的适用范围很广，既可用于民用建筑，也可用于工业建筑。其适用跨度差别也很大。根据不同壳体的结构形式和受力特点，一般适用跨度可以从 20m 到 200m，以致更小或更大。

薄壳结构，由于体形复杂，一般采用现浇钢筋混凝土结构。因而费模板，费工时，其中仅模板和脚手架的费用要比薄壳结构本身的材料费用还要多。对此，各国都在积累经验，改进这种不利的局面，如采用工具式模板、装配式或装配整体式结构，或采用柔模喷涂成壳、或采用充气模板等。从而为薄壁空间结构的应用，展示了可观的前景。

1.5 建筑结构基本构件

在砖混房屋结构中的楼板、梁、承重墙、基础等；在单层厂房结构中的屋面板、屋架、吊车梁、柱、基础等；在多层与高层建筑结构中的楼板，框架梁、框架柱、剪力墙、基础等；在中跨与大跨建筑结构中的屋架（或桁架、网架）以及其内的弦杆和腹杆等；在悬索结构中的承重索、稳定索、边梁、柱、基础等；都是组成建筑结构的基本单元，统称之为"构件"。

组成建筑结构的构件，有各种不同的类型和形式，按其形状和功能来区分，有板、梁、柱、墙以及基础等。然而，在学习和计算上，一般是将这些构件按照受力特点的不同，归结为几类不同的受力构件，叫做建筑结构基本构件，简称"基本构件"。

建筑结构基本构件，主要有：

1）受弯构件。例如梁、板等。这类构件的截面受有弯矩作用，故称为受弯构件。但与此同时，构件截面上一般也有剪力作用。对于板，因为受剪承载力很大，剪力作用通常在设计计算中不起控制作用，而在梁中，则除弯矩外，尚需考虑剪力作用。

2）受压构件。例如柱、承重墙、剪力墙、屋架中的压杆等。这类构件都有受压力的作用。当压力沿构件纵向形心轴作用在截面上时，则为轴心受压构件；如果截面上同时作用有压力和弯矩，则为偏心受压构件。受压构件中有时还有剪力作用，当剪力较大时，在计算中尚应考虑其影响。

3）受拉构件。例如屋架中的拉杆，通常按轴心受拉构件考虑。又如层数较多的框架结构，在水平地震作用与竖向荷载作用下，柱内可能会出现拉力，但也同时产生弯矩，故为偏心受拉构件，而且也往往伴随有剪力作用。

4）受扭构件。例如框架结构的边梁、门洞上的雨篷梁等。在这类构件的一侧受有竖向荷载作用而另侧则无，因此在梁的截面内会产生扭矩。纯扭构件是很少的，一般都同时作用有弯矩和剪力。

5）受剪构件。在无拉杆的拱支座截面处，由于拱的水平推力将使支座受剪。在过梁的支座处，以及短悬臂砌体的根部也多以剪力作用为主。但这类构件的应用并不多见。

在实际工程中的结构构件，常常是在弯矩作用的同时还有剪力作用，在压力（或拉力）作用的同时还有弯矩作用，在扭矩作用的同时还有弯矩、剪力作用。从而形成实际上的弯剪构件，压（拉）弯构件，弯剪扭构件等复合受力构件。但其基本原理和计算方法仍然是建立在基本构件的基础上。所以，学习好建筑结构基本构件，对于掌握建筑结构基本原理与计算方法和从事建筑结构设计都是至关重要的。

1.6 地基与基础

1.6.1 地基

地基是为支承基础和上部结构的土体或岩体。

地基岩土的性质复杂是其重要特征之一。由于构成地层的岩石和土是自然界的产物，它的形成过程、物质成分、构造特性，以及所处的自然环境复杂多变。在同一地基内岩土的力学指标离散性一般较大，加之暗塘、古河道、山前洪积、熔岩等许多不良地质条件。因此在设计建筑物之前，必须进行建筑场地的工程地质勘察。充分了解、研究地基岩土的成因及构造、物理力学性质、地下水情况，以及是否存在或可能发生影响地基稳定性的不良因素，从而对场地工程地质条件作出正确的评价。为此，在地基基础设计中，必须坚持因地制宜、就地取材、保护环境和节约资源的原则。

地基的变形具有长期的时间效应，与钢、混凝土、砖石等材料相比，它属于大变形材料，这是地基土的又一重要特点。从已有的大量的工程事故分析，绝大多数皆由地基变形过大且不均匀所致。为此对地基承载力的确定应不使地基出现长期塑性变形，同时还要考虑在此条件下各类建筑可能出现的变形特征及变形量。所以《建筑地基基础设计规范》GB 50007—2011 明确规定了按变形设计的原则。

地基可以分为天然地基和人工地基两大类。不需特殊处理就可以满足要求的地基称为天然地基；需要采用换土垫层、机械夯实、打桩挤密等方法，借以提高地基土的承载力，改善其变形性质或渗透性质的地基，称为人工地基。

作为建筑物的地基，应满足以下两种功能要求：第一，要求在长期荷载作用下，地基变形不致造成承重结构的损坏；第二，在最不利荷载作用下，地基不出现失稳现象。

1.6.2 基础

基础是将结构所承受的各种作用传递到地基上的结构组成部分。

作为建筑物的基础，除应满足地基承载力、变形和稳定性要求外，尚应符合混凝土结构和砌体结构等有关设计要求和构造规定，以保证基础本身的强度与刚度。

房屋的基础类型很多，主要有如下几种：

1）无筋扩展基础

无筋扩展基础，是指是由砖、毛石、混凝土或毛石混凝土、灰土和三合土等材料组成的，且不需要配置钢筋的墙下条形基础或柱下独立基础。

无筋扩展基础，可用于六层和六层以下（三合土基础不宜超过四层）的民用建筑和由墙承重的轻型厂房。由于这种基础以承压为主，所以除基底反力不得超过地基土的允许承载力外，还应特别注意基础台阶的宽高比限值。

2）扩展基础

扩展基础，是指将上部结构传来的荷载，通过向侧边扩展成一定底面积，使作用在基础的压应力等于或小于地基土的允许承载力，而基础内部的应力应同时满足材料（主要是指钢筋和混凝土）本身的强度要求。

3）柱下条形基础

柱下条形基础包括柱下钢筋混凝土条形基础和十字形基础。它们由单根梁或交叉梁及其扩展的底板所组成。多用于上部荷载不是很大，地质条件较好的框架结构。

4）筏形基础

筏形基础分为平板式筏形基础和梁板式筏形基础两种。平板式筏形基础一般由等厚度的钢筋混凝土平板浇筑而成；梁板式筏形基础，由纵横两个方向的梁肋与一整块底板整体浇筑而成。

筏形基础，承受荷载能力大，适应地基不均匀沉降能力强，而且施工简便，是高层建筑的主要基础形式之一。

箱形基础是由钢筋混凝土顶板、底板和墙体（内墙和外墙）组成的一个空间整体结构。它像一个放在地基土上的空盒子那样，承受着上部结构传来的全部荷载，并把它传递到地基中去。由于箱形基础刚度大，稳定性好，较筏形基础能减轻自重，材料用量也少，故多用于层数较多，特别是设有地下室的高层建筑。《建筑地基基础设计规范》GB 50007—2011 对箱型基础未单独提及。

5）桩基础

桩基础是由设置在岩土中的桩和连接于桩顶端的承台组成的基础。

早在我国古代就有利用木桩解决在软土的地基上建造房屋的例子。例如隋朝郑州的超化寺塔就采用木桩作为塔基。

目前常用的桩基础主要有：钢筋混凝土预制桩、混凝土灌注桩（扩底灌注桩或嵌岩灌注桩）以及钢预制桩三种。桩按受力情况又分为摩擦桩和端承桩两种。前者，桩上的荷载由桩周土和桩端土共同承受；后者，桩上的荷载主要由桩端土承受。

桩基础主要用于持力层较深，或软弱地基上的多层与高层建筑。

6）岩石锚杆基础

岩石锚杆基础适用于直接建造在基岩上的桩基，以及承受拉力或水平力较大的建筑物基础。锚杆基础用锚固在基岩中的锚杆（钢筋）与基岩连成整体。

本书主要论述地基岩土的物理力学性能和基本的地基设计方法。有关基础型式的选择及其设计方法，详见宋占海、宋东、贾建东编著的《建筑结构设计》（中国建筑工业出版社出版）。

第2章 建筑结构材料的物理力学性能

2.1 钢材

2.1.1 建筑结构用钢的化学成分

建筑结构所用钢材，不论是钢结构用的结构钢，还是钢筋混凝土结构等用的钢筋，其化学成分一般有铁、碳、硫、磷、锰、硅、氧、氮，以及合金钢另外加的少量合金元素锰、硅、铌、镍、钛、铬等。

1）铁（Fe）

铁是钢中的主体组成元素。铁在钢中的含量约占 97%～99%，钢材中大部分为纯铁体。其他元素虽然含量不多，但对钢材性能却有重要影响。

2）碳（C）

碳是形成钢材强度的主要成分。铁碳化合物 Fe_3C 称为渗碳体，渗碳体和纯铁体的混合物称为珠光体。渗碳体和珠光体则十分坚硬，钢的强度主要来自渗碳体和珠光体。因而，含碳量越高，钢材强度越高，但同时钢材的塑性、冷弯性能、韧性、可焊性以及抗锈蚀性能越低。

钢按碳含量多少分为低碳钢，碳含量小于 0.25%；中碳钢，碳含量大于 0.25%，小于 0.60%；高碳钢，碳含量大于 0.60%，小于 2.0%；碳含量大于 2.0% 者为铸铁。建筑用钢基本上都是低碳钢，只有高强钢丝和高强螺栓，碳含量高于 0.25%。在焊接结构中，建筑钢的焊接性能主要取决于碳的合适含量在 0.12%～0.20% 之间，超出该范围的幅度越大，焊接性能变差的程度越大。因此，对焊接承重结构尚应具有碳含量的合格保证。

3）硫（S）

硫是有害元素。硫是建筑钢材中的主要杂质之一，对钢材的力学性能和可焊性有较大影响。硫能生成易于熔化的硫化铁，当热加工或焊接的温度达到 800～1200℃ 时，可能出现裂纹，称为热脆。硫化铁又能形成杂质物，不仅促使钢材起层，还会引起应力集中，降低钢材的塑性和冲击韧性。硫又是钢材中偏析（不均匀分布）最严重的杂质之一，偏析程度越大越不利。因此，钢材中硫含量一般不大于 0.05%。

4）磷（P）

磷也是有害元素。磷也是建筑钢材中的主要杂质之一，对钢材的力学性能和可焊性有较大影响。磷是以固溶体的形式溶解于纯铁体中，这种固溶体很脆，加以磷的偏析比硫更严重，形成富磷区，促使钢变脆，称为冷脆。这将降低钢材的塑性、韧性及可焊性。因此，钢材中磷含量一般不大于 0.045%。

5）锰（Mn）

锰是有益元素。锰能显著提高钢材强度，很少降低钢材塑性和冲击韧性。锰有脱氧作用，是弱脱氧剂，锰还能消除硫对钢的热脆影响。在低合金钢中，还要加大锰的含量，控制在 1.0%～1.7% 范围内。锰可使钢材的可焊性降低，故其含量也不能过高。

6）硅（Si）

硅也是有益元素。硅有更强的脱氧作用，是强脱氧剂。硅能使钢材的粒度变细，控制适量时可提高钢材强度，而不显著影响塑性、冷弯性能、韧性及可焊性。在低合金钢中，也常需加大硅的含量，在 0.2%～0.6% 范围内。硅含量过高时，会恶化钢材的可焊性和防锈蚀性。故其含量也不能过高。

7）氧（O）、氮（N）

氧和氮也是有害杂质。钢不仅可能存在有氧化物和氮化物，而且在熔化的状态下，还可以从空气中进入。氧能使钢热脆，其作用比硫剧烈；氮能使钢冷脆，与磷相似。故二者含量必须严加控制。钢在浇铸过程中，应根据需要进行不同程度的脱氧处理。碳素结构钢的氧含量不应大于 0.008%。但氮有时却作为非金属元素存在于钢中，例如，桥梁用钢 15 锰钒氮（15MnVN）就是如此。

8）外加合金元素：锰（Mn）、硅（Si）、钒（V）、钛（Ti）、铌（Nb）、镍（Ni）、铬（Cr）等。

在钢的冶炼过程中，添加少量合金元素，可以明显提高钢的强度，而很少降低钢的塑性、韧性，从而形成高强度低合金结构钢。

2.1.2 建筑结构用钢的物理力学性能

1）强度指标

钢材在常温静荷载作用下的一次拉伸试验，最具有代表性。钢材的主要强度指标和变形性能都是根据标准试件一次拉伸试验确定。而且，钢材在一次压缩或剪切时所表现的应力—应变曲线的变化规律也基本上与一次拉伸相似。

具有明显流幅的低碳钢和普通低合金钢，一次拉伸时的应力—应变曲线，如图 2-1 所示，其简化后的典型曲线示于图 2-2。由应力—应变曲线展示出的主要物理力学性能指标如下：

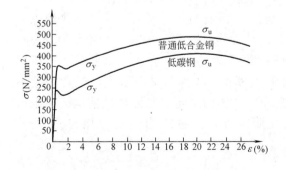

图 2-1　一次拉伸时的 $\sigma-\varepsilon$ 曲线

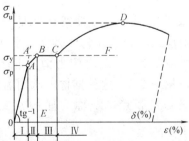

图 2-2　典型 $\sigma-\varepsilon$ 曲线

Ⅰ—弹性阶段　Ⅱ—弹塑性阶段
Ⅲ—塑性阶段　Ⅳ—应变硬化阶段

（1）比例极限（σ_p）

这是应力—应变图中直线段终点 A 所对应的应力值。严格地说，比 σ_p 略高处还有个弹性极限，但弹性极限与 σ_p 极其接近，所以通常略去弹性极限的点，把 σ_p 也看作是弹性极限。当应力不超过 σ_p 时，应力与应变成正比，即符合虎克定律，且卸荷后变形可以完全恢复。这一阶段（图 2-2 中的 OA 段）属于弹性阶段。钢材的弹性模量 E_s，即直线 OA 的斜率，一般取 $E_s = 2.06 \times 10^5 \text{N/mm}^2$，或近似取 $E_s = 2.0 \times 10^5 \text{N/mm}^2$。

（2）屈服点（σ_y）

这是应力—应变图中第一个曲线段与水平段转折点 B 所对应的应力值（其水平线取实际波动曲线的下屈服点）。在屈服以前的 AB 段，应力应变呈曲线变化，属于弹塑性阶段。开始屈服后的 BC 段，为应力保持不变而应变持续增长所形成的水平段（叫作屈服平台，或称流幅），属于塑性阶段。由试验得知：A' 点的应变约为 0.15%，A 点的应变约为 0.1%，两点比较接近。所以，在理想弹塑性假设计算中，近似取 OA' 为弹性阶段，$A'C$ 为塑性阶段。

屈服点的重要意义在于：

（A）在结构计算中常用屈服点作为确定材料强度的依据。应力超过屈服点，表示结构一时丧失承载能力。

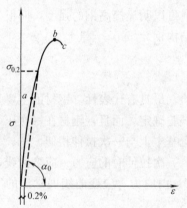

（B）形成理想弹塑性体的应变模型，为钢结构的塑性设计理论提供理论依据。在屈服点之前钢材近于理想弹性体，在此之后，接近理想塑性体，并取图 2-3 中 $OA'F$ 作为理想弹塑性体的应力—应变模型。在塑性设计中，将硬化阶段的有利作用作为必要的安全储备。

钢材具有明显的流幅（即屈服平台较长），说明钢材有足够的塑性变形来保证截面上的应力达到均匀分布，从而构成塑性内力重分布的理论基础。

图 2-3　无明显流幅的钢材应力—应变曲线

没有明显流幅的钢材（如热处理钢筋），其应力—应变曲线往往是一条连续曲线，对此可用永久变形为 0.2% 时所对应的应力值作为"名义屈服点"，常用 $\sigma_{0.2}$ 表示。在生产试验时，也可以用总应变为 0.5% 时应力值（相当于 $0.85\sigma_u$）作为名义屈服点，二者相差不多，见图 2-3。这种钢材，常用名义屈服点作为确定材料强度的依据。屈服点和名义屈服点，统称为屈服点或屈服强度，在钢结构中统一用符号"σ_y"表示。

（3）抗拉强度（σ_u）

屈服平台过后，应力—应变曲线又呈现出第二个曲线段，应力、应变又同时增长，而应变相对地增长较快。曲线的最高点相对应的最大应力值，称为抗拉强度 σ_u。超过 σ_u，试件局部横向变形急剧减小，出现"颈缩"现象，随之断裂。

作为塑性设计强度理论的安全储备要求，在按塑性理论设计时，必须保证有 $\sigma_u/\sigma_y \geq 1.2$ 的强屈比。

2）塑性指标

（1）伸长率（δ_{10} 或 δ_5）

伸长率为断裂前试件的永久变形（见图 2-2 中的 $\delta\%$）与原标定长度的百分比。标定长度一般取圆形试件直径的 10 倍或 5 倍，其相应的伸长率分别用 δ_{10} 或 δ_5 表示。它是衡量钢材塑性性能的重要指标。钢材的塑性性能是在外力作用下产生永久变形时抵抗断裂的能力。

因此，承重结构用的钢材，不论在静力荷载或动力荷载作用下，以及在加工制作过程中，除了应具有较高的强度外，尚要求具有足够的伸长率。

（2）冷弯性能

钢材的冷弯性能是钢材的又一塑性指标，同时也是判别钢材塑性变形能力及冶金质量的一个综合性指标。根据试件厚度按规定的弯心直径，将试件弯曲 $180°$ 或 $90°$，其表面及侧面无裂纹、无分层及无鳞落，则为"冷弯试验合格"。"冷弯试验合格"一方面同伸长率一样，表示钢材塑性性能符合要求，另一方面也表示钢材的冶金质量（颗粒结晶及非金属夹杂分布，甚至在一定程度上包括可焊性）符合要求。重要结构中需要有良好的冷热加工的工艺性能时，应有冷弯试验合格保证。

3）冲击韧性

与抵抗冲击作用有关的钢材物理力学性能是韧性。韧性是钢材断裂时吸收机械能能力大小的量度。吸收较多能量才断裂的钢材，是韧性好的钢材。钢材在一次静力拉伸作用下断裂时所吸收的能量，可用单位体积吸收的能量来表示，其值等于应力-应变曲线下的积分面积。塑性好的钢材，应力-应变曲线下的面积大，所以韧性值也大。由这里同时可以看到，塑性并不是韧性，但塑性好的材料往往韧性也好。

实际工作中，不用上述方法衡量钢材的韧性性能，而是用冲击韧性作为衡量钢材断裂时所作功的指标。

因为实际结构中脆性断裂并不发生在一般受拉的地方，而总是发生在缺口高峰应力的地方。在缺口高峰应力处常呈现三面受拉的应力状态。因此，最具代表性的是钢材的缺口冲击韧性，简称冲击韧性或冲击功。

冲击韧性是钢材在冲击荷载或多向拉应力作用下所具有可靠性能的量度，它可间接反映钢材抵抗低温、应力集中、多向拉应力、加速荷载（冲击）和重复荷载等因素导致脆断的能力。

冲击韧性的测量，我国采用国标上通用的夏比试验法（Charpy V-notch test）。试件带 V 形缺口。由于缺口比较尖锐（图 2-4），所以缺口根部的高峰应力及其附近的应力状态能更好地反映实际结构的缺陷。夏比缺口冲击韧性用 A_{KV} 表示，其值为试件脆断所需的功，单位为 J（N·m）。

冲击韧性的大小，不仅随钢材本身的金属组织和结晶状态的改变而急剧变化，钢中的非金属夹杂物、带状组织、脱氧不良等也给冲击韧性带来不良影响。

27

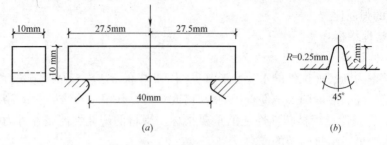

图 2-4　钢材的冲击试验

我国《钢结构设计规范》GB 50017—2003 强调指出：承重结构采用的钢材应具有抗拉强度、伸长率、屈服强度以及硫、磷含量的合格保证。焊接承重结构以及重要的非焊接结构采用的钢材还应具有冷弯试验合格保证。对于需要验算疲劳的结构钢材，尚应具有常温冲击韧性的合格保证。

2.1.3　影响钢材性能的其他因素

1）冷加工硬化

钢材在常温下进行加工叫冷加工，如冷拉、冷拔、冷弯、冲孔、机械剪切等。冷加工会使钢材产生很大的塑性变形，在重新加荷时屈服点将提高（图 2-5 中的 B 点），同时塑性和韧性降低（图 2-5 中的 CD）。经过冷加工的钢材，仅随时间的增长，强度还会进一步有所提高，同时转而变脆，塑性、韧性又有所降低，称为"时效硬化"（图 2-5 中的 B' 及 CD'）。

钢筋和薄壁型钢在冷加工中屈服强度和抗拉极限强度均有所提高，因此在设计中允许有限度地利用因冷加工而提高的强度。而在普通钢结构中，一般不利用硬化现象所提高的强度。

2）应力集中

钢材在有穿孔、缺口或断面突变处，受力后容易形成"应力流"密集区，引起应力集中，使材质变脆。图 2-6 表示因钢板开孔引起的应力集中现象。其中，孔洞边缘最大应力 σ_{max} 与净截面（减去孔洞）平均应力 σ_0 之比，称为应力集中系数，即 $K = \sigma_{max}/\sigma_0$。合理地设计，由于塑性引起内力重分布，会使 K 值大为减小。设计中，为减少应力集中，构件截面应尽量避免突变，必要时，以采用缓慢变化为宜。

3）在重复荷载作用下的疲劳破坏与疲劳强度

许多工程结构，如吊车梁、铁路或公路桥梁、铁路轨枕、海洋采油平台等都承受重复荷载作用。钢材在重复荷载作用下，经过一定循环次数后，发生的突然断裂的脆性破坏，称为疲劳破坏。一般认为，钢材的疲劳断裂是由钢材的内部缺陷（如裂缝、空洞、夹渣等）引起局部应力集中，在重复荷载作用下，使已产生的微裂缝等，时而压合、时而张开，裂痕逐渐扩展，导致最终断裂。疲劳破坏不同于单调加载时的塑性破坏，这种破坏，常造成构件突然断裂，属于脆性破坏。

钢材的疲劳强度，系指在某一规定的应力变化幅度内，经受一定次数循环荷载后，发生疲劳破坏的最大应力值。一般情况下，材料的疲劳强度低于静荷载作

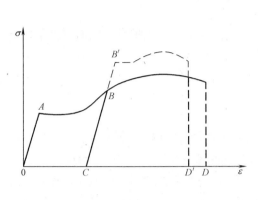

图 2-5 钢材的硬化

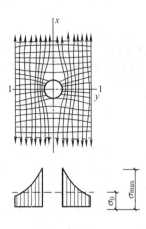

图 2-6 应力集中现象

用下材料的极限强度。疲劳强度的大小主要与荷载重复次数 n 和疲劳应力幅（每次重复时最大应力与最小应力之差）有关。重复次数越多或疲劳应力幅越大，疲劳强度越低。

4）温度影响

钢材在高温条件下，强度降低。一般钢材在正温 200℃ 以内，材料的性能变化不大；在 430℃～540℃ 之间，强度则急剧下降；超过 600℃，材性变软，承载能力丧失。钢材在 0℃ 以下的负温条件下，则强度增高，但塑性、韧性降低，材质变脆。掌握钢材在正温范围内的工作性能，可以合理地进行焊接设计与合理处置高温环境下工作的结构设计；掌握钢材负温范围内的工作性能，可以防止在低温环境下降低冲击韧性，甚至发生脆性破坏。对此我国《钢结构设计规范》GB 50017—2013 规定了需要验算疲劳的结构的钢材，根据相应的工作温度，分别提出常温为（20℃±5℃）冲击韧性、0℃ 冲击韧性、−20℃ 冲击韧性和 −40℃ 冲击韧性的合格保证要求。

5）成材过程的影响

（1）冶炼

钢材的冶炼方法主要有平炉炼钢、氧气顶吹转炉炼钢、碱性侧吹转炉炼钢及电炉炼钢等。其中平炉炼钢生产效率低，碱性侧吹转炉炼钢材质较差，目前基本已淘汰。而电炉炼钢的钢材，一般不在建筑结构中使用。因此，在建筑结构中，主要使用氧气顶吹转炉生产的钢材。由于这种钢材质量已不低于平炉炼钢的质量，同时氧气顶吹转炉钢具有投资少、生产效率高、原料适应性大的特点，目前已成为主流炼钢方法。

（2）浇铸

钢水浇注方法有两种，一种是浇入铸模做成钢锭，另一种是浇入连续铸机做成钢坯。钢锭需要经过初轧才能成为钢坯。后者浇铸和脱氧同时进行，化学成分比较均匀，偏析轻微。偏析是指金属结晶后化学成分分布不均。钢锭和钢坯，因脱氧程度不同，最终成为镇静钢、半镇静钢与沸腾钢。镇静钢因浇铸时加入强脱

29

氧剂，保温时间长，氧气杂质少，且晶粒较细，偏析与缺陷不严重，所以钢材质量比沸腾钢好。

（3）轧制

钢材的轧制能使金属的晶粒变细，还能使气泡、裂纹捏合，因而改善了钢材的力学性能。薄板因辊轧次数多，其强度比厚板略高。钢材在浇铸时，其非金属夹杂物在轧制后能造成钢材的分层。分层是钢材的缺陷之一，设计时应尽量避免拉力垂直于板面，以防层间撕裂。

（4）热处理

热处理的目的在于取得高强度的同时，能够保持良好的塑性与韧性。热处理方法有正火、回火和淬火。正火是把钢材加热至 850℃～900℃，并保持一段时间后在空气中自然冷却；回火是将钢材重新加热至 650℃，并保持恒温一段时间，然后在空气中自然冷却；淬火是把钢材加热至 900℃以上，保温一段时间，然后放入水中或油中快速冷却。淬火加回火也称调质处理。强度很高的钢材，包括高强度螺栓用的钢材，都要经过调质处理。

2.1.4　建筑结构常用的钢材种类

1）钢结构常用钢材的类别及牌号

（1）碳素结构钢——Q235 钢

我国钢结构所用的碳素结构钢，主要应用 Q235 钢这一牌号。"Q235" 表示屈服强度为 235N/mm^2，Q 是屈服强度中屈字汉语拼音的字首。所谓牌号，主要是按强度大小，加以区分。如 Q196、Q215、Q235、Q255、Q275 等。钢材强度的大小主要由钢的碳含量的多少而定，所以牌号也在很大程度上代表了碳含量由少到多，强度由低到高。Q235 钢，除屈服强度为 235N/mm^2 外，还按质量级别的不同区分为 A 级、B 级、C 级、D 级。质量级别主要是以对冲击韧性的要求加以区分，对冷弯试验要求也有所不同。A 级钢质量要求较低，对冲击韧性不作为要求条件，对冷弯试验只在需方有要求时才进行，而 B、C、D 级钢分别要求常温 20℃、0℃和－20℃的冲击韧性值不少于 27J，且三者都要求冷弯试验合格。不同质量级别的钢材，其化学元素含量也略有不同。例如 C 和 D 级钢要提高其锰含量以改进韧性，同时降低其碳含量以保证可焊性，降低硫、磷含量以保证质量。

（2）低合金高强度结构钢——Q345、Q390、Q420 钢。

我国钢结构所用的低合金高强度结构钢主要用 Q345 钢、Q390 钢、Q420 钢这三个牌号。这三种钢均按质量等级区分为 A、B、C、D、E 五级。不同质量等级对冲击韧性的要求不同。A 级无冲击功要求，B 级要求提供 20℃冲击功 A_{KV} ≥34J（纵向），C 级要求提供 0℃冲击功 A_{KV} ≥34J（纵向），D 级要求提供 －20℃冲击功 A_{KV} ≥34J（纵向），E 级要求提供 －40℃冲击功 A_{KV} ≥27J（纵向）。不同质量等级对碳、硫、磷等含量的要求也有区别。

结构钢的发展趋势是进一步提高强度而又能保持较好的塑性。Q235 钢和 Q345 钢的伸长率不小于 21%，Q390 钢和 Q420 钢的伸长率分别不小于 19% 和 18%。

2）型钢规格

钢结构构件一般宜直接选用型钢，这样可减少制造工作量，降低造价。型钢尺寸不够合适或构件很大时，则用钢板制作。构件间采用直接或辅以连接钢板进行连接。所以钢结构中的元件是型钢及钢板，型钢又有热轧及冷成型两种（图2-7、图2-8）。

钢板　　等边角钢　　不等边角钢　　钢管　　槽钢　　工字钢　　宽翼缘工字钢　　丁字钢

图 2-7　热轧型钢的截面形式

（1）热轧钢板

热轧钢板分为厚板及薄板两种，后者是冷成型型钢（常叫冷弯薄壁型钢）的原料之一。厚板的厚度为 4.5～60mm，薄板的厚度为 0.35～4.0mm。在图纸中钢板用"厚×宽×长（单位：mm）"前面附加钢板横断面的方法表示，如：-12×800×2100 等。

（2）热轧型钢

（A）角钢

角钢有等边和不等边两类。等边角钢（也叫等肢角钢），用肢宽和厚度表示，如∟100×10 为肢宽 100mm，厚 10mm 的角钢。不等边角钢（也叫不等肢角钢），则用两边肢宽和厚度表示，如∟100×80×8 等。我国目前生产的等边角钢，其肢宽为 20～200mm，不等边角钢的肢宽为 25mm×16mm～200mm×125mm。

（B）槽钢

我国的槽钢有两种尺寸系列，即热轧普通槽钢的规格及截面特性（GB707—88）与热轧轻型槽钢的规格及截面特性（YB164—63）。前者用 3 号钢轧制，表示法如［30a，指槽钢外廓高度为 300mm，且腹板厚度为最薄的一种；后者的表示法如［25Q，表示外廓高度为 25cm，Q 是汉语拼音"轻"的字首。同样号数时，轻型者由于腹板薄及翼缘宽而薄，故而截面积小、回转半径大，能节约钢材，减轻自重。

（C）工字钢

工字钢与槽钢相同，也分成上述两个尺寸系列。普通型的工字钢由 3 号钢热轧而成。与槽钢一样，工字钢外廓高度的厘米数即为型号，普通型者当型号较大时腹板厚度分 a、b 及 c 三种，轻型的由于壁厚很薄故不再按厚度划分。两种工字钢表示法如：I32c，I32Q 等。

（D）钢管

钢管有无缝及焊接两种。用"φ"后面加"外径×厚度（单位：mm）"表示，如φ400×6，即为外径 400mm、厚度 6mm 的钢管。

（3）薄壁型钢

薄壁型钢是用 2mm～6mm 厚的薄钢板经冷弯或模压成型的（图 2-8）。其中压型钢板是近年来开始使用的薄壁型材，所用钢板厚度为 0.4mm～2.0mm，常用做轻型屋面等构件。

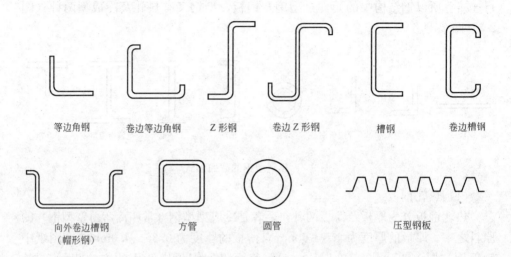

图 2-8　薄壁型钢的截面形式

3）钢筋种类

建筑结构用的钢筋，多用于钢筋混凝土结构和预应力混凝土结构以及配筋砌体结构中。在混凝土结构中，主要有普通钢筋和预应力钢筋两种。

（1）普通钢筋

常用普通钢筋的种类有 HPB300 级热轧光圆钢筋，HRB335、HRB400 级和 HRB500 级热轧带肋钢筋，HRBF335 级、HRBF400 级和 HRBF500 级热轧细晶粒带肋钢筋，以及 RRB400 级余热处理钢筋八种。其中，推广 400 级、500 级高强度热轧带肋钢筋作为纵向受力的主导钢筋；限制并准备逐步淘汰 335 级热轧带肋钢筋的应用；用 300 级光圆钢筋取代 235 级光圆钢筋。

HRB 系列普通热轧带肋钢筋具有较好的延性、可焊性、机械连接性能及施工适应性。HRBF 系列为新列入的采用控温轧制工艺生产的细晶粒带肋钢筋。RRB 系列余热处理钢筋，由轧制钢筋经高温淬火余热处理后，强度提高，但其延性、可焊性、机械连接性能及施工适应性降低。一般可用于对变形性能，及加工性能要求不高的构件中，如基础，大体积混凝土，楼板，墙体，以及次要的中小结构构件等。

（2）预应力钢筋

预应力钢筋的品种有：高强、大直径的钢绞线；大直径预应力螺纹钢筋；中强度预应力钢丝；及消除应力钢丝四种。

钢绞线是由多根高强钢丝捻制在一起，经过低温回火处理，并消除内应力后而制成，分 3 股和 7 股两种。消除应力钢丝是将钢丝拉拔后，经中温回火消除应力，并经过稳定化处理的钢丝。中强度预应力钢丝，多用于中小跨度的预应力构件，淘汰锚固性能很差的刻痕钢丝。

4）钢索

在悬索结构，塔桅结构中通常用钢索作为主力钢筋。钢索系泛指由高强钢丝组成的平行钢丝束、钢绞线和钢丝绳。

高强钢丝是由优质碳素钢经过多次冷拔而成，分为光面钢丝和镀锌钢丝两种类型。钢丝强度的主要指标是抗拉强度；其值在 $1570 \sim 1700N/mm^2$ 范围内，而屈服强度通常不作要求。根据国家有关标准，对钢丝的化学成分有严格要求，硫、磷的含量不得超过 0.03%，铜含量不超过 0.2%，同时对铬、镍的含量也有控制要求。高强钢丝的伸长率较小，最低为 4%，但高强钢丝（和钢索）却有一个不同于一般结构钢材的特点——松弛，即在保持长度不变的情况下所承拉力随时间延长而略有降低。

平行钢丝束由 7 根、19 根、37 根或 61 根钢丝组成，其截面见图 2-9。钢丝束内各钢丝受力均匀，弹性模量接近一般受力钢材。用来组成钢丝束的钢丝除圆形截面外，还有梯形和异形截面的钢丝（图 2-9d）。

钢绞线亦称单股钢丝绳，由多根钢丝捻成，钢丝根数也为 7 根、19 根、37 根。7 根者捻法最简单，一根在中心，其余 6 根在周围顺着同一方向缠绕。钢绞线受拉时，中央钢丝应力最大，其他外层钢丝应力稍小。由于各钢丝之间受力不均匀，钢绞线的抗拉强度比单根钢丝绳低 $10\% \sim 20\%$，弹性模量也有所降低。钢绞线也可几根平行放置组成钢绞线束。

钢丝绳多由 7 股钢绞线捻成，以一股钢绞线为核心，外层的 6 股钢绞线沿同一方向缠绕。绳中每股钢绞线的捻向通常与股中钢丝捻向相反，因为此种捻法外层钢丝与绳的纵轴平行（图 2-10），受力时不易松开。钢丝绳的核心钢绞线也可

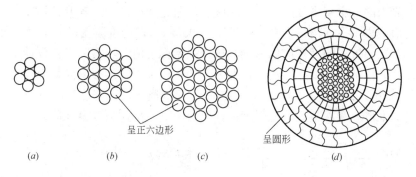

图 2-9 平行钢丝束的截面

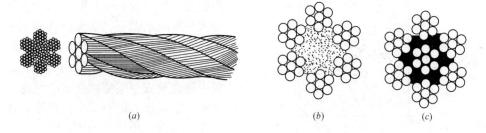

图 2-10 钢丝绳的捻法及截面

33

用天然或合成纤维芯代替，如采用浸透防腐剂的麻绳。麻芯钢丝绳柔性较好，适合于需要弯曲的场合。钢芯钢丝绳承载力较高，适合于土建结构。钢丝绳的强度和弹性模量比钢绞线又有不同程度的降低。其中纤维芯绳又略逊于钢芯绳。

2.1.5　钢材的选用

建筑结构所用的钢材，以强度高、塑性与韧性好、可焊性好，且不易发生热脆、冷脆为好。

在具体选用时，还应考虑使用和施工中的不同因素。诸如结构或构件的重要性，荷载性质（静载或动载），连接方法（焊接、铆接或螺栓连接），工作性质（承重或构造），工作条件（温度、湿度及腐蚀介质），以及经济条件等。

例如，对于重要结构、直接承受动荷载的结构、需要验算疲劳的焊接结构、处于低温条件下的焊接结构以及需要验算疲劳的非焊接结构，则需要满足碳含量、冷弯试验合格和冲击韧性值的保证条件。对于受力钢筋，宜优先选用变形钢筋，用以提高与混凝土之间的粘结力。在设计时应注意，细直径钢筋和预应力钢筋，如受腐蚀会明显减弱与混凝土之间的粘结性能，甚至因截面削弱而降低承载力。对于连接所用的钢材，如焊条、自动或半自动的焊丝以及螺栓等钢材，则应与主体钢材的强度相适应。

2.2　混凝土

2.2.1　混凝土的强度

混凝土的立方体抗压强度、轴心抗压强度（棱柱体抗压强度）和轴心抗拉强度是混凝土的三个基本强度指标。原则上，通过标准试验，各取其强度总体分布的平均值减去 1.645 倍标准差（保证率为 95%），作为混凝土的立方体抗压强度标准值、轴心抗压强度标准值和轴心抗拉强度标准值。在实际工程设计中，通常是先按立方体抗压强度标准值确定混凝土的强度等级，再根据混凝土强度等级由《混凝土结构设计规范》GB 50010—2010 给出混凝土抗压强度标准值与混凝土抗拉强度标准值，和混凝土抗压强度设计值与混凝土抗拉强度设计值。

1）立方体抗压强度和混凝土强度等级

从《建筑材料》得知，水泥遇水引起化学反应（水化作用），形成水泥胶浆，水泥胶浆随时间增长而稠度加大，形成水泥石（水泥胶体和水泥结晶），同时把粗、细骨料（石、砂）紧紧地粘结在一起，在胶结与硬化过程中还会形成一些细微裂缝、气泡或水囊，这就是人造石——混凝土。图 2-11 为混凝土组成示意图。

因所用水泥、石、砂品种不同，

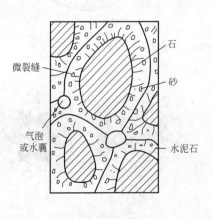

图 2-11　混凝土组成示意

配合比及其级配不同，施工质量不同，混凝土的强度也不尽相同。

混凝土立方体抗压强度，系根据《混凝土结构设计规范》GB 50010—2010规定：取边长为 150mm 的立方体试块，在温度 20℃±2℃ 和相对湿度在 90％ 以上的潮湿空气中养护 28 天，用标准试验方法（轴心加载，上下设置钢垫钣且不加润滑剂，加荷速度每秒 0.15～0.25N/mm²），测得的破坏时的平均压应力作为试块的混凝土立方体抗压强度。

混凝土立方体抗压强度标准值，系指按照标准方法制作养护的边长为 150mm 的立方体试件，在 28d 龄期用标准试验方法测得的具有 95％ 保证率的抗压强度。

混凝土强度等级应按混凝土立方体抗压强度标准值确定。我国《混凝土结构设计规范》GB 50010—2010 将混凝土共划分为十四个强度等级，即：C15、C20、C25、C30、C35、C40、C45、C50、C55、C60、C65、C70、C75 和 C80。其中≤C50 者，可称为普通混凝土；>C50 者，可称为高强混凝土。

2）轴心抗压强度

轴心抗压强度是根据棱柱体抗压强度确定的。一般取 150mm×150mm×300mm 的棱柱体试件，在与立方体试块相同的制作养护和试验条件下测得的抗压强度。

因为立方体试块，在破坏前受到上下垫板的内向摩擦力的约束（习称"套箍"作用），横向变形受阻，纵向裂缝开展迟缓，强度较高，所以立方体强度标准值只能作为确定混凝土强度等级的标志。而实际工程结构中的受压构件，多为高宽比较大的柱体。试验证实：高宽比超过 2 的棱柱体，由于上下垫板（相当于构件上下连接的节点）的约束作用很难阻止试件（或构件）腰部的横向变形，纵向裂缝可以不受阻碍地向横向扩展，其抗压强度自然低于立方体强度

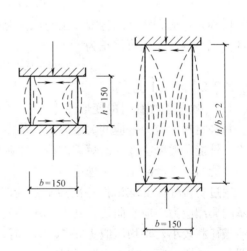

图 2-12　立方体与棱柱体的破坏示意

根据大量的对比试验可知，混凝土的轴心抗压强度与混凝土的立方体抗压强度大致成线性关系。对于普通混凝土其比值 μ_c/μ_{cu} 约为 0.76～0.8；对于高强混凝土这一比值可达 0.8～0.85，并随混凝土强度增加而增大。考虑到实际工程中现场混凝土的制作和养护条件通常比试验室条件差，且实际结构承受的长期荷载比试验室的短期荷载要不利得多，再考虑到我国工程实践经验并参考国外的有关规定等因素，将上述 μ_c/μ_{cu} 值乘以修正系数 0.88。对于高强混凝土，由于破坏时表现出明显的脆性性质，故在上述基础上再乘以脆性折减系数。

35

综上所述，混凝土轴心抗压强度平均值 μ_c 与立方体抗压强度平均值 μ_{cu} 的关系按下式确定：

$$\mu_c = 0.88\alpha_{c1}\alpha_{c2}\mu_{cu} \tag{2-1}$$

式中　α_{c1}——棱柱体强度与立方体强度之比值。对混凝土强度等级≤C50者，取 $\alpha_{c1}=0.76$；对C80者，取 $\alpha_{c1}=0.82$；中间按线性内插取值；

α_{c2}——混凝土考虑脆性的折减系数。对混凝土强度等级≤C40者，取 $\alpha_{c2}=1.0$；对C80者，取 $\alpha_{c2}=0.87$；中间按线性内插取值；

0.88——考虑结构中混凝土强度与试件混凝土强度之间的差异而采取的修正系数。

3）轴心抗拉强度

轴心抗拉标准试件为 100mm×100mm×500mm 的棱柱体，两端设有埋长为150mm 的变形钢筋（$d=16mm$），试件的制作养护与试验条件也和立方体试件相同，其轴心受拉破坏时的平均拉应力即为混凝土的轴心抗拉强度。

试验表明，混凝土的轴心抗拉强度，不与立方体抗压强度成线性关系。根据我国过去对普通混凝土抗拉强度的试验数据，以及近年来对高强混凝土的试验数据，经统计分析后，得出混凝土轴心抗拉强度平均值 μ_t 与立方体抗压强度平均值 μ_{cu} 的关系为：

$$\mu_t = 0.395\mu_{cu}^{0.55} \tag{2-2}$$

同样，考虑到实际结构混凝土与试件混凝土之间的差异，以及高强混凝土的脆性折减系数，上式可修正为

$$\mu_t = 0.88 \times 0.395\alpha_{c2}\mu_{cu}^{0.55} \tag{2-3}$$

2.2.2　混凝土的变形

1）一次短期加荷时的变形性能

每种材料的应力—应变关系曲线，都在很大程度上反映着该种材料主要的物理力学性能。混凝土在一次短期加荷时的典型应力—应变曲线，是了解混凝土的材料性能与建立混凝土结构理论的重要依据之一。

通过对棱柱体标准试件一次短期加荷时的轴心受压试验，可以得到图 2-13 所示的典型应力—应变曲线。其中 $oabc$ 段可称为上升段，cd 段可称为下降段。

当荷载较小，平均压应力 $\sigma < 0.3f_c$ 时，（oa 段）曲线很接近于一条直线。说明这一阶段混凝土接近弹性材料。a 点相当于混凝土的弹性极限。随着荷载的逐渐增加，在应力 $\sigma=(0.3\sim0.8)f_c$ 之间（ab 段），曲线明显变曲，应变增长速度比应力增长速度快，说明混凝土表现出明显的塑性性质。此时，混凝土内部，裂缝虽有发展，混凝土仍处于稳定状态，故 b 点可视为临界应力点。

随着荷载的进一步加大，在应力为 $(0.8\sim1.0)f_c$ 时，（bc 段）应变增长速度进一步加快，$\sigma-\varepsilon$ 曲线的斜率急剧减小，混凝土内部处于裂缝非稳定发展阶段。当到达 c 点时，混凝土发挥出受压时的最大承载能力，相应的应力为轴心抗压强度（又称极限抗压强度）f_c，相应的应变值 ε_0 称为峰值应变。此时混凝土内部裂缝进一步延伸，甚至扩展成通缝。

超过 c 点以后，试件的截面面积随横向变形的增大而增大，因而应力逐渐减

小，应力—应变曲线明显下降，这种现象称为应力软化。随着裂缝的进一步扩展，试件常被分割成若干"小柱体"，靠"小柱体"尚具有的承载能力，使应力减小的速度减缓，而应变继续增大，直到试件被压碎。此时，混凝土应变达到最大值，即达到混凝土的极限压应变 ε_{cu}。

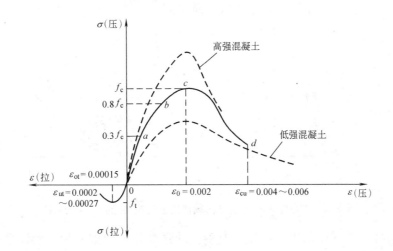

图 2-13　混凝土在一次短期加荷时的典型应力—应变曲线

　　这里须指出，下降段只有在试验机刚度足够大时，才能测得。否则会因回弹所释放出的能量，使试件达到 f_c 后，便很快被压碎。

　　大量试验表明，峰值应变 ε_0 大约在 $(1.5\sim2.5)\times10^{-3}$ 之间变动，而且随混凝土强度等级的提高而略有增大。ε_0 是均匀受压构件承载力计算的应变依据。计算时，对普通混凝土，取 $\varepsilon_0=0.002$；对高强混凝土，取 $\varepsilon_0=0.002\sim0.00215$。混凝土的极限压变 ε_{cu}，一般可达到 $0.004\sim0.006$，有时甚至可达到 0.008。而且随混凝土强度提高而有所减小。这说明低强度等级混凝土的塑性性能好。ε_{cu} 是混凝土非均匀受压时承载力计算的应变依据。结构计算时，当处于非均匀受压时，对普通混凝土取 $\varepsilon_{cu}=0.0033$；对高强混凝土，取 $\varepsilon_{cu}=0.0033\sim0.003$。当处于轴心受压时取 $\varepsilon_{cu}=\varepsilon_0$。

　　此外，从应力—应变曲线与横坐标之间覆盖面积大小还可反映出混凝土被压碎所需消耗能量的多少，即所谓"延性"的好坏。面积大，消耗能量多，延性好；反之，则延性差。习惯上，也用 $\Delta\varepsilon=\varepsilon_{cu}-\varepsilon_0$ 近似地衡量混凝土延性的好坏。

　　混凝土一次受拉时的应力—应变曲线大体上和受压相似，所以二者的原点切线斜率—弹性模量相同。只不过其峰值应力 f_t 和峰值应变 ε_{ot} 要比受压时的相应值小得多。混凝土的峰值拉应变一般可取 $\varepsilon_{ot}=0.00015$，极限拉应变一般可达 $(2\sim2.7)\times10^{-4}$。

　　2）多次重复荷载作用下的变形性能——疲劳性能

　　如果不是一次加荷到试件破坏，而是在此之前加荷卸荷重复多次，混凝土则表现出如下主要变形性能，亦称疲劳性能。当重复荷载的最大应力值 $\sigma_{c,max}^f\leqslant0.3f_c$ 左右时，重复 $2\sim10$ 次后，应力—应变曲线最终接近于一条直线，且基本

37

平行于原点的切线，如图 2-14（a）所示。

当重复荷载的最大应力值 $\sigma^f_{c.max} > 0.3f_c$ 左右以后，重复加荷卸载多次，应力—应变曲线就会凸向 ε 轴，随后，试件很快就会破坏（图 2-14b），这种重复荷载作用而引起的破坏称为疲劳破坏。将混凝土试件承受 200 万次重复荷载时发生破坏的压应力值称为混凝土的抗压疲劳强度 f^f_c。

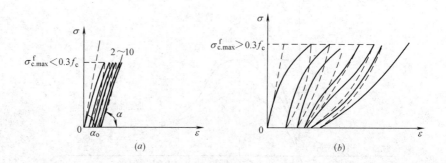

图 2-14　混凝土在多次重复荷载作用下的典型应力—应变曲线

混凝土疲劳强度的大小，除与混凝土的强度等级和重复荷载允许循环次数（等幅疲劳 200 万次以上）有关外，还与混凝土疲劳应力比值有关。疲劳应力比值 ρ^f_c 应按下列公式计算：

混凝土疲劳应力比值
$$\rho^f_c = \frac{\sigma^f_{c.min}}{\sigma^f_{c.max}} \tag{2-4}$$

式中：$\sigma^f_{c.min}$、$\sigma^f_{c.max}$——构件疲劳验算时，截面同一纤维上的混凝土最小应力、最大应力。

混凝土轴心抗压、轴心抗拉疲劳强度设计值 f^f_c、f^f_t，由混凝土轴心抗压、轴心抗拉强度设计值乘以相应的疲劳强度修正系数 γ_p 确定。修正系数 γ_p 根据不同的疲劳应力比值 ρ^f_c，按表 2-1 采用。

混凝土疲劳强度修正系数　　表 2-1

ρ^f_c	$\rho^f_c<0.2$	$0.2\leqslant\rho^f_c<0.3$	$0.3\leqslant\rho^f_c<0.4$	$0.4\leqslant\rho^f_c<0.5$	$\rho^f_c\geqslant0.5$
γ_p	0.74	0.80	0.86	0.93	1.0

3）长期荷载作用下的变形性能——徐变

混凝土在荷载的长期作用下，随时间增长而产生不可恢复的变形，称为徐变。

从图 2-15 可见，受荷后的前期，徐变增长较快，以后逐渐减缓。通常在前四个月增长较快，半年内可完成 90% 左右，其余部分需持续两、三年后才基本完成。总徐变应变可以达到加载期间产生的瞬时应变的 2～4 倍。如果经过一段时间（例如两年后），将荷载卸掉，徐变还会立即恢复一部分，称为"瞬时恢复应变"；再过 20 天左右还能继续恢复一部分，称为"弹性后效"；最后保留较大一部分不可恢复的变形，称为"残余变形"，其应变称为"残余应变"。

38

徐变的原因，通常被认为是水泥胶体的流动和微裂缝的延伸和扩展所致。

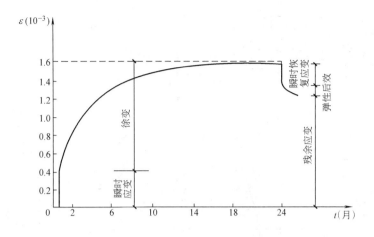

图 2-15　混凝土的徐变

徐变是混凝土在荷载长期作用下的重要变形性能。徐变会使钢筋与混凝土之间产生应力重分布，即混凝土应力减小，而钢筋应力增大，有利于充分利用材料的力学性能；然而徐变会使受弯构件挠度增加，偏心受压构件附加弯矩加大，从而导致构件承载力降低。徐变还会加大预应力混凝土构件内的预应力损失等。这些是不利的一面。通过选用较坚硬的骨料，控制水泥用量、减少水灰比，保持养护期间的温湿度以及推迟混凝土受荷载时的龄期等措施，可以减少过大的徐变变形。

4）无荷载作用下的体积变形——收缩和膨胀

混凝土在空气中硬结会因失去水分而使体积减小，称为收缩；混凝土在水中硬结会因吸收水分而使体积增大，称为膨胀。混凝土的收缩应变约为 0.0002～0.0005，大约在 3～6 个月内完成。膨胀应变则比收缩应变小得多，对钢筋混凝土结构影响不大，一般不予考虑。

当混凝土构件的收缩，受到支承条件的嵌固作用或内部钢筋的牵制，由此产生的拉应力超过混凝土的抗拉强度时，将会产生收缩裂缝。此外，收缩对结构还有可能引起收缩应力和使预应力构件增加预应力损失等不利影响。减少收缩变形的措施与减少徐变的措施大体相同。

2.2.3　混凝土的变形模量

材料的变形模量一般可理解为应力与应变的比值。因为混凝土属于弹塑性材料。应力与应变呈曲线关系变化，所以混凝土的变形模量可以用三种形式来表达（图 2-16）。

1）弹性模量（即应力—应变曲线原点切线的斜率）

$$E_c = \mathrm{tg}\alpha_0 = \frac{\sigma_c}{\varepsilon_e} \tag{2-5}$$

因原点切线斜率不易在试验中测定，故《混凝土结构设计规范》GB 50010—2010 取 $\sigma = 0.35 f_c$，重复 5～10 次后曲线的切线斜率作为混凝土的弹性模量。根据对不同强度等级混凝土的试验统计分析，《混凝土结构设计规范》给

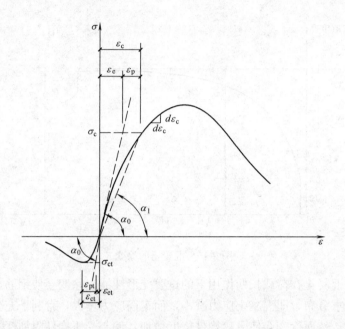

图 2-16 混凝土的变形模量

出混凝土弹性模量的经验计算公式为：

$$E_c = \frac{10^5}{2.2 + 34.7/f_{cu}} (\mathrm{N/mm^2})$$ （2-6）

式中 f_{cu}——混凝土的立方体强度，可用混凝土强度等级值代入。

混凝土受压或受拉的弹性模量 E_c 的具体取值，见附录一之附表 1-19。

2）任意点的切线模量

$$E''_c = \frac{d\sigma_c}{d\varepsilon_e}$$ （2-7）

严格地说，混凝土每一点的切线模量都不相同。所以任意点切线模量主要用于材性的研究，而在实际结构设计中很少应用。

3）弹塑性模量（即某一点的割线模量）

$$E'_c = \mathrm{tg}\alpha_1 = \frac{\sigma_c}{\varepsilon_c} = \frac{\sigma_c}{\varepsilon_e + \varepsilon_p}$$

式中的 $\varepsilon_c = \varepsilon_e + \varepsilon_p$，即混凝土的总应变等于弹性应变与塑性应变之和。弹塑性模量与弹性模量的关系为：

$$E'_c = \frac{\sigma_c}{\varepsilon_c} = \frac{\varepsilon_e \cdot E_c}{\varepsilon_c} = \lambda E_c$$ （2-8）

式中系数 λ 称为弹性系数，即混凝土的弹性应变与总应变之比。它随应力增大而减小，当 $\sigma = 0.35 f_c$ 时，λ 的平均值为 0.85；当 $\sigma = 0.8 f_c$ 时，λ 的值约为 0.4~0.7。混凝土强度越高，λ 值越大，弹性特征较为明显。

如前所述，混凝土受拉时的应力—应变曲线形状与受压时相似。因此混凝土受拉时的弹性模量与受压时相同。切线模量与割线模量也可用上述的相应公式表达。当拉应力 $\sigma = f_t$ 时，弹性系数 $\lambda = 0.5$，所以相应于 f_t 时的割线模量，可表

达为 $E_c' = 0.5E_c$。

混凝土剪切模量 G_c，可按混凝土弹性模量的 0.4 倍采用。混凝土泊松比 v_e 可采用 0.2。

2.2.4 混凝土与钢筋的黏结

混凝土与钢筋之间存在着相当大的黏结力，这是二者共同工作的前提条件。这种黏结力包括由于混凝土硬结和收缩对钢筋产生的握裹力（摩阻力）、水泥胶体与钢筋表面的化学胶结力和由于钢筋表面粗糙不平而形成的与混凝土之间的机械咬合力。前两项各占 25% 左右，后者占 50% 左右。对变形钢筋，后者还会更大些。当构件受力后，由于钢筋和混凝土二者的应力不同，这种黏结力就会在一定范围内沿钢筋表面上产生剪切应力，通常称为黏结应力 τ。黏结应力的分布是不均匀的，参见图 2-17 (a)。其平均黏结应力可用下式表示：

$$\bar{\tau} = \frac{P}{\pi d \cdot l_t} \tag{2-9}$$

式中的 l_t 称为黏结长度，超过 l_t 后，$\tau = 0$。

当外力加到 P_u 而使钢筋即将从混凝土中被拔出，此时的平均黏结应力 f_a 称为黏结强度，此时的黏结长度 l_a 称为钢筋的锚固长度。于是黏结强度可表示为（图 2-17b）：

$$f_a = \frac{P_u}{\pi d \cdot l_a} \tag{2-10}$$

式中 πd——为钢筋截面的周长；

       d——为钢筋直径。

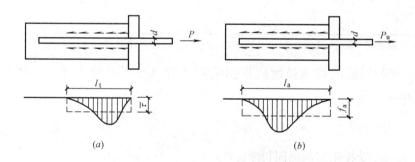

图 2-17 黏结应力与黏结强度

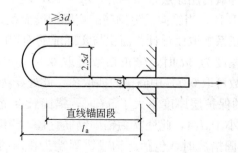

图 2-18 钢筋的锚固长度

混凝土对钢筋的黏结强度 f_a，不仅与混凝土保护层厚度、箍筋数量、钢筋直径和外形等因素有关，而且试验表明，当钢筋受拉时还与混凝土的轴心抗拉强度成正比。对光面钢筋 f_a 约为 $(1.5\sim3.5)N/mm^2$，变形钢筋 f_a 约为 $(2.5\sim6.0)N/mm^2$。

由此，在满足《混凝土结构设计规范》规定的保护层最小厚度以及构造要求的最低配箍条件下，当计算中充分利用钢筋的抗拉强度时，受拉钢筋的锚固长度应符合下列要求：

1）基本锚固长度应按下列公示计算：

普通钢筋

$$l_{ab}=\alpha\frac{f_y}{f_t}d \tag{2-11}$$

预应力钢筋

$$l_{ab}=\alpha\frac{f_{py}}{f_t}d \tag{2-12}$$

式中　l_{ab}——受拉钢筋的基本锚固长度；

　　　f_y、f_{py}——普通钢筋、预应力筋的抗拉强度设计值；

　　　f_t——混凝土轴心抗拉强度设计值，当混凝土强度等级超过 C60 时，按 C60 取值；

　　　d——锚固钢筋的公称直径；

　　　α——锚固钢筋的外形系数，按表 2-2 取用。

锚固钢筋的外形系数 α　　　　　　　　　　　　　　表 2-2

钢筋类型	光圆钢筋	带肋钢丝	螺旋肋钢丝	三股钢绞线	七股钢绞线
α	0.16	0.14	0.13	0.16	0.17

注：光圆钢筋末端应做180°弯钩，弯后平直段长度不应小于 $3d$，但作受压钢筋时可不做弯钩。

2）受拉钢筋的锚固长度应根据锚固条件，按下列公式计算，且不应小于 200mm：

$$l_a=\zeta_a\,l_{ab} \tag{2-13}$$

式中　l_a——受拉钢筋的锚固长度；

　　　ζ_a——锚固长度修正系数，当带肋钢筋的公称直径大于 25mm 时，取1.10；环氧树脂涂层带肋钢筋，取 1.25；施工过程中易受扰动的钢筋，取 1.10；当纵向受力钢筋的实际配筋面积大于其设计计算面积时，修正系数取设计计算面积与实际配筋面积的比值；锚固钢筋的保护层厚度为 $3d$ 时，修正系数可取 0.80；保护层厚度为 $5d$ 时，修正系数可取 0.7，中间按内插取值，此处 d 为锚固钢筋的直径。

3）当锚固钢筋的保护层厚度不大于 $5d$ 时，锚固长度范围内应配置横向构造钢筋，其直径不应小于 $d/4$，此处 d 为锚固钢筋直径。当纵向受拉普通钢筋末端采用弯钩或机械锚固措施时，包括弯钩或锚固端头在内的锚固长度（投影长度）可取为基本锚固长度 l_{ab} 的 60%。混凝土结构中的纵向受力钢筋，当计算充分利用其抗压强度时，锚固长度不应小于相应受拉锚固长度的 70%。

如遇到构件支承长度较短时，靠钢筋自身的锚固性能无法满足受力钢筋的锚固要求时，可采用钢筋末端带 135° 弯钩、末端焊锚板、末端贴焊锚筋等措施。

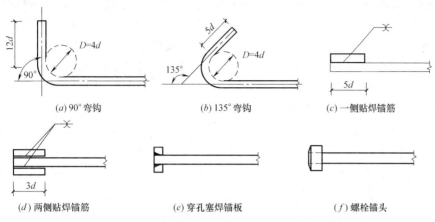

(a) 90° 弯钩　　　　　(b) 135° 弯钩　　　　　(c) 一侧贴焊锚筋

(d) 两侧贴焊锚筋　　　(e) 穿孔塞焊锚板　　　(f) 螺栓锚头

图 2-19　弯钩和机械锚固的形式及构造要求

钢筋的搭接长度实际上也是锚固问题。《混凝土结构设计规范》规定，纵向受拉钢筋绑扎搭接接头的搭接长度，应根据位于同一连接区段内的钢筋搭接接头面积百分率按下式计算，且不应小于 300mm：

$$l_l = \zeta_l l_a \tag{2-14}$$

式中　l_l——纵向受拉钢筋搭接长度；

　　　ζ_l——纵向受拉钢筋搭接长度修正系数，按表 2-3 取用。当纵向搭接钢筋接头面积百分率为表的中间值时，修正系数可按内插取值。

纵向受拉钢筋搭接长度修正系数　　　　　　表 2-3

纵向钢筋搭接接头面积百分率(%)	≤25%	50	100
ζ_l	1.2	1.4	1.6

《混凝土结构设计规范》同时规定，受压钢筋的搭接长度不应小于按公式 (2-14) 确定的受拉钢筋搭接长度的 0.7 倍，且不应小于 200mm。

2.3　砌体

2.3.1　块体的种类与强度等级

砌体结构，系指由块体和砂浆砌筑而成的墙、柱作为建筑物主要受力构件的结构。砌体是砖砌体、砌块砌体和石砌体的统称。

砌体承重结构所用的块体有：

1) 烧结普通砖和烧结多孔砖

烧结普通砖，系指由黏土、页岩、煤矸石、粉煤灰为主要原料，经过焙烧而成的实心或孔洞率不大于规定值（一般＞25%）且外形尺寸符合规定的砖。分烧

43

结黏土砖、烧结页岩砖、烧结煤矸石砖、烧结粉煤灰砖等。我国实心砖的规格为 240mm×115mm×53mm，重力密度为 18～19kN/m³。块体的强度等级是由 3 个试块，根据标准试验方法，按毛截面积计算的极限抗压强度平均值（MPa）划分的。烧结普通砖的强度等级有 MU30、MU25、MU20、MU15 和 MU10 五级。

烧结多孔砖，系指以黏土、页岩、煤矸石或粉煤灰为主要原料，经焙烧而成孔洞率不大于 25%，孔的尺寸小而数量多，主要用于承重部位的砖，简称多孔砖。目前多孔砖分为 P 型砖和 M 型砖，其强度等级与烧结普通砖相同。

按国家标准《承重黏土空心砖》（JC196－75）推荐了三种空心砖规格：KP1型、KP2 型、KM1 型。编号中的字母 K 表示空心，P 表示普通，M 表示模数。KP1 型规格尺寸为 240×115×90mm³（配砖尺寸为 240×115×115mm³）；KP2型规格尺寸为 240×180×115mm³（配砖尺寸为 180×115×115mm³）；KM1 型规格尺寸为 190×190×90mm³（配砖尺寸为 190×90×90mm³）。常见的几种烧结多孔砖，见图 2-20。

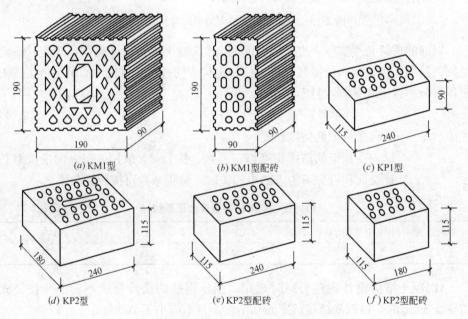

(a) KM1 型 (b) KM1 型配砖 (c) KP1 型

(d) KP2 型 (e) KP2 型配砖 (f) KP2 型配砖

图 2-20 常见的几种烧结多孔砖

新的建材国家标准《烧结多孔砖》（GB 13544—2000）规定，砖的外形为直角六面体，其长度、宽度及高度尺寸（mm）应符合 290、240、190、180 和 175、140、115、90 的要求。该标准对孔洞率、孔洞排列、产品等级等，均有新的规定。

2）蒸压灰砂普通砖和蒸压粉煤灰普通砖

蒸压灰砂普通砖，系指以石灰和砂为主要原料，经坯料制备，压制成型，蒸压养护而成的实心砖。简称灰砂砖，其规格尺寸与烧结普通砖相同。灰砂砖的强度等级有：MU25、MU20、MU15 三级。

蒸压粉煤灰普通砖，系指以粉煤灰、石灰为主要原料，参加适量石膏和集料，经坯料制备，压制成型，高压蒸汽养护而成的实心砖。简称粉煤灰砖。其规格尺寸、强度等级与蒸压灰砂普通砖相同。

3）混凝土普通砖和混凝土多孔砖

系指以水泥为胶结材料。以沙、石为主要集料，加水搅拌成型，养护制成的一种实心砖或多孔砖。实心砖的规格尺寸为 240mm×115mm×53mm、240mm×115mm×90mm 等。多孔砖的主要尺寸为 240mm×115mm×90mm、240mm×190mm×90mm、190mm×190mm×90mm 等。其强度等级均为 MU30、MU25、MU20 和 MU15 四级。

4）混凝土砌块和轻集料混凝土砌块

系指由普通混凝土或集料混凝土制成，主规格尺寸为 390mm×190mm×190mm，空心率为 25％～50％的空心砌块。简称混凝土砌块或砌块。砌块的强度等级有：MU20、MU15、MU10、MU7.5 和 MU5 五级。常见的混凝土砌块，见图 2-21。

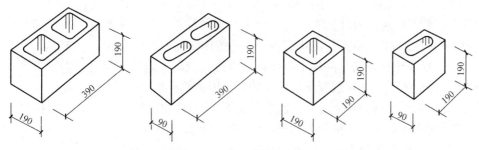

图 2-21　常用混凝土砌块

5）石材

石材按其加工后的外形规则程度，可分为料石和毛石两大类。

料石有：

（1）细料石：通过细加工，外表规则，叠砌面凹入深度不应大于 10mm，截面的宽度、高度不宜小于 200mm，且不宜小于长度的 1/4。

（2）粗料石：规格尺寸同上，但叠砌面凹入深度不应大于 20mm。

（3）毛料石：外形大致方正，一般不加工或仅稍加修整，高度不应小于 200mm，叠砌面凹入深度不应大于 25mm。

毛石：系指形状不规则，中部厚度不小于 200mm 的石材。

石材的强度等级有：MU100、MU80、MU60、MU50、MU40、MU30 和 MU20 七级。石材的强度等级，可用边长为 70mm 的立方体试块的抗压强度表示。抗压强度取三个试块破坏强度的平均值。试件也可采用表 2-4 所列边长尺寸的立方体。对此，应将实验结果乘以相应的换算系数后方可作为石材的强度等级。一般石砌体中的石材应选用无明显风化的天然石材。

石材强度等级换算系数　　　　　　　　　　　　　　　　表 2-4

立方体边长（mm）	200	150	100	70	50
换算系数	1.43	1.28	1.14	1	0.86

2.3.2　砂浆的种类与强度等级

用于砌筑块体的材料，统称为砂浆。砂浆按用途的不同，主要有如下四种：

1）烧结普通砖、烧结多孔砖、蒸压灰砂普通砖和蒸压粉煤灰普通砖砌体采用的普通砂浆。

主要原料是水泥、砂和水。如不再加塑性掺合料，为纯水泥砂浆。这种砂浆强度较高，耐久性好，但和易性差，适用于强度要求较高的砌体。如基础和多层的底部各层墙体或有外粉刷的砌体。如再加塑性掺合料（石灰膏、黏土膏等）为混合砂浆（如水泥石灰砂浆、水泥黏土砂浆等）。这种砂浆具有一定的强度和耐久性，且和易性和保水性较好，所以是一般墙体常用的砂浆。特别适用于多层的上部各层墙体或清水墙中。

普通砂浆的强度等级有：M15、M10、M7.5、M5 和 M2.5 五级。蒸压灰砂普通砖和蒸压粉煤灰普通砖砌体采用的专用砌筑砂浆，强度等级有：Ms15、Ms10、Ms7.5 和 Ms5 四级。

砂浆的强度等级是采用边长为 70.7mm 的立方体标准试块在温度为（20±2°)℃，水泥砂浆在相对湿度为 95% 以上，水泥石灰砂浆在湿度为 60%～80% 的环境下，养护 28 天后进行抗压试验所得的抗压强度平均值（MPa）划分的。

2）混凝土普通砖、混凝土多孔砖、单排孔混凝土砌块和煤矸石混凝土砌块砌体采用的砂浆。又称混凝土砌块（砖）专用砌筑砂浆。

是由水泥、砂、水以及根据需要掺入的掺合料和外加剂等，按一定比例组合，采用机械拌合制成的专门用于砌筑混凝土砌块的砌筑砂浆，简称砌块专用砌筑砂浆。其强度等级有：Mb20、Mb15、Mb10、Mb7.5 和 Mb5 五级。

3）双排或多排孔轻集料混凝土砌块砌体采用的砂浆。

由水泥、集料、水及根据需要掺入的掺合料和外加剂等，按一定比例组合，采用机械搅拌后制成。其强度等级有：Mb10、Mb7.5 和 Mb5 三级。

4）毛料石、毛石砌体采用的砂浆

毛料石、毛石砌体采用的砂浆强度等级有 M7.5、M5 和 M2.5 三级。

另外，还有一个 0 号砂浆强度。它并不是一个强度等级，而只是在验算新砌筑而尚未硬结砌体强度时，所采用的砂浆强度，即认为此时的砂浆强度为零。

2.3.3　砌体的种类与砌体的计算指标

砌体是由块体用砂浆砌筑而成的构件（或试件），如墙、柱、圈梁、过梁、墙梁、挑梁等。根据砌体所用块体和相应砂浆的不同，砌体有以下几种：

1）烧结普通砖和烧结多孔砖砌体；

2）混凝土普通转和混凝土多孔砖砌体；

3）蒸压灰砂普通砖和蒸压粉煤灰普通砖砌体；

4）单排孔混凝土砌块和轻骨料混凝土砌块对孔砌筑砌体；

5）单排孔混凝土砌块对孔砌筑的灌孔砌体；

6）双排孔或多排孔轻集料混凝土砌块砌体；

7）料石和毛石砌体；

8）配筋砌体和组合砌体。

在配筋砌体中，目前应用较多的是网状配筋砖砌体。即每隔几层砖在水平灰缝中设置一层钢筋网，用以提高砌体的抗压强度或减小构件的截面尺寸。在组合砌体中，目前应用较多的有采用砖砌体和钢筋混凝土面层（或钢筋砂浆面层）组成的组合砖砌体；或是在垂直于弯矩作用方向的两个侧面预留的凹槽里配置纵向钢筋，再浇筑混凝土的组合砌体。配筋砌体和组合砌体可使其承载能力大为提高，见图 2-22。本书主要讲述无筋砌体。

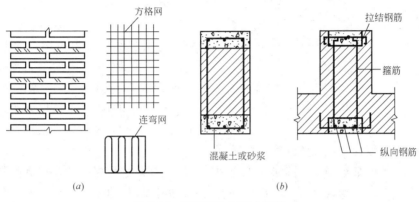

图 2-22　配筋砌体与组合砌体

各种砌体的抗压强度设计值、轴心抗拉强度设计值、弯曲抗拉强度设计值和抗剪强度设计值，《砌体结构设计规范》GB 5003—2011 中都已给出，而且指明这些设计值是按龄期为 28d 的，以毛截面计算，施工质量控制等级（参见第 3 章表 3-9）为 B 级的条件下，给出的。

2.3.4 砌体的抗压强度

1）砖砌体受压破坏特征

砌体的受力性能与块材本身的受力性能有显著差别，砌体的强度要比单个块材的强度低得多。现就砖砌体在轴心压力作用下的工作性能予以说明。

砖砌体的标准试件尺寸为 240mm×370mm×720mm。砖砌体受压的破坏过程，大体可分为三个阶段：

第一阶段　当压力较小时（一般在破坏压力的 50%～70% 以前），从外观上看不出任何损坏现象（图 2-23a）。

第二阶段　当压力达到破坏压力的 50%～70% 时，个别单块砖内出现局部裂缝。其原因往往是由于砂浆水平灰缝不均匀、不饱满而形成的"砖梁"在弯剪的共同作用下，其主拉应力超过砖的抗拉强度所致（图 2-23b）。

第三阶段　当压力超过破坏压力的 80～90% 以后，因单块砖裂缝延伸与扩展而形成几层砖贯通的竖向裂缝，加上新产生的裂缝，把整个砌体分割成几条偏心受压的"小柱体"，砌体的横向变形明显加大。此时，即使荷载不再继续增加，裂缝也将会在荷载的长期作用下而逐渐扩展。其主要原因，一是砂浆的横向变形大于砖的横向变形，砂浆对砖产生拉应力，特别是当竖向灰缝饱满程度过低时，更容易连砖带灰缝一起被拉开；二是"小柱体"在偏心压力下发生弯曲变形，偏心距加大，承载能力降低。当荷载达到破坏压力的瞬间，砌体便由于破坏压力超

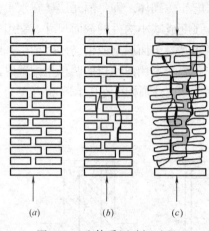

图 2-23 砌体受压破坏过程

过砌体的承载力，或者由于偏心"小柱体"失稳而发生脆性破坏（图 2-23c）。

2）影响砌体强度的主要因素

（1）块材本身的强度越高，砌体强度也越高；

（2）砂浆的强度越高，横向变形越小，砌体的强度也越高；

（3）块材的厚度越大，弯矩和剪力在块体中引起的拉应力越小，加上水平灰缝减少，块体所受横向变形影响小，砌体强度则有所提高；

（4）砂浆的和易性和保水性越好，砂浆铺砌的厚度越均匀、灰缝越饱满，块体的受力越均匀，砌体强度也就越高。

上述各项影响因素，除第 4 点应由施工验收规范进行控制外，其余各项影响因素在《砌体结构设计规范》给出的各类砌体强度设计值中都已经做了考虑。

3）砌体抗压强度平均值

根据我国多年以来对常用的各类砌体抗压强度进行的试验研究，在对大量试验数据分析研究的基础上，并考虑了国外有关研究成果，提出了适用于各类砌体的轴心抗压强度平均值的计算公式。即：

$$f_m = k_1 f_1^\alpha (1 + 0.07 f_2) k_2 \tag{2-15}$$

式中　f_m——砌体的抗压强度平均值（MPa）；

　　　f_1——块体的抗压强度平均值（MPa）；

　　　f_2——砂浆的抗压强度平均值（MPa）；

　　α、k_1——不同类型砌体的块材形状、尺寸、砌筑方法等因素的影响系数；

　　　k_2——砂浆强度不同对砌体抗压强度的影响系数。

各类砌体的 k_1、α、k_2 取值见表 2-5。

轴心抗压强度平均值 f_m（MPa）　　　　　　　　　　　表 2-5

砌体种类	$f_m = k_1 f_1^\alpha (1 + 0.07 f_2) k_2$		
	k_1	α	k_2
烧结普通砖、烧结多孔砖、蒸压灰砂普通砖、蒸压粉煤灰普通砖、混凝土普通砖、混凝土多孔砖	0.78	0.5	当 $f_2 < 1$ 时，$k_2 = 0.6 + 0.4 f_2$
混凝土砌块	0.46	0.9	当 $f_2 = 0$ 时，$k_2 = 0.8$
毛料石	0.79	0.5	当 $f_2 < 1$ 时，$k_2 = 0.6 + 0.4 f_2$
毛石	0.22	0.5	当 $f_2 < 2.5$ 时，$k_2 = 0.4 + 0.24 f_2$

注：1. k_2 在表列条件以外时均等于 1。

　　2. 式中 f_1 为块体（砖、石、砌块）的抗压强度等级值或平均值；f_2 为砂浆抗压强度平均值。单位均以"MPa"计；

　　3. 混凝土砌块砌体的轴心抗压强度平均值，当 $f_2 > 10$MPa 时，应乘系数 $1.1 - 0.01 f_2$，MU20 的砌体应乘系数 0.95，且满足 $f_1 \geq f_2$，$f_1 \leq 20$MPa。

在实际工程中，有时也会遇到各类砌体承担轴向拉力、弯矩和剪力的情况，例如圆形容池的池壁、带壁柱的挡土墙以及洞口上部的砌体等。参照上述计算方法，同样可以求得强度的平均值，再由此求得砌体的轴心抗拉、弯曲抗拉及抗剪的强度标准值和设计值。

2.3.5 砌体的弹性模量

通过对各类无筋砌体轴心受压试验得知，各类砌体的应力—应变曲线尽管不同，但从总的趋势上看，都具有与混凝土相类似的特点。从黏土砖砌体的应力—应变曲线（图 2-24a）中，可以看出，当应力较小时，可以近似地认为砌体具有弹性性质，随着应力的增大，其应变增长速度逐渐加快，具有较为明显的塑性性质。所不同的是：《砌体结构设计规范》是取用压应力等于 0.4 倍极限抗压强度时的割线模量作为砌体的弹性模量（图 2-24b）。对不同砌体的弹性模量，见附录一之附表 1-18。

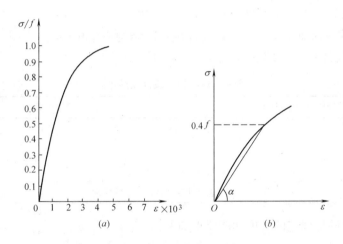

图 2-24　砌体的应力应变曲线与弹性模量

2.3.6 砌体及砂浆的选用

在进行砌体结构设计时，应根据各地区可能提供的块材及砂浆材料，合理地选用使用功能（强度、耐久、保温隔热、隔潮等）和技术经济指标较好，而且与施工单位技术水平相适应的块材和砂浆。

从强度的角度，应根据各类砌体构件的受力大小选用相应强度等级的块材和砂浆。例如多层房屋的承重墙，底部几层可选用强度较高的块材和砂浆，上部几层则可选用强度较低的块材和砂浆。工业厂房中的承重墙柱，因往往受力较大且受力情况复杂，宜选用强度较高的块材和砂浆。

在寒冷地区（冬季计算温度在 −10℃ 以下地区），为了保证砌体结构的耐久性，所选用的块材必须满足抗冻性要求，以保证在多次冻解循环之后块材表面不致逐层剥落。

对于地基土和房间潮湿程度很大的砌体，所选用的块材强度应略有提高，且优先选用纯水泥砂浆。

49

第3章 建筑结构的基本计算原则

3.1 结构的功能要求与极限状态

3.1.1 结构的功能要求与安全等级

结构设计的基本目的，是通过结构的设计，施工，和维护，使结构在规定的设计使用年限内，以适当的可靠度且经济的方式，满足规定的各项功能要求。

我国《工程结构可靠性设计统一标准》（简称《统一标准》）规定，计算结构可靠性采用的设计基准周期（为确定可变作用等的取值，而选取的时间参数）为50年。结构设计使用年限，系指设计规定的结构或结构构件，不需要进行大修即可按预定目的使用的年限，按表3-1采用。

房屋建筑结构的设计使用年限 表3-1

类别	设计使用年限(年)	示　　例
1	5	临时性建筑
2	25	易于替换的结构构件
3	50	普通房屋和构筑物
4	100	标志性建筑和特别重要的建筑结构

结构应满足规定的各项功能要求如下：

1）能承受在施工和使用期间可能出现的各种作用；

2）保持良好的使用性能；

3）具有足够的耐久性能；

4）当发生火灾时，在规定的时间内可保持足够的承载力；

5）当发生爆炸、撞击、人为错误等偶然事件时，结构能保持必需的整体稳定性，不出现与起因不相称的破坏后果，防止出现结构的连续倒塌。

第1、4、5项，是对结构安全性的要求，第2项，是对结构适用性的要求，第3项，是对结构耐久性的要求，三者可概括为对结构可靠性的要求。所谓足够的耐久性能，是指结构在规定的工作环境中，在预定时期内，其材料性能的劣化，不致导致结构出现不可接受的失效概率。从工程概念上讲，足够的耐久性能就是指在正常维护条件下，结构能够正常使用到规定的设计使用年限。

结构在规定的时间内和在规定条件下，完成预定功能的能力，称为结构的可靠性。对结构可靠性的定量描述则称为结构可靠度，即：结构在规定的时间内和规定的条件下，完成预定功能的概率。对于不同类型的建筑物，设计时要求达到的结构可靠度也有所不同。按照《统一标准》的规定，建筑结构设计时，应根据结构破坏可能产生的后果（危及人的生命，造成经济损失，产生社会影响等）的严重性，采用不同的安全等级。房屋建筑结构的安全等级，应根据结构破坏可能产生后果的严重性，按表 3-2 划分。

房屋建筑结构的安全等级 表 3-2

安全等级	破坏后果	建筑物类型
一 级	很严重：对人的生命、经济、社会或环境影响很大	大型公共建筑等
二 级	严 重：对人的生命、经济、社会或环境影响较大	普通的住宅和办公楼等
三 级	不严重：对人的生命、经济、社会或环境影响较小	小型的或临时性贮存建筑等

注：1. 对重要的结构，其安全等级应取为一级；对一般的结构，宜取为二级；对次要的结构，可取为三级。

2. 房屋建筑结构抗震设计中的甲类建筑和乙类建筑，其安全等级宜规定为一级；丙类建筑，其安全等级宜规定为二级；丁类建筑，其安全等级宜规定为三级。

3.1.2 结构极限状态的定义与分类

1）结构极限状态的定义

若整个结构或结构的一部分，超过某一特定状态就不能满足设计规定的某一功能要求，则此特定状态称为该功能的极限状态。

2）结构极限状态的分类

结构极限状态分为两类。对于每一类极限状态，都规定有明确的标志或限值。

（1）第一类极限状态——承载能力极限状态。

这种极限状态对应于结构或结构构件达到最大承载能力，或不适于继续承载的变形的状态。当结构或结构构件出现下列状态之一时，应认为超过了承载能力极限状态：

（A）整个结构或结构的一部分作为刚体失去平衡（如倾覆等）；

（B）结构构件或连接因超过材料强度而破坏（包括疲劳破坏），或因过度变形而不适于继续承载；

（C）结构转变为机动体系；

（D）结构或结构构件丧失稳定（如压屈等）；

（E）地基丧失承载能力而破坏（如失稳等）。

（2）第二类极限状态——正常使用极限状态。

这种极限状态对应于结构或结构构件达到正常使用或耐久性能的某项规定限值。当结构或结构构件出现下列状态之一时，应认为超过了正常使用极限状态：

（A）影响正常使用或外观的变形；

（B）影响正常使用或耐久性能的局部破坏（包括裂缝）；

（C）影响正常使用的振动；

（D）影响正常使用的其他特定状态。

根据上述两类极限状态设计的要求，对于一般结构或结构构件均应进行承载能力（强度）计算，稳定计算和刚度验算。至于是否还要进行疲劳、倾覆或滑移计算，以及抗裂度或裂缝宽度验算，则需由不同的结构、不同的受力特点、不同的使用要求等具体情况而定。

3.1.3　四种设计状况

《统一标准》提出，建筑结构设计时，应根据结构在施工和使用中的环境条件和影响，包括出现的可能性大小和时间的长短，区分下列四种设计状况：

1）持久设计状况

指在结构使用过程中一定出现，且持续期很长的设计状况。其持续期一般与设计使用年限为同一数量级。适用于结构使用时的正常情况。

2）短暂设计状况

指在结构施工和使用过程中出现概率较大，而与设计使用年限相比，持续期很短的设计状况。适用于结构出现的临时情况，包括结构施工和维修时的情况等。

3）偶然设计状况

指在结构使用过程中出现概率很小，且持续时间很短的状况。适用于结构出现的异常情况，包括结构遭受火灾，爆炸，撞击时的情况等。

4）地震设计状况

适用于结构遭受地震时的情况，在地震设防地区必须考虑地震设计状况。

进行工程结构设计时，对不同的设计状况，应采用相应的结构体系，可靠度水平，基本变量和作用组合等。

对上述四种工程结构设计状况，应分别进行下列极限状态设计：

（1）对四种设计状况，均应进行承载能力极限状态设计；

（2）对持久设计状况，尚应进行正常使用极限状态设计；

（3）对短暂设计状况和地震设计状况，可根据需要进行正常使用极限状态设计；

（4）对偶然设计状况，可不进行正常使用极限状态设计。

进行承载能力极限状态设计时，应根据不同的设计状况，采用下列作用组合：

基本组合，用于持久设计状况或短暂设计状况；

偶然组合，用于偶然设计状况；

地震组合，用于地震设计状况。

进行正常使用极限状态设计时，可采用下列作用组合：

标准组合，宜用于不可逆正常使用极限状态设计；

频偶组合，宜用于可逆正常使用极限状态设计；

准永久组合，宜用于长期效应是决定性因素的正常使用极限状态设计。

3.2　极限状态设计的基本原理

3.2.1　作用效应（S）与结构抗力（R）

1）作用效应与荷载效应

结构上的作用是指能使结构产生效应的各种原因的总称；效应是指由作用对

结构产生的效果、结果。包括结构或结构构件的内力、应力、位移、应变、裂缝等。

结构上的作用可分为直接作用和间接作用两类。直接作用是指直接作用在结构上的外力（包括集中力和分布力），如恒荷载、楼面和屋面活荷载、风荷载、雪荷载、吊车荷载等。习惯上，将结构上的直接作用常称为荷载，由直接作用产生的效应，又称为荷载效应。而另一些也能使结构产生效应的原因，例如地面运动、温度变化、地基变形等，则称为间接作用。间接作用不是直接以外力的形式出现，不宜用"荷载"来概括。例如地震作用，若将其也采用"地震荷载"一词，就容易使人误解为地震作用是对结构施加的、与结构本身无关的外力。所以，由间接作用产生的效应称其为作用效应更确切些。

常见的能使结构产生效应的原因多为荷载作用。荷载效应一般地可以理解为由荷载产生的内力和变形，如轴力、弯矩、剪力、扭矩、应力、应变、位移、转角和裂缝等。结构上的荷载属于随机事件，荷载效应亦应是随机变量。作用效应与荷载效应统一用符号"S"表示。

结构上的作用可按下列性质分类：

（1）按随时间的变化分类：

（A）永久作用，即不随时间变化的作用。如结构自重、土压力、预加应力、基础沉降、焊接变形等。

（B）可变作用，即随时间变化的作用。如楼面活荷载、屋面活荷载、风荷载、雪荷载、吊车荷载，施工和检修荷载、安装荷载以及温度变化等。

（C）偶然作用，即在设计使用年限内不一定出现，而一旦出现，其量值很大且持续期很短的作用。如地震、爆炸、撞击、龙卷风等。

（2）按随空间位置的变化分类：

（A）固定作用，即作用位置固定不变的作用。如固定设备荷载、结构自重等。

（B）可动作用，即在一定范围内作用位置可以任意分布的作用。如楼面活荷载、吊车荷载等。

（3）按结构的反应特点分类：

（A）静态作用，即对结构或结构构件不引起加速度或加速度可以忽略不计的作用。如结构自重、楼面活荷载等。

（B）动态作用，即对结构或结构构件引起的不可忽略的加速度的作用。如地震、吊车荷载、设备振动、高耸结构上的风荷载等。

（4）按有无界值分类：

（A）有界作用，即具有不能被超越的，且可确切或近似掌握其界限值的作用。

（B）无界作用，即没有明确界限值的作用。

2）结构抗力

结构抗力是指结构或结构构件承受作用效应的能力，如承载能力等。因为结构的抗力是材料性能、几何参数、计算模式、施工条件等的函数，都属于随机事件，所以结构抗力也是一个随机变量，用符号"R"来表示。

3.2.2　结构的功能函数与结构的极限状态方程

与结构的功能要求有关的诸多随机变量（如结构上的各种作用和材料性能、几何参数、计算公式精确性等）统一构成的函数，称为结构的功能函数。记为：

$$g(X_1、X_2、\cdots、X_n)$$

结构的极限状态应采用下列极限状态方程描述：

$$g(X_1、X_2、\cdots、X_n)=0 \tag{3-1}$$

式中　　　　　$g(\cdot)$——结构的功能函数；

$X_i(i=1、2、\cdots、n)$——基本变量，是指结构上的各种作用和材料性能、几何参数、计算公式精确性等随机变量。

由此，结构按极限状态设计则应符合下列要求：

$$g(X_1、X_2、\cdots、X_n)\geqslant 0 \tag{3-2}$$

如果将作用效应和结构抗力综合成两个基本变量，则结构功能函数可记为：

$$Z=R-S \tag{3-3}$$

式中　S——结构的作用效应（简称作用效应）；

　　　R——结构的抗力（简称结构抗力）。

当 $Z=R-S=0$ 时，则称为此结构或结构构件处于预定功能的极限状态；

若 $Z=R-S>0$ 时，则结构或结构构件处于可靠状态；

若 $Z=R-S<0$ 时，则结构或结构构件处于失效状态。

当仅有作用效应与结构抗力两个基本变量时，结构按极限状态设计，应符合下列要求：

$$R-S\geqslant 0 \tag{3-4}$$

3.2.3　正态分布的概率密度函数及数理统计特征

1）正态分布的概率密度函数

概率是指随机事件在某一指定条件下出现的机率。为了预知随机事件在一指定条件下出现这种可能性的大小，需要分析随机变量概率分布的规律。例如，材料强度这一随机变量，会因材料质量、工艺条件、加载方式、尺寸差异等因素的制约，而引起材料强度高低的不确定性。即使是按同一标准冶炼的钢材轧制成的钢筋，或按同一配合比搅拌的混凝土做成同样大小的试块，再用统一条件进行拉伸或抗压试验，所测得的强度值也不可能完全相同。

图 3-1 所示为某钢厂生产的一批 HPB235 级钢筋，试件总数为 2037 个的试验结果。以取样试件的屈服强度作为横坐标，以每一强度区段出现的频率作为纵坐标。根据实测数据画出频率直方图，进而绘制出连续光滑的理论曲线，即为概率密度曲线。它代表了钢筋强度的概率分布，可见基本符合正态分布。

图 3-2 所示为某预制构件厂所做的一批混凝土试块（试件总数为 889 个）的实测抗压强度分布。图中横坐标为试块的实测强度，纵坐标为频率。频率直方图为实测数据，由此绘制的连续光滑的理论曲线，代表了混凝土试块抗压强度的概率密度曲线。

上述两个试验得出的概率密度曲线，代表了两种材料强度的概率分布。由此

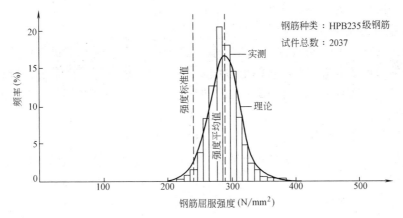

图 3-1 某钢厂钢材屈服强度统计资料

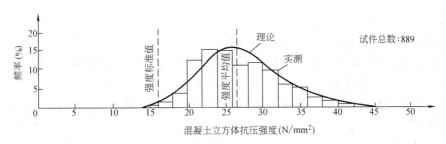

图 3-2 某预制构件厂对某工程所作试块的统计资料

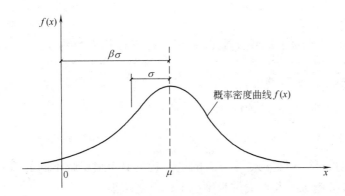

图 3-3 正态分布概率密度曲线

可见，材料强度这一随机变量基本服从正态分布。正态分布的概率密度曲线（图 3-3）的一般函数表达式为：

$$f_{(x)} = \frac{1}{\sqrt{2\pi}\sigma} e^{-\frac{(x-\mu)^2}{2\sigma^2}}$$ (3-5)

正态分布的概率密度曲线，具有如下几个特点：

（1）正态分布是一条连续光滑的单峰曲线；

（2）峰值在 $x=\mu$ 处（μ 为均值）；

（3）曲线在 $x=\mu$ 处，有一纵向对称轴；

（4）曲线的对称轴两边各有一个反弯点，且两反弯点相互对称。

55

（5）曲线下的全部积分面积等于 1.0。

2）数理统计特征

公式（3-5）中，除 x 为自变量（在概率论中，称 x 为从随机事件总体分布中抽出的随机样本值）外，另两个参数 μ、σ 一般是在掌握了大量统计资料的基础上，经过数理统计分析而得到的已知数，μ、σ 以及相关参数 δ、β，统称为"数理统计特征"。其中：

（1）正态分布的均值 μ

μ 为正态分布曲线峰值处的横坐标（图 3-3），可按下式计算：

$$\mu = \frac{\sum\limits_{i=1}^{n} x_i}{n} \tag{3-6}$$

式中　x_i——第 i 个随机样本值；

n——随机样本值的抽样个数。

（2）正态分布的标准差（或称均方差）σ

σ 是用来反映随机变量以均值 μ 为中心的离散程度的。σ 值越大，曲线越趋扁平，说明随机变量越分散；σ 值越小，曲线越高而窄，说明随机变量越集中。从几何意义上说，σ 的绝对值即为正态分布曲线反弯点到均值 μ 的水平标距。σ 可按下式求得：

$$\sigma = \sqrt{\frac{\sum\limits_{i=1}^{n} (\mu - x_i)^2}{n-1}} \tag{3-7}$$

式中的平方是为了避免正负偏差相互抵消；开方是为了与 μ 的单位取得一致。

（3）变异系数 δ

变异系数为标准差与均值之比，又称相对标准差。即：

$$\delta = \frac{\sigma}{\mu} \tag{3-8}$$

上式说明 δ 是一个与 σ、μ 有关的量。它主要用来反映不同 μ 值的相对离散程度，显然，δ 越大，相对离散程度越大；反之越小。

（4）可靠指标 β

可靠指标为均值与标准差之比。即：

$$\beta = \frac{\mu}{\sigma} \tag{3-9}$$

β 值从几何意义上说，是指从横坐标原点至均值的距离等于 β 倍标准差的倍数。因为由 β 值可以判定随机事件的失效概率和可靠概率（保证率）。所以，β 值一般称为可靠指标。

3.2.4　结构可靠度、失效概率与结构可靠指标

结构可靠度（又称结构可靠概率或保证率），是指为使结构在规定的设计使用年限内，在正常设计、正常施工和正常使用的条件下，满足预定功能要求

（$Z=R-S\geqslant0$）的概率；而不能满足预定功能要求的概率，称为失效概率。

在进行结构可靠度分析时，可以将作用效应和结构抗力综合为两个各自独立的基本变量。因为两个基本变量都是随机变量，而且都服从正态分布。所以，结构的综合效应，即结构的功能函数：$Z=R-S$ 也是一个随机变量，也服从正态分布。根据均值和标准差的性质可知：

$$\mu_Z=\mu_R-\mu_S \tag{3-10}$$

$$\sigma_Z=\sqrt{\sigma_R^2+\sigma_S^2} \tag{3-11}$$

$$\beta=\frac{\mu_Z}{\sigma_Z}=\frac{\mu_R-\mu_S}{\sqrt{\sigma_R^2+\sigma_S^2}} \tag{3-12}$$

式中　μ_S、σ_S——结构构件作用效应的平均值和标准差；

μ_R、σ_R——结构构件抗力的平均值和标准差；

μ_Z、σ_Z——结构构件功能要求的平均值和标准差；

β——结构构件的可靠指标。

由此，可以得出结构功能的概率密度函数：

$$\varphi(Z)=\frac{1}{\sqrt{2\pi}\sigma_Z}e^{-\frac{(z-\mu_Z)^2}{2\sigma_Z^2}} \tag{3-13}$$

当结构功能密度函数确定以后，结构可靠概率（保证率）和失效概率可由该密度函数曲线下的积分面积来确定。其总概率为：

$$P(-\infty,+\infty)=\frac{1}{\sqrt{2\pi}\sigma_Z}\int_{-\infty}^{+\infty}e^{\frac{(z-\mu_Z)^2}{2\sigma_Z^2}}dz=100\%=1$$

如果经过坐标变换，将 Z 标准化（即 $\mu_Z=0$，$\sigma_Z=1$），令 $x=\frac{z-\mu_Z}{\sigma_Z}$，$dZ=\sigma_Z dx$，且由 $\beta=\mu_Z/\sigma_Z$，则得：

$$P_t=\int_{-\infty}^{-\beta}\frac{1}{\sqrt{2\pi}}e^{-\frac{x^2}{2}}dx \tag{3-14}$$

这就将属于正态分布随机事件的失效概率和可靠指标 β 建立起直接函数关系，可记作：

$$P_f=f[-\beta] \tag{3-15}$$

结构构件的可靠度与失效概率具有下列关系：

$$P_S=1-P_f \tag{3-16}$$

式中　P_f——结构构件的失效概率；

$f(\cdot)$——标准正态分布函数；

P_S——结构构件可靠度（又称可靠概率、保证率）。

由此可见，若取横坐标的分位值等于 β 倍标准差，便知该结构的失效概率和保证率（可靠概率）；反之，若想得到人们所能接受的失效概率，便知应取均值减去几倍标准差（即 β 值）。这样 β 值便与失效概率联系起来，从而使 β 值成为衡量结构可靠度的一个重要指标，故称为结构可靠指标。其 β 与 P_f 的对应关系，可参见表 3-3。

部分 β—P_f　对应关系　　　　　　　　　表 3-3

β(结构可靠指标)	P_f(失效概率)	P_s(保证率)
1	0.15866	0.84134
1.645	0.05050	0.94950
2	0.02275	0.97725
2.7	0.00350	0.99650
3	0.00135	0.99865
3.2	0.00069	0.99931
3.7	0.00011	0.99989
4	0.00003	0.99997
4.2	0.00001	0.99999

以上推算均假定 R 和 S 都服从正态分布。实际上结构的荷载效应多数不服从正态分布，结构的抗力也不一定服从正态分布（例如楼面活荷载、风荷载、雪荷载常假定为极值分布）。然而对于非正态分布的随机变量可以作当量正态变换，找出它的当量正态分布的均值和标准差，然后就可以按照正态随机变量来计算。

我国采用的以概率理论为基础的极限状态设计方法，是以结构失效概率来定义结构可靠度，并以与结构失效概率相对应的可靠指标 β 来度量结构可靠度，从而能较好地反映结构可靠度的实质，使设计概念更为科学和明确。

根据对现有结构构件的可靠度分析，并考虑使用经验和经济因素等，由《统一标准》对结构构件两种极限状态的可靠指标作了统一的规定。

1）结构构件承载能力极限状态的可靠指标，不应小于表 3-4 的规定。表中规定的可靠指标又可称为目标可靠指标。

结构构件承载能力极限状态的可靠指标 β　　　　　　表 3-4

破坏类型	安　全　等　级		
	一　级	二　级	三　级
延性破坏	3.7	3.2	2.7
脆性破坏	4.2	3.7	3.2

应当说明，结构构件承载能力极限状态设计时采用的可靠指标，是根据建筑物的安全等级（表 3-2）和结构构件的破坏类型而定的，而且以建筑结构安全等级为二级的延性破坏的 β 值 3.2 作为基准，其他情况相应增减 0.5。在此，结构构件的破坏类型，可以理解为破坏有明显预兆者属延性破坏，无明显预兆者属脆性破坏。

尚需说明，表中规定的结构构件承载能力极限状态的可靠指标，系指在结构构件承载能力极限状态设计时，允许达到的最小的可靠指标，亦即各类材料结构设计规范应采用的最低 β 值。为达到最低 β 值这一极值的要求，有关荷载效应部分，包括荷载的取值、各项荷载分项系数的确定以及荷载组合原则等，统一由《建筑结构荷载规范》GB 50009—2001（简称《荷载规范》）提供。结构抗力部分，包括材料性能、抗力分项系数以及变形、裂缝允许值等，由相关各类材料结构设计规范确定。但总的建筑结构设计的可靠指标不应小于《统一标准》规定的 β 值。

2) 结构构件正常使用极限状态的可靠指标，一般应根据结构构件作用效应的可逆程度选取。可逆程度较高的结构构件取较低值；可逆程度较低的结构构件取较高值。例如：对可逆的正常使用极限状态，可取 β 值为 0；对不可逆的正常使用极限状态，可取 β 值为 1.5。可逆极限状态指产生超越的作用被移掉后，将不再保持超越状态的一种极限状态；不可逆极限状态指产生超越的作用被移掉后，仍将永久保持超越状态的一种极限状态。

《统一标准》规定：结构构件正常使用极限状态的可靠指标，根据其可逆程度宜取 0~1.5。

3.3 极限状态设计表达式

3.3.1 承载能力极限状态设计表达式

承载能力极限状态，可以理解为结构或结构构件发挥允许的最大承载能力的状态。采用以概率理论为基础的承载能力极限状态设计方法，可以表达为：

$$P_f \leqslant [P_f] \tag{3-17}$$

$$\text{或} \qquad \beta \geqslant [\beta] \tag{3-18}$$

式中　P_f、β——分别为结构构件所具有的失效概率和相应的可靠指标；

$[P_f]$、$[\beta]$——分别为《统一标准》允许的失效概率和相应的目标可靠指标。

为了便于设计，仍然采用作用在结构构件上的荷载效应乘以结构重要性系数，必须小于最多等于结构构件本身所具有的抗力这一表达形式。即：

$$\gamma_0 S_d \leqslant R_d \tag{3-19}$$

式中　γ_0——结构重要性系数，按表 3-5 采用；

S_d——作用组合的效应（如轴力、弯矩等）设计值；

R_d——结构或构件的抗力设计值。

房屋建筑的结构重要性系数 γ_0 　　　　表 3-5

结构重要性系数	对持久设计状况和短暂设计状况			对偶然设计状况和地震设计状况
	安全等级			
	一级	二级	三级	
γ_0	1.1	1.0	0.9	1.0

在进行承载能力极限状态设计时，必须事先明确各种作用与材料强度的取值原则，以及各种分项系数的取值方法。《统一标准》指出，对持久设计状况和短暂设计状况，其结构构件的承载能力极限状态，应按作用效应的基本组合。必要时应考虑作用效应的偶然组合进行设计。

1) 基本组合，作用效应组合的设计值 S_d 从下列组合值中最不利值确定：

(1) 由可变作用效应控制的组合

59

$$S_d = S(\sum_{i \geqslant 1} \gamma_{G_i} G_{ik} + \gamma_P P + \gamma_{Q_1} \gamma_{L1} Q_{1k} + \sum_{j > 1} \gamma_{Q_j} \psi_{cj} \gamma_{Lj} Q_{jk}) \tag{3-20}$$

（2）由永久作用效应控制的组合

$$S_d = S(\sum_{i \geqslant 1} \gamma_{G_i} G_{ik} + \gamma_P P + \gamma_L \sum_{j \geqslant 1} \gamma_{Q_j} \psi_{cj} Q_{jk}) \tag{3-21}$$

式中，$S(\cdot)$——作用组合的效应函数；

　　　G_{ik}——第 i 个永久作用的标准值；

　　　P——预应力作用的有关代表值；

　　　Q_{1k}——第 1 个可变作用（主导可变作用）的标准值；

　　　Q_{jk}——第 j 个可变作用的标准值；

　　　γ_{Gi}——第 i 个永久作用的分项系数，应按表 3-7 采用；

　　　γ_P——预应力作用的分项系数，应按表 3-7 采用；

　　　γ_{Q1}——第 1 个可变作用（主导可变作用）的分项系数，应按表 3-7 采用；

　　　γ_{Qj}——第 j 个可变作用的分项系数，应按表 3-7 采用；

γ_{L1}、γ_{Lj}——第 1 个和第 j 个考虑结构设计使用年限的荷载调整系数，应按表 3-6 采用，对设计使用年限与设计基准期相同的结构，应取 $\gamma_L = 1.0$；

　　　ψ_{cj}——第 j 个可变作用的组合系数，应按有关规范的规定采用；

式（3-20）是将在基本组合中起控制作用的一个可变荷载和其余可能同时作用在结构构件上的可变荷载分开，考虑到与第一个可变荷载同时作用的可能性不大，故将其余可变荷载乘以组合值系数。当结构承受两种或两种以上可变荷载，且其中有一种量值较大时，则有可能仅考虑较大的一种可变荷载更为不利。

式（3-21）是考虑到在基本组合中，以永久荷载对结构构件起控制作用。为保证以永久荷载为主结构构件的可靠指标符合规定值，故将永久荷载分项系数提高到 $\gamma_G = 1.35$。同时将可变荷载均乘以组合值系数。

房屋建筑考虑结构设计使用年限的荷载调整系数 γ_L　　　　表 3-6

结构的设计使用年限（年）	γ_L
5	0.9
50	1.0
100	1.1

注：对设计使用年限为 25 年的结构构件，γ_L 应按各种材料结构设计规范的规定采用。

分项系数取值汇总表　　　　表 3-7

名　称		符　号	取　值	说　明
作用效应分项系数	永久作用分项系数	γ_G	1.2 1.35	对式（3-20）应取 1.2，对式（3-21）应取 1.35；当作用效应对结构承载能力有利时，应取 1.0；对倾覆、滑移或漂浮验算应取 0.9
	可变作用分项系数	γ_Q	1.4	对标准值大于 4kN/m² 的工业房屋楼面应取 1.3；当可变作用效应对结构构件的承载能力有利时，应取为 0
	预应力作用分项系数	γ_P	1.2	当作用效应对结构承载能力有利时，应取 0

续表

名称		符号	取值	说明
第 j 个可变荷载的组合值系数		ψ_{cj}	0.7	书库、档案室、储藏室、通风机房、电梯机房和屋面积灰荷载应取 0.9；高炉邻近建筑的屋面积灰荷载应取 1.0
在频遇组合中起控制作用的一个可变荷载的频遇值系数		ψ_{f1}	0.5～1.0	办公楼、住宅楼面活荷载取 0.5，其他详见《荷载规范》
第 j 个可变作用的准永久值系数		ψ_{qj}	0～1.0	办公楼、住宅楼面活荷载取 0.4；教室、商店取 0.5，其他详见《荷载规范》
结构构件抗力分项系数	钢结构 Q235 钢	γ_R	1.087	
	钢结构 Q345 钢			
	钢结构 Q390 钢		1.111	
	钢结构 Q420 钢			
	混凝土结构 混凝土	γ_C	1.4	
	混凝土结构 普通钢筋	γ_S	1.10	高强度 500MPa 级钢筋，取 1.15；预应力钢筋，取 1.2
材料性能分项系数	木结构			略
	砌体结构	γ_f	1.6	一般情况下，宜按施工控制等级为 B 级考虑；当为 C 级时应取 1.8；当为 A 级时，应取 1.5

2）偶然组合，偶然组合的效应设计值可按下式确定：

$$S_d = S\left[\sum_{i\geq 1}G_{ik} + P + A_d + (\psi_{f1} \text{ 或 } \psi_{q1})Q_{1k} + \sum_{j>1}\psi_{qj}Q_{jk}\right] \quad (3\text{-}22)$$

式中 A_d——偶然作用的设计值；

ψ_{f1}——第 1 个可变作用的频遇值系数，应按有关规范的规定采用；

ψ_{q1}、ψ_{qj}——第 1 个和第 j 个可变作用的准永久值系数，应按有关规范的规定采用。

偶然组合，系指一种偶然作用，如地震、爆炸等，与其他可变荷载相组合。偶然作用发生的概率很小，持续的时间较短，但对结构却可能造成相当大的损害。一般说来，在偶然作用下，要求结构内保持完整无缺是不现实的，只能要求结构不会导致整个结构发生灾难性的连续倒塌，所采用的可靠指标值允许比基本组合有所降低。鉴于这种特性，从安全与经济两方面考虑，当按偶然组合验算结构的承载能力时，偶然作用的代表值不乘以分项系数；与偶然作用同时出现的可变作用，应根据观测资料和工程经验采用适当的代表值。

3.3.2 荷载与材料强度指标的确定

1）荷载标准值、荷载设计值及荷载分项系数

（1）荷载标准值

荷载根据不同的设计要求，由《荷载规范》规定不同的代表值以使之更确切地反映它在设计中的特点。《荷载规范》给出的四个荷载代表值是：标准值、组合值、频遇值和准永久值。其中，荷载标准值是荷载的基本代表值，而其他代表

值都可以在标准值的基础上乘以相应的系数后得出。

荷载标准值，是指其在结构使用期间可能出现的最大荷载值。由于荷载本身的随机性，因而使用期间的最大荷载也是随机变量。荷载标准值如果取荷载均值加上 1.645 标准差，即取具有 95％ 保证率的上分位值，应该说是比较理想的取值原则。然而，要实现这个原则，还有不少困难：一是对部分荷载缺乏足够的统计资料；二是对过去长期以来取值的荷载，突然取值过大会明显增加建筑造价。因此，我国《荷载规范》采用两种取值方式：

其一，对某类荷载，当有足够资料而有可能对其统计分布作出合理估计时，荷载标准值则在其设计基准期最大荷载分布上，取其上分位置（该分位值未作统一规定）来确定。

其二，对未能取得充分统计资料的某类荷载，则从实际出发，根据已有的工程实践经验，通过分析判断后确定荷载标准值。

通过上述两种方式，最终确定的荷载标准值，统一由《荷载规范》给出。

(2) 荷载设计值

系指荷载标准值乘以荷载分项系数以后的荷载值。如永久荷载设计值为 $\gamma_G G_k$，可变荷载设计值为 $\gamma_Q Q_k$。其荷载分项系数见表 3-7。一般情况下，在承载能力极限状态设计中，应采用荷载设计值，而在正常使用极限状态设计中，则应采用荷载标准值。

(3) 荷载分项系数

因为各类荷载标准值的取值标准不同，其保证率也不同，为了使结构设计进一步达到《统一标准》规定的可靠指标的要求，有必要在设计时，通过荷载分项系数，对荷载取值予以调整。考虑到荷载的统计资料尚不够完备，为了简化计算，《统一标准》按永久荷载和可变荷载两类分别给出荷载分项系数。按照《统一标准》要求，荷载分项系数应按下列规定采用：

(A) 永久荷载分项系数 γ_G。当永久荷载效应对结构不利（使结构内力增大）时，对由可变荷载效应控制的组合应取 1.2；对由永久荷载效应控制的组合应取 1.35。当永久荷载效应对结构有利（使结构内力减小）时，一般情况应取 1.0；对结构的倾覆、滑移或漂浮验算，应取 0.9。

(B) 可变荷载系数 γ_Q。一般情况下应取 1.4；对工业建筑楼面活荷载标准值大于 $4kN/m^2$ 时，从经济效果考虑，应取 1.3。当可变荷载效应对结构构件的承载能力有利时，应取 0。荷载分项系数的取值参见表 3-7。

2) 材料强度标准值、材料强度设计值及材料强度分项系数

(1) 材料强度标准值

材料强度标准值，是确定材料强度的重要指标，一般材料强度设计值是根据材料强度标准值而定，所以材料强度标准值为材料强度的基本代表值。材料强度标准值的确定方法，因材料不同也不尽相同。现简要介绍如下：

(A) 混凝土强度标准值

根据《混凝土结构设计规范》确定的取值原则，混凝土强度标准值取混凝土强度总体分布的平均值减去 1.645 倍标准差，保证率为 95％ 的强度值。混凝土

强度标准值分以下三种：

① 立方体抗压强度标准值 $f_{cu,k}$

根据上述取值原则，混凝土立方体的抗压强度标准值为：

$$f_{cu,k} = \mu_{cu} - 1.645\sigma_{cu} \tag{3-23}$$

或

$$f_{cu,k} = \mu_{cu}(1 - 1.645\delta) \tag{3-24}$$

式中 μ_{cu}、σ_{cu}——分别为立方体抗压强度的平均值、标准差；

δ——混凝土强度的变异系数，见表 3-8。

混凝土立方体抗压强度变异系数　　　　　表 3-8

混凝土强度等级	C15	C20	C25	C30	C35	C40	C45	C50	C55	C60~C80
δ	0.21	0.18	0.16	0.14	0.13	0.12	0.12	0.11	0.11	0.10

② 轴心抗压强度标准值 f_{ck}

根据混凝土强度标准值取值原则，混凝土轴心抗压强度标准值为：

$$f_{ck} = \mu_c - 1.645\sigma_c = \mu_c(1 - 1.645\delta) \tag{3-25}$$

式中 μ_c、σ_c——分别为混凝土抗压强度的平均值、标准差。

将式（2-1）代入，可得：

$$\begin{aligned} f_{ck} &= 0.88d_{C1}d_{C2}\mu_{cu}(1 - 1.645\delta) \\ &= 0.88d_{C1}d_{C2}f_{cu,k} \end{aligned} \tag{3-26}$$

③ 轴心抗拉强度标准值 f_{tk}

根据同一取值原则，轴心抗拉强度标准值为：

$$\begin{aligned} f_{tk} &= \mu_t - 1.645\sigma_t \\ &= \mu_t(1 - 1.645\delta) \end{aligned} \tag{3-27}$$

式中 μ_t、σ_t——混凝土轴心抗拉强度平均值、标准差。

再以式（2-3）代入得：

$$f_{tk} = 0.88 \times 0.395 d_{C2} f_{cu,k}^{0.55} \tag{3-28}$$

不同强度等级的混凝土强度标准值，见附录一之附表 1-8。

（B）砌体强度标准值

砌体强度同样属于随机变量，且服从正态分布。按照《统一标准》要求，统一取强度的概率密度函数的 5% 分位值（保证率为 95%），其砌体强度标准值 f_k 可按下式计算：

$$f_k = f_m - 1.645\sigma_f = f_m(1 - 1.645\delta_f) \tag{3-29}$$

式中 f_k——砌体强度标准值；

f_m——砌体强度平均值；

σ_f——砌体强度标准差；

δ_f——砌体强度变异系数，除毛石砌体外，各类砌体的变异系数均为 $\delta_f = 0.17$。

对于毛石砌体以外的各类砌体：

$$f_k = f_m(1 - 1.645 \times 0.17) = 0.72 f_m \tag{3-30}$$

（C）钢材强度标准值

由于碳素结构钢和低合金结构钢在受力到达屈服强度（屈服点）以后，应变急剧增长，从而使结构的变形迅速增加，以致不能继续使用，所以一般都是以钢材屈服强度（屈服点）为依据而确定的钢材强度标准值。例如 Q235 钢材的强度标准值相当于屈服强度平均值减去两倍标准差，保证率为 97.725%。

（2）材料强度设计值

为简化设计，在承载能力极限状态设计中，仍然沿用强度设计值的作法。考虑到材料的离散性和施工中可能出现的偏差所带来的不利影响，再将材料强度标准值分别除以大于 1 的材料分项系数，即为各自材料的强度设计值。一般可记为：

$$f = \frac{f_k}{\gamma_R} \tag{3-31}$$

正如上面指出的木材的强度设计值是根据树种的强度等级而定的。其中也考虑了木材的天然缺陷、木材的产地、木材干湿程度、构件截面尺寸大小的影响因素，木材的强度设计值，由《木结构设计规范》直接给出。尚需指出，考虑到在某些情况下砌体抗压强度的变异，《砌体结构设计规范》规定，下列情况的各类砌体，其砌体强度设计值应乘以调整系数 γ_a。其中，对无筋砌体构件，当截面面积小于 $0.3 m^2$ 时，γ_a 为其截面面积加 0.7（构件截面面积以 m^2 计）；当砌体用水泥砂浆砌筑时，γ_a 为 0.9；当施工控制等级为 C 级时，$\gamma_a = 0.89$。

（3）材料强度分项系数

材料强度分项系数，又称结构构件抗力分项系数或材料性能分项系数。它是在已有荷载分项系数的情况下，在承载能力极限状态设计表达式中，采用不同的材料强度分项系数，反复推算出结构构件所具有的可靠指标，从中选取与规定的可靠指标最接近的一组材料强度分项系数。对统计资料不足的情况，则以工程经验为主要依据，通过对原规范结构构件的校准计算确定。尚需说明，砌体结构的材料性能分项系数 γ_f 的取值由施工质量控制等级而定。按照《砌体工程施工及验收规范》的规定，根据现场的质保体系，砂浆和混凝土的强度、砌筑工人技术等级方面的综合水平，施工质量控制等级分为 A、B、C 三个等级（表 3-9）。施工质量控制等级的选择主要由设计和建设单位商定。一般多层房屋宜按 B 级控制。由此，一般情况下，宜按 B 级考虑，取 $\gamma_f = 1.6$；当为 C 级时，取 $\gamma_f = 1.8$；当为 A 级时，取 $\gamma_f = 1.5$。

各种材料强度分项系数可参见表 3-7。

3.3.3　正常使用极限状态设计表达式

正常使用极限状态可以理解为结构或结构构件达到使用功能上允许的某个极限的状态。例如，某些构件必须控制变形、裂缝才能满足使用要求。因为过大的变形会造成影响房屋正常使用；过宽的裂缝会影响结构的耐久性；过大的变形和裂缝会造成用户心理上的不安全感。

项 目	施工质量控制等级		
	A	B	C
现场质量体系	制度健全,并严格执行;非施工方质量监督人员经常到现场,或现场设有常驻代表;施工方有在岗专业技术管理人员,并持证上岗	制度基本健全,并能执行;非施工方质量监督人员间断地到现场进行质量控制;或现场设有常驻代表;施工方有在岗专业技术管理人员,并持证上岗	有制度;非施工方质量监督人员很少到现场质量控制;施工方有在岗专业技术管理人员
砂浆、混凝土强度	试块按规定制作,强度满足验收规定,离散性小	试块按规定制作,强度满足验收规定,离散性较小	试块强度满足验收规定,离散性大
砂浆拌合方式	机械拌合;配合比计量控制严格	机械拌合;配合比计量控制一般	机械或人工拌合;配合比计量控制较差
砌筑工人技术等级	中级工以上,其中高级工不少于20%	高、中级工不少于70%	初级工以上

砌体工程施工控制等级 表 3-9

为此,正常使用极限状态设计表达式,可记为:

$$S_d \leqslant C \tag{3-32}$$

式中 S_d——变形、裂缝等荷载效应的设计值;

C——设计对变形、裂缝等规定的相应限值。

在正常使用极限状态设计中,对可变荷载效应的取值不仅与荷载标准值(设计基准期内最大概率分布的某一分位值)有关,而且与荷载作用的时间长短和几种可变荷载同时作用的可能性大小有关。为此,在进行正常使用极限状态设计时应根据不同设计目的,对变形、裂缝等荷载效应的设计值 S_d,应分别采用荷载效应的标准组合、频遇组合和准永久组合进行设计。

1)标准组合:

$$S_d = S\left(\sum_{i\geqslant 1}G_{ik} + P + Q_{1k} + \sum_{j>1}\psi_{cj}Q_{jk}\right) \tag{3-33}$$

即永久荷载标准值效应,加一个在标准组合中起控制作用的一个可变荷载标准值效应,再加其他可能同时作用的各可变荷载标准值乘以组合值系数。

2)频遇组合:

$$S_d = S\left(\sum_{i\geqslant 1}G_{ik} + P + \psi_{f1}Q_{1k} + \sum_{j>1}\psi_{qj}Q_{jk}\right) \tag{3-34}$$

式中 $\psi_{f1}Q_{1k}$——在频遇组合中起控制作用的一个可变荷载频遇值效应;

$\psi_{qj}Q_{jk}$——为第 j 个可变荷载准永久值效应。

即永久荷载标准值效应,加上一个频遇组合中起控制作用的可变荷载频遇值效应,再加其他可变荷载的准永久值效应。频遇组合主要用于当一个极限状态被超越时,将产生局部损害、较大变形或短暂的移动等情况。频遇值是设计基准期(50年)内,该可变荷载达到或超过该值的总持续时间与设计基准期(50年)的比值小于0.1的荷载代表值。

3）准永久组合：

$$S_d = S(\sum_{i\geqslant 1} G_{ik} + P + \sum_{j\geqslant 1} \psi_{qj} Q_{jk}) \qquad (3\text{-}35)$$

即永久荷载标准值效应，加上全部可变荷载的准永久值效应。准永久组合主要用于长期效应是决定性因素的一些情况。准永久值是在设计基准期（50 年）内可变荷载达到和超越该值的持续时间与设计基准期的比值为 0.5 的荷载代表值。

如前所述，正常使用极限状态设计的目的，是为了使结构构件不超过规范规定的某个限值，从而满足结构构件的适用性和耐久性的功能要求。结构构件正常使用极限状态所需达到的可靠指标，要比承载能力极限状态的可靠指标相对较小，因而设计时，均按荷载标准值和材料强度标准值取用，在设计中不乘以荷载分项系数和结构构件抗力分项系数。考虑到结构构件的挠度和裂缝等，在长期荷载作用时会使挠度和裂缝宽度增大，所以在计算荷载效应的设计值时，应考虑荷载效应的准永久组合。有时尚应考虑荷载效应的频遇组合。

正常使用极限状态设计，对变形等规定的相应限值，由各类材料结构设计规范给定。

第 4 章　钢结构基本构件

4.1　轴心受力构件

4.1.1　轴心受力构件的应用和截面形式

轴心受力构件广泛应用于主要承重钢结构，如桁架、塔架和网架等。轴心受力构件还常用作操作平台和其他结构的支柱。对于非主要承重构件，也常由许多轴心受力构件组成。

轴心受力构件的截面形式有如图 4-1 所示的四种。第一种是热轧型钢截面，如图 4-1（a）所示的圆钢、圆管、方管、角钢、普通工字钢、宽翼缘工字钢、T形钢和槽钢等；第二种是冷弯薄壁型钢截面，如图 4-1（b）所示的带有卷边或不带卷边的角形或槽形截面等；第三种是用型钢和钢板连接而成的实腹式组合截面（图 4-1c）；第四种是格构式组合截面（图 4-1d）。对于轴心拉杆，根据强度条件，截面形式应能提供所需的截面面积，同时为便于与相邻的其他构件连接和满足构件的刚度要求，截面轮廓尺寸还要尽可能宽大一些。对于轴心受压构件，根据整体稳定条件，截面形式要求尽可能宽而薄以便获得较好的经济效果。轴心压杆除经常采用双角钢和宽翼缘工字钢截面外，有时还采用实腹式或格构式组合截面。轮廓尺寸宽大的四肢或三肢格构式组合截面，可用于轴心压力不过大而构件又比较长的情况，以便节省钢材。在轻型结构中采用冷弯薄壁型钢截面比较有利。

4.1.2　轴心受拉构件的强度计算和刚度验算

1）轴心受拉构件的强度计算

根据《钢结构设计规范》的要求，净截面上的平均拉应力不得超过钢材的抗拉强度设计值。所以，轴心受拉构件的强度计算公式为：

$$\sigma = \frac{N}{A_n} \leqslant f \qquad (4\text{-}1)$$

式中　N——轴心拉力设计值；

　　　A_n——净截面面积（扣除截面上的孔洞面积）；

　　　f——钢材的抗拉强度设计值，见附录一之附表 1-1，对圆钢需乘以折减系数 0.95。

2）轴心受拉构件的刚度验算

为了防止拉杆因自重作用，在运输、安装时产生过大的变形，或者在动荷载作用下发生剧烈晃动，所以，拉杆不能过分柔软，而应该有必要的刚度。钢结构拉杆的刚度是用长细比来控制的。《钢结构设计规范》要求受拉构件的长细比不

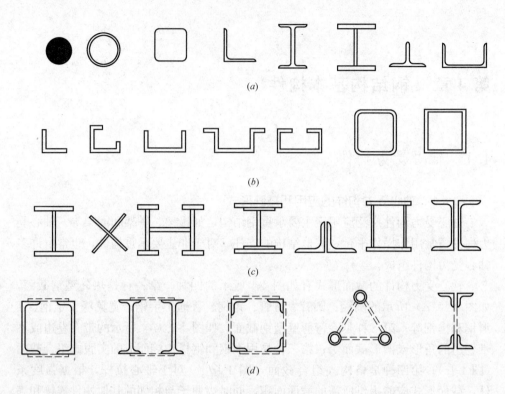

图 4-1　轴心受力构件的截面形式

得超过其容许长细比。即：

$$\lambda \leqslant [\lambda] \tag{4-2}$$

式中　$\lambda = \dfrac{l_0}{i}$ ——构件的长细比；

　　　　l_0 ——构件的计算长度，对于拉杆，一般取 $l_0 = l$，l 为节点中心间距（交叉点不作为节点考虑）；

　　　　i ——截面回转半径；

　　　　$[\lambda]$ ——受拉构件的容许长细比，见表 4-1。

受拉构件的容许长细比　　　　　　　　表 4-1

项次	构件名称	承受静力荷载或间接承受动力荷载的结构		直接承受动力荷载的结构
		一般建筑结构	有重级工作制吊车的厂房	
1	桁架的杆件	350	250	250
2	吊车梁或吊车桁架以下的柱间支撑	300	200	—
3	其他拉杆、支撑、系杆等（张紧的圆钢除外）	400	350	—

68　　【例 4-1】　验算图 4-2 所示双角钢截面的轴心拉杆强度。轴心拉力设计值

N＝650kN。钢材为 Q235 钢，角钢截面为∟100×100，角钢两肢上各有一排交错排列的螺栓孔，孔径 $d=21.5$mm。

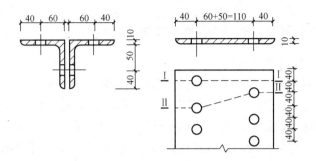

图 4-2 例 4-1 图

先把其中的一个角钢截面展开，并比较截面Ⅰ—Ⅰ和Ⅱ—Ⅱ哪个是危险截面。两个截面厚度均为 10mm。

解：

Ⅰ—Ⅰ 净截面宽度 $l_0=40+110+40-21.5=168.5$mm；

Ⅱ—Ⅱ 净截面宽度 $l_0=40+\sqrt{110^2+40^2}+40-2\times21.5=154$mm；

所以Ⅱ—Ⅱ截面为危险截面。由公式（4-1）可知净截面应力：

$$\sigma=\frac{N}{A_n}=\frac{650000}{2\times154\times10}=211\text{N/mm}^2<f=215\text{N/mm}^2$$

故此轴心拉杆满足强度要求。

4.1.3 轴心受压构件的强度、稳定计算和刚度验算

1）轴心受压构件的强度计算

轴心受压构件的强度计算公式与轴心拉杆基本相同，即：

$$\sigma=\frac{N}{A_n}\leqslant f \tag{4-3}$$

式中 N——轴心压力设计值；

f——钢材的抗压强度设计值，因取值与抗拉强度设计值相同，故取同一符号。

2）轴心受压构件的整体稳定计算

（1）"等稳度"概念

假定两端简支的轴心压杆在轴心压力作用下只发生弯曲变形，而不发生扭转变形，则由欧拉临界力公式可知：

$$N_{cr}=\frac{\pi^2EI}{l_0^2} \tag{4-4}$$

因 $i=\sqrt{\dfrac{I}{A}}$（即 $I=Ai^2$），且 $\lambda=\dfrac{l_0}{i}$（即 $l_0=i\lambda$），由此可知欧拉临界应力为：

$$\sigma_{cr}=\frac{N_{cr}}{A}=\frac{\pi^2EI}{Al_0^2}=\frac{\pi^2EAi^2}{Al_0^2}=\frac{\pi^2E}{\lambda^2} \tag{4-5}$$

式中 E——钢材的弹性模量；

A——轴心压杆的截面面积；

$i=\sqrt{\dfrac{l}{A}}$——截面绕主轴的回转半径；

$\lambda=\dfrac{l_0}{i}$——与回转半径相应的压杆长细比；

l_0——压杆的计算长度。

因为压杆截面对两个主轴（强轴和弱轴）的回转半径常常不同，所以对两个主轴的长细比也往往不同。而长细比不同，则临界应力和稳定程度也不同，显然，弱轴长细比大，临界应力小，稳定性差。所以，在实际工程设计中，常常对弱轴采用加大回转半径或减小压杆计算长度的办法来提高压杆的承载能力。通过调节压杆两个主轴方向的回转半径或计算长度，可以使得两个方向的临界应力相等或相当接近，这便是"等稳定"的概念。考虑等稳度概念进行设计 可以充分利用钢材的受力性能，从而收到良好的经济效果。

（2）轴心受压构件的整体稳定计算

就弹性理论而言，只要 $\sigma\leqslant\sigma_{cr}$，则压杆便不会发生失稳。而实际上，压杆的整体稳定性以及相应的稳定承载能力的大小，还要受许多因素的影响。其中，影响轴心受压构件整体稳定的主要因素有截面的残余应力、构件的初弯曲、荷载作用点的初偏心以及构件端部约束条件等。随着科学的发展，人们对稳定承载能力的研究不断深化。我国《钢结构设计规范》采用的是将钢材的强度设计值乘以稳定系数 ϕ 的方法，即用 $\sigma\leqslant\phi f$ 来保证压杆的整体稳定。其中 ϕ 值系综合考虑 $\sigma_{cr}<f$ 以及上述一些不利因素的影响。压杆稳定系数 ϕ，按不同的构件长细比、不同的钢材屈服强度和不同的截面分类分别取用。

截面分类是出于与实际稳定承载能力相近的考虑，按截面的不同形式和尺寸，不同的加工条件以及对 x 轴（强轴）和 y 轴（弱轴）的不同而确定的。根据最新研究成果，将原规范 GBJ 17—88 的 a、b、c 三类，增加为新规范的 a、b、c、d 四类。

轴心受压构件的截面分类，见表 4-2。

a 类截面是属于残余应力和初弯曲影响较小的轧制钢管的宽高比小于或等于 0.8，且绕强轴屈曲的轧制工字钢截面；

c 类截面是属于残余应力和初弯曲影响较大的截面；

b 类截面是介于 a、c 两类之间的截面，属于 b 类截面的约占钢结构受压杆件的 75%；

d 类截面是属于翼缘板厚 $t\geqslant80\text{mm}$ 的轧制工字钢或 H 形截面（对 y 轴）和板厚 $t\geqslant40\text{mm}$，翼缘为轧制或剪切边的焊接工字形截面（对 y 轴）的两种截面形式。因为这两种截面形式对弱轴的稳定承载力更低一些，所以，另属于 d 类截面。

轴心受压构件的整体稳定计算公式为：

$$\frac{N}{\phi A}\leqslant f \tag{4-6}$$

式中　N——轴心压力设计值；

　　　A——杆件毛截面面积；

　　　φ——轴心受压构件的稳定系数（取截面两主轴稳定系数中的较小者），应根据构件的长细比、钢材的屈服强度和截面分类，按附录三取用；

　　　f——钢材的抗压强度设计值。

轴心受压构件的截面分类（板厚 $t<40\text{mm}$）　　　　　表 4-2（a）

截面形式			对 x 轴	对 y 轴
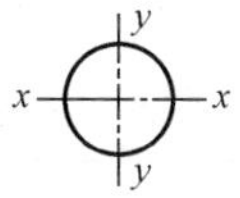 轧制（圆形截面）			a 类	a 类
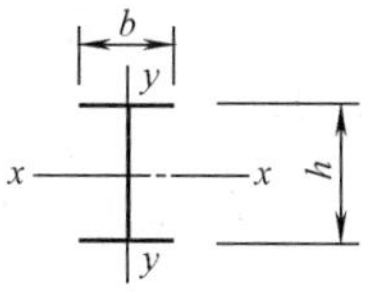 轧制，$b/h\leqslant0.8$			a 类	b 类
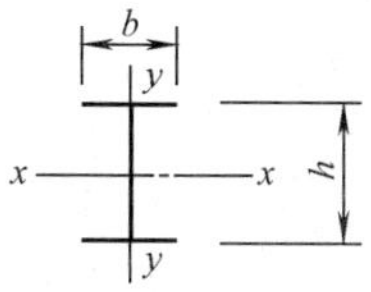 轧制，$b/h>0.8$ 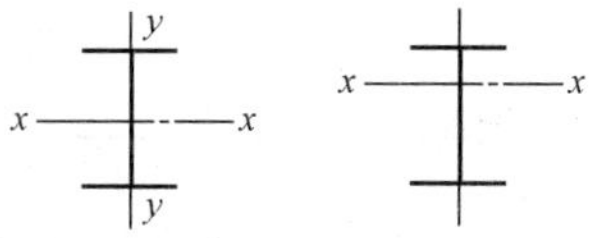 / 焊接，翼缘为焰切边 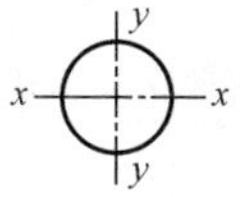 / 焊接（圆形）			b 类	b 类
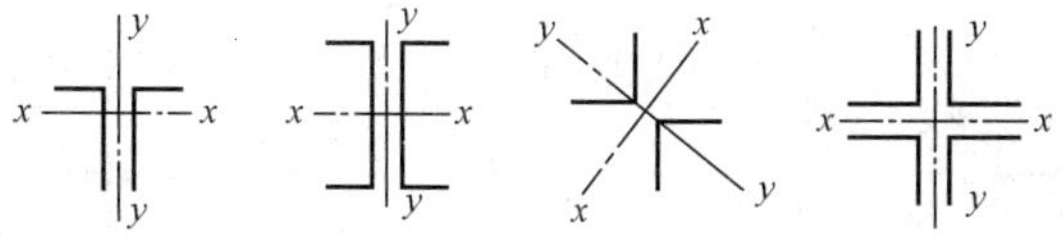 轧制 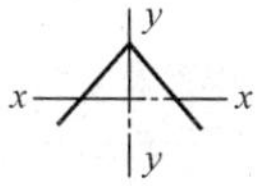 / 轧制等边角钢				
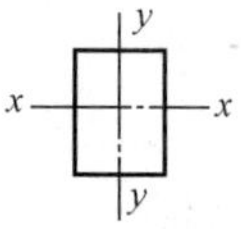 轧制、焊接（板件宽厚比>20）/ 轧制或焊接				
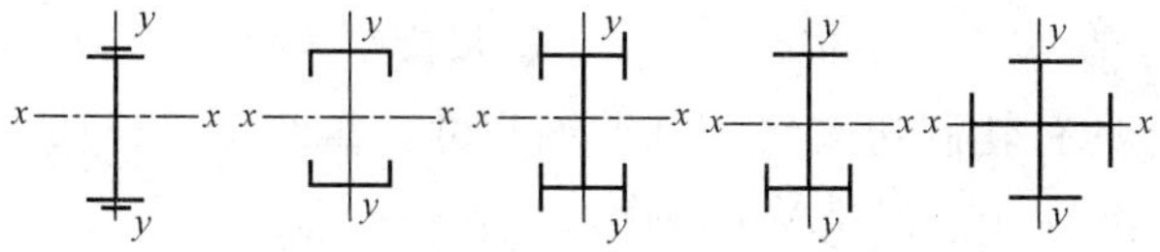 焊接 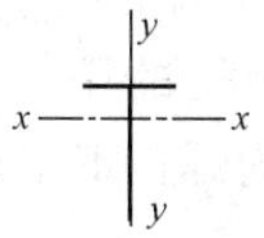 / 轧制截面和翼缘为焰切边的焊接截面				
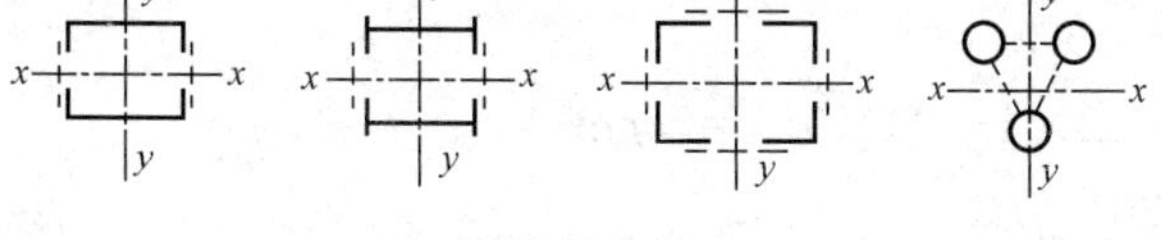 格构式 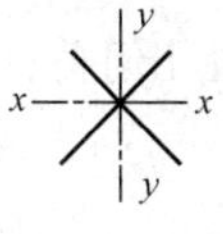 / 焊接，板件边缘焰切				

续表

截面形式			对 x 轴	对 y 轴
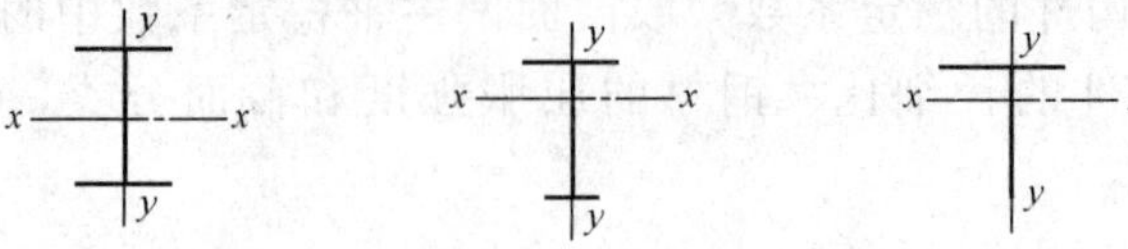 焊接,翼缘为轧制或剪切边			b 类	c 类
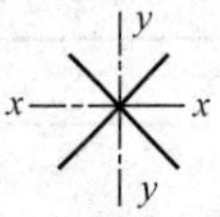 焊接,板件边缘轧制或剪切 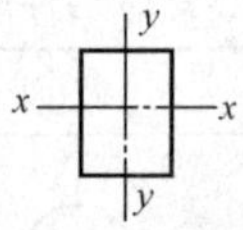		 焊接,板件宽厚比≤20	c 类	c 类

轴心受压构件的截面分类（板厚 $t \geqslant 40mm$）　　　　表 4-2（b）

截面形式		对 x 轴	对 y 轴
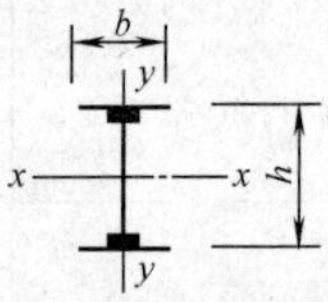 轧制工字形或 H 形截面	$t < 80mm$	b 类	c 类
	$t \geqslant 80mm$	c 类	d 类
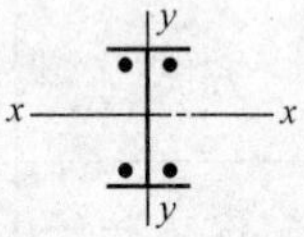 焊接工字形截面	翼缘为焰切边	b 类	b 类
	翼缘为轧制或剪切边	c 类	d 类
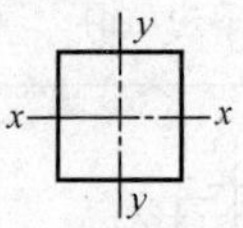 焊接箱形截面	板件宽厚比>20	b 类	b 类
	板件宽厚比≤20	c 类	c 类

【例 4-2】　验算如图 4-3（a）所示结构中两端铰接的轴心受压柱 AB 的整体稳定。该柱所承受的压力设计值 $N = 1000kN$，柱的计算长度 $l_x = 4.2m$，$l_y = 2.1m$，柱截面为焊接工字形，具有轧制边翼缘，其截面尺寸：翼缘为 $2-10 \times 220$，腹板为 $1-6 \times 200$（图 4-3b），由 Q235A 钢制作。

解：

已知，$N = 1000kN$，抗压强度设计值 $f = 215N/mm^2$。

① 计算截面几何特征

毛截面面积　　　　　$A = 2 \times 22 \times 1 + 20 \times 0.6 = 56cm^2$

截面惯性矩　　　　　$I_x = \dfrac{0.6 \times 20^3}{12} + 2 \times 22 \times 10.5^2 = 5251cm^2$

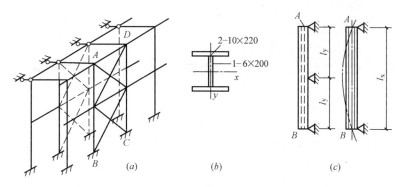

图 4-3 例 4-2 图

$$I_y = 2 \times \frac{1}{12} \times 1 \times 22^3 = 1775 \text{cm}^2$$

截面回转半径
$$i_x = \sqrt{\frac{I_x}{A}} = \sqrt{\frac{5251}{56}} = 9.68 \text{cm}^2$$

$$I_y = \sqrt{\frac{I_y}{A}} = \sqrt{\frac{1775}{56}} = 5.63 \text{cm}^2$$

② 压杆的长细比及稳定系数

$$\lambda_x = \frac{I_x}{i_x} = \frac{420}{9.68} = 43.4 < [\lambda] = 150$$

$$\lambda_y = \frac{I_y}{i_y} = \frac{210}{5.63} = 37.3$$

根据柱截面的组成条件，由表 4-2 可知，该截面对强轴属于 b 类，由附录三之附表 3-2 查得，$\varphi_x = 0.885$；对弱轴属于 c 类，由附录三之附表 3-3 查得，$\varphi_y = 0.856$。

③ 整体稳定验算

$$\frac{N}{\varphi A} = \frac{1000 \times 10^3}{0.856 \times 56 \times 10^2} = 208.6 \text{N/mm}^2 < f = 215 \text{N/mm}^2$$

经整体稳定计算，可知此柱满足整体稳定要求。

3）轴心受压构件的局部稳定计算

轴心受压构件不仅有丧失整体稳定的可能性，也有丧失局部稳定的可能性。这是因为通常组成构件的板件很薄，在外力作用下，个别板件受到的应力可能超过板件本身的临界应力，从而导致板件发生屈曲变形（图 4-4），发生局部失稳，降低构件的承载能力。为了防止构件丧失局部稳定，《钢结构设计规范》根据局部失稳不得先于整体失稳、板件临界应力等于构件临界应力的原则，规定出板件宽厚比和高厚比的限值，并依此进行局部稳定计算。

（1）翼缘板自由外伸宽度 b_1 与其厚度 t 之比（图 4-5），应符合下式要求：

$$\frac{b_1}{t} \leqslant (10 + 0.1\lambda)\sqrt{\frac{235}{f_y}} \tag{4-7}$$

式中　b_1——翼缘板自由外伸的宽度，对焊接构件，取腹板边至翼缘板（肢）边缘的距离；对轧制构件，取内圆弧起点至翼缘板（肢）边缘的距离；

t——翼缘板（肢）的厚度；

f_y——钢材的屈服强度（以 N/mm^2 计）；

λ——构件两个方向长细比的较大值（当 $\lambda < 30$ 时，取 $\lambda = 30$；当 $\lambda > 100$ 时，取 $\lambda = 100$）。

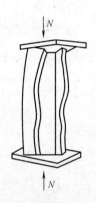

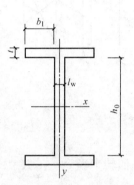

图 4-4　轴心受压构件翼缘凸曲现象　　　　图 4-5　式 4-7 示意图

（2）腹板计算高度 h_0 与其厚度 t_w 之比，应符合下列要求：

（A）对工字形截面：

$$\frac{h_0}{t_w} \leqslant (25 + 0.5\lambda)\sqrt{\frac{235}{f_y}} \tag{4-8}$$

（B）对箱形截面：

$$\frac{h_0}{t_w} \leqslant 40\sqrt{\frac{235}{f_y}} \tag{4-9}$$

式中　h_0——腹板的计算高度，对焊接构件，取整个腹板高度 h_w；对轧制构件，取两内圆弧起点间的腹板高度；

t_w——腹板的厚度。

当工字形和箱形截面受压构件的腹板不符合上述要求时，可用纵向加劲肋加强。加强后的腹板，在其受压较大翼缘与纵向加劲肋之间的高厚比，应符合局部稳定要求。纵向加劲肋宜在腹板两侧成对配置，其一侧外伸高度不应小于 $10t_w$，厚度不应小于 $0.75t_w$。

（3）圆管外径与壁厚之比应符合下列要求：

$$\frac{D}{t} \leqslant 100 \times \frac{235}{f_y} \tag{4-10}$$

式中　D、t——圆管外径、壁厚。

4）轴心受压构件的刚度验算

轴心受压构件同样需要进行刚度验算，其验算要求：最大长细比不得超过容许长细比，即：

$$\lambda \leqslant [\lambda] \tag{4-11}$$

式中　$[\lambda]$——受压构件的容许长细比，见表 4-4。对一般压杆 $[\lambda] = 150$；对支

撑等次要压杆 [λ]＝200。

λ——压杆的长细比。对钢结构构件，一般有两个长细比，设计要求同时不超过容许长细比，即：

$$\lambda_x = \frac{l_{ox}}{i_x} \leqslant [\lambda] \tag{4-12}$$

$$\lambda_y = \frac{l_{oy}}{i_y} \leqslant [\lambda] \tag{4-13}$$

式中 l_{ox}——杆件在 yoz 平面绕 x 轴转动的计算长度（图 4-6）；

i_x——杆件截面绕 x 轴转动的回转半径（计算中，取用杆件截面对 x 轴的惯性矩 I_x）；

l_{oy}——杆件在 xoz 平面绕 y 轴转动的计算长度；

i_y——杆件截面绕 y 轴转动的回转半径（计算中，取用杆件截面对 y 轴的惯性矩 I_y）。

压杆计算长度 l_0，根据杆端不同的支承条件，取值各有不同。其具体取值可按下式求得：

$$l_0 = \mu l \tag{4-14}$$

式中 l——杆件的几何长度；

μ——计算长度系数，一般受压构件可近似按表 4-3 取用。

桁架弦杆和单系腹杆，以及单层或多层框架柱的计算长度，详见《钢结构设计规范》。

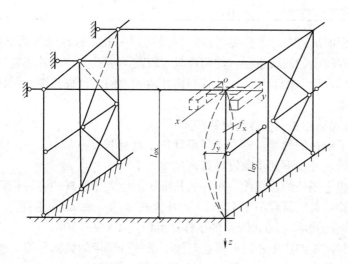

图 4-6 杆件计算长度示意

4.1.4 实腹式轴心受压构件的截面设计

1）截面形式的选择

实腹式轴心受压杆常采用的截面形式有如图 4-1 所示的型钢和组合截面两种。

轴心受压构件长度计算系数 μ 表 4-3

图中虚线表示柱的屈曲形式						
μ 的理论值	0.50	0.70	1.0	1.0	2.0	2.0
μ 的建议值	0.65	0.80	1.0	1.2	2.1	2.0
端部条件符号	无转动、无侧移　　　　无转动、自由侧移　　　自由转动、无侧移　　　　自由转动、自由侧移					

受压构件的容许长细比 表 4-4

项次	构 件 名 称	容许长细比
1	柱、桁架和天窗架中的杆件	150
	柱的缀条、吊车梁或吊车桁架以下的柱间支撑	
2	支撑（吊车梁或吊车桁架以下的柱间支撑除外）	200
	用以减小受压构件长细比的杆件	

选择截面的形式时，不仅要考虑用料经济，一般宜选择壁薄而宽敞的截面，这样的截面有较大的回转半径，使构件具有较高的承载力。此外还要尽可能使两个方向的"稳定度"接近相同，这就和构件两个方向的计算长度、回转半径、长细比联系起来。

2）实腹式轴心受压构件的计算步骤

在确定了钢材的种类、轴心压力设计值、计算长度（l_{ox}、l_{oy}）、截面形式和加工条件以后，可按下列步骤设计截面尺寸：

（1）先假定压杆的长细比。压杆的长细比不能大于压杆的容许长细比。根据实际工程经验，对于荷载小于 1500kN，计算长度为 5～6m 的压杆，可假定 $\lambda=80\sim100$；荷载为 3000～3500kN 的压杆，可假定 $\lambda=60\sim70$。

（2）由假定长细比 λ 和截面形式与加工条件可确定的截面分类，按附录三查出相应的压杆稳定系数 φ（φ_x 和 φ_y），并算出相应的回转半径。

（3）用 φ_x 和 φ_y 的较小值，按照整体稳定计算公式（4-6）计算所需的截面面积和回转半径，即：

$$A=\frac{N}{\Phi f} \tag{4-15}$$

$$i_x=\frac{l_{ox}}{\lambda} \tag{4-16}$$

$$i_y = \frac{l_{oy}}{\lambda} \qquad (4\text{-}17)$$

各种截面回转半径的近似值　　　　　　　　　　　　　表 4-5

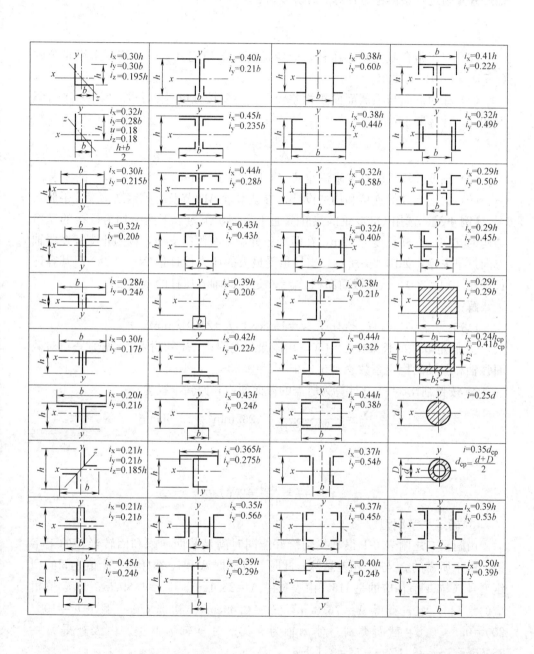

（4）根据所需要的回转半径和截面面积，确定型钢型号；或者利用回转半径

与截面轮廓尺寸的近似关系 $h = \dfrac{i}{\alpha_1}$，$b = \dfrac{i}{\alpha_2}$（系数 α_1、α_2 见表 4-5）确定截面轮廓

尺寸，并根据等稳度条件、构件加工方法和局部稳定要求确定组合截面的各部分尺寸。

（5）根据初步选定的型钢型号或截面形状尺寸，计算其所需的截面几何特征，并重新进行整体稳定计算。计算要求：

$$\frac{N}{\varPhi A} \leqslant f$$

（6）对于组合截面轴心压杆，尚应进行局部稳定计算。计算要求满足公式（4-7）～（4-10）的要求。

（7）如净截面与毛截面面积相差较大，还要按强度计算公式（4-3）进行强度计算。计算要求：

$$\frac{N}{A_n} \leqslant f$$

（8）刚度验算，验算要求满足式（4-12）和式（4-13），即 $\lambda \leqslant [\lambda]$ 的要求。

（9）关于板件的连接和构造设计，参见本章第四节及有关钢结构设计手册。

【例 4-3】　选用 Q235 钢的热轧普通工字钢，作为上下两端均为铰接的支撑结构的支柱。支柱长度为 12m，在两个三分点处有侧向支撑，以阻止支柱在弱轴方向过早失稳，如图 4-7 所示。支柱承受最大的压力设计值 $N=150$kN，其容许长细比 $[\lambda]=200$，试按截面面积 $A_n=A$ 进行此轴心压杆的截面设计。

解：

已知：$l_{ox}=12$m，$l_{oy}=4$m，$N=150$kN，$f=215$N/mm²。

① 假定取柱的长细比 $\lambda=150$，由附录三之附表 3-1 和附表 3-2 分别查得对截面强轴和弱轴的稳定系数 $\phi_x=0.339$，$\phi_y=0.308$。

② 按长细比 $\lambda=150$ 计算为所需的截面面积和回转半径为：

$$A=\frac{N}{\varPhi f}=\frac{150000}{0.308\times215}=2265\text{mm}^2=22.65\text{cm}^2$$

$$i_x=\frac{l_{ox}}{\lambda}=\frac{1200}{150}8\text{cm}$$

$$i_y=\frac{l_{oy}}{\lambda}=\frac{400}{150}=2.67\text{cm}$$

③ 确定工字钢型号

由附录二之附表 2-1 很难找到恰好能同时满足截面面积和回转半径的工字钢，由于所需的 i_x 与 i_y 相差悬殊，此时，可根据 A 和 i_y 选择在二个值之间的型钢型号（与 A 值相应的是 I16，由表查得 $A=26.1$cm²，$i_y=1.89$cm；与 i_y 值相应的是 I36。由表查得 $A=76.3$cm²，$i_y=2.69$cm）。初选 I20a，且 $b/h=100/200=0.5<0.8$，截面类别：对 x 轴为 a 类；对 y 轴为 b 类。由表查得 $A=35.5$cm²，$i_x=8.15$cm，$i_y=2.12$cm。

④ 验算支柱的整体稳定性和刚度

按初选的型钢计算压杆的长细比为：$\lambda_x=\frac{1200}{8.15}=147.2$，$\lambda_y=\frac{400}{2.12}=188.7$

（均小于容许长细比 200，满足刚度要求）

由附录三之附表 3-1 和附表 3-2 分别查得：$\varphi_x = 0.350$，$\varphi_y = 0.207$，取二者的较小值 $\varphi = 0.207$，进行整体稳定计算：

$$\frac{N}{\varphi A} = \frac{150000}{0.207 \times 35.5 \times 100} = 204.1 \text{N/mm}^2 < 215 \text{N/mm}^2$$

截面符合整体稳定和刚度要求。因为轧制型钢的翼缘和腹板一般都较厚，能满足局部稳定要求，又因 $A_n = A$，亦能满足强度要求，所以，选用 120a 是合适的。

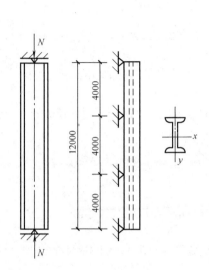

图 4-7　例 4-3 图

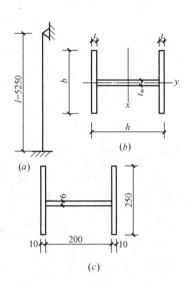

图 4-8　例 4-4 图

【例 4-4】　图 4-8 所示为一根上端铰接，下端固定的轴心受压柱，承受的压力设计值 $N = 900$kN，柱的长度为 5.25m，钢材牌号为 Q235 钢，焊条为 E43 系类型。采用由三块钢板焊成的工字形组合截面，翼缘为轧制边，容许长细比为 $[\lambda] = 150$。试按截面面积 $A_n = A$ 选择柱的截面。

解：

已知：$N = 900$kN，$f = 215 \text{N/mm}^2$。由表 4-3 可知柱的计算长度系数 $\mu = 0.8$，$l_x = l_y = 0.8 \times 5.25 = 4.2$m。

① 假定取柱的长细比 $\lambda = 100$，由附录三之附表 3-1 和附表 3-2 分别查得：$\varphi_x = 0.555$，$\varphi_y = 0.463$，按 $\varphi = 0.463$，可初步求得：

所需的截面面积：$A = \dfrac{N}{\Phi f} = \dfrac{900000}{0.463 \times 21500} = 90.41 \text{cm}^2$；

所需的回转半径：$i_x = \dfrac{l_x}{\lambda} = \dfrac{420}{100} = 4.2$cm

② 确定截面尺寸

利用表 4-5 中的近似关系可大致求得：

$$h = \frac{i}{\alpha_1} = \frac{4.20}{0.43} = 9.77 \text{cm} \qquad b = \frac{i}{\alpha_2} = \frac{4.20}{0.24} = 17.5 \text{cm}$$

先初步选取截面宽度 $b = 20$cm，截面的高度，按构造要求宜选取与宽度相同或大致相同，故亦取 $h=20\text{cm}$。

腹板截面，按计算所需面积应为 $A-40=90.41-40=50.41\text{cm}^2$，所需腹板厚度约为 2.5cm，这要比翼缘的厚度大得多。如若减薄腹板厚度则势必导致 i_y 太小，λ_y 太大，此时，可适当加宽翼缘宽度。现改取翼缘宽度 $b=25\text{cm}$，腹板厚度取 $t_w=0.6\text{cm}$，高度仍取 20cm，截面尺寸见图 4-8。即：

翼缘：$2-10\times250$；腹板：$1-6\times200$。

③ 计算截面的几何特征

$$A=2\times25\times1+20\times0.6=62\text{cm}^2$$

$$I_x=\frac{0.6\times20^3}{12}+50\times10.5^2=5913\text{cm}^4；\qquad I_y=2\times\frac{1}{12}\times1.0\times25^3=2604\text{cm}^4；$$

$$i_x=\sqrt{\frac{5913}{62}}=9.77\text{cm}；\qquad i_y=\sqrt{\frac{2604}{62}}=6.48\text{cm}；$$

$$\lambda_x=\frac{420}{9.77}=43.0；\qquad \lambda_y=\frac{420}{6.48}=64.8（\lambda_x、\lambda_y\text{ 均小于}[\lambda]=150）；$$

④ 截面验算

由附录三之附表 3-1 和附表 3-2 分别查得：$\varphi_x=0.887$，$\varphi_y=0.677$。取 $\varphi=0.677$，进行整体稳定验算：

$$\frac{N}{\varphi A}=\frac{900000}{0.677\times62\times100}=214.42\text{N/mm}^2<f=215\text{N/mm}^2$$

翼缘的宽厚比：$\dfrac{b}{t}=\dfrac{122}{10}=12.2<10+0.1\lambda=10+0.1\times64.8=16.48$

腹板的高厚比：$\dfrac{h_0}{t_w}=\dfrac{200}{6}=33.3<25+0.5\lambda=25+0.5\times64.8=57.4$

说明此截面同时满足强度（$A_n=A$）、整体稳定、局部稳定和刚度要求。

4.2　受弯构件

4.2.1　受弯构件的应用和类型

钢梁在建筑结构中应用较广。如吊车梁、工作平台梁、楼盖梁、墙梁，檩条等。

钢梁按制作方法的不同可以分为型钢梁和组合梁两大类，如图 4-9 所示。型钢梁又可分为热轧型钢梁和冷弯薄壁型钢梁两种。热轧型钢梁常用普通工字钢、槽钢或 H 型钢做成，应用最为广泛，成本也较为低廉。对承载较小，跨度不大的梁可用带有卷边的冷弯薄壁槽钢或 Z 型钢制作，可以更有效地节省钢材。对承载很小的梁，也有时用单角钢做成。由于型钢梁具有加工方便和成本较低廉的优点，所以在结构设计中宜优先采用。

当荷载和跨度较大时，型钢梁受到尺寸和规格的限制，常不能满足承载能力或刚度的要求，此时应考虑采用组合梁。组合梁按其连接方法和使用材料的不同，可以分为焊接组合梁（简称为焊接梁）、铆接组合梁（简称为铆接梁）、异种钢组合梁和钢与混凝土组合梁等几种。

最常用的是由两块翼缘板加一块腹板做成的焊接工字形截面组合梁（图 4-9g），必要时也可考虑采用双层翼缘板组成的截面（图 4-9i）。图 4-9（h）所示为由两个 T 形钢和钢板组成的焊接梁。铆接梁（图 4-9j）是过去常用的一种型式，近些年来，由于焊接和高强度螺栓连接方法的广泛应用，在新建房屋结构中，铆接梁已经基本上不再应用。对于荷载较大而高度受到限制的梁，可以考虑采用双腹板的箱形梁（图 4-9k），这种型式具有较好的抗扭刚度。

为了更好地发挥钢材的强度作用，可以考虑将受力较大的翼缘板采用强度较高的钢材，而将受力较小的腹板采用强度稍低的钢材，做成异种钢组合梁。或按照弯矩图的变化规律，沿跨长方向分段采用不同强度的钢种，以更合理地发挥钢材的强度作用，且可保持梁截面尺寸沿跨长不变。当然，此种情况只适用于跨度很大的梁。

受弯构件按支承情况不同，可以分为简支梁、悬臂梁和连续梁。钢梁一般多采用简支梁，不仅制造简单，安装方便，而且可以避免支柱沉陷所产生的不利影响。

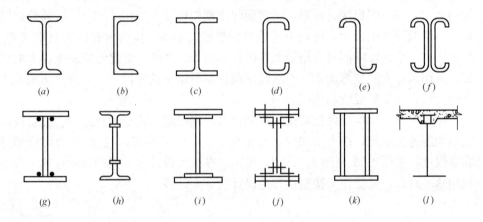

图 4-9 钢梁的类型

4.2.2 受弯构件的强度计算

1）受弯构件在荷载作用下的四个阶段

现以双轴对称工字梁的弯矩与挠度关系曲线（$P—\delta$ 曲线）和应力与应变关系曲线（$\sigma—\varepsilon$ 曲线），说明受弯构件在荷载作用下的四个阶段的主要特征，参见图 4-10、图 4-11。

第 I 阶段——弹性工作阶段。钢梁截面最外边缘应力不超过屈服强度（$\sigma < f_y$），此阶段应力、应变图形均为三角形，应力与应变呈线性关系，钢梁处于弹性工作状态，如图 4-12（a）所示。对需要计算疲劳的梁，常以最外纤维应力到达 f_y 作为承载能力的极限状态。冷弯型钢梁因其壁薄，也以截面边缘屈服作为极限状态。

第 II 阶段——弹塑性工作阶段。随着荷载的增加，梁上下翼缘板逐渐屈服，随后腹板上下侧也部分屈服（图 4-10 中的 B 点及图 4-12b）进入塑性，另一部分仍处于弹性。应力图形呈梯形，此阶段钢梁处于弹塑性工作状态。在《钢结构设

81

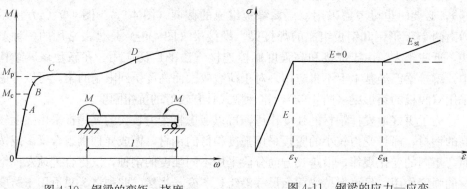

图 4-10　钢梁的弯矩—挠度
关系曲线（P—δ 曲线）

图 4-11　钢梁的应力—应变
关系曲线（σ—ε 曲线）

计规范》中，对一般受弯构件，就适当考虑了截面的塑性发展，以截面部分进入塑性作为承载能力的极限状态。

第Ⅲ阶段——塑性工作阶段。荷载继续增加（图 4-10 中的 C 点），梁的变形突然加大，应力图形接近矩形，梁截面将出现塑性铰，如图 4-12（c）。若静定梁只有一个截面弯矩最大，原则上可以将塑性铰弯矩 M_p 作为承载能力极限状态，但若梁对一个区段间同时弯矩最大，则在到达 M_p 之前，梁就已经发生过大的变形，从而因过大的变形而不适于继续承载。超静定梁的塑性设计，允许出现若干个塑性铰，直至形成机动体系。

第Ⅳ阶段——应变硬化阶段。荷载再大，钢梁进入应变硬化阶段。此阶段应变增加的速度减慢，应力增加的速度加快，变形模量为 E_{st}，边缘应力可能超过屈服强度，如图 4-11 和图 4-12（d）所示。在工程设计中，梁的强度计算一般不利用这一阶段，只能作为按塑性理论设计的安全储备。

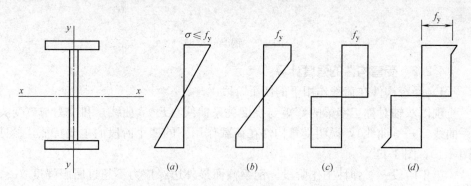

图 4-12　钢梁截面的正应力分布

2）受弯构件的强度计算

（1）正应力计算

《钢结构设计规范》规定，在主平面内受弯的实腹构件，其抗弯强度应按下式计算：

单向弯曲时
$$\sigma = \frac{M_x}{\gamma_x W_{nx}} \leqslant f \tag{4-18}$$

双向弯曲时 $$\sigma=\frac{M_x}{\gamma_x W_{nx}}+\frac{M_y}{\gamma_y W_{ny}}\leqslant f \qquad (4\text{-}19)$$

式中 M_x、M_y——同一截面处绕 x 轴和 y 轴的弯矩设计值（对工字形截面：x
轴为强轴，y 轴为弱轴）；

     W_{nx}、W_{ny}——对 x 轴和 y 轴的净截面模量；

     γ_x、γ_y——截面塑性发展系数：对工字形截面，$\gamma_x=1.05$，$\gamma_y=1.20$；
对箱形截面，$\gamma_x=\gamma_y=1.05$；对其他截面，可按表 4-11
采用；

     f——钢材的抗弯强度设计值，见附录一之附表 1-1。

（2）剪应力计算

钢梁在荷载作用下，不仅有弯矩，一般还有剪力。对于工字形和槽形等薄壁
开口截面构件，根据弯曲剪力流理论，在竖直方向剪力作用下，剪应力在截面上
分布如图 4-14 所示。截面上的最大剪应力在腹板的中和轴处。

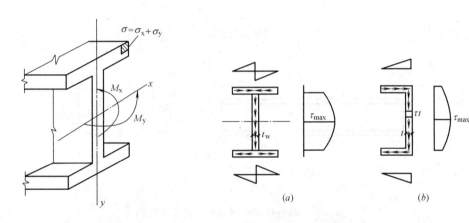

图 4-13　钢梁双向受弯示意　　　　图 4-14　钢梁弯曲剪应力分布

《钢结构设计规范》规定，在主平面内受弯的实腹构件，其抗剪强度应按下
式计算：

$$\tau=\frac{VS}{It_w}\leqslant f_v \qquad (4\text{-}20)$$

式中 V——计算截面沿腹板平面作用的剪力设计值；

     S——计算剪应力处以上毛截面对中和轴的面积矩；

     I——毛截面惯性矩；

     t_w——腹板厚度；

     f_v——钢材的抗剪强度设计值，见附录一之附表 1-1。

4.2.3　受弯构件的整体稳定

1）钢梁丧失整体稳定的现象

钢梁的截面一般设计得窄而高，因为这样可以更有效地发挥材料的强度。图
4-15 所示的工字梁，在梁的两端作用有绕强轴（惯性矩较大的主轴 x 轴）的弯矩
M_x。如 M_x 较小时，梁仅在弯矩作用平面内（y—z 平面）弯曲。但是，当 M_x 增

83

大到某一数值时，梁将突然发生侧向弯曲，即绕梁的弱轴（惯性矩较小的主轴 y 轴）产生弯曲，且同时伴随有扭转变形，这种现象称之为该梁丧失整体稳定。

对于有竖向荷载作用的梁（图 4-16），当荷载 P 增加到某一数值时，同样会使梁丧失整体稳定。而荷载作用在梁的下边缘（图 4-16b），则梁的整体稳定性便会得到很大的改善。

这种使梁丧失整体稳定的荷载和弯矩，称为临界荷载和临界弯矩。

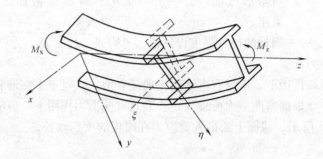

图 4-15　钢梁丧失整体稳定现象

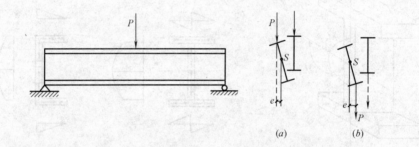

图 4-16　荷载作用位置对整体稳定的影响

2）可以不进行整体稳定计算的条件

在实际工程中，钢梁通常与其他的构件相互连接，这有利于阻止梁丧失整体稳定。当受弯构件符合下列任一情况时，可不需计算梁的整体稳定性。

（1）有铺板（各种钢筋混凝土板或钢板）密铺在梁的受压翼缘上，并与其牢固相连，且能阻止梁受压翼缘的侧向位移时；

（2）H 型钢或工字形截面简支梁的受压翼缘的自由长度 l_1 与其宽度 b 之比，不超过表 4-6 所规定的数值时，例如图 4-17（a）所示，梁受压翼缘的跨中有侧向支撑的钢梁，l_1 则为梁的半跨长度：

H 型钢或工字形截面简支梁不需计算整体稳定性的最大 l_1/b 值　　　　表 4-6

钢号	跨中无侧向支撑点的梁		跨中受压翼缘有侧向支撑点的梁无论荷载作用于何处
	荷载作用中上翼缘	荷载作用中下翼缘	
Q235	13.0	20.0	16.0
Q345	10.5	16.5	13.0
Q390	10.0	15.5	12.5
Q420	9.5	15.0	12.0

注：其他钢号的梁不需计算整体稳定性的最大 l_1/b 值，应取 Q235 钢的数值乘以 $\sqrt{235/f_y}$。

这里需要注意，表 4-6 的规定，是以梁的支座处不产生扭转变形为前提的。因此，在构造上需要在梁的支点处上翼缘设置可靠的侧向支承，以使不产生扭转。例如图 4-17 （b）所示的梁，其下翼缘连于支座，上翼缘也用钢板连于支承构件上，以防止侧向移动和梁截面扭转。

（3）箱形截面梁（图 4-18），其截面尺寸满足 $\frac{h}{b_0} \leqslant 6$，且 $\frac{l_1}{b_0}$ 不超过 95 $\left(\frac{235}{f_y}\right)$ 时，不必计算梁的整体稳定性。

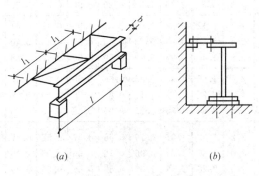

图 4-17　侧向有支撑点的梁　　　　图 4-18　箱形梁截面

3）钢梁的整体稳定计算

对于不符合上述任一条件的钢梁，则应进行整体稳定性计算。

（1）在最大刚度主平面内弯曲的构件，其整体稳定性可按下式计算：

$$\frac{M_x}{\phi_b W_x} \leqslant f \tag{4-21}$$

式中　M_x——绕强轴作用的最大弯矩；

　　　W_x——按受压纤维确定的梁对 x 轴的毛截面模量；

　　　ϕ_b——绕强轴弯曲所确定的梁整体稳定系数，对轧制普通钢简支梁，可按表 4-7 取用。

（2）在两个主平面受弯曲作用的工字形截面构件，其整体稳定性应按下式计算：

$$\frac{M_x}{\phi_b W_x} + \frac{M_y}{\gamma_y W_y} \leqslant f \tag{4-22}$$

式中　W_x、W_y——按受压纤维确定的对 x 轴和对 y 轴的毛截面模量；

　　　ϕ_b——绕强轴弯曲所确定的梁整体稳定系数；

　　　γ_y——绕 y 轴弯曲的塑性发展系数。

对于均匀弯曲的双轴对称工字形截面（含 H 型钢）受弯构件，当 $\gamma_y \leqslant 120 \sqrt{235/f_y}$ 时，其整体稳定系数 ϕ_b 可按如下近似公式计算：

$$\phi_b = 1.07 - \frac{\lambda_y^2}{44000} \cdot \frac{f_y}{235} \tag{4-23}$$

85

轧制普通工字钢简支梁整体稳定系数 φ_b 值　　　　　　表 4-7

荷载情况			自由长度 l_1(m)　工字钢型号	2	3	4	5	6	7	8	9	10
跨中无侧向支撑点的梁	集中荷载作用于	上翼缘	10~20	2.0	1.30	0.99	0.80	0.68	0.58	0.53	0.48	0.43
			22~32	2.4	1.48	1.09	0.86	0.72	0.62	0.54	0.49	0.45
			36~63	2.8	1.60	1.07	0.83	0.68	0.56	0.50	0.45	0.40
		下翼缘	10~20	3.1	1.95	1.34	1.01	0.82	0.69	0.63	0.57	0.52
			22~40	5.5	2.80	1.84	1.37	1.07	0.86	0.73	0.64	0.56
			45~63	7.3	3.60	2.30	1.62	1.20	0.96	0.80	0.69	0.60
	均布荷载作用于	上翼缘	10~20	1.7	1.12	0.84	0.68	0.57	0.50	0.45	0.41	0.37
			22~40	2.1	1.30	0.93	0.73	0.60	0.51	0.45	0.40	0.36
			45~63	2.6	1.45	0.97	0.73	0.59	0.50	0.44	0.38	0.35
		下翼缘	10~20	2.5	1.55	1.08	0.83	0.68	0.56	0.52	0.47	0.42
			22~40	4.0	2.20	1.45	1.10	0.85	0.70	0.60	0.52	0.40
			45~63	5.6	2.80	1.80	1.25	0.95	0.78	0.65	0.55	0.49
跨中有侧向支承点的梁(不论荷载作用点中截面高度上的位置)			10~20	2.2	1.39	1.01	0.79	0.66	0.57	0.52	0.47	0.42
			22~40	3.0	1.80	1.24	0.96	0.76	0.65	0.56	0.49	0.43
			45~63	4.0	2.20	1.38	1.01	0.80	0.66	0.56	0.49	0.43

注：1. 集中荷载是指一个或几个集中荷载位于跨度中央附近的情况，对于其他情况可按均布荷载考虑；

2. 表中的 φ_b 值适用于 Q235 钢。对于其他钢号，表中数值应乘以 $235/f_y$。

4.2.4　组合截面梁的局部稳定

1）受弯构件的局部失稳现象

在钢梁的设计中，为了保证安全承载，也要考虑局部稳定问题。对于轧制型钢，根据其规格尺寸，一般已经满足局部稳定要求，不需进行局部稳定计算。对于冷弯薄壁型钢梁，应按《冷弯薄壁型钢结构技术规范》GB 50018—2002 的规定，通过有效截面设计，来考虑局部屈曲对承载能力的不利影响。对于常用的组合截面梁，为了获得经济的截面尺寸，常常是翼缘宽而薄，腹板高而薄，在外荷载作用下可能发生波面形屈曲变形，这种现象称为丧失局部稳定（图 4-19），由此可能使整个梁提前破坏。所以，对于组合截面梁，应按规范规定配置加劲肋，必要时尚应进行局部稳定计算。

2）组合截面梁的局部稳定计算

（1）梁受压翼缘自由外伸宽度 b_1 与其厚度 t 之比，（图 4-19c），应符合下列要求：

$$\frac{b_1}{t} \leqslant 13\sqrt{\frac{235}{f_y}} \tag{4-24}$$

当计算抗弯强度取 $\gamma_x = 1.0$ 时，$\dfrac{b_1}{t}$ 可放宽到 $15\sqrt{\dfrac{235}{f_y}}$。

（2）箱形截面梁受压翼缘板在两腹板之间的无支承宽度 b_0 与其厚度 t 之比（图 4-18），应符合下式要求：

$$\frac{b_0}{t} \leqslant 40\sqrt{\frac{235}{f_y}} \qquad\qquad (4-25)$$

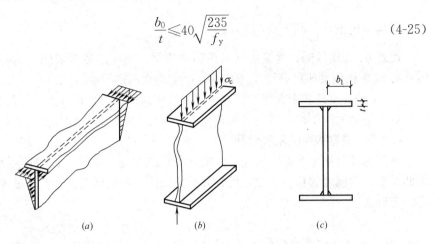

图 4-19　钢梁丧失局部稳定现象

（a）在弯曲应力作用下；（b）在局部压应力作用下；（c）翼缘宽厚比

3）腹板加劲肋的设置

因为用加厚钢板的办法来阻止截面梁腹板的屈曲变形是不经济的，所以除应进行必要的计算外，常采用设置加劲肋（横向、纵向或短加劲肋等）的方法来保证组合截面梁的局部稳定，如图 4-20 所示。

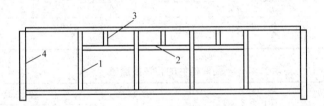

图 4-20　梁的加劲肋示例

1—横向加劲肋；2—纵向加劲肋；3—短加劲肋；4—支承加劲肋

组合截面梁腹板配置加劲肋应符合下列规定：

（1）对无局部压应力（$\sigma_c = 0$）的梁，当 $\frac{h_0}{t_w} \leqslant 80\sqrt{\frac{235}{f_y}}$ 时，可不配置加劲肋；

（2）对有局部压应力（$\sigma_c \neq 0$）的梁，当 $\frac{h_0}{t_w} \leqslant 80\sqrt{\frac{235}{f_y}}$ 时，宜按构造配置横向加劲肋（一般可按 $\leqslant 2h_0$ 间距配置）；

（3）当 $\frac{h_0}{t_w} > 80\sqrt{\frac{235}{f_y}}$ 时，应配置横向加劲肋。其中当 $\frac{h_0}{t_w} > 70\sqrt{\frac{235}{f_y}}$ 时（受压翼缘扭转受到约束，如连有刚性铺板、制动板或焊有钢轨时），或 $\frac{h_0}{t_w} > 150\sqrt{\frac{235}{f_y}}$ 时（受压翼缘扭转未受到约束时），或按计算需要时，还应在弯曲应力较大区格的受压区增加配置纵向加劲肋。局部压应力很大的梁，必要时尚应在受压区配置短加劲肋。

87

任何情况下，$\dfrac{h_0}{t_w}$ 均不应超过 250。

此处 h_0 为腹板的计算高度（对单轴对称梁，当确定是否要配置纵向加劲肋时，h_0 应取腹板受压区高度 h_0 的 2 倍），t_w 为腹板的厚度。

4）梁的支座处和上翼缘受有较大固定集中荷载处，宜设置支承加劲肋。

有关加劲肋间距的计算及其构造要求，详见《钢结构设计规范》。

4.2.5　受弯构件的刚度验算

受弯构件（如吊车梁、楼盖梁、檩条等）挠度过大会影响正常使用和观感，因此需要进行刚度验算。为此，设计时必须保证受弯构件的挠度不超过规范所规定的容许挠度。即：

$$v \leqslant [v] \tag{4-26}$$

式中　v——受弯构件在荷载标准值作用下所产生的最大挠度，简支梁的几种常用挠度计算公式，可参见表 4-8；

$[v]$——受弯构件的容许挠度，见表 4-9。

简支梁的最大挠度 v 计算公式　　　　　　表 4-8

荷载情况	q 均布，跨度 l	F 集中于跨中，$l/2$、$l/2$	$F/2$、$F/2$ 作用于 $l/3$、$l/3$、$l/3$	$F/3$、$F/3$、$F/3$ 作用于 $l/4$、$l/4$、$l/4$、$l/4$
计算公式	$\dfrac{5}{384}\cdot\dfrac{ql^4}{EI}$	$\dfrac{1}{48}\cdot\dfrac{Fl^3}{EI}$	$\dfrac{23}{1296}\cdot\dfrac{Fl^3}{EI}$	$\dfrac{19}{1152}\cdot\dfrac{Fl^3}{EI}$

受弯构件的容许挠度值　　　　　　表 4-9

构件类型	容许挠度	
	$[v_T]$	$[v_Q]$
吊车梁和吊车桁架（按自重和起重最大的一台吊车计算挠度）		
（1）手动吊车和单梁吊车（包括悬挂吊车）	$l/500$	
（2）轻级工作制桥式吊车	$l/800$	—
（3）中级工作制桥式吊车	$l/1000$	
（4）重级工作制桥式吊车	$l/1200$	
有重轨（质量小于 38kg/m）轨道的工作平台梁	$l/600$	
有轻轨（质量不大于 24kg/m）轨道的工作平台梁	$l/400$	
楼盖梁或桁架、工作平台梁（上述情况除外）和平台梁		
（1）主梁或桁架（包括设有悬挂起重设备的梁和桁架）	$l/400$	$l/500$
（2）抹灰顶棚的次梁	$l/250$	$l/350$
（3）其他梁	$l/250$	$l/300$
（4）屋盖檩条		
支承无积灰的瓦楞铁和石棉瓦屋面者	$l/150$	
支承压型金属板、有积灰的瓦楞铁和石棉瓦屋面者	$l/200$	
支承其他屋面材料者	$l/200$	
（5）平台板	$l/150$	

注：l——受弯构件的跨度（对悬臂梁为悬伸长度的两倍）；
　$[v_T]$——全部荷载标准值产生的挠度（如有起拱应减去拱度）的容许值；
　$[v_Q]$——可变荷载标准值产生的挠度容许值；
　其中 $[v_T]$ 为主要反映观感的限值，$[v_Q]$ 为主要反映使用条件的限值。

4.2.6 受弯构件的截面设计

1）型钢梁的截面设计

型钢梁中应用最多的是普通工字钢和 H 型钢。型钢梁设计一般应满足强度，整体稳定和刚度的要求。当梁承受集中荷载，且在该荷载作用处，梁的腹板又未设加劲肋时，还应进行腹板边缘的横向局部压应力计算。型钢梁腹板和翼缘的宽厚比都不太大，局部稳定可以得到保证，故不需进行计算。

下面以单向弯曲的普通工字钢梁为例，按一般设计步骤，简述型钢梁的截面设计方法。

（1）计算梁的内力。即根据已知梁的荷载设计值计算梁的最大弯矩 M_x 和最大剪力 V。

（2）计算所需的净截面抵抗矩，并依此初选梁的截面。即按压应力计算公式（4-18）计算所需的净截面抵抗矩 W_{nx}：

$$W_{nx} = \frac{M_x}{\gamma_x f}$$

式中 γ_x 可取 1.05，依照算得的 W_{nx} 查型钢表（附录二之附表 2-1），选择合适的型钢型号。在此应优先选用材料较省的型号。

（3）弯曲正应力计算。按公式（4-18）计算，即：

$$\sigma = \frac{M_x}{\gamma_x W_{nx}} \leqslant f$$

式中 $\gamma_x = 1.05$，M_x 应包括所选型钢梁自重所产生的弯矩设计值，W_{nx} 按所选型钢型号的 W_x 值取用。

（4）最大剪应力计算。可按公式（4-20）计算，其中 V 取梁内最大剪力，即：

$$\tau = \frac{VS}{I t_w} \leqslant f$$

最大剪应力也可以近似按下式计算：

$$\tau = \frac{V}{h_w t_w} \leqslant f_v \tag{4-27}$$

（5）整体稳定计算。当梁上无刚性铺板，不能阻止梁的扭转，且简支梁受压翼缘的自由长度 l_1 与其宽度 b 之比超出表 4-6 所规定的限值时，则应按公式（4-21）或（4-22）计算梁的整体稳定性。

（6）刚度验算。梁的刚度验算要求在荷载标准值作用下梁所产生的挠度，不得超过表 4-9 所规定的容许挠度值，即满足公式（4-26）的要求。

【例 4-5】 图 4-21 所示为某车间工作平台的结构平面布置简图。平台上无动态荷载，其恒载标准值为 $3000N/m^2$，活载标准值为 $4500N/m^2$，恒载分项系数 $\gamma_G = 1.2$，活载分项系数 $\gamma_G = 1.4$。钢材为 Q235A·F，假定平台为刚性，并可保证次梁的整体稳定性，试选择其中次梁 A 的截面。

解：

次梁 A 按简支梁设计，其计算简图如图 4-22 所示。

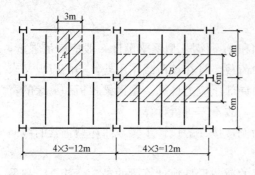

图 4-21　例 4-6 结构布置

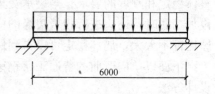

图 4-22　次梁 A 计算简图

梁上的荷载标准值为：

$$q_k = 3000 + 4500 = 7500 \text{N/m}^2$$

荷载设计值为：

$$q_d = 1.2 \times 3000 + 1.4 \times 4500 = 9900 \text{N/m}^2$$

次梁单位长度上的荷载为：

$$q = 9900 \times 3 = 29700 \text{N/m}$$

跨中最大弯矩为：

$$M_{max} = \frac{1}{8} q l^2 = \frac{1}{8} \times 29700 \times 6^2 = 133650 \text{N} \cdot \text{m}$$

支座处最大剪力为：

$$V_{max} = \frac{1}{2} q l = \frac{1}{2} \times 29700 \times 6 = 89100 \text{N}$$

梁所需要的净截面抵抗矩为：

$$W_{nx} = \frac{M_x}{\gamma_x f} = \frac{132650 \times 10^2}{1.05 \times 215 \times 10^2} = 592 \text{cm}^3$$

由附录二之附表 2-1，选用 I32a，单位长度的重量为 $52.7 \times 9.8 \approx 517 \text{N/m}$，$I_x = 11080 \text{cm}^4$，$W_x = 692 \text{cm}^3$，$I_x/S_x = 27.5 \text{cm}$，$t_w = 9.5 \text{mm}$，又由附录一之附表 1-1 和附表 1-21 可知 $f = 215 \text{N/mm}^2$，$E = 206 \times 10^3 \text{N/mm}^2$。

梁自重产生的弯矩为：

$$M_g = \frac{1}{8} \times 517 \times 1.2 \times 6^2 = 2792 \text{N} \cdot \text{m}$$

总弯矩为：

$$M_x = 133650 + 2792 = 136442 \text{N} \cdot \text{m}$$

弯曲正应力计算为：

$$\sigma = \frac{M_x}{\gamma_x W_{nx}} = \frac{136442 \times 10^3}{1.05 \times 692 \times 10^3} = 187.8 \text{N/mm}^2 < f = 215 \text{N/mm}^2$$

最大剪应力计算：

$$\tau = \frac{VS}{I t_w} = \frac{V}{\frac{I}{S} t_w} = \frac{89100 + 517 \times 1.2 \times 3}{27.5 \times 10 \times 9.5} = 34.8 \text{N/mm}^2 < f_v = 125 \text{N/mm}^2$$

可见，对于型钢梁由于其腹板较厚，剪应力一般不起控制作用。因此，只有当截面有较大削弱时，才必须验算剪应力。

按荷载标准值进行梁的跨中挠度验算：

由表 4-9，可知 $[v] = \dfrac{l}{250}$。

$$q_k = 7500 \times 3 + 517 = 23017 \text{N/m} = 23.017 \text{N/mm}$$

$$v = \frac{5}{384} \cdot \frac{q_k l^4}{EI} = \frac{5 \times 23.017 \times 6000^4}{384 \times 2.06 \times 10^5 \times 11080 \times 10^4} = 17 \text{mm} < \frac{1}{250} = \frac{6000}{250} = 24 \text{mm}$$

刚度满足要求。

2）焊接组合截面梁的截面设计

（1）截面选择

对于截面较大的梁，需要选用由两块翼缘板和一块腹板焊接而成的双轴对称的工字形组合截面。对于这样的截面，设计人员可以据已知的技术条件，适当选择合适的翼缘板和腹板的尺寸，从而得到较好的经济效果。

（A）梁的截面高度

梁的截面高度是确定焊接梁截面的一个重要尺寸。梁的截面高度（简称梁高）h，既与梁的跨度 l 有关，也与梁上所受荷载的大小有关。还要考虑建筑设计或工艺设备需要的净空所允许的限值。简支梁梁高的常用范围大致为：

$$h = \frac{l}{6} \sim \frac{l}{14} \tag{4-28}$$

式中 l 为梁的跨度，对于荷载小的梁宜用较小的梁高，当荷载大和要求挠度小时，宜用较大的梁高。此外，从节省钢材用量的角度，梁高越大，腹板用钢量越多，翼缘板用钢量相对减少；梁高越小，则情况相反。

考虑到梁的刚度要求，即容许挠度 $[v]$ 的限制，梁高也不能太小。依不同的 $[v]$ 值求得的在均布荷载作用下简支梁的最小高度 $h_{\min}$，见表 4-10。对于其他荷载作用下的简支梁，初选截面时亦可作为参考。

均布荷载作用下简支梁的最小高度 $h_{\min}$ 表 4-10

	$[v]$	$\frac{1}{1000}$	$\frac{1}{750}$	$\frac{1}{600}$	$\frac{1}{500}$	$\frac{1}{400}$	$\frac{1}{300}$	$\frac{1}{250}$	$\frac{1}{200}$
$h_{\min}$	Q235 钢	$\frac{1}{6}$	$\frac{1}{8}$	$\frac{1}{10}$	$\frac{1}{12}$	$\frac{1}{15}$	$\frac{1}{20}$	$\frac{1}{24}$	$\frac{1}{30}$
	Q345 钢	$\frac{1}{4.1}$	$\frac{1}{5.5}$	$\frac{1}{6.8}$	$\frac{1}{8.2}$	$\frac{1}{10.2}$	$\frac{1}{13.7}$	$\frac{1}{16.4}$	$\frac{1}{20.5}$
	Q390 钢	$\frac{1}{3.7}$	$\frac{1}{4.9}$	$\frac{1}{6.1}$	$\frac{1}{7.4}$	$\frac{1}{9.2}$	$\frac{1}{12.3}$	$\frac{1}{14.7}$	$\frac{1}{18.4}$

此外，从节省钢材用量的角度，最经济的截面高度应使梁的总用钢量为最小。设计时亦可参照经济高度 h_e 的经验公式（4-29）初选梁的截面高度，即：

$$h_e = 7\sqrt[3]{W_x} - 30 \quad (\text{cm}) \tag{4-29}$$

式中　$W_x = \dfrac{M_x}{\gamma_x f}$——梁所需要的截面抵抗矩（单位以 cm³ 计）；

$\quad\quad\quad f$——钢材的抗弯强度设计值；

$\quad\quad\quad \gamma_x$——对 x 轴的塑性发展系数。

（B）腹板高度

由于翼缘板的厚度 t 相对较小，因此腹板高度 h_w 一般较梁高 h 小得不多（图 4-23）。h_w 最好为 50mm 的倍数。

（C）腹板厚度

确定腹板厚度 t_w 需要考虑抗剪能力的需要和适宜的高厚比。抗剪需要的厚度可根据梁端最大剪力，按下式计算：

$$t_w = \frac{\alpha V}{h_w f_v} \tag{4-30}$$

当梁端翼缘截面无削弱时，式中的系数 α 宜取 1.2；当梁端翼缘截面有削弱时，式中的系数 α 宜取 1.5。

依上述算得的 t_w 一般较小，考虑到腹板的局部稳定要求，其厚度可用下列经验公式估算：

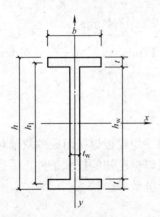

图 4-23 焊接梁截面

$$t_w = \sqrt{\frac{h_w}{11}} \quad (\text{cm}) \tag{4-31}$$

式中的 h_w 和 t_w 均以 cm 计。选出的腹板厚度应符合钢板现有规格，并不小于 6mm。

（D）翼缘板尺寸

一块翼缘板的截面面积 $b \cdot t$，可以根据所需的截面抵抗矩和初定的腹板截面尺寸计算出来。由图 4-23 可以写出梁的截面惯性矩和截面抵抗矩为：

$$I_x = \frac{1}{12} t_w h_w^3 + 2bt \left(\frac{h_1}{2}\right)^2 \tag{4-32}$$

$$W_x = \frac{2I_x}{h} = \frac{1}{6} t_w \frac{h_w^3}{h} + bt \frac{h_1^2}{h}$$

初选截面时可取 $h \approx h_1 \approx h_w$，则上式可写成为：

$$W_x = \frac{t_w h_w^2}{6} + bth_w \tag{4-33}$$

于是，可得：

$$bt = \frac{W_x}{h_w} - \frac{t_w h_w}{6} \tag{4-34}$$

按上式可以算出一块翼缘板需要的截面面积 bt，如预先选定翼缘板宽度 b 或厚度 t 中的任一数值，即可求得另一数值。翼缘宽度 b 常在下式范围以内：

$$\frac{h}{2.5} > b > \frac{h}{6} \tag{4-35}$$

可以根据使用要求初选宽度 b，再求出厚度 t，因为公式（4-31）中均用腹板高度 h_w 代替 h 和 h_1，这使得所求得的 bt 值并不准确，因此按上述步骤求得的厚度 t 可依钢材规格选用与之相近的厚度。

（2）截面计算步骤

首先根据初选的截面尺寸，计算截面的几何特征，如截面面积、截面惯性矩、截面抵抗矩和截面静矩等，然后按照与型钢梁截面计算基本相同的方法进行计算。计算中应注意，如初选截面时的荷载未包括梁的自重，则此时应加入梁自重所产生的内力。组合截面梁的计算步骤可大致归纳如下：

（A）弯曲正应力计算：

应用公式（4-18）或公式（4-19）进行计算。

（B）最大剪应力计算：

应用公式（4-20）进行计算。

（C）梁的整体稳定计算：

当需要计算时，应按公式（4-21）或（4-22）进行计算。

（D）刚度验算：

按式（4-26）验算梁的挠度。

在截面满足局部稳定的前提下，经过以上强度，整体稳定和刚度等各项计算，如发现初选截面有不满足要求时，则应适当修改截面重新进行计算，直到得到满意的截面为止。

（E）对于承受重复荷载作用的梁，尚应按《钢结构设计规范》要求进行疲劳强度验算。

【例 4-6】 按照例 4-6 的条件和计算结果，进行主梁 B 的截面设计（图 4-24）。

解：

① 初选截面

主梁的计算简图，如图 4-24 所示。

两侧次梁对主梁 B 所产生的压力为：

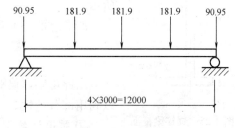

图 4-24 例 4-6 图

$$89100 \times 2 + 517 \times 1.2 \times 6 = 178200 + 3722 = 181922\text{N} \approx 181.9\text{kN}$$

两侧次梁的压力取为中间次梁的一半，即以 90.95kN 计。

主梁的支座反力（未计主梁自重）：

$$R = 2 \times 181.9 = 363.8\text{kN}$$

梁跨中最大弯矩：

$$M_{max} = (363.8 - 90.95) \times 6 - 181.9 \times 3 = 1091.4\text{kN} \cdot \text{m}$$

梁所需要的净截面抵抗矩：

$$W_{ax} = \frac{M_{max}}{\gamma_x f} = \frac{1091.4 \times 10^5}{1.05 \times 215 \times 10^2} = 4834.6\text{cm}^3$$

参照梁高的常用范围，梁高约为：

$$h = \frac{l}{12} = \frac{1200}{12} = 100\text{cm}$$

腹板高度，如参照经验公式（4-29）计算可得：

$$h_{\rm w}=7\sqrt[3]{W_{\rm x}}-30=7\sqrt[3]{4834.6}-30=88.4{\rm cm}$$

初选梁的腹板高度为 $h_{\rm w}=100{\rm cm}$。

腹板厚度可取：

$$t_{\rm w}=\frac{h_{\rm w}}{120}=\frac{100}{120}=0.833{\rm cm}$$

或按经验公式（4-31）估算：

$$t_{\rm w}=\frac{\sqrt{h_{\rm w}}}{11}=\frac{\sqrt{100}}{11}=0.909{\rm cm}$$

初选梁的腹板厚度为 $t_{\rm w}=8{\rm mm}$。

按近似公式（4-34）计算所需一块翼缘板面积：

$$bt=\frac{W_{\rm x}}{h_{\rm w}}-\frac{t_{\rm w}h_{\rm w}}{6}=\frac{4834.6}{100}-\frac{0.8\times100}{6}=35{\rm cm}^2$$

试选翼缘板宽度 $b_1=280{\rm mm}$，则所需厚度为：

$$t=\frac{3500}{280}=12.5{\rm mm}$$

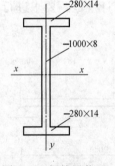

图 4-25　焊接梁截面

考虑到公式（4-34）的近似性和钢梁自重作用等因素，选用 $t=14{\rm mm}$。

根据上述计算，初定梁的截面尺寸如（图 4-25）所示。

梁翼缘的外伸宽度 $b_1=(280-8)\times2=136{\rm mm}$

$$\frac{b_1}{t}=\frac{136}{14}=9.71<13\sqrt{235f_{\rm y}}$$

由此可知，梁翼缘板的局部稳定可以保证，且截面可以利用部分塑性。

② 强度计算

截面几何特征：

$$A=100\times0.8+2\times28\times1.4=158.4{\rm cm}^2$$

$$I_{\rm x}=\frac{0.8\times100^3}{12}+2\times28\times1.4\left(\frac{100+1.4}{2}\right)^2=66667+201526=268193{\rm cm}^4$$

$$W_{\rm x}=\frac{268103}{51.4}=5128{\rm cm}^3$$

主梁自重估算：

$$g=158.4\times10^4\times78.5\times10^3\times9.8\times1.2=1463{\rm N/m}$$

式中 1.2 为考虑腹板加劲肋等附加构造用钢材重量的增大系数。

由自重产生的跨中最大弯矩为：

$$M_{\rm g}=\frac{1}{8}\times1463\times1.2\times12^2=31600{\rm N\cdot m}=31.6{\rm kN\cdot m}$$

跨中最大总弯矩为：

$$M_{\rm max}=1091.4+31.6=1123{\rm kN\cdot m}$$

正应力为：

$$\sigma = \frac{1123 \times 10^6}{1.05 \times 5218 \times 10^3} = 205 \text{N/mm}^2 < 215 \text{N/mm}^2$$

考虑到次梁的具体支承位置未定，所以支座处的最大剪力按梁的支座反力计算。其值为：

$$V = 363.8 \times 10^3 + 1463 \times 1.2 \times 6 = 374300 \text{N}$$

剪应力为：

$$\tau = \frac{374300}{100 \times 0.8 \times 10^2} = 46.8 \text{N/mm}^2 < 125 \text{N/mm}^2$$

上式说明剪应力的影响很小，跨中弯矩最大处的截面剪应力无须再进行计算。

次梁作用处应放置支承加劲肋，所以不需验算腹板的局部压应力。

③ 整体稳定性计算

考虑到次梁上有刚性铺板，次梁可以作为主梁的侧向支承点，因此梁受压翼缘自由长度 $l_1 = 3\text{m}$，其与受压翼缘宽度 b 的比值为：

$$\frac{l_1}{b} = \frac{300}{28} = 10.71 < 16$$

故不需计算梁的整体稳定性。

④ 刚度验算

按照《钢结构设计规范》的规定表（4-9），主梁的容许挠度为 $l/400$。

次梁对主梁的集中压力标准值为：

$$P_k = 7500 \times 3 \times 6 + 517 \times 6 = 135000 + 3102 = 138102 \text{N}$$

梁跨中最大挠度为：

$$v = \frac{5}{384} \times \frac{1463 \times 12 \times 12^3 \times 10^9}{2.06 \times 10^5 \times 268193 \times 10^4} + \frac{19}{1152} = \frac{138102 \times 3 \times 12^3 \times 10^9}{2.06 \times 10^5 \times 268193 \times 10^4}$$

$$= 0.716 + 21.372 = 22.1 \text{mm} = \frac{12000}{543.3} < \frac{12000}{400} = 30 \text{mm}$$

刚度满足要求。

4.3 拉弯和压弯构件

4.3.1 拉弯和压弯构件的应用与截面形式

轴向拉力和弯矩共同作用的构件为拉弯构件，如图 4-26（a）所示作用有偏心拉力的拉弯杆，和图 4-26（b）所示为有轴向拉力与横向集中荷载共同作用的拉弯杆等。轴向压力和弯矩共同作用的构件为压弯构件，如图 4-2（a）所示为作用有偏心压力的压弯杆，和图 4-27（b）和（c）所示的有横向荷载作用或端弯矩 M_A 和 M_B 作用的压弯构件等。在钢结构中拉弯杆遇到的不多，压弯杆的应用比较广泛。桁架下弦有非节间荷载作用的下弦杆为拉弯杆，有节间荷载作用的屋架上弦杆、厂房框架柱、高层建筑的钢骨架柱和海洋平台结构的钢立柱等，均为压弯构件。

95

对于拉弯构件，当承受的弯矩较小而轴向拉力很大时，它的截面形式和一般轴心拉杆相同。如果拉弯杆要承受很大弯矩，则应在弯矩作用的平面内采用高度较大的截面。

对于压弯构件，当承受的弯矩较小而轴向压力很大时，它的截面形式和一般轴心压杆相同。当弯矩很大时，除采用高度较大的双轴对称截面外，有时还采用如图 4-28 所示的单轴对称截面，使受压力较大一侧的材料相对集中一些，以便获得较好的经济效果。

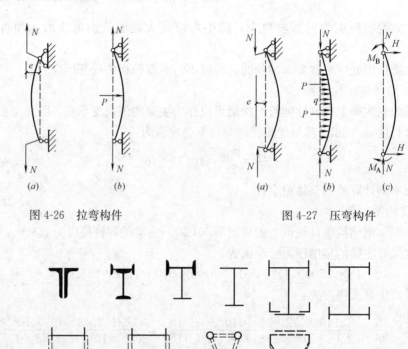

图 4-26　拉弯构件　　　　　　　　　　　　图 4-27　压弯构件

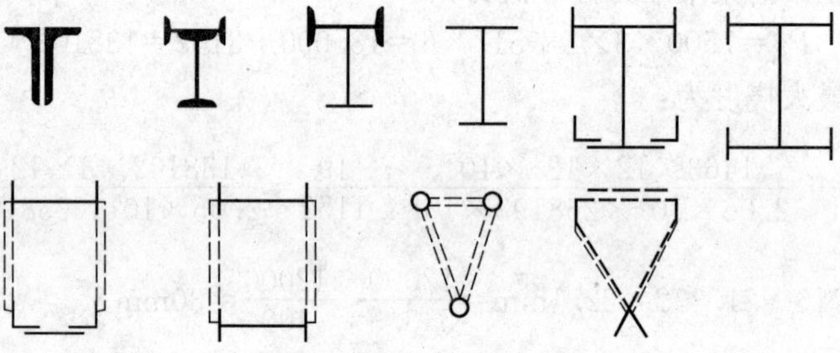

图 4-28　压弯杆的单轴对称截面

4.3.2　拉弯和压弯构件的强度设计

现以矩形截面压弯构件为例，说明构件截面在轴心压力 N 和弯矩 M 的共同作用下，不同工作阶段的主要受力特征。

第 I 阶段——弹性工作阶段：截面边缘处的压应力小于钢材的屈服强度，整个截面都处于弹性状态（图 4-29a）。第 II 阶段——弹塑性阶段：截面边缘压应力达到屈服强度，首先进入塑性状态（图 4-29b），尔后截面边缘拉应力达到屈服强度也进入塑性状态，靠近中和轴附近仍处于弹性状态（图 4-29c）。第 III 阶段——塑性阶段：整个截面进入塑性状态并出现塑性铰（图 4-29d）。

对于一般拉弯和压弯构件，其强度计算一般以第 II 阶段的受力状态为依据。在计算公式中，用塑性发展系数来考虑由塑性发展引起内力重分布后的应力状态与弹性阶段之不同。其实腹式拉弯或压弯构件的强度计算公式为：

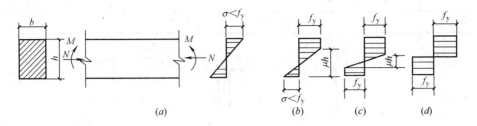

图 4-29 压弯杆截面受力状态

单向拉弯或压弯时

$$\frac{N}{A_n} \pm \frac{M_x}{\gamma_x W_{nx}} \leqslant f \qquad (4-36)$$

双向拉弯或压弯时

$$\frac{N}{A_n} \pm \frac{M_x}{\gamma_x W_{nx}} \pm \frac{M_y}{\gamma_y W_{ny}} \leqslant f \qquad (4-37)$$

式中　　　N——轴向拉力或轴向压力设计值；

A_n——净截面面积；

M_x、M_y——对 x 轴（强轴）、对 y 轴（弱轴）产生的弯矩设计值；

W_{nx}、W_{ny}——对 x 轴、对 y 轴的净截面抵抗矩；

γ_x、γ_y——与 W_{nx} 和 W_{ny} 相应的截面塑性发展系数，按表 4-11 取用，对直接承受动力荷载的构件，由于在动力作用下截面塑性开展对构件承载力的影响研究不足，强度计算时不考虑塑性发展，取 $\gamma_x = \gamma_y = 1.0$；

f——钢材的抗弯强度设计值，见附录一之附表 1-1。

截面塑性发展系数 γ_x、γ_y 值　　　　　　　　　表 4-11

项次	截面形式	γ_x	γ_y
1			1.2
2		1.05	1.05

续表

项次	截面形式	γ_x	γ_y
3	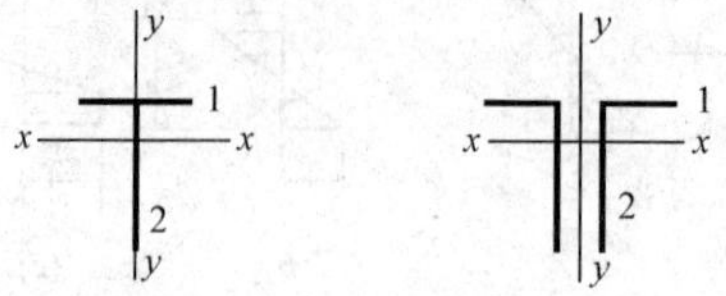	$\gamma_{x1}=1.05$ $\gamma_{x2}=1.2$	1.2
4	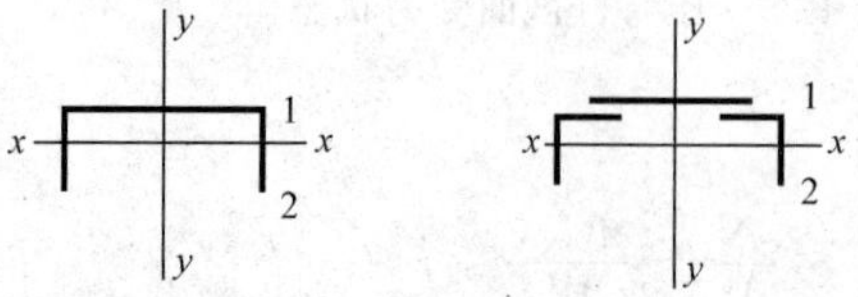		1.05
5	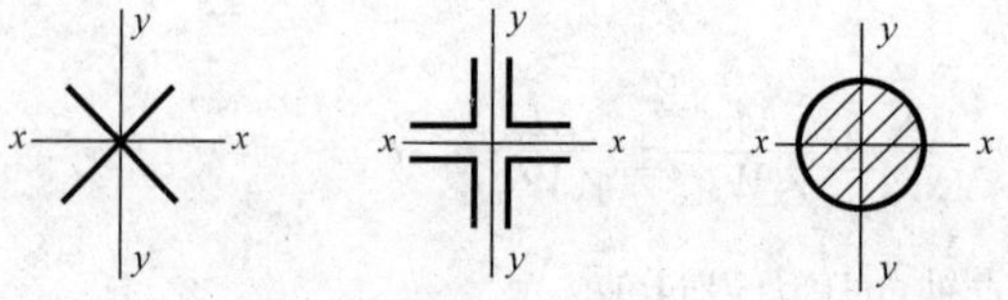	1.2	1.2
6	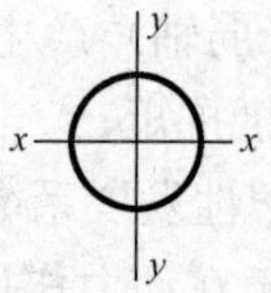	1.15	1.15
7	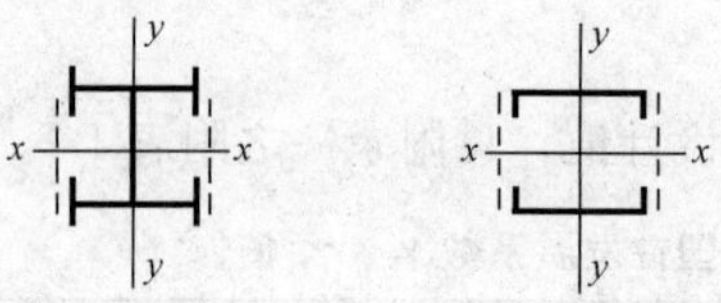	1.0	1.05
8	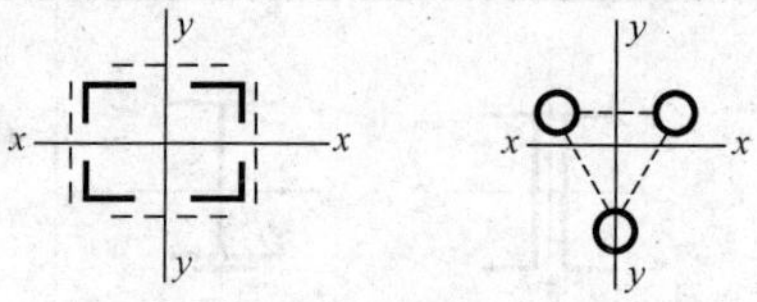		1.0

注：当压弯构件受压翼缘的自由外伸宽度与其厚度之比大于 $13\sqrt{235/f_y}$，而不超过 $15\sqrt{235/f_y}$ 时，应取 $\gamma_x=1.0$；需要计算疲劳的拉弯、压弯构件，宜取 $\gamma_x=\gamma_y=1.0$。f_y 为钢材的屈服强度（或称屈服点）。这是根据翼缘的局部稳定要求确定的。

4.3.3　压弯构件的整体稳定性计算

1）弯矩作用平面内的稳定计算

压弯构件在轴心压力 N 和弯矩 M 的共同作用下，如梁有侧向支撑，足以阻止侧向弯曲，这可能在弯矩作用平面内发生失稳。

设想 N 与 M 互不影响，且分别考虑稳定系数和截面塑性发展系数，从理论上讲似乎可以建立如下的稳定公式：

$$\frac{N}{\Phi_x A} + \frac{M_x}{\Phi_x \gamma_x W_{nx}} \leqslant f$$

而实际上，由于有了轴心压力 N 的作用，压弯构件的最大弯矩，要比仅由于外荷载产生的弯矩还要大。这是因为轴向压力必将引起附加弯矩。现以弯矩放大系数 α 来考虑实际弯矩的增大，即令

$$M_{max} = \alpha M_x$$

通过对两端作用有相同弯矩 M 和轴心压力 N 的等截面压弯构件的理论分析，同时参照杆件的实际承载能力，再考虑到残余应力和初弯曲以及不同截面形状尺寸的影响，近似取：

$$\alpha = \frac{\beta_{mx}}{1 - 0.8 \dfrac{N}{N'_{EX}}}$$

即：

$$M_{max} = \frac{\beta_{mx}}{1 - 0.8 \dfrac{N}{N'_{EX}}} \cdot M_x$$

最后《钢结构设计规范》给出了实腹式压弯构件在弯矩作用平面内的稳定计算公式为：

$$\frac{N}{\Phi_x A} + \frac{\beta_{mx} M_x}{\gamma_x W_{1x} \left(1 - 0.8 \dfrac{N}{N'_{EX}}\right)} \leqslant f \tag{4-38}$$

式中　N——所计算构件段范围内的轴心压力设计值；

M_x——所计算构件段范围内的最大弯矩设计值；

Φ_x——弯矩作用平面内的轴心受压构件稳定系数；

A——压弯构件毛截面面积；

γ_x——截面塑性发展系数，按表 4-11 取用；

W_{1x}——弯矩作用平面内对较大受压纤维的毛截面抵抗矩；

N'_{EX}——参数，$N'_{EX} = \dfrac{\pi^2 EA}{1.1 \lambda_x^2}$；

0.8——考虑稳定系数 Φ_x 影响的经验系数；

β_{mx}——等效弯矩系数，应按下列规定采用：

(1) 框架柱和两端支承的构件：

（A）无横向荷载作用时：$\beta_{mx} = 0.65 + 0.35 \dfrac{M_2}{M_1}$，$M_1$ 和 M_2 为端弯矩，使构件产生同向曲率（无反弯点）时取同号；使构件产生反向曲率（有反弯点）时取异号，$|M_1| \geqslant |M_2|$；

（B）有端弯矩和横向荷载同时作用时：使构件产生同向曲率时 $\beta_{mx} = 1.0$；使构件产生反向曲率时 $\beta_{mx} = 0.85$；

（C）无端弯矩但有横向荷载作用时 $\beta_{mx} = 1.0$。

(2) 悬臂构件和分析内力未考虑二阶效应的无支撑纯框架和弱支撑框架柱，$\beta_{mx} = 1.0$。

对于单轴对称截面的压弯构件，考虑到还可能由于较小翼缘出现受拉塑性区

而导致失稳，故尚应按下式进行稳定计算：

$$\left|\frac{N}{A}-\frac{\beta_{mx}M_x}{\gamma_x W_{2x}\left(1-1.25\frac{N}{N'_{EX}}\right)}\right|\leqslant f \tag{4-39}$$

式中 W_{2x}——较小翼缘最外纤维的毛截面抵抗矩。

2）弯矩作用平面外的稳定计算

对于压弯构件，当垂直于弯矩作用平面的抗弯刚度不很大，且无足够的支承以阻止其侧向弯曲时，构件可能因弯扭屈曲而过早破坏。《钢结构设计规范》通过弯扭屈曲理论分析并考虑不同的受力条件，给出了压弯构件在弯矩作用平面外的稳定计算公式：

$$\frac{N}{\Phi_y A}+\eta\frac{\beta_{tx}M_x}{\Phi_b W_{1x}}\leqslant f \tag{4-40}$$

式中 Φ_y——弯矩作用平面外的轴心受压构件稳定系数，按附录三取用；

Φ_b——均匀弯曲的受弯构件整体稳定系数，按表 4-7 取用；

M_x——所计算构件段范围内的最大弯矩；

η——截面影响系数，闭口截面 $\eta=0.7$，其他截面 $\eta=1.0$；

W_{1x}——在弯矩作用平面内对较大受压纤维的毛截面抵抗矩；

β_{tx}——等效弯矩系数，应按下列规定采用：

（1）在弯矩作用平面外有支承的构件，应根据两相邻支承点间构件段内的荷载和内力情况确定：

（A）所考虑构件段无横向荷载作用时：$\beta_{tx}=0.65+0.35\dfrac{M_2}{M_1}$，$M_1$ 和 M_2 是在弯矩作用平面内的端弯矩，使构件段产生同向曲率时取同号；产生反向曲率时取异号，$|M_1|\geqslant|M_2|$；

（B）所考虑构件段内有端弯矩和横向荷载同时作用时：使构件产生同向曲率时 $\beta_{tx}=1.0$；使构件段产生反向曲率时 $\beta_{tx}=0.85$；

（C）所考虑构件段内无端弯矩但有横向荷载作用时 $\beta_{tx}=1.0$。

（2）弯矩作用平面外为悬臂的构件，$\beta_{tx}=1.0$。

【例 4-7】 图 4-30 所示为 Q235 钢焊接工字钢截面压弯构件，翼缘为火焰切割边，承受的轴压力设计值为 800kN，在构件中点有一横向集中荷载为 160kN。构件两端为铰接并在中点处设有一侧向支承点。试计算此压弯构件的整体稳定性。

解：

① 截面几何特征

$$A=2\times25\times1.2+76\times1.2=151\text{cm}^2$$

$$I_x=2\times25\times1.2\times38.6^2+\frac{1}{12}\times1.2\times76^3=89398+43898=133296\text{cm}^4$$

$$i_x=\sqrt{\frac{133296}{151}}=30\text{cm},\qquad W_x=\frac{133296}{39.2}=3400\text{cm}^3$$

$$i_y=\sqrt{\frac{3125}{151}}=4.55\text{cm},\qquad I_y=2\times1.2\times\frac{25^3}{12}=3125\text{cm}^4$$

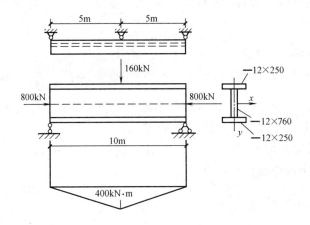

图 4-30　例 4-7 图

② 弯矩作用平面内的稳定计算

$\lambda_x = \dfrac{1000}{30} = 33.3$，按 b 类截面，$\Phi_x = 0.924$，

$$N'_{EX} = \frac{\pi^2 EA}{1.1\lambda_x^2} = \frac{\pi^2 \times 2.06 \times 10^5 \times 151 \times 10^2}{1.1 \times 33.3^2} = 25124 \times 10^3 \text{N}$$

因跨度中点 P 有一个集中荷载，故等效弯矩系数 $\beta_{mx} = 1.0$，

$$\frac{N}{\Phi_x A} + \frac{\beta_{mx} M_x}{\gamma_x W_{1x}\left(1 - 0.8\dfrac{N}{N'_{EX}}\right)}$$

$$= \frac{800 \times 10^3}{0.924 \times 151 \times 10^2} + \frac{1.0 \times 400 \times 10^6}{1.05 \times 3400 \times 10^3 \left(1 - 0.8 \times \dfrac{800 \times 10^3}{25124 \times 10^3}\right)}$$

$$= 172.26 \text{N/mm}^2 < 215 \text{N/mm}^2$$

③ 弯矩作用平面外的稳定计算

$\lambda_y = \dfrac{500}{4.55} = 110$，亦按 b 类截面，$\Phi_y = 0.493$，因杆的一端（构件中点支承

处）弯矩为 400kN·m，另一端（构件端部）弯矩为零，故等效弯矩系数 $\beta_{tx} =$
0.65，$\eta = 1.0$。用近似计算公式（4-23），可求得：

$$\phi_b = 1.07 - \frac{\lambda_y^2}{44000} = 1.07 - \frac{110^2}{44000} = 0.795$$

$$\frac{N}{\Phi_y A} + \eta \frac{\beta_{tx} M_x}{\phi_b W_{1x}}$$

$$= \frac{800 \times 10^3}{0.493 \times 151 \times 10^2} + 1.0 \times \frac{0.65 \times 400 \times 10^6}{0.795 \times 3400 \times 10^3} = 203.7 \text{N/mm}^2 < 215 \text{N/mm}^2$$

经计算得知，该压弯构件弯矩作用平面内、外均满足稳定要求。

4.3.4　压弯构件的局部稳定计算

压弯构件同样存在局部失稳的可能性，为此，应按下列规定进行局部稳定
计算：

101

1）压弯构件翼缘板自由外伸宽度 b_1 与其厚度 t 之比，应符合下式要求：

$$\frac{b_1}{t} \leqslant 13\sqrt{\frac{235}{f_y}} \tag{4-41}$$

当强度和稳定计算中取 $\gamma_x=1.0$ 时，$\frac{b_1}{t}$ 可放宽到 $15\sqrt{\frac{235}{f_y}}$。翼缘板自由外伸宽度 b_1 的取值为：对焊接构件板腹板边至翼缘板（肢）边缘的距离；对轧制构件，取内圆弧起点至翼缘板（肢）边缘的距离。

2）腹板计算高度 h_0 与其厚度 t_w 之比，应符合下列要求：

（1）对工字形截面：

当 $0 \leqslant \alpha_0 \leqslant 1.6$ 时，$\quad \frac{h_0}{t_w} \leqslant (16\alpha_0+0.5\lambda+25)\sqrt{\frac{235}{f_y}} \tag{4-42}$

当 $1.6 \leqslant \alpha_0 \leqslant 2.0$ 时，$\frac{h_0}{t_w} \leqslant (48\alpha_0+0.5\lambda+26.2)\sqrt{\frac{235}{f_y}} \tag{4-43}$

式中　$\alpha_0 = \dfrac{\sigma_{max}-\sigma_{min}}{\sigma_{max}}$——应力变化幅度；

σ_{max}——腹板计算高度边缘的最大压应力，计算不考虑构件的稳定系数和截面塑性发展系数；

σ_{min}——腹板计算高度另一边缘相应的应力，压应力取正值，拉应力取负值；

λ——构件在弯矩作用平面内的长细比：当 $\lambda<30$ 时，取 $\lambda=30$；当 $\lambda>100$ 时，取 $\lambda=100$。

（2）对箱形截面：

其 $\frac{h_0}{t_w}$ 不应超过公式（4-38）或公式（4-39）右侧乘以 0.8 的值（当此值小于 $40\sqrt{235/f_y}$ 时，应采用 $40\sqrt{235/f_y}$）。

当工字形或箱形截面腹板不符合上述要求时，可采用与受压构件同样的方法增设纵向加劲肋。

（3）对 T 形截面

当 $\alpha_0 \leqslant 1.0$ 时，$\quad\quad\quad \frac{h_0}{t_w} \leqslant 15\sqrt{\frac{235}{f_y}} \tag{4-44}$

当 $\alpha_0 > 1.0$ 时，$\quad\quad\quad \frac{h_0}{t_w} \leqslant 18\sqrt{\frac{235}{f_y}} \tag{4-45}$

4.3.5　压弯构件的刚度验算

压弯构件除需满足强度和稳定性要求外，还必须具有足够的刚度。刚度验算要求其长细比不得超过容许长细比，即：

$$\lambda \leqslant [\lambda] \tag{4-46}$$

《钢结构设计规范》规定：压弯构件的容许长细比与轴向受压构件相同，一般主要构件 $[\lambda]=150$。因为弯矩作用平面内、外的稳定计算均与长细比有关，所以当满足稳定性要求时，一般地说，已考虑了其长细比不应超过容许长细比。

4.4 钢结构的连接构造与设计

4.4.1 钢结构对连接的要求及连接方法

钢结构通常是由型钢或钢板通过一定的连接方法构成不同的受力构件，再通过一定的安装连接而形成的整体结构。其连接方法，包括选择合适的连接方案和节点构造，这是钢结构设计的又一重要环节。连接方法不合理会直接影响结构的安全、造价和寿命。

钢结构对连接总的要求是：连接部位应有足够的强度、刚度及延性，并保证被连接构件及节点部件间相互位置的合理准确，以满足传力和使用要求。

具体要求注意以下几点：

1）连接方案应与结构内力分析时的假定相一致；

2）结构的荷载与内力组合应能提供连接的最不利情况；

3）连接构造力求传力直接，各零件受力明确并尽可能避免严重的应力集中；

4）连接的计算模型应能考虑刚度不同的零件间的变形协调；

5）构件相互连接的节点，应尽可能避免偏心，不能完全避免偏心时应考虑偏心影响；

6）避免在结构内产生过大的残余应力，尤其是约束造成的残余应力，避免焊缝过度密集；

7）厚钢板沿厚度方向受力容易出现层间撕裂，节点设计时应予以充分注意；

8）连接的构造应便于制作、运输和安装，降低综合造价。

钢结构的连接方法，主要有焊接连接、铆钉连接、普通螺栓连接和高强度螺栓连接四种。参见图 4-31。

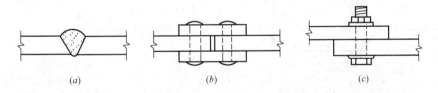

(a)　　　　　　　　　　(b)　　　　　　　　　　(c)

图 4-31　钢结构的连接方法

(a) 焊缝连接；(b) 铆钉连接；(c) 螺栓连接

焊缝连接是钢结构最主要的连接方法，其优点是构造简单、不削弱构件截面、节约钢材、加工方便、易于采用自动化操作、连接的密封性好、刚度大。缺点是焊接残余应力和残余变形对结构有不利影响，焊接结构的低温冷脆问题也比较突出。目前除少数直接承受动载结构的某些连接，如重级工作制吊车梁和柱及制动梁的相互连接、桁架式桥梁的节点连接，从目前使用情况看不宜采用焊接外，焊接可广泛用于工业与民用建筑钢结构和桥梁钢结构。

铆钉连接的优点是塑性和韧性较好，传力可靠，质量易于检查，适用于直接承受动载结构的连接。缺点是构造复杂，用钢量多，目前已很少采用。

103

普通螺栓连接的优点是施工简单、拆装方便，缺点是用钢量多。适用于安装连接和需要经常拆装的结构。

高强度螺栓连接和普通螺栓连接的主要区别是，前者在施工时同时给螺栓杆施加很大的预拉力，使之被连接构件的接触面之间产生挤压力，由此产生垂直螺栓杆方向的摩擦力，依靠此摩擦力来阻止相互滑移，以达到传递外力的目的，因而变形较小。

4.4.2　焊接连接的构造与计算

1）常用的焊接方法

钢结构中一般采用的焊接方法有电弧焊、电渣焊、气体保护焊和电阻焊等。

（1）电弧焊

电弧焊的质量比较可靠，是钢结构最常用的焊接方法。电弧焊可分为手工电弧焊，自动或半自动埋弧焊。

手工电弧焊（图 4-32）是通电后在涂有焊药的焊条与焊件间产生电弧，由电弧提供热源，使焊条熔化，滴落在焊件上被电弧所吹成的小凹槽熔池中，并与焊件的熔化部分结成焊缝。

手工电弧焊焊条与焊件金属强度相适应，对 Q235 钢焊件用 E43 系列型焊条，Q345 钢焊件用 E50 系列型焊条，Q390 钢焊件用 E55 系列型焊条，对不同钢种的钢材连接时，宜采用与低强度钢材相适应的焊条。

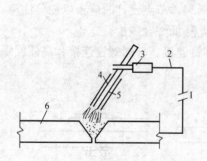

图 4-32　手工电弧焊

1—电源；2—导线；3—夹具；
4—焊条；5—药皮；6—焊件

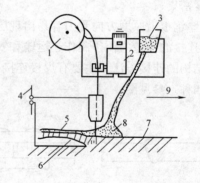

图 4-33　自动埋弧焊

1—焊丝转盘；2—转动焊丝的电动机；3—焊剂漏斗；
4—电源；5—熔化的焊剂；6—焊缝金属；7—焊件；
8—焊剂；9—转动方向

自动或半自动埋弧焊（图 4-33）是将光焊丝埋在焊剂层下，通电后，由电弧的作用使焊丝和焊剂熔化。熔化后的焊剂浮在熔化金属表面保护熔化金属，使之不与外界空气接触，有时焊剂还可供给焊缝必要的合金元素，以改善焊缝质量。自动焊的电流大、热量集中而熔深大，并且焊缝质量均匀，塑性好，冲击韧性高。半自动焊除由人工操作进行外，其余过程与自动焊相同，焊缝质量介于自动焊与手工焊之间。自动或半自动埋弧焊所采用的焊丝和焊剂要保证其熔敷金属的抗拉强度不低于相应手工焊焊条的数值，对 Q235 钢焊件，可采用 H08、

104

H08A 等焊丝；对 Q345 钢焊件，可采用 H08A、H08MnA 和 H10Mn2 焊丝。对 Q390 钢焊件可采用 H08MnA、H10Mn2 和 H08MnMoA 焊丝。

（2）电渣焊

电渣焊是利用电流通过熔渣所产生的电阻来熔化金属，焊丝作为电极伸入并穿过渣池使渣池产生电阻热将焊件金属及焊丝熔化，沉积于熔池中，形成焊缝。

（3）气体保护焊

气体保护焊是用焊枪中喷出的惰性气体代替焊剂，焊丝可自动送入，如 CO_2 气体保护焊是 CO_2 作为保护气体，使被熔化的金属不与空气接触，电弧加热集中，熔化深度大，焊接速度快，焊接强度高，塑性好。

（4）电阻焊

电阻焊是利用电流通过焊件接触点表面的电阻所产生的热量来熔化金属，再通过压力使其焊合。在一般钢结构中电阻焊只适用于板叠厚度不大于 12mm 的焊接。对冷弯薄壁型钢构件，电阻焊可用来缀合壁厚不超过 3.5mm 的构件，如将两个冷弯槽钢或 C 形钢组合为工形截面构件。

2）焊缝的连接形式与焊缝形式

（1）连接形式

焊缝连接形式按被连接构件间的相对位置分为平接、搭接、T 形连接和角接四种。这些连接所采用的焊缝型式主要有对接焊缝和角焊缝。

图 4-34 （a）所示为用对接焊缝的平接连接，它的特点是用料经济，传力均匀平缓，没有明显的应力集中，承受动力荷载的性能较好，当符合一、二级焊缝质量检验标准时，焊缝和被焊构件的强度相等。但是焊件边缘需要加工，对被连接两板的间隙和坡口尺寸有严格的要求。

图 4-34 （b）所示为用拼接板和角焊缝的平接连接，这种连接传力不均匀、费料，但施工简便，所接两板的间隙大小无须严格控制。

图 4-34 （c）所示为用顶板和角焊缝的平接连接，施工简便，用于受压构件较好。受拉构件为了避免层间撕裂，不宜采用。

图 4-34 （d）所示为用角焊缝的搭接连接，这种连接传力不均匀，材料较费，但构造简单，施工方便，目前还广泛应用。

图 4-34 （e）所示为用角焊缝的 T 形连接，构造简单，受力性能较差，应用也颇广泛。

图 4-34 （f）所示为焊透的 T 形连接，其性能与对接焊缝相同。在重要的结构中用它来代替图 4-34 （e）的连接。长期实践证明：这种要求焊透的 T 形连接焊缝，即使有未焊透现象，但因腹板边缘经过加工，焊缝收缩后使翼缘和腹板顶得十分紧密，焊缝受力情况大为改善，一般能保证使用要求。

图 4-34 （g）、（h）所示为用角焊缝和对接焊缝的角接连接。

（2）焊缝形式

对接焊缝按所受力的方向可分为对接正焊缝和对接斜焊缝（图 4-35a、b）。角焊缝长度方向垂直于力作用方向的称为正面角焊缝，平行于力作用方向的称为侧面角焊缝，如图 4-35 （c）所示。

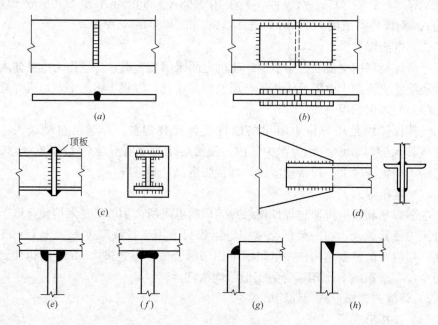

图 4-34　焊缝连接形式

　　焊缝按沿长度方向的分布情况来分，有连续角焊缝和断续角焊缝两种形式（图 4-36）。连续角焊缝受力性能较好，为主要的角焊缝形式。断续角焊缝容易引起应力集中，重要结构中应避免采用，它只用于一些次要构件的连接或次要焊缝中，断续焊缝的间断距离 L 不宜太长，以免因距离过大使连接不易紧密，潮气易侵入而引起锈蚀。间断距离 L 一般在受压构件中不应大于 $15t$，在受拉构件中不应大于 $30t$，t 为较薄构件的厚度。

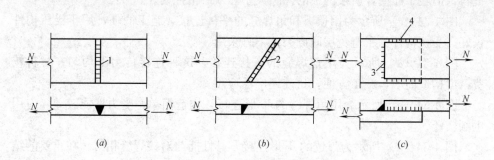

图 4-35　焊缝形式
1—对接焊缝—正焊缝；2—对接焊缝—斜焊缝；
3—角焊缝—正面角焊缝；4—角焊缝—侧面角焊缝

　　焊缝按施焊位置分，有俯焊（平焊）、立焊、横焊、仰焊几种（图 4-37）。俯焊的施焊工作方便，质量最易保证。立焊、横焊的质量及生产效率比俯焊的差一些。仰焊的操作条件最差，焊缝质量不易保证，因此应尽量避免采用仰焊焊缝。

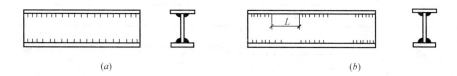

图 4-36　连续角焊缝和断续角焊缝
（a）连续角焊缝；（b）断续角焊缝

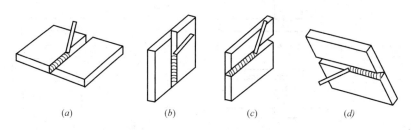

图 4-37　焊缝施焊位置
（a）俯焊；（b）立焊；（c）横焊；（d）仰焊

3）焊缝代号

在钢结构施工图上要用焊缝代号标明焊缝形式、尺寸和辅助要求。《焊缝符号表示方法》GB324—88 规定：焊缝符号由指引线和表示焊缝截面形状的基本符号组成，必要时可加上辅助符号、补充符号和焊缝尺寸符号。

指引线一般由箭头线和基准线（一条为实线，另一条为虚线）所组成。基准线一般应与图纸的底边相平行，特殊情况也可与底边相垂直，当引出线的箭头指向焊缝所在的一面时，应将焊缝符号标注在基准线的实线上；当箭头指向对应焊缝所在的另一面时，应将焊缝符号标注在基准线的虚线上，见图 4-38。

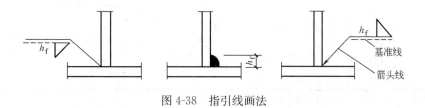

图 4-38　指引线画法

基本符号用以表示焊缝截面形状，符号的线条宜粗于指引线，常用的某些基本符号如表 4-12 所示。

常用焊缝基本符号　　　　　　　　表 4-12

名称	封底焊缝	对接焊缝					角焊缝	塞焊缝与槽焊缝	点焊缝
		I 形焊缝	V 形焊缝	单边 V 形焊缝	带钝边的 V 形焊缝	带钝边的 U 形焊缝			
符号	⌣	‖	V	V	Y	Y	◺	⊓	○

注：单边 V 形与角焊缝的竖边画在符号的左边。

焊缝符号中的辅助符号和补充符号　　　　　　　　　　表 4-13

名　　称		焊缝示意图	符号	示　　例
辅助符号	平面符号		 —	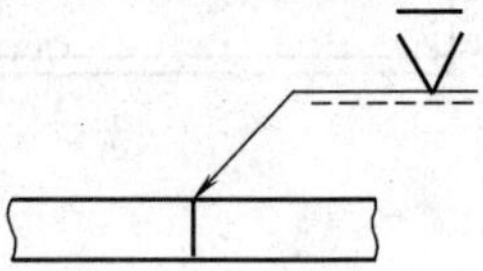
	凹面符号	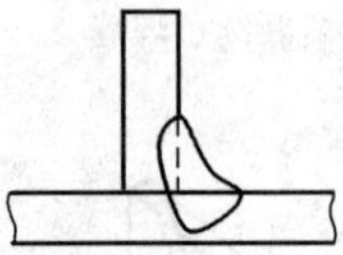	 ⌣	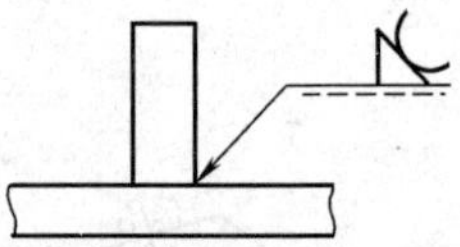
补充符号	三面围焊符号	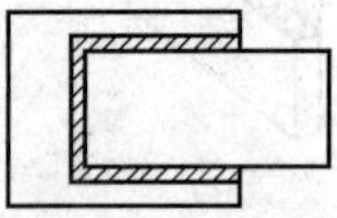	 ⊏	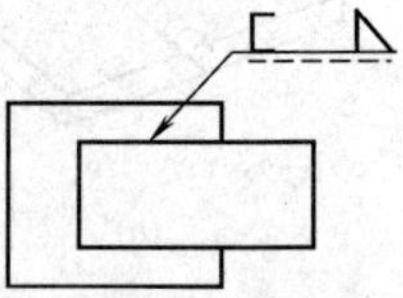
	周边围焊符号		 ○	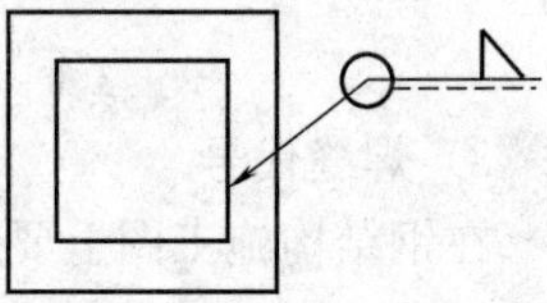
	现场焊符号		 ▶	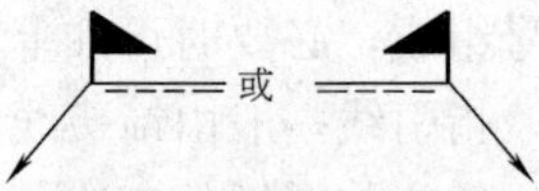 或
	焊缝底部有垫板的焊符号		 ▭	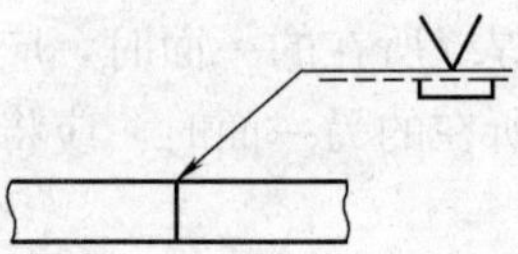
	尾部符号		 ＜	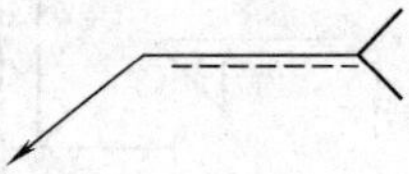

注：1. 现场焊的旗尖指向基准线的尾部。
　　2. 尾部符号用以标注需说明的焊接工艺方法和相同焊缝数量符号。

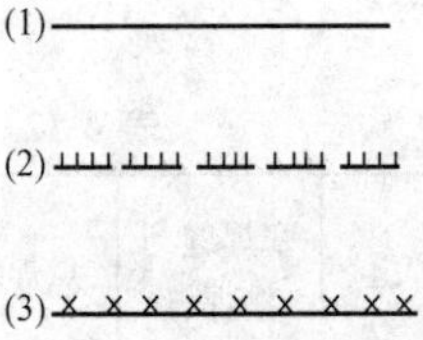

(1) ————————

(2) ⊥⊥⊥⊥⊥　⊥⊥⊥⊥　⊥⊥⊥⊥⊥

(3) × × × × × × × × ×

图 4-39　栅线表示

补充符号是为了补充说明焊缝的某些特征而采用的符号，如带有垫板，三面或四面围焊及工地施焊等。钢结构中常用的辅助符号和补充符号摘录于表 4-13。

当焊缝分布比较复杂或用上述标注方法不能表达清楚时，在标注焊缝代号的同时，可在图形上加栅线表示（图 4-39）。

4）对接焊缝的构造要求

对接焊缝按坡口形式分为 I 形缝、V 形缝、带钝边单边 V 形缝，带钝边 V

形缝（也叫 Y 形缝）、带钝边 U 形缝、带钝边双单边 V 形缝和双 Y 形缝等，后二者过去分别称为 K 形缝和 X 形缝（图 4-40）。

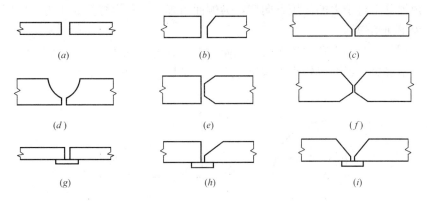

图 4-40　对接焊缝坡口形式

（a）I 形缝；（b）带钝边单边 V 形缝；（c）Y 形缝；（d）带钝边 U 形缝；（e）带钝边双单边 V 形缝；
（f）双 Y 形缝；（g）、（h）、（i）加垫板的 I 形、带钝边单边 V 形和 Y 形缝。

当焊件厚度 t 很小（$t \leqslant 10\text{mm}$），可采用不切坡口的 I 形缝。对于一般厚度（$t = 10 \sim 20\text{mm}$）的焊件，可采用有斜坡口的带钝边单边 V 形缝或 Y 形缝，以便斜坡口和焊缝跟部共同形成一个焊条能够运转的施焊空间，使焊缝易于焊透。对于较厚的焊件（$t > 20\text{mm}$），应采用带钝边 U 形缝或带钝边双单边 V 形缝，或双 Y 形缝。对于 Y 形缝和带钝边 U 形缝的跟部还需要清除焊根并进行补焊。对于没有条件清根和补焊者，要事先加垫板（图 4-40 中 g、h、i），以保证焊透。关于坡口的形式与尺寸可参看行业标准《建筑钢结构焊接技术规程》。

在钢板宽度或厚度有变化的连接中，为了减少应力集中，应从板的一侧或两侧做成坡度不大于 1 : 2.5 的斜坡（图 4-41），形成平缓过渡。如板厚相差不大于 4mm 时，可不做斜坡（图 4-41d）。焊缝的计算厚度取较薄板的厚度。

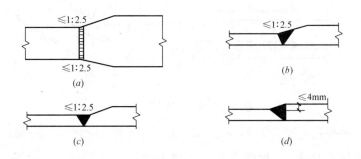

图 4-41　不同宽度或厚度的钢板拼接
（a）钢板宽度不同；（b）、（c）钢板厚度不同；（d）不做斜坡

对接焊缝的起弧和落弧点，常因不能熔透而出现焊口，形成裂纹和应力集中。为消除焊口影响。焊接时可将焊缝的起点和终点延伸至引弧板上，焊后将引弧板切除，并用砂轮将表面磨平。

5）角焊缝的构造尺寸

角焊缝，系指两焊脚边对夹角 α 为 90°的直角角焊缝。α 不等于 90°者，一般称斜角角焊缝，一般应用不多。本书所讲的角焊缝，均指直角角焊缝。

角焊缝平行于力的作用方向者，为侧面角焊缝；角焊缝垂直于力的作用方向者，为正面角焊缝。

每一条角焊缝直角边的边长，叫做"焊脚尺寸"用 h_f 表示，如图 4-42（a）所示。不等边角焊缝以较小焊脚尺寸为 h_f，如图 4-42（b）所示。

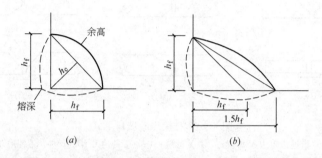

图 4-42　角焊缝的焊脚尺寸

如图 4-43 所示，用两个长度均为 h_f 的直角边形成的直角三角形（△amn）的高 h_e 作为"截面有效厚度"，焊脚长度 l_w 作为截面长度，这样，由 h_e 和 l_w 构成的截面 $abcd$ 称为"有效截面"（或"计算截面"）。因为角焊缝主要承受剪力作用，角焊缝受剪破坏时主要发生在这一截面。此计算截面面积 A 可按下式计算：

$$A = h_e l_w = h_f \cos 45° \cdot l_w \approx 0.7 h_f l_w \tag{4-47}$$

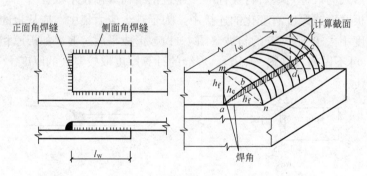

图 4-43　角焊缝的焊脚尺寸

角焊缝的焊脚尺寸 h_f，不能太小，也不能太大。h_f 过小，冷却快，容易产生裂纹，承载能力过低，构造要求 h_f 不得小于 $1.5\sqrt{t_1}$，t_1 为较厚焊件厚度（以 mm 计）；h_f 过大，则受热影响大，容易产生脆裂，甚至焊穿焊件，构造要求 h_f 不宜大于 $1.2t_2$，t_2 为较薄焊件厚度。对于厚度为 t 的板件，焊脚尺寸应符合下列要求：

当 $t \leqslant 6$mm 时，$h_f \leqslant t$；

当 $t > 6$mm 时，$h_f = t - (1 \sim 2)$mm。

110

角焊缝的长度 l_w 也不能太长或太短，l_w 过长，难以保证塑性内力重分布，因此会使长度方向应力不均；l_w 过短，去掉两端焊缝缺陷后的有效焊缝长度所剩无几，难以保证可靠的焊接。通常焊缝的计算长度 l_w，等于焊缝实长减去 10mm（当采用引弧板时不减）。构造要求侧面角焊缝和正面角焊缝的 l_w 均不得小于 $8h_f$ 和 40mm。在静态荷载作用下，侧面角焊缝 l_w 不宜大于 $60h_f$；在动态荷载作用下，侧面角焊缝 l_w 不宜大于 $40h_f$；正面角焊缝则不受限制。

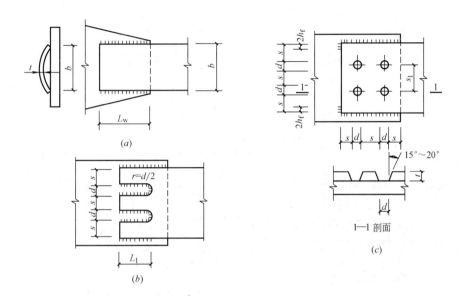

图 4-44 由槽焊、塞焊防止板件拱曲

（a）板件焊接；（b）槽焊；$d>1.5t$　$s=(1.5\sim2.5)t$ 且 $\leqslant200mm$　t 为开槽板厚度
L_1 为开槽长度由设计确定；（c）电铆钉；$d\leqslant1.5t$　$s\leqslant200mm$　$s_1>4d$

6）焊缝连接的强度计算

焊缝的强度限值，除与所用焊条有关外，还与检验质量的要求有关。其质量检验方法，分精确检验法和普通检验法。精确检验法要求，除外观检查外还要通过超声波和 X 射线透视检验，质量可靠。其中，同时要求用超声波和 X 射线透视检验者为一级，只要求用超声波检验者为二级。普通检验法为三级，只要求做外观检查，即检查焊缝实际尺寸和有无可见裂纹，咬边等缺陷。

（1）对接焊缝连接强度计算

（A）轴心受力的对接焊缝强度计算

轴心受力的对接焊缝（图 4-45）强度应按下式计算：

$$\sigma=\frac{N}{l_w t}\leqslant f_t^w（或 f_c^w）\qquad(4\text{-}48)$$

式中　　N——轴心拉力（或轴心压力）设计值；

$f_t^w(f_c^w)$——对接焊缝的抗拉（抗压）强度设计值，按附录一之附表 1-2 取用；

l_w——焊缝的计算长度。当采用引弧板施焊时，取焊缝实际长度；否则每条焊缝计算长度取实际焊缝长度减去 $2t$；

t——在对接接头中为连接件的较小厚度；在 T 形接头中为腹板的

111

厚度。

当焊缝连接的强度低于焊件的强度时，为了提高连接的承载能力，可改用斜焊缝（图 4-45b）。

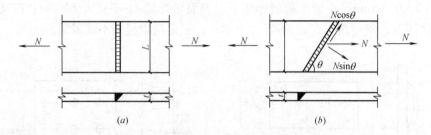

图 4-45　轴心力作用下对接焊缝连接

（B）受弯受剪的对接焊缝强度计算

对于矩形截面梁的对接焊缝（图 4-46），应分别对焊缝截面的正应力和剪应力进行强度计算。其计算公式分别为：

$$\sigma = \frac{M}{W_{\mathrm{w}}} \leqslant f_{\mathrm{t}}^{\mathrm{w}} \quad (4\text{-}49)$$

$$\tau = \frac{VS_{\mathrm{W}}}{I_{\mathrm{w}} t} \leqslant f_{\mathrm{v}}^{\mathrm{w}} \quad (4\text{-}50)$$

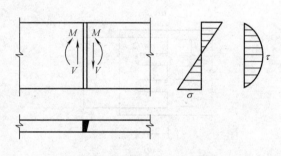

图 4-46　受弯受剪的对接焊缝连接

式中　M、V——弯矩和剪力设计值；

W_{w}——焊缝截面的截面抵抗矩；

I_{w}——焊缝截面对其中和轴的惯性矩；

S_{w}——焊缝截面在计算剪应力处纤维以上部分对中和轴的面积矩；

$f_{\mathrm{t}}^{\mathrm{w}}$、$f_{\mathrm{v}}^{\mathrm{w}}$——对接焊缝的抗拉、抗剪强度设计值。按附表一之附表 1-2 取用。

对于工字形截面梁的对接焊缝除分别按（4-49）和（4-50）式验算正应力和剪应力外，在同时受有较大正应力和剪应力处（例如腹板与翼缘的交接处），还应验算其折算应力。根据在复合应力状态下的"第四强度理论"，强度计算的一般公式为：

$$\sqrt{\sigma^2 + 3\tau^2} \leqslant f \quad (4\text{-}51)$$

式中 f 相当于钢材轴向拉伸时的容许应力。

《钢结构设计规范》给出对接焊缝折算应力的计算公式为：

$$\sqrt{\sigma_1^2 + 3\tau_1^2} \leqslant 1.1 f_{\mathrm{t}}^{\mathrm{w}} \quad (4\text{-}52)$$

式中　σ_1、τ_1——验算点处（腹板与翼缘交接点）的正应力和剪应力；

1.1——考虑最大折算应力只在局部出现对强度设计值的提高系数。

（2）角焊缝连接的强度计算

（A）受拉或受压时的角焊缝强度计算

对于直角角焊缝，在有效截面（计算截面）$abcd$（图 4-43）上，可能作用有三种应力：

$\sigma_\perp$——垂直于焊缝长度方向的正应力；

$\tau_\perp$——垂直于焊缝长度方向的剪应力；

$\tau_{/\!/}$——平行于焊缝长度方向的剪应力。

为了计算方便，把垂直于焊缝长度方向上的正应力 $\sigma_\perp$ 和剪应力 $\tau_\perp$ 化成和焊脚相垂直的 σ_{fx} 和 σ_{fy}，且取 $\tau_{/\!/}=\tau_{fz}$，根据这些应力与 $\sigma_\perp$、$\tau_\perp$、$\tau_{/\!/}$ 的关系，便得出角焊缝连接强度计算的一般表达式：

$$\sqrt{\frac{2}{3}(\sigma_{fx}^2-\sigma_{fx}\sigma_{fy}+\sigma_{fy}^2)+\tau_{fz}^2}\leqslant f_t^w \tag{4-53}$$

① 侧面角焊缝（即轴心力平行于焊缝长度方向）的强度计算公式：

因为轴心力与焊缝长度方向平行，所以 $\sigma_{fx}=0$，$\sigma_{fy}=0$，$\tau_{fz}=\tau_f$，此时的强度计算公式为：

$$\tau_f=\frac{N}{h_e l_w}\leqslant f_t^w \tag{4-54}$$

式中　h_e——角焊缝的计算厚度（有效厚度），对于直角角焊缝可取 $h_e=0.7h_f$，h_f 为较小焊脚尺寸；

l_w——一侧角焊缝的计算长度。当有盖板时，为接头一侧角焊缝的计算长度之和，对每条角焊缝取其实际长度减去 $2h_f$；

f_t^w——角焊缝的强度设计值，见附表一之附表 1-2。

② 正面角焊缝（即轴心力垂直于焊缝长度方向）的强度计算公式：

因为轴心力与焊缝长度方向垂直，所以 $\sigma_{fx}=0$，$\sigma_{fy}=\sigma_f$，$\tau_{fz}=0$，此时的强度计算公式为：

$$\sigma_f=\frac{N}{h_e l_w}\leqslant\beta_f f_t^w \tag{4-55}$$

式中　β_f——正面角焊缝的强度设计值增大系数；对承受静力荷载和间接承受动力荷载的结构，$\beta_f=1.22$；对直接承受动力荷载的结构，$\beta_f=1.0$。

③ 在各种力综合作用下，σ_f 和 τ_f 共同作用处的角焊缝强度计算公式：

对各种非轴心作用下有效截面上的应力，都可以分解为平行和垂直焊缝长度方向的两种应力——σ_{fx} 和 τ_{fz}，并且也用 σ_f 和 τ_f 表示，则由公式（4-53）可得出此时的强度计算公式为：

$$\sqrt{\left(\frac{\sigma_f}{\beta_f}\right)^2+\tau_f^2}\leqslant f_t^w \tag{4-56}$$

应当说明，对于直接承受动态荷载的角焊缝，由于正面角焊缝虽然强度较高些，但塑性性能较差。故与侧面角焊缝同等看待，在角焊缝的强度计算时，公式（4-55）和（4-56）中的设计强度增大系数 β_f 改用 1.0。

对于三面围焊的矩形拼接板，当为静态荷载时，可先按公式（4-55）计算正面角焊缝所承担的内力 N'，再根据 N 与 N' 之差（$\Delta N=N-N'$），按公式（4-54）计算侧面角焊缝。

当焊接角钢时，尽管轴心力通过角钢截面形心，但由于角钢肢背和角钢肢尖

113

至截面形心轴的距离不相等，所以肢背焊缝和肢尖焊缝的受力也不相等，这时，可利用合力力矩定理分别求出肢背和肢尖各自承担的内力，再分别进行焊缝的强度计算。为便于计算，可利用内力系数 K_1、K_2 直接算出肢背和肢尖各自承担的内力，即：

$$N_1 = K_1 \cdot N \tag{4-57}$$

$$N_2 = K_2 \cdot N \tag{4-58}$$

式中　K_1、K_2——焊缝内力系数，见表 4-14。

角钢角焊缝的内力分配系数　　　　　　　　　　表 4-14

连接情况	连接形式	分配系数	
		K_1	K_2
等肢角钢一肢连接		0.7	0.3
不等肢角钢短肢连接		0.75	0.25
不等肢角钢长肢连接		0.65	0.35

如为三面围焊，则可先算出正面角焊缝所承担的内力 N_3，再由力的平衡条件可得：

$$N_1 = K_1 \cdot N - \frac{N_3}{2} \tag{4-59}$$

$$N_2 = K_2 \cdot N - \frac{N_3}{2} \tag{4-60}$$

【例 4-8】 图 4-47 所示为采用盖板的平接连接，若钢板截面为 400×12mm，承受轴心力 $N = 920$kN（静态荷载），钢材为 Q235 钢，采用 E43 系列型焊条，手工焊。试按侧面角焊缝和三面围焊分别设计盖板尺寸。

解：

已知角焊缝的强度设计值。$f_{\mathrm{f}}^{\mathrm{w}} = 160\mathrm{N/mm}^2$，设盖板为两块截面为 8×360mm 的 Q235 钢板，其面积为 $36 \times 0.8 \times 2 = 57.6\mathrm{cm}^2$，大于 $40 \times 1.2 = 48\mathrm{cm}^2$，取 $h_{\mathrm{f}} = 6$mm $< t = 8$mm。

采用侧面角焊缝

因 $b > 200$mm，故加直径为 20mm 电铆钉 2 个，其强度设计值和角焊缝相同，电铆钉承担内力：

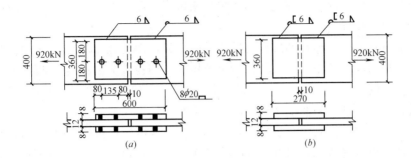

图 4-47　例 4-8 图

$$N'=4\times\frac{\pi d^2}{4}f_t^w=\frac{4\times3.14\times2^2}{4}\times10^2\times160=201062\mathrm{N}$$

一个侧面角焊缝长度为：

$$l_w=\frac{(920-201)\times10^3}{4\times0.7\times6\times160}=267\mathrm{mm}=26.7\mathrm{cm}$$

盖板长度为：

$l=(26.7+1)\times2+1=56.4\mathrm{cm}$，实际采用 600mm（图 4-47$a$）。

采用三面围焊

正面角焊缝承担内力（$\beta_f=1.22$）为：

$$N'=0.7h_f\sum l_w'\times\beta_f f_t^w=0.7\times0.6\times2^{①}\times36\times1.22\times160\times10^2$$

$$=590300\mathrm{N}$$

侧面角焊缝长为：

$$l_w=\frac{N-N'}{4\times0.7h_f f_t^w}=\frac{(920-590.3)\times10^3}{4\times0.7\times6\times160}=123\mathrm{mm}=12.3\mathrm{cm}$$

盖板长度为：

$l=(12.3+0.5)\times2+1=26.6\mathrm{cm}$，实际采用 270mm（图 4-47$b$）。

（B）受弯时的角焊缝强度计算

在弯矩单独作用的角焊缝强度连接中（图 4-48），角焊缝有效截面上的应力，属正面角焊缝受力性质，图 4-48（b）给出焊缝的有效截面面积，其应力和强度计算公式为：

$$\sigma_f=\frac{M}{W_w}=\frac{M}{\dfrac{h_e l_w^2}{6}}\leqslant\beta_f f_t^w \tag{4-61}$$

式中的 W_w 为角焊缝有效截面抵抗矩。

4.4.3　普通螺栓连接的构造与计算

1）普通螺栓的传力方式

普通螺栓的传力方式，可分为抗剪螺栓和抗拉螺栓两种。图 4-49 中的螺栓 1

为抗剪螺栓，它依靠螺栓杆的承压和抗剪来传力。图中的螺栓 2 如果在下面设有支托则为抗拉螺栓。

抗剪螺栓，因螺栓杆和螺栓孔壁之间的滑移，而使螺栓杆受剪。螺栓受剪破坏有螺栓被剪断、孔壁挤压破坏、钢板被拉断、钢板被剪断和螺栓被压弯等五种破坏的可能性（图 4-50）。为防止螺栓受剪破坏，前三种需通过计算，后两种可以通过构造要求（如限制端距离和限制板叠厚度）来保证。

抗拉螺栓以受拉为主。螺栓受拉破坏，主要是因螺栓被拉屈服甚至被拉断所致，此外，也有连接构件被拉开的可能。前者需通过计算，后者由构造措施来防止。

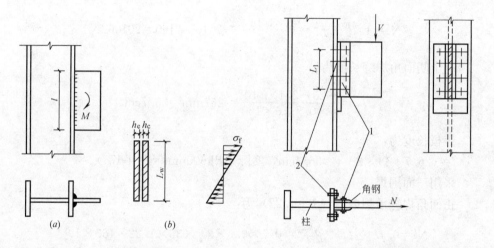

图 4-48 弯矩作用时角焊缝应力   图 4-49 抗剪螺栓和抗拉螺栓

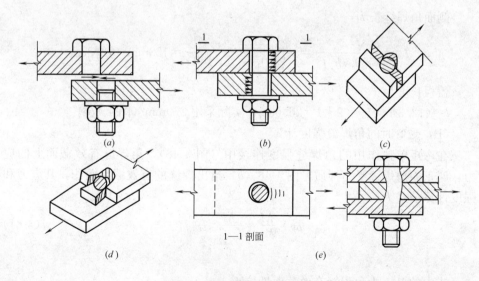

图 4-50 螺栓连接的破坏情况

在钢结构施工中，常用图形表示对孔、螺栓的施工要求。表 4-15 为常见孔、螺栓图例。

孔、螺栓图例　　　　　　　　　　　　表 4-15

序号	名　称	图　例	说　明
1	永久螺栓		
2	安装螺栓		1. 细"＋"线表示定位线
3	高强度螺栓		2. 必须标注孔、螺栓直径
4	螺栓圆孔		
5	椭圆形螺栓孔		

2）螺栓排列的构造要求

螺栓在构件上的排列需考虑以下三方面的因素：

（1）满足受力要求。防止截面削弱过多、螺栓周围过于应力集中、钢板端部不致被剪断以及受压时被连接的板件不致发生凸曲现象等。

（2）满足防锈要求。防止因间距过大，构件接触面不紧密，使潮气侵入而发生锈蚀。

（3）满足施工要求。保证有一定的空间，便于施工操作（如转动螺栓搬手等）。

为此，螺栓的排列通常采用并列或错列两种排列形式，其中外排线距 e_1、中间排线距 e_2、端距 e_3、边距 e_4（图 4-51）的容许距离均应符合表 4-16 的要求。

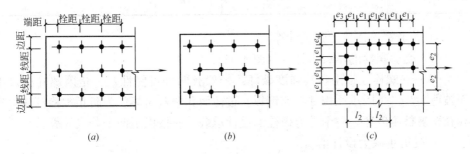

图 4-51　钢板上的螺栓排列

（a）并排；（b）错列；（c）容许距离

螺栓和铆钉的容许距离　　　　　　　表 4-16

名称	位置和方向 e_1			最大容许距离 （取两者的最小值）	最小容许距离
中心距离	任意方向	外排 e_1		$8d_0$ 或 $12t$	$3d_0$
		中间排 e_2	构件受压力	$12d_0$ 或 $18t$	
			构件受拉力	$16d_0$ 或 $24t$	

续表

名称	位置和方向 e_1			最大容许距离 （取两者的最小值）	最小容许距离
中心至构件 边缘的距离	顺内力方向			$4d_0$ 或 $8t$	$2d_0$
	垂直内力 方向	切割边			$1.5d_0$
		轧制边	高强度螺栓		$1.5d_0$
			其他螺栓或铆钉		$1.2d_0$

螺栓的有效截面面积　　　　　　　　　　表 4-17

螺栓直径 d （mm）	螺距 p （mm）	螺栓有效直径 d_e（mm）	螺栓有效面积 A_e （mm²）	注
16	2	14.12	156.7	
18	2.5	15.65	192.5	
20	2.5	17.65	244.8	
22	2.5	19.65	303.4	
24	3	21.19	352.5	
27	3	24.19	459.4	
30	3.5	26.72	560.6	
33	3.5	29.72	693.6	
36	4	32.25	816.7	
39	4	35.25	975.8	
42	4.5	37.78	1121.0	螺栓有效面积 A_e 按下式算得： $A_e = \dfrac{\pi}{4}\left(d - \dfrac{13}{24}\sqrt{3}p\right)^2$
45	4.5	40.78	1306.0	
48	5	43.31	1473.0	
52	5	47.31	1758.0	
56	5.5	50.84	2030.0	
60	5.5	54.84	2362.0	

3）普通螺栓连接的强度计算

（1）受剪螺栓的承载力计算（图 4-52）

（A）在螺栓连接中，其强度破坏，一般有两种可能性：一是因螺栓杆过细而被剪断，二是因承压构件（如钢板）过薄而孔壁被挤坏。为防止螺栓杆被剪断和孔壁被挤压破坏，一个受剪螺栓的设计承载力应按以下两个公式计算：

① 受剪承载力设计值

$$N_v^b = n_v \frac{\pi d^2}{4} \cdot f_v^b \tag{4-62}$$

② 承压承载力设计值

$$N_v^b = d \cdot \sum t \cdot f_c^b \tag{4-63}$$

式中　n_v——螺栓受剪面数目，参见图 4-52。单剪 $n_v=1$，双剪 $n_v=2$，四剪面
　　　　　　 $n_v=4$ 等；

　　　　d——螺栓杆直径；

　　　　$\sum t$——在同一方向承压的构件较小的总厚度，例如，图 4-52 中的四剪面：
　　　　　　　　 $\sum t$ 取 $(a+c+e)$ 和 $(b+d)$ 中的较小值；

f_v^b、f_c^b——螺栓的抗剪和抗压强度设计值，按附录一之附表 1-3 取用。

（B）螺栓群的受剪螺栓数目计算

当外力作用在螺栓群中心时所需要的螺栓数目为：

$$n = \frac{N}{N_{min}^b} \tag{4-64}$$

式中　N——作用于螺栓群的轴心力设计值；

N_{min}^b——一个螺栓受剪和承压承载力设计值 N_v^b 和 N_c^b 中的较小值。

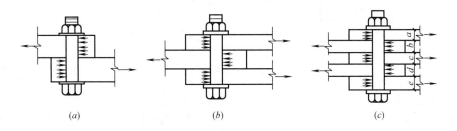

图 4-52　受剪螺栓连接

（a）单剪；（b）双剪；（c）四剪面

（2）受拉螺栓的承载力计算（图 4-53）

（A）一个受拉螺栓的承载力设计值

一个受拉螺栓的承载力设计值应按下式计算：

$$N_t^b = \frac{\pi d_e^2}{4} \cdot f_t^b \tag{4-65}$$

式中　d_e——螺栓螺纹处的有效直径，见表 4-17；

f_t^b——螺栓的抗拉强度设计值，按附录一之附表 1-3 取用。

（B）螺栓群的抗拉螺栓数目

在轴心力作用下，当外力通过螺栓群形心时所需抗拉螺栓数目，应按下式计算：

$$n = \frac{N}{N_t^b} \tag{4-66}$$

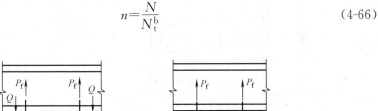
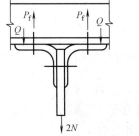
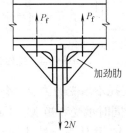

图 4-53　抗拉螺栓连接

（3）螺栓群在弯矩作用下的受拉螺栓计算

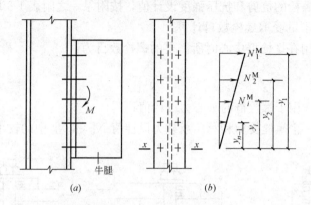

图 4-54　弯矩作用下抗拉螺栓计算

普通粗制螺栓群在弯矩 M 作用下，上部螺栓受拉，容易脱开，使螺栓群的旋转中心下移，通常简单地假定螺栓群绕最下边一排螺栓旋转（图 4-54），此时

$$M = m(N_1 y_1 + N_2 y_2 + \cdots\cdots + N_n y_n) \tag{4-67}$$

由此可得：

$$N_1 = \frac{M y_1}{m \sum_{i=1}^{n} y_i^2} \leqslant N_1^b \tag{4-68}$$

式中　m——螺栓排列的纵列数，在图 4-54 中，$m=2$。

（4）螺栓群同时承受剪力和拉力的螺栓计算

图 4-55 所示连接，螺栓群承受剪力和拉力，这种连接可能有以下两种情况。

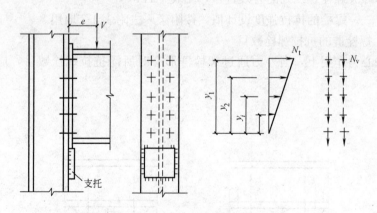

图 4-55　螺栓群同时承受剪力和拉力

（A）假定支托不承受剪力 V（只在安装横梁时使用）

此时，螺栓同时承受弯矩 $M=Ve$ 和剪力 V。

在弯矩 $M=Ve$ 作用下，按式（4-68）可求得：

$$N_1 = \frac{M y_1}{m \sum_{i=1}^{n} y_t^2} \tag{4-69}$$

在剪力 V 作用下，每个螺栓受力为：

$$N_v = \frac{V}{n} \tag{4-70}$$

式中 n——螺栓数目。

螺栓在拉力和剪力共同作用下应满足相关公式：

$$\sqrt{\left(\frac{N_v}{N_v^b}\right) + \left(\frac{N_t}{N_t^b}\right)^2} \leqslant 1 \tag{4-71}$$

满足公式（4-71），说明螺栓不会发生受拉和受剪破坏，但当钢板较薄时，可能发生受压破坏。所以，还应满足下式要求：

$$N_v \leqslant N_c^b \tag{4-72}$$

式中 N_v、N_t——一个螺栓所承受的剪力和拉力；

N_v^b、N_c^b、N_t^b——一个螺栓的受剪、承压和抗拉承载力设计值。

（B）假定剪力 V 由支托承受

此时，弯矩 $M = Ve$ 由螺栓承受，可按公式（4-65）计算。

支托和柱翼缘的连接，用角焊缝连接，按下式计算。

$$\tau_f = \frac{\alpha V}{h_e \sum l_w} \leqslant f_f^w \tag{4-73}$$

式中 α 为考虑剪力对焊缝的偏心影响系数，其值取 $1.25 \sim 1.35$。

由于普通螺栓抗剪强度较低，永久性的结构宜采用第二种方案，即 V 由支托承受。

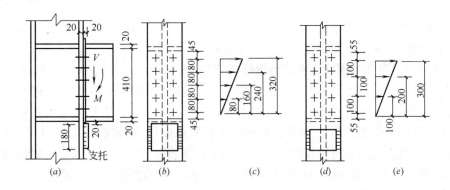

图 4-56　例 4-9 图

【例 4-9】 图 4-56 所示的梁，采用普通粗制螺栓与柱翼缘连接，该连接承受剪力设计值 $V = 258$kN，弯矩设计值 $M = 38.7$kN·m。梁端竖板下设有支托。钢材为 Q235，螺栓直径 20mm，焊条为 E43 系列型，手工焊，螺栓排列的纵列数 $m = 2$，试设计此连接。

解：

① 假定支托只在安装时起作用，螺栓同时承受拉力和剪力。

设螺栓群绕最下一排螺栓旋转，如图 4-56 所示。由表 4-17 可知螺栓的有效面积 $A = 2.45$cm²。

121

一个螺栓的承载力设计值：

$$N_v^b = n_v \cdot \frac{\pi d^2}{4} \cdot f_v^b = 1 \times \frac{3.1416 \times 20^2}{4} \times 130 = 40.84\text{kN}$$

$$N_c^b = d \sum t f_c^b = 20 \times 20 \times 305 = 122\text{kN}$$

$$N_t^b = A e f_t^b = 2.45 \times 10^2 \times 170 = 41.65\text{kN}$$

作用于一个螺栓的最大拉力：

$$N_t = \frac{M y_1}{m \sum y_t^2} = \frac{38.7 \times 32 \times 10^2}{2 \times (8^2 + 16^2 + 24^2 + 32^2)} = 32.25\text{kN}$$

作用于一个螺栓的剪力：

$$N_v = \frac{V}{n} = \frac{258}{10} = 25.8\text{kN} < N_c^b = 122\text{kN}$$

剪力和拉力共同作用下：

$$\sqrt{\left(\frac{N_v}{N_v^b}\right)^2 + \left(\frac{N_t}{N_t^b}\right)^2} = \sqrt{\left(\frac{25.8}{40.84}\right)^2 + \left(\frac{32.25}{41.65}\right)^2} = 0.9993 < 1$$

② 设剪力 V 由支托承受，螺栓只承受弯矩 $M = 338.7\text{kN} \cdot \text{m}$。

由公式（4-68）：

$$N_t = \frac{M y_1}{m \sum y_t^2} = \frac{38.7 \times 30 \times 10^2}{2 \times (10^2 + 20^2 + 30^2)} = 41.46\text{kN} < N_t^b = 41.65\text{kN}$$

支托和柱翼缘的连接焊缝计算，采用侧面角焊缝，h_f 取 10mm，由公式（4-73）得：

$$\tau_f = \frac{1.35V}{h_e \sum l_w} = \frac{1.35 \times 258 \times 10^3}{0.7 \times 10 \times 2(180-20)} = 155.49\text{N/mm}^2 < f_f^w = 160\text{N/mm}^2$$

通过上述两种方案的计算结果可见，利用支托承受剪力的方案具有减少螺栓数目和加快安装速度的优点。

4.4.4　高强度螺栓连接的连接性能

高强度螺栓的性能等级有 10.9 级（有 20MnTiB 钢和 35VB 钢）和 8.8 级（有 40B 钢、45 号钢和 35 号钢），级别划分的小数点前的数字是螺栓处理后的最低抗拉强度，小数点后的数字是屈强比（屈服强度 f_y 与抗拉强度 f_u 的比值），例如 8.8 级，其最低抗拉强度为 800N/mm²，屈服强度为 640N/mm²，屈强比为 0.8。其中，40B 钢、45 号钢已经使用多年，但二者的渗透性不够理想，只能用于直径不大于 24mm 的高强度螺栓。高强度螺栓所用的螺帽和垫圈采用 45 号钢或 35 号钢制成的，高强度螺栓孔应采用钻成孔，摩擦型的孔径比螺栓公称直径大 1.5～2.0mm，承压型的孔径则大 1.0～1.5mm。

如前所述，高强度连接按受力特征分为高强度螺栓摩擦型连接，高强度螺栓承压型连接和承受拉力的高强度螺栓连接。

高强度螺栓摩擦型连接，全靠被连接构件间的摩擦阻力来抵抗剪力，以剪力等于摩擦力作为承载能力的极限状态。高强度螺栓承压型螺栓连接的传力特征是剪力超过摩擦力后，由于构件间发生相对滑移，因螺栓本身与孔壁接触，而使螺栓杆受剪，孔壁受压。到连接接近破坏时，剪力全由杆身承担。所以高强度螺栓承压型连接是以螺栓或钢板破坏为承载能力的极限状态。承受拉力的高强度螺栓连接，是靠扭紧螺帽对螺栓施加预拉力。由于预拉力的作用，在构件间承受荷载之前已经有较大的挤压力，受荷后首先要抵消这种挤压力，此后的受力情况就和普通螺栓相同。不过，当拉力小于挤压力时，由于构件未被拉开，可以减少锈蚀危害，也可以改善连接的疲劳性能，

高强度螺栓的排列方法和排列要求与普通螺栓相同，亦应符合图 4-51 和表 4-16 的要求。当沿受力方向的连接长度 $l_1 > 15d_0$ 时，应考虑对设计承载力的不利影响，d_0 为螺栓孔的直径。

第5章　钢筋混凝土基本构件

5.1　受弯构件正截面受弯承载力计算

5.1.1　梁内配筋与试验研究

钢筋混凝土受弯构件，是钢筋混凝土结构最主要的基本构件之一。钢筋混凝土受弯构件的截面形状一般有矩形、T形、工字形和箱形等。其中，常以单筋矩形截面梁作为建立钢筋混凝土受弯构件理论的研究对象。矩形截面梁内配置的钢筋，主要有在受拉区按计算配置的纵向受拉钢筋 A_s、箍筋 A_{sv} 以及按构造要求配置的架立钢筋，三者形成钢筋骨架。此外，梁内还可能有在受压区按计算配置的纵向受压钢筋 A'_s（与纵向受拉钢筋一起通称为纵向受力钢筋，简称纵筋）、由受拉区弯向受压区的弯起钢筋 A_{sb} 以及纵向构造钢筋和拉筋、鸭筋、吊筋等，参见图 5-1。

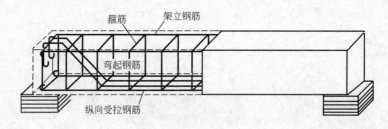

图 5-1　梁内配筋示意

在试验研究中，因为受弯构件的正截面承载力主要与弯矩大小有关，为排除剪力影响，采用在简支梁上施加两个对称的集中荷载的方法。实际上，梁的自重为均布荷载，但与所施加的集中荷载相比影响很小，可以近似地将梁的自重也折算成集中荷载并作用在集中荷载所在位置处。这样，就将梁分为跨中部的纯弯段和两端的弯剪段。为了消除架立钢筋对截面受弯性能的影响，在梁的纯弯段内，也不配置架立钢筋，从而在纯弯段内就形成了理想的单筋受弯截面。

图 5-2 所示，即为单筋矩形截面简支梁的试验方案。在跨中一定标距范围内，沿梁高布置测点，用仪表量测梁截面不同高度处的纵向应变，由此可得梁正截面的应变分布情况；在纵向受拉钢筋上贴电阻应变片，由此可得随荷载增加钢筋应力的变化情况；在跨中设置位移计，用以测量梁的跨中挠度；在梁端支座处设置百分表，用以消除支座下沉对实测挠度的影响。试验采用逐级加荷的方法，并随时观测裂缝的出现、开展与分布情况，直至正截面受弯破坏而告终。

根据在各级荷载作用下测得的数据，再经过计算后，便得到如图 5-3 所示的

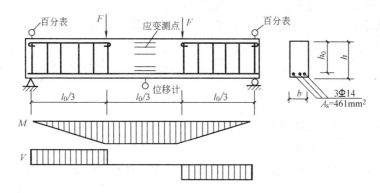

图 5-2　正截面受弯性能试验示意

梁的挠度、纵筋应力和截面应变试验曲线。（a）图为梁跨中挠度的实测图，其中 M 是由各级外荷载所计算出的弯矩值，M_u 是由破坏荷载计算出的破坏弯矩，即截面所能承受的极限弯矩；（b）图为纵筋应力 σ_s 实测图；（c）图为跨中梁的纵向应变在截面不同高度处的分布图，X_c 是破坏时实际受压区高度。如果变换纵向受拉钢筋的数量，还可以试验梁的不同破坏型态。

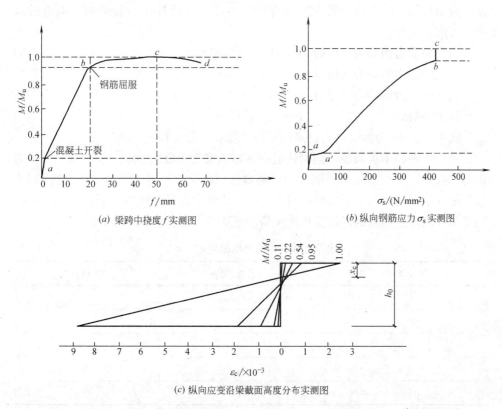

(a) 梁跨中挠度 f 实测图

(b) 纵向钢筋应力 σ_s 实测图

(c) 纵向应变沿梁截面高度分布实测图

图 5-3　梁的挠度、纵筋拉应力、截面应变试验曲线

5.1.2　纵向受拉钢筋的配筋率

当梁的截面尺寸和混凝土强度等级确定以后，梁内配置纵向受拉钢筋的多少

125

是用截面配筋率（简称配筋率）来度量的。

配筋率为纵向受拉钢筋截面面积 A_s 与梁截面有效面积 bh_0 的比值，用"ρ"表示，

即：

$$\rho=\frac{A_\mathrm{s}}{bh_0} \tag{5-1}$$

式中　A_s——纵向受拉钢筋截面面积；

　　　b——梁的截面宽度；

　　　h_0——受拉钢筋截面重心至构件截面受压区边缘的距离，称为截面有效高度。

h_0 按下式计算：

$$h_0=h-a_\mathrm{s} \tag{5-2}$$

式中，h——梁的截面高度；

　　　a_s——纵向受拉钢筋合力点至截面受拉区边缘的距离。

鉴于新规范《混凝土结构设计规范》GB 50010—2010 对混凝土保护层厚度做了调整，即不再以纵向受力钢筋的外缘，而以最外层钢筋（包括箍筋、构造筋、分布筋等）的外缘计算混凝土保护层厚度。在设计中一般梁的截面有效高度，可取：

当纵向受力钢筋为一排时　$h_0=h-c-20\mathrm{mm}$ 　　　　　(5-3)

当纵向受力钢筋为两排时　$h_0=h-c-45\mathrm{mm}$ 　　　　　(5-4)

当纵向受力钢筋为三排时　$h_0=h-c-70\mathrm{mm}$ 　　　　　(5-5)

简支平板　　　　　　　　　$h_0=h-c-10\mathrm{mm}$ 　　　　　(5-6)

式中，c——为纵向受力钢筋的混凝土保护层最小厚度。

为保证钢筋不被锈蚀，同时使混凝土对钢筋有可靠的粘结，要求构件中受力钢筋的保护层厚度不应小于钢筋的公称直径 d；设计使用年限为 50 年的混凝土结构最外层钢筋的保护层厚度应符合表 5-1 的规定；设计使用年限为 100 年的混凝土结构最外层钢筋的保护层厚度不应小于表 5-1 中数值的 1.4 倍。

混凝土保护层的最小厚度 c（mm）　　　　　表 5-1

环境类别	板、墙、壳	梁、柱、杆
一	15	20
二 a	20	25
二 b	25	35
三 a	30	40
三 b	40	50

注：1. 混凝土强度等级不大于 C25 时，表中保护层厚度数值应增加 5mm；

　　2. 钢筋混凝土基础宜设置混凝土垫层，基础中钢筋的混凝土保护层厚度应从垫层顶面算起，且不应小于 40mm。

其中环境类别，见表 5-2。

环境类别	条　件
一	室内干燥环境； 无侵蚀性静水浸没环境
二 a	室内潮湿环境； 非严寒和非寒冷地区的露天环境； 非严寒和非寒冷地区与无侵蚀性的水或土壤直接接触的环境； 严寒和寒冷地区的冰冻线以下与无侵蚀性的水或土壤直接接触的环境
二 b	干湿交替环境； 水位频繁变动环境； 严寒和寒冷地区的露天环境； 严寒和寒冷地区冰冻线以上与无侵蚀性的水或土壤直接接触的环境
三 a	严寒和寒冷地区冬季水位变动区环境； 受除冰盐影响环境； 海风环境
三 b	盐渍土环境； 受除冰盐作用环境； 海岸环境
四	海水环境
五	受人为或自然的侵蚀性物质影响的环境

混凝土结构的环境类别　　　　　　表 5-2

注：1. 室内潮湿环境是指构件表面经常处于结露或湿润状态的环境；
　　2. 严寒和寒冷地区的划分应符合现行国家标准《民用建筑热工设计规范》GB 50176 的有关规定；
　　3. 海岸环境和海风环境宜根据当地情况，考虑主导风向及结构所处迎风、背风部位等因素的影响，由调查研究和工程经验确定；
　　4. 受除冰盐影响环境是指受到除冰盐盐雾影响的环境，受除冰盐作用环境是指被除冰盐溶液溅射的环境，以及使用除冰盐地区的洗车房，停车楼等建筑；
　　5. 暴露的环境是指混凝土结构表面所处的环境。

如无特别说明，本章在设计中将各类结构构件的安全等级均定为二级；各类结构的环境类别均定为一类。

5.1.3　受弯构件正截面破坏类型及其破坏特征

1）适筋梁破坏

配筋率适中（$\rho_{min} \leqslant \rho \leqslant \rho_{max}$）的梁称为适筋梁。其中，$\rho_{max}$ 为最大配筋率，ρ_{min} 为最小配筋率，以后专门论述。

适筋梁发生正截面破坏时，其破坏特征是：破坏首先从受拉区开始，受拉钢筋先发生屈服，直到受压区混凝土达到极限压应变 ε_{cu}，受压区混凝土被压碎而告终。从钢筋开始屈服到受压区混凝土达到极限压应变这一过程中，受拉区混凝土的裂缝逐渐扩展、延伸，梁的挠度明显加大，受拉钢筋和受压区混凝土都呈现出明显的塑性性质，破坏常给人们以明显的预兆。这种破坏，属于"延性破坏"。

2）超筋梁破坏

配筋率超过最大配筋率 ρ_{max} 的梁称为超筋梁。这种梁因配筋过多，当外荷载足以使之发生破坏时，往往是钢筋尚未屈服，而受压区混凝土首先被压碎。破坏时，钢筋还处于弹性阶段，受压区混凝土的塑性也来不及充分发展。破坏没有明

127

显的预兆，这种破坏属于"脆性破坏"。这种梁，不能充分发挥受拉钢筋的作用，浪费钢材，而且一旦破坏又会给人们带来突然性的危害，所以在实际工程中应避免设计成超筋梁。

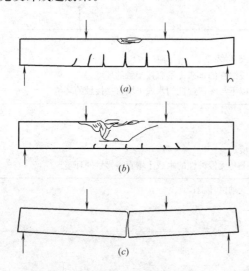

图 5-4　受弯构件正截面破坏类型
(a) 适筋梁破坏；(b) 超筋梁破坏；(c) 少筋梁破坏

3）少筋梁破坏

配筋率少于最小配筋率 ρ_{min} 的梁称为少筋梁。这种梁当受拉区混凝土一旦开裂，裂缝截面的全部拉力转由钢筋承担，而钢筋又配置得过少，其拉应力很快超过屈服强度并进入强化阶段，造成整个构件迅速被撕裂，甚至钢筋也被拉断，破坏更没有明显预兆，也属于"脆性破坏"。这种梁，往往是由于构件截面过大，受压区混凝土的强度得不到充分发挥，浪费混凝土，而且破坏时造成的危害也更严重，所以在工程中不允许设计成少筋梁。图 5-4 分别描述了适筋梁、超筋梁及少筋梁的破坏型态。

5.1.4　适筋梁从加载到破坏，三个阶段的截面受力状态

适筋梁从加荷到破坏的全过程，可分为三个阶段以及特定的三个时刻（或称三个瞬间）。每个阶段以及每个瞬间，破坏截面的受力状态可概括如下：

第Ⅰ阶段——从开始加载到受拉区混凝土即将出现裂缝。又称弹性工作阶段或未开裂阶段，参见图 5-5a。

这个阶段，截面承担的弯矩较小，应变和应力都较小，整个截面基本上处于弹性工作阶段。正截面自上而下的应变符合平截面假定，截面应变和应力均呈线性分布，挠度随弯矩增加也呈直线变化，因有钢筋和混凝土一起承担拉力，中和轴的位置偏低。

第Ⅰa瞬间——第Ⅰ阶段末，受拉区混凝土即将出现裂缝的时刻。参见图 5-5b。

这个时刻，受拉区混凝土因塑性充分发展而引起内力重分布，拉应力图形呈曲线形且接近于梯形；而受压区混凝土仍接近弹性状态，压应力图形基本上仍呈为三角形。此时，受拉钢筋的拉应力并不很大，如取钢筋的拉应变与混凝土的极限拉应变相等，即取 $\varepsilon_s = \varepsilon_{ut} = 0.00015$，且取钢筋的弹性模量 $E_s = 2.0 \times 10^5 N/mm^2$，则可知此时的钢筋应力 $\sigma_s = E_s \varepsilon_s = 2.0 \times 10^5 \times 0.00015 = 30 N/mm^2$。此刻，中和轴的位置略有上升，整个截面的应变仍符合平截面假定。这个时刻的受力状态，将作为受弯构件抗裂验算的主要依据，此刻截面所承受的弯矩，称为开裂弯矩，并用"M_{cr}"表示。

第Ⅱ阶段——从开始出现裂缝到受拉钢筋即将屈服。又称正常使用阶段或带

裂缝工作阶段，参见图 5-5c。

　　这个阶段，当开始出现裂缝以后，挠度增加的速度明显加快，受拉区混凝土大部分退出工作，裂缝截面处的钢筋应力突然增大。受压区混凝土开始呈现出较明显的塑性性质，压应力图形呈曲线形。随着荷载的增加，垂直裂缝相继出现，但不久便不再出现新的裂缝，已经出现的裂缝大致保持相等的距离，并有向上延伸的趋势，中和轴又有所上升。这个阶段，尽管裂缝截面处的应变不一定符合平截面假定，然而所测定的标距范围内的截面平均应变，仍然符合平截面假定，常称为"平均平截面假定"。这一客观规律，对以后基本理论和基本公式的建立，有着相当重要的意义，这个阶段的受力状态，将作为受弯构件裂缝宽度和变形验算的主要依据。

　　第Ⅱa瞬间——第Ⅱ阶段末，钢筋即将屈服的时刻。此刻的受力状态图形与第Ⅱ阶段基本相同。只是此时钢筋应力达到 f_y，此时所承担的弯矩达到了屈服弯矩 M_y，参见图 5-5（d）。

　　第Ⅲ阶段——从钢筋开始屈服到受压区混凝土达到极限压应变，受压区混凝土被压碎。又称破坏阶段或塑性阶段，参见图 5-5（e）。

　　这个阶段，当钢筋屈服以后，挠度迅速加大，裂缝明显地开展延伸，截面受压区逐渐减小，受压区混凝土的塑性性质以及由此引起的内力重分布愈益充分，压应力图形更加凸曲。此阶段，尽管钢筋的抵抗拉力和混凝土的抵抗压力都保持不变（$C=T=f_yA_s$），但由于中和轴继续上升，内力臂又有所加大，所以截面抵抗弯矩还是略有提高。国内外的大量试验表明，此阶段的截面应变仍然符合平均平截面假定。

　　第Ⅲa瞬间——受压区混凝土达到极限压应变，亦即构件最终破坏的时刻。此刻的受力状态，便是受弯构件正截面承载能力的极限状态。参见图 5-5（f）。

　　这个时刻，受拉区混凝土早已退出工作，钢筋的应力一直保持为屈服强度，受压区边缘混凝土的极限压应变 ε_{cu}，一般在 0.002～0.004 左右变动，最大可达 0.006～0.008。根据棱柱体轴心受压试验所得到的应力—应变曲线和轴心抗压强度 f_c 及相应的应变 ε_0，可以近似地推断出受压区混凝土的压应力分布图形是一条略有下降段的曲线图形，其压应力的峰值并不在受压区边缘。试验也证实，此刻的截面应变一般也能符合平均平截面假定。这里应当说明，对配有明显屈服台阶的钢筋而且配筋又偏少时，截面受拉区的平均应变是否符合平均平截面假定，尚有待进一步研究；不过，这并不影响基本理论的建立。所以，在受弯构件与偏心受压构件中应用平截面假定，试验证明是可行的。第Ⅲa瞬间的受力状态是受弯构件正截面受弯承载力计算的重要依据，此刻截面所能承受的弯矩，叫做极限弯矩，或称截面抵抗弯矩，又称破坏弯矩，用"M_u"表示。

5.1.5　正截面受弯承载力计算的基本理论

1）四项基本假定

钢筋混凝土受弯构件正截面受弯承载力计算是以适筋梁破坏阶段末——第Ⅲa瞬间的受力状态为依据，为了便于工程应用，《混凝土结构设计规范》特采用下列四项基本假定：

129

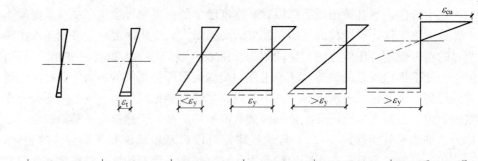

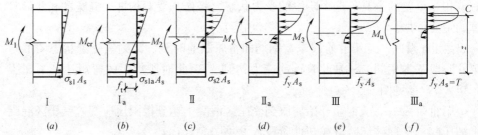

图 5-5　适筋梁受力阶段的截面应变（上图）和应力（下图）分布图

（1）平截面假定。构件正截面从发生弯曲变形直至最终破坏依然保持为平面，即沿截面高度方向应变按线性规律分布。

国内外大量试验研究结果表明，不仅在第Ⅰ阶段——弹性阶段，就是在第Ⅱ、第Ⅲ阶段直至第Ⅲa瞬间，只要量测标距大于裂缝间距，混凝土和钢筋的平均应变仍符合平截面假定。采用平截面假定后，截面上任一点纤维的应变或平均应变与该点到中和轴的距离成正比。

（2）不考虑截面受拉区混凝土的抗拉作用，即假定全部拉力由纵向受拉钢筋承担。

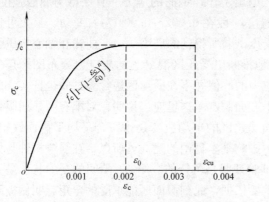

图 5-6　混凝土应力-应变曲线

（3）混凝土受压区的压应力 σ_c 与压应变 ε_c 的关系曲线（图 5-6）按下列规定取用：

当 $\varepsilon_c \leqslant \varepsilon_0$ 时

$$\sigma_c = f_c \left[1 - \left(1 - \frac{\varepsilon_c}{\varepsilon_0} \right)^n \right]$$

$$\sigma_c = f_c \left[1 - \left(1 - \frac{\varepsilon_c}{\varepsilon_0} \right)^n \right] \tag{5-7}$$

当 $\varepsilon_0 < \varepsilon_c \leqslant \varepsilon_{cu}$ 时

$$\sigma_c = f_c \tag{5-8}$$

$$n = 2 - \frac{1}{60}(f_{cu,k} - 50) \tag{5-9}$$

$$\varepsilon_0 = 0.002 + 0.5(f_{cu,k} - 50) \times 10^{-5} \tag{5-10}$$

$$\varepsilon_{cu} = 0.0033 - (f_{cu,k} - 50) \times 10^{-5} \tag{5-11}$$

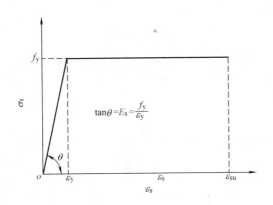

图 5-7　钢筋应力-应变曲线

式中　σ_c——混凝土压应力变为 ε_c 时的混凝土压应力；

　　　f_c——混凝土轴心抗压强度设计值，按附录一之附表 1-9 采用；

　　　ε_0——混凝土压应力刚达到 f_c 时的混凝土压应变，当计算的 ε_0 值小于 0.002 时，取为 0.002；

　　　ε_{cu}——正截面的混凝土极限压应变，当处于非均匀受压时，按公式 (5-11) 计算，如计算的 ε_{cu} 值大于 0.0033，取为 0.0033；当处于轴心受压时取为 ε_0；

　　　$f_{cu,k}$——混凝土立方体抗压强度标准值；

　　　n——系数，当计算的 n 值大于 2.0 时，取为 2。

由上述可以看出，混凝土压应力-应变关系曲线，由抛物线上升段和水平段所组成。它随着混凝土强度等级的不同而变化。其有关参数 n、ε_0 和 ε_{cu} 的取值，可参见表 5-3。

<table>
<tr><td colspan="5" align="center">混凝土应力-应变参数表　　　　　　　　　　　　表 5-3</td></tr>
<tr><td>混凝土强度等级</td><td>≤C50</td><td>C60</td><td>C70</td><td>C80</td></tr>
<tr><td>n</td><td>2</td><td>1.83</td><td>1.67</td><td>1.5</td></tr>
<tr><td>ε_0</td><td>0.002</td><td>0.00205</td><td>0.0021</td><td>0.00215</td></tr>
<tr><td>ε_{cu}</td><td>0.0033</td><td>0.0032</td><td>0.0031</td><td>0.0030</td></tr>
</table>

（4）纵向受拉钢筋的应力，取等于钢筋应变与其弹性模量的乘积，但其绝对值不应大于其相应的强度设计值。纵向受拉钢筋的极限拉应变取为 0.01。

由图 5-7，当 $\varepsilon_s \leqslant \varepsilon_y$ 时，即在钢筋屈服以前，按弹性材料计算，即：

$$\sigma_s = E_s \varepsilon_s \tag{5-12}$$

当 $\varepsilon_y < \varepsilon_s \leqslant \varepsilon_{su}$ 时，即当钢筋屈服以后，取钢筋应力等于屈服强度，即：

$$\sigma_s = f_y \tag{5-13}$$

式中　ε_s——钢筋应变；

　　　ε_y——钢筋的屈服应变；

　　　ε_{su}——钢筋的极限拉应变，取 0.01；

131

σ_s——对应于钢筋应变 ε_s 时的钢筋应力值；

E_s——钢筋的弹性模量，见附录一之附表 1-16。

2）受压区混凝土压应力图形的简化

为了便于计算，再对受压区混凝土的压应力图形进一步简化为图 5-8 所示的等效矩形应力图形。

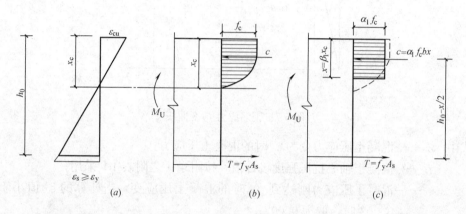

图 5-8　等效矩形应力图形

其简化条件是：

（1）等效矩形应力图形的面积等于基本假定应力图形的面积，即压应力合力大小不变；

（2）等效矩形应力图形的形心位置与基本假定应力图形的形心位置相同，即合力的作用点不变。

由图 5-8（c）可见，简化后的等效矩形应力图形，其平均压应力取为 $\alpha_1 f_c$。系数 α_1 为等效矩形应力图形的平均压应力与混凝土轴心抗压强度设计值 f_c 的比值。当混凝土强度等级不超过 C50 时，α_1 取为 1.0，当混凝土强度等级为 C80 时，α_1 取为 0.94，其他按线性内插法确定。

简化后的等效矩形应力图形的混凝土受压区高度（简称受压区高度）x，取为 $\beta_1 x_c$。系数 β_1 为等效矩形应力图形的混凝土受压区高度 x 与按平截面假定所确定的中和轴高度（简称曲线应力图形高度）x_c 的比值。当混凝土强度等级不超过 C50 时，β_1 取为 0.8；当混凝土强度等级为 C80 时，β_1 取为 0.74，其他按线性内插法确定。α_1、β_1 的取值详见表 5-4。

混凝土受压区等效矩形应力图形系数　　　　　　　　　　　表 5-4

混凝土强度等级	≤C50	C55	C60	C65	C70	C75	C80
α_1	1.0	0.99	0.98	0.97	0.96	0.95	0.94
β_1	0.8	0.79	0.78	0.77	0.76	0.75	0.74

（3）受弯构件正截面受弯承载力计算的基本方程与相对受压区高度 ξ

以单筋矩形截面为例，根据基本假定和简化后的受压区等效矩形应力图形，由力的平衡条件，可以建立受弯构件正截面受弯承载力计算的基本方程：

$$由 \sum X = 0, \qquad\qquad \alpha_1 f_c bx = f_y A_s \qquad\qquad\qquad (5\text{-}14)$$

$$由 \sum M_T = 0, \qquad\qquad M_u = \alpha_1 f_c bx \left(h_0 - \frac{x}{2} \right) \qquad\qquad (5\text{-}15a)$$

$$或由 \sum M_C = 0, \qquad\qquad M_u = f_y A_s \left(h_0 - \frac{x}{2} \right) \qquad\qquad (5\text{-}15b)$$

将基本方程（5-14）的等式两边同除以 h_0，再经整理，可以得到：

$$\frac{x}{h_0} = \frac{A_s}{bh_0} \cdot \frac{f_y}{\alpha_1 f_c} = \rho \cdot \frac{f_y}{\alpha_1 f_c}$$

式中，受压区计算高度与截面有效高度的比值 $\dfrac{x}{h_0}$，称为相对受压区高度，并用符号"ξ"表示，即：

$$\xi = \frac{x}{h_0} = \rho \cdot \frac{f_y}{\alpha_1 f_c} \qquad\qquad\qquad (5\text{-}16)$$

相对受压区高度 ξ，是一个十分重要的指标。实际上，受弯构件截面含钢量的多少，不仅仅与配筋率的大小有关，而且与所用钢筋与混凝土的强度等级有关。设想，选用强度较高的钢筋，实际的含钢量就多，而采用强度较高的混凝土，相对含钢量就少。这说明 ξ 值实际上是构件截面含钢量多少的综合指标，所以 ξ 值又可称为"截面综合含钢特征"。

从公式（5-16）还可以看出，如果材料的强度等级、截面尺寸和配筋率一经确定，则截面处于极限状态的受压区计算高度 x 也就成为定值了；再由公式（5-15a）得知，此刻构件截面的抵抗弯矩 M_u 也就成为定值了。这样，ξ 值就把受压区计算高度 x、钢筋截面面积 A_s 和截面抵抗弯矩 M_u 三者紧密地联系在一起。如果用外荷载产生的弯矩设计值去替换截面抵抗弯矩 M_u，那么与截面承受弯矩设计值 M 相应的 ξ 值、x 值以及所需钢筋截面面积 A_s，便能很容易地计算出来；而对于已经设计并制成的梁，则可根据已知的材料强度等级、截面尺寸和 A_s 值，逐步求得 ξ 值、x 值和该梁所能承受的极限弯矩 M_u。在结构设计中，前者称为"截面设计"，后者称为"截面复核"。

（4）适筋梁与超筋梁的界限——相对界限受压区高度 ξ_b 或最大配筋率 ρ_{max}

从适筋梁与超筋梁的破坏特征得知，适筋梁破坏是钢筋先屈服，而后受压区混凝土达到极限压应变；超筋梁破坏是受压区混凝土先被压碎，而钢筋尚未屈服。由此定义受弯构件中纵向受力钢筋开始屈服的同时，受压区混凝土也达到极限压应变，这种截面破坏称为界限破坏。根据平截面假定，可以得到界限破坏时的应变图形，如图 5-9 所示。其中 x_{cb} 为界限破坏时的中和轴高度。

由几何关系，不难得到：

$$\frac{x_{cb}}{h_0} = \frac{\varepsilon_{cu}}{\varepsilon_{cu} + \varepsilon_y} = \frac{1}{1 + \dfrac{\varepsilon_y}{\varepsilon_{cu}}}$$

根据相对受压区高度 $\xi = \dfrac{x}{h_0}$ 的定义可知，相对界限受压区高度为界限破坏时的等效矩形应力图形的受压区高度（简称界限受压区高度）x_b 与截面有效高度

133

的比值，即：

$$\xi_b = \frac{x_b}{h_0} = \frac{\beta_1 x_{cb}}{h_0} \qquad (5\text{-}17)$$

将上式代入公式（5-17），可得：

$$\xi_b = \frac{\beta_1}{1 + \dfrac{\varepsilon_y}{\varepsilon_{cu}}}$$

由此可知，对于普通钢筋混凝土受弯构件，其相对界限受压区高度 ξ_b，则应按下列公式计算：

有屈服点钢筋

$$\xi_b = \frac{\beta_1}{1 + \dfrac{f_y}{E_s \varepsilon_{cu}}} \qquad (5\text{-}18)$$

无屈服点钢筋

$$\xi_b = \frac{\beta_1}{1 + \dfrac{0.002}{\varepsilon_{cu}} + \dfrac{f_y}{E_s \varepsilon_{cu}}} \qquad (5\text{-}19)$$

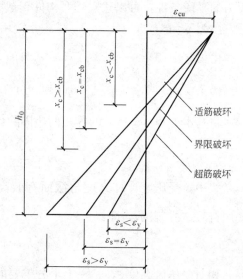

图 5-9　适筋梁、超筋梁、界限破坏时的正截面平均应变图形

式中　ξ_b——相对界限受压区高度，$\xi_b = x_b / h_0$；

x_b——界限受压区高度；

h_0——截面有效高度；

f_y——普通钢筋抗拉强度设计值；

E_s——钢筋弹性模量；

ε_{cu}——非均匀受压时的混凝土极限压应变，按公式（5-11）计算；

β_1——受压区混凝土等效矩形应力图形受压区高度系数，按表 5-4 取用。

由公式（5-16）可以得出界限破坏时的配筋率，亦即适筋梁的最大配筋率：

$$\rho_{max} = \xi_b \cdot \frac{\alpha_1 f_c}{f_y} \qquad (5\text{-}20)$$

在实际工程设计中，常用 ξ_b 值作为适筋梁的上限。部分常用的 ξ_b 值，见表 5-5。在适筋梁的范围内，ξ 值越大，截面所需配筋也越多，正截面承载力也越大。但 ξ 值不能超过 ξ_b，或者说 ρ 值不能超过 ρ_{max}。否则，在钢筋尚未屈服之前受压区混凝土就先被压碎，势将发生超筋破坏。所以，相对界限受压区高度 ξ_b 和最大配筋率 ρ_{max} 是分别从受压区高度和配筋率的角度给出了适筋梁截面配筋的上限。

相对界限受压区高度 ξ_b 和最大截面抵抗矩系数 $\alpha_{s,max}$　　　表 5-5

钢筋级别	混凝土强度等级	≤C50	C55	C60	C65	C70	C75	C80
HPB300	ξ_b	0.576	0.566	0.556	0.547	0.537	0.528	0.518
	$\alpha_{s,max}$	0.410	0.406	0.401	0.397	0.393	0.389	0.384

续表

钢筋级别 \ 混凝土强度等级		≤C50	C55	C60	C65	C70	C75	C80
HRB335	ξ_b	0.550	0.541	0.531	0.522	0.512	0.503	0.493
	$\alpha_{s,max}$	0.399	0.395	0.390	0.386	0.381	0.377	0.372
HRB400 HRBF400 RRB400	ξ_b	0.518	0.508	0.499	0.490	0.481	0.472	0.463
	$\alpha_{s,max}$	0.384	0.379	0.375	0.370	0.365	0.361	0.356
HRB500 HRBF500	ξ_b	0.482	0.473	0.464	0.455	0.447	0.438	0.429
	$\alpha_{s,max}$	0.366	0.361	0.356	0.351	0.347	0.374	0.337

受弯构件最大配筋率 ρ_{max} 值（%）　　　　　　　　　表 5-6

钢筋级别 \ 混凝土强度等级	C20	C25	C30	C35	C40	C45	C50	C55	C60	C65	C70	C75	C80
HPB300	2.05	2.54	3.05	3.56	4.07	4.50	4.93	5.25	5.55	5.84	6.07	6.28	6.47
HRB335、HRBF335	1.76	2.18	2.62	3.07	3.51	3.89	4.24	4.52	4.77	5.01	5.21	5.38	5.55
HRB400、HRBF400、RRB400	1.38	1.71	2.06	2.40	2.74	3.05	3.32	3.53	3.74	3.92	4.08	4.21	4.34
HRB500、HRBF500	1.06	1.32	1.58	1.85	2.12	2.34	2.56	2.72	2.87	3.01	3.14	3.23	3.33

（5）适筋梁与少筋梁的界限——最小配筋率 ρ_{min}

为了避免发生少筋梁破坏，尚需确定最小配筋率的限值。原则上应保证按最小配筋率配筋的钢筋混凝土梁，所能抵抗的极限弯矩，不少于同样截面、相同强度等级的素混凝土梁按第 I_a 瞬间受力状态计算的开裂弯矩。然而实际钢筋混凝土梁，要受到混凝土抗拉强度的离散性、温度变化、混凝土收缩、裂缝宽度限值等诸多不利因素的影响。我国《混凝土结构设计规范》在考虑了上述各种因素，并参考了以往的工程经验后，规定钢筋混凝土结构构件中纵向受力钢筋的配筋百分率不应小于表 5-7 规定的限值。其中，对于钢筋混凝土梁的最小配筋率 ρ_{min}，取为 0.2% 和 $45f_t/f_y\%$ 中的较大值，并将最小配筋率作为适筋梁与少筋梁的界限配筋率，也就是适筋梁配筋的下限。

这样，只要所设计的构件的 $\rho \geqslant \rho_{min}$，就可以防止脆性的少筋梁破坏情况的发生。

需要说明，最小配筋率不仅与纵向受拉钢筋的最小配筋百分率有关，而且与混凝土的强度等级和钢筋的种类有关。此外，按公式（5-1）一般配筋率为：

$$\rho = \frac{A_s}{bh_0}$$

最小配筋率是指全截面而言，即：

$$\rho_{min} = \frac{A_{s,min}}{bh} \tag{5-21}$$

式中，$A_{s,min}$ 为受弯构件纵向受拉钢筋的最小截面面积，为避免发生少筋梁

135

破坏，设计应满足：

$$\rho \geqslant \rho_{\min} \frac{h}{h_0} \tag{5-22}$$

或梁内实际配筋应满足：

$$A_s \geqslant A_{s,\min} = \rho_{\min} bh \tag{5-23}$$

现将部分计算中常用的 $\rho_{\min}$ 值，列入表 5-8，以备查用。

纵向受力钢筋的最小配筋百分率 $\rho_{\min}$ （%）　　　　表 5-7

受力类型			最小配筋百分率
受压构件	全部纵向钢筋	强度等级 500MPa	0.50
		强度等级 400MPa	0.55
		强度等级 300MPa、335MPa	0.60
	一侧纵向钢筋		0.20
受弯构件、偏心受拉、轴心受拉构件一侧的受拉钢筋			0.2 和 $45f_t/f_y$ 中的较大值

注：1. 受压构件全部纵向钢筋最小配筋百分率，当采用 C60 以上强度等级的混凝土时，应按表中规定增大 0.10；

2. 板类受弯构件（不包括悬臂板）的受拉钢筋，当采用强度等级 400MPa、500MPa 的钢筋时，其最小配筋百分率应允许采用 0.2 和 $45f_t/f_y$ 中的较大值；

3. 偏心受拉构件中受压钢筋，应按受压构件一侧纵向钢筋考虑；

4. 受压构件的全部纵向钢筋和一侧纵向钢筋的配筋率以及轴心受拉构件和小偏心受拉构件一侧受拉钢筋的配筋率应按构件全截面面积计算；

5. 受弯构件、大偏心受拉构件一侧受拉钢筋的配筋率应按全截面面积扣除受压翼缘面积 $(b_f' - b)h_f'$ 后的截面面积计算；

6. 当钢筋沿构件截面周边布置时，"一侧纵向钢筋"系指沿受力方向两个对边中的一边布置的纵向钢筋。

受弯构件最小配筋率 $\rho_{\min}$ 值 （%）　　　　表 5-8

钢筋级别	混凝土强度等级													
	C15	C20	C25	C30	C35	C40	C45	C50	C55	C60	C65	C70	C75	C80
HPB300	0.200	0.200	0.212	0.238	0.262	0.285	0.300	0.315	0.327	0.340	0.348	0.357	0.363	0.370
HRB335、HRBF335	0.200	0.200	0.200	0.215	0.236	0.257	0.270	2.584	0.294	0.306	0.314	0.321	0.327	0.333
HRB400、HRBF400、RRB400	0.200	0.200	0.200	0.200	0.200	0.200	0.214	0.225	0.236	0.245	0.255	0.261	0.268	0.273	0.278
HRB500、HRBF500	0.200	0.200	0.200	0.200	0.200	0.200	0.200	0.200	0.203	0.211	0.216	0.221	0.226	0.230

5.1.6　单筋矩形截面受弯构件正截面承载力计算及构造要求

1) 正截面受弯承载力计算的基本公式及其适应条件

按照结构构件承载能力极限状态 $\gamma_0 S \leqslant R$ （公式 3-3）的设计要求，受弯构件正截面承载力计算的原则是：用荷载标准值乘以荷载分项系数（对于安全等级为二级或设计使用年限为 50 年的一般房屋 $\gamma_0 = 1.0$）以后，用力学方法计算出的截面弯矩（称为弯矩设计值）M，不得超过截面抵抗弯矩设计值 M_u。前者即为荷载效应，后者就是结构抗力。因此，受弯构件正截面承载力极限状态计算表达式为：

$$M \leqslant M_u \qquad (5-24)$$

式中　M——弯矩设计值；

　　　M_u——正截面抵抗弯矩设计值，又称极限弯矩设计值或正截面受弯承载力设计值。

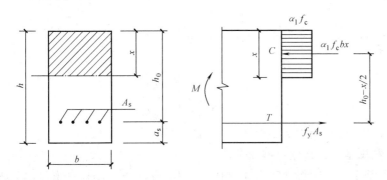

图 5-10　单筋矩形截面梁正截面承载力计算图形

根据适筋梁第Ⅲa瞬间简化后的应力图形（图 5-10）与力的平衡条件，便可建立单筋矩形截面受弯构件正截面受弯承载力计算的两个基本公式：

由 $\sum X = 0$ $\qquad\qquad \alpha_1 f_c b x = f_y A_s \qquad (5-25)$

由 $\sum M_T = 0$ $\qquad M \leqslant M_u = \alpha_1 f_c b x \left(h_0 - \dfrac{x}{2} \right) \qquad (5-26a)$

或由 $\sum M_C = 0$ $\qquad M \leqslant M_u = f_y A_s \left(h_0 - \dfrac{x}{2} \right) \qquad (5-26b)$

式中　f_c——混凝土轴心抗压强度设计值，按附录一之附表 1-9 取用；

　　　α_1——受压区混凝土等效矩形应力图形的平均应力值与混凝土轴心抗压强度设计值的比值，按表 5-4 取用；

　　　f_y——钢筋抗拉强度设计值，按附录一之附表 1-6 取用；

　　　A_s——纵向受拉钢筋截面面积；

　　　b——截面宽度；

　　　x——简化后的等效矩形应力图形的截面受压区高度，简称混凝土受压区计算高度或受压区高度；

　　　h_0——截面有效高度，即纵向受拉钢筋合力点至截面受压区边缘之间的距离。

基本公式的适用条件之一，即为防止超筋破坏，设计应满足：

$$\xi \leqslant \xi_b \qquad (5-27a)$$

或 $\qquad\qquad x \leqslant \xi_b h_0 \qquad (5-27b)$

或 $\qquad\qquad \rho \leqslant \rho_{max} = \xi_b \dfrac{\alpha_1 f_c}{f_y} \qquad (5-27c)$

137

或 $$M \leqslant M_{u,max} = \alpha_{s,max} \cdot \alpha_1 f_c b h_0{}^2 \qquad (5\text{-}27d)$$

公式（5-27d）是将 $X = \xi_b h_0$ 代入公式（5-26a）得出的，即：

$$M_{u,max} = \xi_b (1 - \xi_b) \alpha_1 f_c b h_0{}^2 = \alpha_{s,max} \cdot \alpha_1 f_c b h_0{}^2 \qquad (5\text{-}28)$$

式中，$M_{u,max}$ 为单筋矩形截面梁在充分配筋后所能抵抗的最大弯矩，$\alpha_{s,max}$ 称为最大截面抵抗矩系数，$\alpha_{s,max} = \xi_b (1 - \xi_b)$。

公式（5-27a）~（5-27d）四式，只要满足其中任何一式，其余三式必然满足。在计算中，相对界限受压区高度 ξ_b 值和最大截面抵抗矩系数 $\alpha_{s,max}$ 值，见表 5-5。

基本公式的适用条件之二，即为防止少筋破坏，按公式（5-22）（5-23），设计应满足：

$$\rho \geqslant \rho_{min} \frac{h}{h_0}$$

或 $$A_s \geqslant A_{s,min} = \rho_{min} b h$$

部分计算中常用的最小配筋率 ρ_{min} 的取值，见表 5-8。

2）利用基本公式进行截面设计

因为基本公式中包含的未知数有 α_1、f_c、f_y、$b h_0$、A_s 和混凝土受压区高度 x，为此在进行截面设计时，常常事先选定混凝土的强度等级、钢筋种类和截面尺寸，然后利用承载力计算的基本公式，计算混凝土受压区高度 x，进而求得所需纵向受拉钢筋的截面面积 A_s；最后根据 A_s 的计算值和构造要求选用受拉钢筋的直径和根数。

混凝土强度等级：混凝土强度等级共有 14 种，其中 $\leqslant$C50 为普通混凝土，C60~C80 者为高强混凝土。钢筋混凝土结构强度等级不应低于 C20。采用 400MPa 及以上的钢筋时，混凝土强度等级不应低于 C25。预应力混凝土结构强度等级不宜低于 C40，且不应低于 C30。

钢筋种类：梁柱纵向受力普通钢筋应采用 HRB400、HRB500、HRBF400、HRBF500 级钢筋；箍筋宜采用 HRB300、HRB400、HRBF400、HRB500、HRBF500 级钢筋，也可采用 HRB335、HRBF335 级钢筋。预应力钢丝、钢绞线和预应力螺纹钢筋。

混凝土和钢筋的强度标准值、设计值见附录一。

构件截面尺寸：简支梁截面高度 h 和截面宽度 b，一般可取为：

$$h = \left(\frac{1}{16} \sim \frac{1}{8} \right) l \qquad （l \text{ 为梁的计算跨度}）$$

$$b = \left(\frac{1}{3.5} \sim \frac{1}{2} \right) h$$

现浇平板，通常取 1m 宽板带进行计算，此时取 $b = 1000\text{mm}$，其板厚 h 可按下式采用：

$$h = \left(\frac{1}{35} \sim \frac{1}{25} \right) l \qquad （l \text{ 为板的计算跨度}）$$

在满足适筋梁要求的范围内，截面过大、过小都会使造价相对提高，为了达到较好的经济效果，板的经济配筋率一般为 0.3%~0.8%，矩形截面梁的经济

配筋率一般为 $0.6\% \sim 1.5\%$，T 形截面梁的经济配筋率一般为 $0.9\% \sim 1.8\%$。

【例 5-1】 有一矩形截面钢筋混凝土简支梁（图 5-11），结构的安全等级为二级（一般房屋），环境类别为一类（室内正常环境），该梁的计算跨度 $l = 5.145\text{m}$，梁上承受均布荷载，其中永久荷载标准值 $g_k = 15\text{kN/m}$（未包括梁自重），可变荷载标准值 $q_k = 5.5\text{kN/m}$，永久荷载分项系数 $\gamma_G = 1.2$ 和 $\gamma_G = 1.35$，可变荷载分项系数，$\gamma_Q = 1.4$，组合值系数 $\psi_c = 0.7$。试选取梁的截面尺寸，再按正截面承载力计算并选配纵向受拉钢筋。

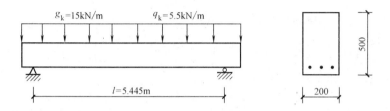

图 5-11 承受均布荷载的简支梁

解：

① 材料的选用：

混凝土强度等级采用 C30，$f_c = 14.3\text{N/mm}^2$，$\alpha_1 = 1.0$；

纵向受拉钢筋选用 HRB400 级钢筋，$f_y = 360\text{N/mm}^2$；

查表 5-5 得知 $\xi_b = 0.518$，查表 5-8 得知 $\rho_{min} = 0.2\%$。

② 截面尺寸的选取：

按 $h = \left(\dfrac{1}{16} \sim \dfrac{1}{8}\right) l = \left(\dfrac{1}{16} \sim \dfrac{1}{8}\right) \times 5445 = 3740 \sim 681\text{mm}$，选取 $h = 500\text{mm}$；

按 $b = \left(\dfrac{1}{3.5} \sim \dfrac{1}{2}\right) h = \left(\dfrac{1}{3.5} \sim \dfrac{1}{2}\right) \times 500 = 143 \sim 250\text{mm}$，选取 $b = 200\text{mm}$；

③ 荷载计算：

钢筋混凝土自重标准值为 25kN/m^3，故该梁每米长度的自重标准值为 $0.2 \times 0.5 \times 25 = 2.5\text{kN/m}$，实际工程尚需考虑梁的抹灰重量，此处略去未计。

梁上作用的总均布荷载设计值：

按可变荷载效应控制的组合

$\quad q_1 = \gamma_G(g_k + 2.5) + \gamma_Q q_k = 1.2(15 + 2.5) + 1.4 \times 5.5 = 28.7\text{kN/m}$

按永久荷载效应控制的组合

$q_2 = \gamma_G(g_k + 2.5) + \gamma_Q \psi_c q_k = 1.35(15 + 2.5) + 1.4 \times 0.7 \times 5.5 = 29.0\text{kN/m}$

取其最不利值：

$$q = 29\text{kN/m}$$

④ 内力计算：

由安全等级为二级，得知 $\gamma_0 = 1.0$，故梁的跨中最大弯矩设计值为：

$$M = \frac{1}{8} q l^2 = \frac{1}{8} \times 29 \times 5.145^2 = 95.957\text{kN} \cdot \text{m}$$

⑤ 配筋计算

由环境类别为一类，混凝土强度等级为 C30，由表 5-1 得知纵向受力钢筋的混凝土保护层最小厚度 $c=20\text{mm}$，初定梁内受拉钢筋按一排考虑，则由式 (5-3) 可得：

$$h_0=h-c-20=500-20-20=460\text{mm}$$

将已知值代入基本公式 (5-25) 和 (5-26a) 中：

$$\alpha_1 f_c bx=f_y A_s$$

$$M\leqslant\alpha_1 f_c bx\left(h_0-\frac{x}{2}\right)$$

则得：
$$\begin{cases}1.0\times14.3\times200x=360A_s\\107.474\times10^6=1.0\times14.3\times200x\left(460-\dfrac{x}{2}\right)\end{cases}$$

由公式 (5-26a) 可解得 x 值：

$$x=h_0-\sqrt{h_0^2-\frac{2M}{\alpha_1 f_c b}}=460-\sqrt{460^2-\frac{2\times95.957\times10^6}{1.0\times14.9\times200}}=80\text{mm}$$

由公式 (5-25) 可解得 A_s 值：

$$A_s=\frac{\alpha_1 f_c bx}{f_y}=\frac{1.0\times14.3\times200\times80}{360}=636\text{mm}^2$$

查附录四之附表 4-1，选配纵向受力钢筋 3Φ18 (实配 $A_s=763\text{mm}^2$)。因为三根直径为 18mm 的钢筋，在梁宽 200mm 的范围内可以布置成一排，所以按一排计算的 h_0 值合适，说明计算结果有效。

验算适用条件一：

$$x=80\text{mm}<\xi_b h_0=0.518\times465=240\text{mm}$$

验算适用条件二：

$$A_s=763\text{mm}>\rho_{\min}bh=\frac{0.2}{100}\times200\times500=200\text{mm}^2$$

验算结果表明，基本公式的适用条件均能满足，且配筋率 $\rho=\dfrac{A_s}{bh_0}=\dfrac{763}{200\times460}=0.829\%$，在经济配筋率 (0.6%~1.5%) 的范围以内，说明本例题设计合理。

如果计算的 x 值超过了 $\xi_b h_0$，则说明初定截面过小，这时就必须加大截面尺寸重新设计。若确因其他要求不能加大截面，也可以提高混凝土强度等级或者采用下文将要介绍的双筋截面。若通过计算求得的配筋率 $\rho<\rho_{\min}$，且不准备减小截面尺寸时，则必须按 $\rho_{\min}$ 的构造要求配置受拉钢筋。

3) 利用计算系数法进行截面设计与截面复核

为了避免解二次方程，在实际结构设计中常采用"计算系数法"进行正截面承载力计算。

(1) 截面抵抗矩系数 α_s

将基本公式 (5-26a) 用 $x=\xi h_0$ 代入后可得：

$$M=\alpha_1 f_c b\xi h_0\left(h_0-\frac{\xi h_0}{2}\right)=\alpha_1 f_c bh_0^2\xi(1-0.5\xi)$$

令 $\qquad \alpha_s=\xi(1-0.5\xi)$ (5-29)

则 $\qquad M=\alpha_s\alpha_1f_cbh_0^2$ (5-30)

式中 α_s 称为截面抵抗矩系数。它相当于材料力学中矩形截面梁强度计算公式 $M=W\sigma=\dfrac{1}{6}bh^2\sigma$ 的 "$\dfrac{1}{6}$"，而 $\alpha_sbh_0^2$ 则相当于钢筋混凝土梁的截面抵抗矩。均质弹性材料梁的截面抵抗矩系数为一常数，而钢筋混凝土梁的 α_s 值，则随 ξ 值变化，在适筋梁范围内，ξ 值越大，α_s 值也越大，截面受弯承载力也就越高。由公式 (5-30) 可得：

$$\alpha_s=\frac{M}{\alpha_1f_cbh_0^2}$$ (5-31)

（2）内力臂系数 γ_s

将基本公式 (5-26b) 用 $x=\xi h_0$ 代入后可得：

$$M=f_yA_s\cdot\left(h_0-\frac{\xi h_0}{2}\right)=f_yA_sh_0(1-0.5\xi)$$

令 $\qquad \gamma_s=1-0.5\xi$ (5-32)

则 $\qquad M=f_yA_s\gamma_sh_0$ (5-33)

式中 γ_s 称为内力臂系数。它相当于内力臂 γ_sh_0 中 h_0 的系数。显然 α_s 和 γ_s 都是 ξ 的函数。

（3）截面设计与截面复核

由公式 (5-29) 和 (5-32) 可知，ξ、α_s 和 γ_s 三者互为函数关系。显然，只要已知其中的一个值，便可求得相应的另两个值。

在截面设计时，常常根据弯矩设计值 M，首先按公式 (5-31) 先求出 α_s 值，并随之验算适用条件一，即：

$$\alpha_s=\frac{M}{\alpha_1f_cbh_0^2}$$

若 $\alpha_s\leqslant\alpha_{s,max}$（相当于 $\xi\leqslant\xi_b$）则满足适用条件一，$\alpha_{s,max}$ 见表 5-5。

若 $\alpha_s>\alpha_{s,max}$（相当于 $\xi>\xi_b$）则不满足适用条件一。此时，需加大截面尺寸或提高混凝土强度等级，重新进行设计。

其次，由 $\alpha_s=\xi(1-0.5\xi)$ 可解出

$$\xi=1-\sqrt{1-2\alpha_s}$$ (5-34)

当然，也可由 $\gamma_s=1-0.5\xi$ 解出

$$\gamma_s=1-0.5\xi=1-\frac{1}{2}(1-\sqrt{1-2\alpha_s})=\frac{1}{2}+\frac{\sqrt{1-2\alpha_s}}{2}$$

解得：

$$\gamma_s=\frac{1+\sqrt{1-2\alpha_s}}{2}$$ (5-35)

最后，用公式 (5-25) 或用公式 (5-33) 计算所需纵向受拉钢筋的截面面积 A_s，即：

$$A_s=\frac{\alpha_1f_cb\xi h_0}{f_y}$$ (5-36)

141

$$\text{或} \qquad A_s = \frac{M}{\gamma_s h_0 f_y} \qquad\qquad (5\text{-}37)$$

再根据计算所需纵向受拉钢筋的截面面积，选配钢筋并根据实配钢筋截面面积验算适用条件二。即：

$$\rho = \frac{A_s}{bh_0} \geqslant \rho_{\min}\frac{h}{h_0}$$

$$\text{或} \qquad A_s \geqslant \rho_{\min}bh$$

如果已知截面梁所用材料和截面尺寸以及实配受拉钢筋截面面积，同时已知梁内最大弯矩设计值 M，则可按下列步骤进行截面复核：

首先，根据已知条件，先求出纵向受拉钢筋配筋率 ρ，并须同时验算适用条件二。即：

$$\rho = \frac{A_s}{bh_0} \geqslant \rho_{\min}\frac{h}{h_0}$$

如不满足，则至少需改配：

$$A_s = \rho_{\min}bh$$

其次，由配筋率 ρ 求得相对受压区高度 ξ，并须同时验算适用条件一。即：

$$\xi = \rho\frac{f_y}{\alpha_1 f_c} \leqslant \xi_b$$

如不满足，则需加大截面尺寸或提高混凝土强度等级，重新截面复核。

最后，由 ξ 值计算 α_s 或 γ_s 值，并求出截面抵抗弯矩 M_u：

$$M_u = \alpha_s\alpha_1 f_c bh_0^2$$

$$\text{或} \qquad M_u = f_y A_s\gamma_s h_0$$

如果弯矩设计值 $M \leqslant M_u$，则安全。

【例 5-2】　对例 5-1，利用计算系数法进行正截面受弯承载力计算。

解：

当所用材料与截面尺寸、由荷载标准值与荷载分项系数及组合值系数产生的荷载效应（弯矩设计值 M），以及截面有效高度 h_0 确定以后，可利用计算系数法进行配筋计算。

由例题 5-1，已知 $f_c = 14.3\text{N/mm}^2$，$\alpha_1 = 1.0$，$f_y = 360\text{N/mm}^2$，$\xi_b = 0.518$（即 $\alpha_{s,\max} = 0.384$），$\rho_{\min} = 0.2\%$，$\gamma_0 = 1.0$，$b = 200\text{mm}$，$h = 500\text{mm}$，$h_0 = h - a_s = 500 - 40 = 460\text{mm}$，弯矩设计值 $M = 107.474\text{kN·m}$。并根据混凝土强度等级 C30 < C50，得知 $\alpha_1 = 1.0$。综合上述，按下列步骤进行配筋计算：

第一步，求 α_s，并验算适用条件一

$$\alpha_s = \frac{M}{f_c bh_0^2} = \frac{95.957 \times 10^6}{14.3 \times 200 \times 460^2} = 0.158 < \alpha_{s,\max} = 0.399\,(\text{满足适用条件一})$$

第二步，由 α_s 求 ξ

$$\xi = 1 - \sqrt{1 - 2\alpha_s} = 1 - \sqrt{1 - 2 \times 0.158} = 0.173$$

第三步，用 ξ 求 A_s，并选配钢筋

$$A_s = \frac{f_c b\xi h_0}{f_y} = \frac{14.3 \times 200 \times 0.173 \times 460}{300} = 632\text{mm}^2$$

其中，第二步，也可由 α_s 求 γ_s

$$\gamma_s = \frac{1+\sqrt{1-2\alpha_s}}{2} = \frac{1+\sqrt{1-2\times 0.158}}{2} = 0.914$$

其中，第三步，也可改由 γ_s 求 A_s

$$A_s = \frac{M}{\gamma_s h_0 f_y} = \frac{95.957\times 10^6}{0.914\times 465\times 300} = 634\text{mm}^2$$

最后，选用 3Φ18（$A_s = 763\text{mm}^2$），并验算适用条件二：

$$A_s = 763\text{mm}^2 > \rho_{min}bh = \frac{0.2}{100}\times 200\times 500 = 200\text{mm}^2（满足适用条件二）$$

通过计算，说明满足正截面承载力要求，其计算结果与例题 5-1 相同。

4）受弯构件的构造要求

受弯构件正截面承载力除应满足计算要求外，尚应满足一定的构造要求。满足构造要求一方面是考虑构件的实际受力会受到与基本假定和计算公式不完全相符的诸多可变因素的影响。例如，混凝土徐变与收缩、温度应力、施工尺寸偏差、受荷状态改变等。另一方面还要考虑能更好地改善构件的使用性能，例如混凝土与钢筋有可靠的粘结、增强构件的延性以及满载施工和使用要求等。构造要求主要是根据长期工作经验而规定的，一般还不能或难以直接通过计算来确定。然而，满足构造要求，是结构构件设计的重要组成部分，需要引起足够重视。现仅就矩形截面梁和平板中有关截面尺寸和配筋方面的一些主要构造要求，简述如下。

（1）梁的构造要求

（A）梁的截面尺寸

为考虑模板尺寸（一般木模板以 20mm，钢模以 50mm 为模数）便于施工，通常梁的截面宽度 b 取为 120、150、180、200、220、250、300、350mm 等，截面高度 h 取为 250、300、350、400、450、500、······、750、800、1000mm 等尺寸，并且矩形截面的高宽比 h/b 一般以 2.0～3.5 为宜。

（B）纵向钢筋

如前所述，梁内纵向受力钢筋宜采用 HRB400 级和 HRB335 级钢筋，也可采用 HPB235 级和 RRB400 级钢筋。常用直径为 12、14、16、18、20、22、25 和 28mm 等。根数不应少于 2 根，最好不少于 3 根或 4 根，并优先布置截面受拉区角部，以便于绑扎箍筋。设计中若采用两种不同直径的钢筋，则钢筋直径相差至少 2mm，以便于施工中能肉眼识别。

为了便于浇筑混凝土，增强钢筋周围混凝土的密实性，以确保梁内钢筋的锚固，纵向受拉钢筋的净间距应满足图 5-12 所示的构造要求。若梁的下部纵向钢筋布置成两排，则上、下两排钢筋应尽量对齐。若布置成两排以上，则两排以上钢筋的中距（水平方向）应比下面两排的中距增大一倍。

（C）箍筋

在梁中通常要设置箍筋，其主要作用是箍筋既可将受压区和受拉区混凝土箍结在一起，又能抵抗梁中的剪力。此外，箍筋对提高混凝土延性以及对纵向钢筋

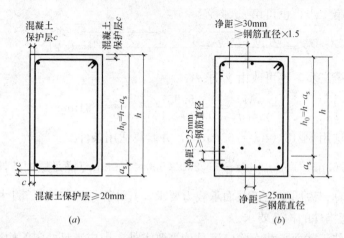

图 5-12　梁钢筋净间距、保护层厚度及有效高度

的锚固都是有利的。关于配箍方面的计算和构造要求，详见本章第二节的有关内容。

(D) 构造钢筋

除了纵向受力钢筋以外，在梁的受压区内还须设置架立钢筋（图 5-1），其位置通常布置在截面受压区的角部。架立钢筋的作用主要是固定箍筋，并与受拉区的受力钢筋形成钢筋骨架，同时也能承受一些由于混凝土收缩及温度变化等引起的拉应力。另外，在截面的受压区布置钢筋对改善及提高混凝土的延性亦有一定作用。

为了能够起到上述一些作用、构造要求，当梁的跨度小于 4m 时，架立筋直径不宜小于 8mm；当梁的跨度等于 4～6m 时，架立筋直径不宜小于 10mm；当梁的跨度大于 6m 时，架立筋直径不宜小于 12mm。架立钢筋在受压区的抗压作用对截面受弯承载力影响不大，故在计算中不予考虑。

当梁的腹板高度 $h_w \geq 450$mm 时，还应在梁的两个侧面沿高度方向均匀配置纵向构造钢筋和拉筋。每侧纵向构造钢筋（不包括梁上、下部受力钢筋及架立钢筋）的截面面积不应小于腹板截面面积 bh_w 的 0.1%，且其间距不宜大于 200mm。拉筋的直径间距一般与箍筋直径相同，拉筋间距也可取两倍箍筋间距。

(2) 板的构造要求

(A) 板的厚度

一般现浇钢筋混凝土板的宽度较大，设计时通常取单位宽度（$b=1000$mm）进行计算。现浇钢筋混凝土板的厚度 h（以 10mm 为模数）不应小于表 5-9 的数值。

(B) 板内受力钢筋

现浇整体板内受力钢筋的配置，通常是按每米板宽所需钢筋面积 A_s 值选取钢筋的直径和间距。例如按计算需 $A_s=489$mm^2/m，则由附表 4-2 可选用受力钢筋为 Φ8@100（$A_s=503$mm^2/m），即钢筋直径为 8mm，钢筋间距（中到中）为 100mm，实配受力钢筋截面面积为 503mm^2/m。

现浇钢筋混凝土板的最小厚度（mm）　　　　　　　　表 5-9

板的类别		最小厚度
单向板	屋面板	60
	民用建筑楼板	60
	工业建筑楼板	70
	车行道下的楼板	80
双向板		80
密肋板	肋间距小于或等于700mm	40
	肋间距大于700mm	50
悬臂板	板的悬臂长度小于或等于500mm	60
	板的悬臂长度大于500mm	80
无梁楼板		150

板内受力钢筋，通常采用 HPB300 级、HRB335 级和 HRB400 级钢筋。其布置如图 5-13 所示。受力钢筋的直径通常采用 6、8、10、12mm 等。当板厚 $h \leqslant 40mm$ 时，也可选用直径为 3、4、5mm 的钢丝。

板内受力钢筋的间距不宜过密或过稀，过密则不易浇筑混凝土且难以保证混凝土与钢筋之间的粘结；过稀则可能会使钢筋与钢筋之间的混凝土造成局部破坏。板内受力筋的间距一般为 70～200mm。当 $h \leqslant 150mm$ 时，受力钢筋间距不宜大于 200mm；当 $h > 150mm$ 时，间距不宜大于 1.5h，且不宜大于 200mm。

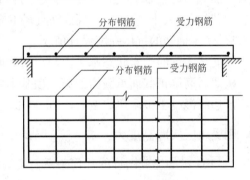

图 5-13　板内配筋示意

（3）板内分布钢筋

在板内与受力钢筋相垂直的方向，尚需布置一定数量的分布钢筋（图5-13）。分布钢筋是一种构造钢筋，一般采用 HPB300 级和 HRB335 级钢筋，其作用是将板面上的荷载更均匀地分布给受力钢筋，并且与受力钢筋绑扎或焊接在一起形成钢筋网片，保证施工时受力钢筋位置的正确，同时还能承受由于温度变化、混凝土收缩等在板内所引起的拉应力。

分布钢筋按构造要求配置，其直径不宜小于 6mm，单位长度内分布钢筋的截面面积不应小于另一方向单位长度受力钢筋截面面积的 15%，且不宜小于该方向板截面面积的 0.15%；分布钢筋的间距不宜大于 250mm，对于集中荷载较大的情况，分布钢筋的截面面积应适当增加，且间距不宜大于 200mm。分布钢筋宜布置在受力钢筋的上面（图 5-13），这样即有利于将荷载分布给受力钢筋，又可增大板截面抵抗弯矩的力臂，比较经济。

145

5.1.7　双筋矩形截面受弯构件正截面受弯承载力计算

在受弯构件正截面的受拉区配置受拉钢筋的同时，在受压区还按计算需要配置一定数量的纵向受压钢筋，用来协助受压区混凝土承担一部分压力，称为双筋截面。很明显，用钢筋协助混凝土受压是不经济的，所以，只是在下列情况下才考虑采用双筋截面：

其一，梁的截面尺寸和混凝土强度等级受到限制；

其二，梁的同一截面内有时可能出现正弯矩，有时可能出现负弯矩（例如连续梁的跨中截面，当本跨活荷载较大时可能产生正弯矩，而当邻跨活荷载较大时，在本跨跨中截面可能产生负弯矩）；

其三，梁的受压区存在较多钢筋时（例如，按抗震设计要求，框架梁支座截面底部钢筋和上部钢筋的截面面积比，不应小于 0.3，对重要框架不应小于 0.5）。

当然，受压钢筋除了承受压力外，对增强梁的刚度和延性，减少构件的变形，以及减少在长期荷载作用下的混凝土的徐变和收缩等也起着有利的作用。此外，截面受压区角部的两根受压钢筋还能兼作架立钢筋，而不需另设架立钢筋。在构造要求上，为了防止受压钢筋压屈外凸，使受压钢筋的强度得以充分利用，要求双筋截面的箍筋必须做成封闭式，其间距不应大于 $15d$（d 为受压钢筋直径），同时不应大于 400mm，且箍筋直径不应小于受压钢筋直径的 $1/4$。

1）受压钢筋的抗压强度设计值 f_y'

双筋截面梁的受力状态基本上与单筋截面梁相似。当 $\xi \leqslant \xi_b$ 时，仍属于适筋梁。按照适筋梁正截面承载力的第一项基本假定——平截面假定，若取破坏截面受压区边缘混凝土极限压应变 $\varepsilon_{cu} = 0.0033$，$\beta_1 = 0.8$，当受压区计算高度 $x = 2a_s'$ 时，则受压区实际高度为：$x_c = \dfrac{2a_s'}{0.8} = 2.52a_s'$，$x_c - \dfrac{x}{2} = 2.52a_s' - a_s' = 1.52a_s'$。

由图 5-14 所示的应变图形的几何关系，可知此时的受压钢筋压应变为：

$$\varepsilon_s' = \frac{0.0033}{2.52a_s'} \times 1.52a_s' = 0.00198 \approx 0.002$$

若取受压钢筋的弹性模量 $E_s' = 2.0 \times 10^5 \, \text{N/mm}^2$，则相应的钢筋压应力为：

$$\sigma_s' = E_s' \varepsilon_s' \approx 2.0 \times 10^5 \times 0.002 = 400 \text{N/mm}^2$$

由此可见，只要 $x \geqslant 2a_s'$，对于采用 HPB300 级、HRB335 级、HRB400 级、HRBF400 级和 RRB400 级的普通钢筋，双筋截面梁破坏时，其受压钢筋都会达到屈服强度，自然也能达到钢筋的抗压强度设计值 f_y'。否则便达不到抗压强度设计值。这就形成了双筋受弯构件正截面承载力计算公式的另一个适用条件。f_y' 的取值见附录一之附表 1-6。

应当说明，如果配置屈服强度大于 400N/mm² 的钢筋作为受压钢筋，尽管屈服强度较高，也只能发挥到 400N/mm²。而当 $x < 2a_s'$ 时，尽管受压钢筋达不到屈服强度，双筋截面梁破坏时，受压钢筋的压应力，还是可以通过应变图形的几何关系求得的，但实际意义不大。

2）正截面承载力计算的基本公式及适用条件

双筋矩形截面受弯构件达到承载能力极限状态的截面应力图形，除增加一项

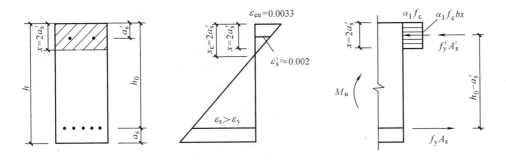

图 5-14 双筋矩形截面梁纵向受压钢筋的压应力

受压钢筋承担的压力 $f_y'A_s'$ 外，与单筋矩形截面完全相同，见图 5-15。

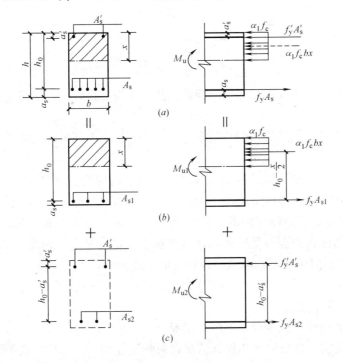

图 5-15 双筋矩形截面梁计算图形

由力的平衡条件，可以建立下列承载力计算基本公式：

$$\alpha_1 f_c bx + f_y'A_s' = f_y A_s \tag{5-38}$$

$$M \leqslant M_u = \alpha_1 f_c bx \left(h_0 - \frac{x}{2} \right) + f_y'A_s'(h_0 - a_s') \tag{5-39}$$

式中，f_y'——钢筋抗压强度设计值；

A_s'——受压钢筋截面面积；

a_s'——受压钢筋合力点至截面受压边缘的距离。

其他符号同前。

为了便于计算，通常可以将全部设计弯矩分成两部分，即令 $M = M_1 + M_2$。

其中：M_1 是由部分受拉钢筋 A_{s1} 和受压区混凝土形成的抵抗弯矩；M_2 是由部分

147

受拉钢筋 A_{s2} 和受压钢筋 $A_s{}'$ 形成的抵抗弯矩。由此可得出：

$$M = M_1 + M_2 \tag{5-40}$$

$$M_1 = \alpha_1 f_c b x \left(h_0 - \frac{x}{2} \right) \tag{5-41}$$

$$M_2 = f_y' A_s' (h_0 - a_s') \tag{5-42}$$

$$\alpha_1 f_c b x = f_y A_{s1} \tag{5-43}$$

$$f_y' A_s' = f_y A_{s2} \tag{5-44}$$

$$A_s = A_{s1} + A_{s2} \tag{5-45}$$

上述基本公式应满足下列适用条件：

适用条件一，为防止超筋破坏，其中第一部分弯矩设计值应满足：

$$\xi \leqslant \xi_b \tag{5-46a}$$

或

$$x \leqslant \xi_b h_0 \tag{5-46b}$$

$$M_1 \leqslant \alpha_{s,\max} \alpha_1 f_c b h_0^2 \tag{5-46c}$$

$$\rho_1 = \frac{A_{s1}}{b h_0} \leqslant \xi_b \frac{\alpha_1 f_c}{f_y} \tag{5-46d}$$

适用条件二，为保证受压钢筋能够达到抗压强度设计值，应满足：

$$x \geqslant 2 a_s' \tag{5-47}$$

双筋截面受拉钢筋通常配置较多，一般不会发生少筋破坏，故不必验算最小配筋率。

如果 $x < 2 a_s'$，在理论上可以先求出受压钢筋的应变 ε_s' 和压应力 σ_s'，用 σ_s' 代替 f_y' 进行精确计算。但此时的 σ_s' 一般很小，对截面的承载力影响不大，所以无此必要。《混凝土结构设计规范》建议当 $x < 2 a_s'$ 时，可近似取 $x = 2 a_s'$，这意味着混凝土受压区合力点与受压钢筋合力点相重合，再对受压钢筋合力点取力矩，即可得到 $x < a_s'$ 时的正截面承载力计算近似公式：

$$M \leqslant f_y A_s (h_0 - a_s') \tag{5-48}$$

3）截面设计方法

双筋截面设计可能遇到以下两种情况：

第一种情况，在已知弯矩设计值和材料强度等级、截面尺寸的条件下，同时计算受拉钢筋 A_s 和受压钢筋 A_s'。其计算步骤如下：

第一步，为了充分发挥受压区混凝土的抗压作用，尽量减少受压钢筋的配筋量，可首先令 $\alpha_s = \alpha_{s,\max}$ （即：$x = \xi_b h_0$），并按单筋截面计算 M_1 和 A_{s1}，即：

$$M_1 = \alpha_{s,\max} \alpha_1 f_c b h_0^2$$

若 $M_1 \geqslant M$，则不需配置受压钢筋，可根据弯矩设计值 M，直接按单筋截面计算 A_s；

若 $M_1 < M$，则可将 $x = \xi_b h_0$ 代入公式（5-43），求得：

$$A_{s1} = \frac{\alpha_1 f_c b \xi_b h_0}{f_y}$$

第二步，求 M_2，再求 A_s' 和 A_{s2}，即：

$$M_2 = M - M_1$$

由公式（5-42）得：

$$A'_s = \frac{M_2}{f'_y(h_0 - a'_s)}$$

当 A'_s 与 A_s 钢筋等级相同时，$A_{s2} = A'_s$；不相同时，可由公式（5-44）求得：

$$A_{s2} = \frac{f'_y A'_s}{f_y}$$

第三步，求受拉钢筋总截面面积 A_s，并最后选配受拉和受压钢筋的直径和根数。

$$A_s = A_{s1} + A_{s2}$$

第二种情况，在已知弯矩设计值和材料强度等级、截面尺寸及受压钢筋 A'_s，并得知 ξ_b 和 α'_s 的条件下，只求受拉钢筋 A_s。其计算步骤如下：

第一步，由 A'_s 求 M_2 和 A_{s2}

由公式（5-42）得：

$$M_2 = f'_y A'_s(h_0 - a'_s)$$

$A_{s2} = A'_s$（一般取受拉钢筋与受压钢筋种类相同）

第二步，求 M_1，并按单筋截面求 A_{s1}

$$M_1 = M - M_2$$

（A）$\alpha_s = \dfrac{M_1}{\alpha_1 f_c b h_0^2}$

（B）由 α_s，求 ξ 和 x 并验算是否满足适用条件一和适用条件二：

$$\xi = 1 - \sqrt{1 - 2\alpha_s} \leqslant \xi_b$$
$$x = \xi h_0 \geqslant 2a'_s$$

（C）求 A_{s1}，这时有以下三种可能：

第一种可能，若 $2a'_s \leqslant x \leqslant \xi h_0$，则由 ξ 可直接求得 A_{s1}，即：

$$A_{s1} = \frac{\alpha_1 f_c b \xi h_0}{f_y}$$

第二种可能，若 $x > \xi h_0$，则说明 A'_s 过少，应按第一种情况（A'_s 也当作未知）重新求 A_s 和 A'_s。

第三种可能，若 $x < 2a'_s$，则全部受拉钢筋可直接由公式（5-48）求得，即：

$$A_s = \frac{M}{f'_y(h_0 - a'_s)}$$

第三步，求受拉钢筋总截面面积，并选配钢筋：

$$A_s = A_{s1} + A_{s2}$$

【例 5-3】 已知梁的截面尺寸 $b = 250\text{mm}$，$h = 450\text{mm}$，混凝土强度等级为 C30，$f_c = 14.3\text{N/mm}^2$，$\alpha_1 = 1.0$，采用 HRB400 级钢筋，$f_y = f'_y = 360\text{N/mm}^2$。承受截面弯矩设计值 $M = 260\text{kN·m}$。安全等级为二级，环境类别为一类。

试求此截面所需纵向受力钢筋 A_s 和 A'_s。

解：

根据钢筋种类和混凝土强度等级，由表 5-5 先查出 $\alpha_{s,\max} = 0.384$，$\xi_b = 0.518$。因 M 较大，预计受拉钢筋按两排布置，$c = 20\text{mm}$，$h_0 = h - c - 45 =$

$450-20-45=385\text{mm}$；受压钢筋可设一排，$a'_s=40\text{mm}$。

第一步，令 $\alpha_s=\alpha_{s,\max}$，求 M_1 和 A_{s1}

$M_1=\alpha_{s,\max}\cdot\alpha_1 f_c bh_0^2=0.384\times1.0\times14.3\times250\times385^2=203.48\text{kN}\cdot\text{m}$

$\because M_1<M=260\text{kN}\cdot\text{m}$

$\therefore$ 需要采用双筋。

$$A_{s1}=\frac{\alpha_1 f_c b\xi h_0}{f_y}=\frac{1.0\times14.3\times250\times0.518\times385}{360}=1980\text{mm}^2$$

第二步，求 M_2，并由 M_2 求 A_{s2}

$$M_2=M-M_1=260-203.48=56.52\text{kN}\cdot\text{m}$$

$$A_{s2}=A'_s=\frac{M_2}{f'_y(h_0-a'_s)}=\frac{56.52\times10^6}{360(385-40)}=455\text{mm}^2$$

第三步，求 A_s，并选配钢筋

$$A_s=A_{s1}+A_{s2}=1980+455=2435\text{mm}^2$$

故，选配钢筋：

受压钢筋　$2\Phi20$（$A'_s=628\text{mm}^2$）

受拉钢筋　$8\Phi20$（$A_s=2513\text{mm}^2$）

【例 5-4】　已知数据同上例，此外尚已知梁内配有受压钢筋 $3\Phi18$（$A'_s=763\text{mm}^2$），试计算并选配所需受拉钢筋 A_s。

解：

根据上例，得知 $\alpha_{s,\max}=0.384$，$\xi_b=0.518$，$h_0=385\text{mm}$，$a'_s=40\text{mm}$。

第一步，由 A'_s 求 M_2 和 A_{s2}

$$M_2=f'_y A'_s(h_0-a'_s)=360\times763(385-40)=94.8\text{kN}\cdot\text{m}$$

$$A_{s2}=A'_s=763\text{mm}^2$$

第二步，由 M_1 求 A_{s1}

$$M_1=M-M_2=260-94.8=165.2\text{kN}\cdot\text{m}$$

$\alpha_s=\dfrac{M_1}{\alpha_1 f_c bh_0^2}=\dfrac{165.2\times10^6}{1.0\times14.3\times250\times385^2}=0.311<\alpha_{s,\max}=0.384$（满足适用条件一）

由 α_s，可求 ξ

$$\xi=1-\sqrt{1-2\alpha_s}=1-\sqrt{1-2\times0.311}=0.385$$

再由 ξ 求 x，并验算适用条件二

$$x=\xi h_0=0.385\times385=148\text{mm}>2a'_s=70\text{mm}（满足适用条件二）$$

$$A_{s1}=\frac{\alpha_1 f_c b\xi h_0}{f_y}=\frac{1.0\times14.3\times250\times0.385\times385}{360}=1472\text{mm}^2$$

第三步，求 A_s，并选配受拉钢筋

$$A_s=A_{s1}+A_{s2}=1472+763=2235\text{mm}^2$$

故，选配受拉钢筋：$8\Phi20$（$A_s=2513\text{mm}^2>2235\text{mm}^2$）

150

比较以上两例，后者未能充分利用混凝土抗压能力，总钢筋用量较多。如受

压钢筋配置得再多，总用钢量还会增加。

5.1.8 T形截面受弯构件正截面受弯承载力计算

由于在正截面受弯承载力计算中不考虑截面受拉区混凝土的抗拉作用，若将受拉区混凝土挖去一部分，并将受拉钢筋集中配置，而保持截面高度不变，则可形成T形截面。这样既可节省混凝土，减轻结构自重，又不影响截面的受弯承载力。

T形截面（包括工字形截面）受弯构件应用广泛。如吊车梁、薄腹梁、檩条等多为T形截面，现浇楼盖梁与板整浇的主、次梁，其承受正弯矩区段也按T形截面计算；预制空心扳或槽板、Γ形板、Π形板等也可换算成工字形或T形，再按T形截面受弯构件计算。

1）翼缘计算宽度 b'_f 的确定

T形截面由翼缘和腹板（又称梁肋）两部分组成。整个截面高度和矩形截面一样，仍用 h 表示，而 b 则仅表示腹板宽度（又称肋宽），再用 h'_f 表示翼缘厚度，用 b'_f 表示翼缘计算宽度，如图 5-16 (a) 所示。因为并非无论翼缘实际有多么宽都能起到承压作用，所以 b'_f 实质上是指平均能够起到承压作用 $\alpha_1 f_c$ 的有效翼缘宽度。

翼缘的计算宽度 b'_f，与下列三个主要因素有关：

（1）与梁的计算跨度有关。梁跨越大，翼缘承压范围越大，b'_f 也越大，显然，距梁肋越远承压越小（图 5-16b）。

（2）对于梁板整浇的肋形梁，尚与梁肋肋宽 b 和肋间净距 S_0 有关。因为翼缘计算宽度不可能超越到另一个T形截面中去（图 5-16c）。

（3）与翼缘厚度 h'_f 有关。因为翼缘之所以能够承受压力，全靠翼缘与梁肋相连截面的抗剪力 V 传递的（图 5-16b），这部分截面越大，亦即翼缘越厚，该截面传递剪力越多，翼缘承压范围也就越大，b'_f 也就越大。

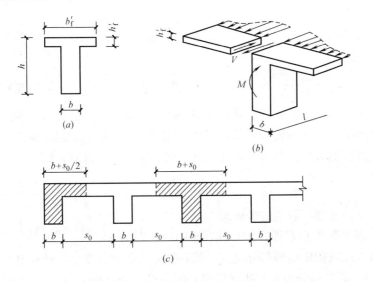

图 5-16 T形截面梁受压翼缘计算宽度的确定

根据试验分析及设计经验，《混凝土结构设计规范》规定：b_f' 按表 5-10 计算出的最小值取用。

T 形及倒 L 形截面受弯构件翼缘计算宽度 b_f'　　　表 5-10

项次	考虑情况		T 形、工形截面		倒 L 形截面
			肋形梁（板）	独立梁	肋形梁（板）
1	按计算跨度 l 考虑		$l/3$	$l/3$	$l/6$
2	按梁（肋）净距 s_0 考虑		$b+s_0$	—	$b+\dfrac{s_0}{2}$
3	按翼缘高度 h_f' 考虑	$h_f'/h_0 \geqslant 0.1$	—	$b+12h_f'$	—
		$0.1 > h_f'/h_0 \geqslant 0.05$	$b+12h_f'$	$b+6h_f'$	$b+5h_f'$
		$h_f'/h_0 < 0.05$	$b+12h_f'$	b	$b+5h_f'$

注：1. 表中 b 为梁的腹板（梁肋）宽度；
　　2. 如肋形梁在梁跨内设有间距小于纵肋间距的横肋时，则可不遵守表中项次 3 的规定；
　　3. 对于加腋的 T 形、工形和倒 L 形截面，当受压区加腋的高度 $h_h \geqslant h_f'$，且加腋的宽度 $b_h \leqslant 3h_h$ 时，则其翼缘计算宽度可按表中项次 3 的规定分别增加 $2b_h$（T 形、工形截面）和 b_h（倒 L 形截面）；
　　4. 独立梁受压区的翼缘板在荷载作用下经验算沿纵肋方向可能产生裂缝时，其计算宽度应取用腹板宽度 b。

2）正截面承载力计算的基本公式及其适用条件

（1）第一类 T 形截面：中和轴在翼缘内，即 $x \leqslant h_f'$。

因为受压区仍为矩形截面，所以可按宽度为 b_f' 的矩形截面受弯构件计算。其基本计算公式为：

$$\alpha_1 f_c b_f' x = f_y A_s \tag{5-49}$$

$$M \leqslant \alpha_1 f_c b_f' x \left(h_0 - \frac{x}{2}\right) \tag{5-50}$$

适用条件：

（A）$x \leqslant \xi_b h_0$。因 $x \leqslant b_f'$，一般也小于 $\xi_b h_0$，故可不必进行最大配筋率的验算。

（B）$\rho \geqslant \rho_{min} \cdot \dfrac{h}{h_0}$ 或 $A_s \geqslant A_{s,min} = \rho_{min} bh$。因为 T 形截面一般肋宽较小，而配筋不能过少，故此条件必须验算。考虑到最小配筋率 ρ_{min} 是根据钢筋混凝土截面与同样大小素混凝土截面两者的极限弯矩相等这一原则确定的，而后者主要取决于截面受拉区的大小，所以在计算配筋率时，应按肋宽计算，即：

$$\rho = \frac{A_s}{bh_0} \tag{5-51}$$

式中 b 为肋宽，取梁的腹板宽度。

（2）第二类 T 形截面：中和轴在梁肋内，即 $x > h_f'$。

此时受压区截面由两部分组成，第一部分为肋宽和受压区计算高度组成的矩形截面 bx；第二部分为刨去肋宽后剩余的翼缘部分组成的矩形截面 $(b_f'-b)h_f'$。其中第一部分仍可按矩形截面计算，而第二部分的承压能力及相应的受弯承载力可首先求出。

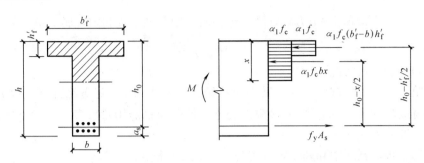

图 5-17 第二类 T 形截面梁正截面承载力计算图形

根据图 5-17 的应力图形，由力的平衡条件，很容易建立第二类 T 形截面受弯承载力计算的基本公式：

$$\alpha_1 f_c bx + \alpha_1 f_c (b_f{}'-b) h_f{}' = f_y A_s \tag{5-52}$$

$$M_1 \leqslant \alpha_1 f_c bx \left(h_0 - \frac{x}{2} \right) + \alpha_1 f_c (b_f{}'-b) h_f{}' \left(h_0 - \frac{h_f'}{2} \right) \tag{5-53}$$

为了便于计算，仍可仿照双筋截面的做法，将全部弯矩设计值分为两部分。其中 M_1 为一部分受拉钢筋 A_{s1} 和肋部受压区混凝土 bx 形成的抵抗弯矩；M_2 为另一部分受拉钢筋 A_{s2} 和刨去肋宽的翼缘部分混凝土 $(b_f{}'-b) h_f{}'$ 形成的抵抗弯矩。由此可以得出：

$$M = M_1 + M_2 \tag{5-54}$$

$$M_1 = \alpha_1 f_c bx \left(h_0 - \frac{x}{2} \right) \tag{5-55}$$

$$M_2 = \alpha_1 f_c (b_f{}'-b) h_f{}' \left(h_0 - \frac{h_f'}{2} \right) \tag{5-56}$$

$$\alpha_1 f_c bx = f_y A_{s1} \tag{5-57}$$

$$\alpha_1 f_c (b_f{}'-b) h_f{}' = f_y A_{s2} \tag{5-58}$$

$$A_s = A_{s1} + A_{s2} \tag{5-59}$$

以上基本公式应满足下列适用条件：

（A）
$$x \leqslant \xi_b h_0 \tag{5-60a}$$

或
$$\rho_1 = \frac{A_{s1}}{bh_0} \leqslant \xi_b \frac{\alpha_1 f_c}{f_y} \tag{5-60b}$$

（B）
$$\rho \geqslant \rho_{min} \cdot \frac{h}{h_0} \tag{5-61a}$$

或
$$A_s \geqslant A_{s,min} = \rho_{min} bh（b 为肋宽）\tag{5-61b}$$

3）中和轴位置的判定

当受压区计算高度 $x = h_f'$ 时，截面抵抗弯矩为：

$$M_{uf} = \alpha_1 f_c b_f{}' h_f{}' \left(h_0 - \frac{h_f'}{2} \right) \tag{5-62}$$

显然，M_{uf} 可以作为两类 T 形截面的界限，即：

（1）当 $M \leqslant M_{uf} = \alpha_1 f_c b_f' h_f' \left(h_0 - \frac{h_f'}{2} \right)$ 时，中和轴在翼缘内，属于第一类 T 形

153

截面。

(2) 当 $M > M_{uf} = \alpha_1 f_c b'_f h'_f \left(h_0 - \dfrac{h'_f}{2} \right)$ 时，中和轴在梁肋内，属于第二类 T 形截面。

4) 截面设计方法

第一步，确定截面尺寸。其中应特别注意按表 5-8 确定翼缘计算宽度 b'_f 和截面有效高度 h_0，考虑到 T 形截面受弯构件受拉钢筋用量较多，一般可按两排布置，即取 $h_0 = h - c - 45\text{mm}$。

第二步，判别中和轴位置。用公式 (5-62) 求出 M_{uf}。

当 $M \leqslant M_{uf}$ 时   中和轴在翼缘内；

当 $M > M_{uf}$ 时   中和轴在梁肋内。

第三步之一，若中和轴在翼缘内，则按第一类 T 型截面计算，即按 $b'_f h$ 的矩形截面受弯构件计算。见公式 (5-49) 和 (5-50)。

第三步之二，若中和轴在梁肋内，则按第二类 T 形截面计算。

(1) 求 M_2 和 A_{s2}。由公式 (5-56) 和 (5-58)：

$$M_2 = \alpha_1 f_c (b'_f - b) h'_f \left(h_0 - \dfrac{h'_f}{2} \right)$$

$$A_{s2} = \frac{\alpha_1 f_c (b'_f - b) h'_f}{f_y}$$

(2) 求 M_1 和 A_{s1}。由公式 (5-54)：

$$M_1 = M - M_2$$

再由 M_1，按单筋矩形截面，计算 α_s 和 ξ，并求得 A_{s1}。$\alpha_s = \dfrac{M_1}{\alpha_1 f_c b h_0^2}$；$\xi = 1 - \sqrt{1 - 2\alpha_s}$；$A_{s1} = \dfrac{\alpha_1 f_c b \xi h_0}{f_y}$。这里需要注意验算是否满足适用条件一，即：

$$\alpha_s \leqslant \alpha_{s,\max}$$

或 $$M_1 \leqslant \alpha_{s,\max} \alpha_1 f_c b h_0^2$$

否则应加大截面或配置受压钢筋。

(3) 求 A_s 并选配受拉钢筋

$$A_s = A_{s1} + A_{s2}$$

【例 5-5】 已知现浇肋形楼盖的次梁，计算跨度 $l = 6\text{m}$，间距为 2.4m，截面尺寸如图 5-18 所示。跨中最大正弯矩设计值 $M = 90\text{kN·m}$，材料采用混凝土强度等级为 C30，钢筋为 HRB400 级，试计算并选配纵向受拉钢筋。

解：

根据混凝土强度等级和钢筋种类，得知 $\alpha_1 = 1.0$，$f_c = 14.3\text{N/mm}^2$，$f_y = 360\text{N/mm}^2$，$\xi_b = 0.518$，$\alpha_{s,\max} = 0.384$，$\rho_{\min} = 0.2\%$，$c = 20\text{mm}$。预计可设置一排受拉钢筋 $h_0 = h - c - 20 = 450 - 20 - 20 = 410\text{mm}$。

第一步，确定翼缘计算宽度 b'_f

由表 5-8，按跨度 l 考虑：$b'_f = \dfrac{l}{3} = \dfrac{6000}{3} = 2000\text{mm}$；

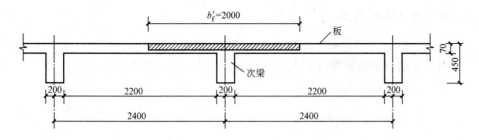

图 5-18　现浇肋形楼盖次梁截面

按次梁净距 S_0 考虑：$b_f' = b + S_0 = 200 + 2200 = 2400\text{mm}$；

按翼缘高度 h_f' 考虑：$\dfrac{h_f'}{h_0} = \dfrac{70}{410} = 0.17 > 0.1$，$b_f'$ 不受此项限制；

故取以上三项中的最小值，$b_f' = 2000\text{mm}$。

第二步，判别中和轴位置

$$M_{uf} = \alpha_1 f_c b_f' h_f' \left(h_0 - \frac{h_f'}{2}\right) = 1.0 \times 14.3 \times 2000 \times 70 \times \left(410 - \frac{70}{2}\right)$$

$$= 750.75\text{kN} \cdot \text{m} > M = 90\text{kN} \cdot \text{m}$$

故中和轴在翼缘内。

第三步，按第一类 T 形截面计算 A_s

$$\alpha_s = \frac{M}{\alpha_1 f_c b_f' h_0^2} = \frac{90 \times 10^6}{1.0 \times 14.3 \times 2000 \times 410^2} = 0.019$$

$$\xi = 1 - \sqrt{1 - 2\alpha_s} = 1 - \sqrt{1 - 2 \times 0.019} = 0.02 < \xi_b = 0.518 \text{（满足适用条件一）}$$

$$A_s = \frac{\alpha_1 f_c b_f' \xi h_0}{f_y} = \frac{1.0 \times 143 \times 2000 \times 0.02 \times 410}{360} = 651\text{mm}^2$$

选配受拉钢筋：3Φ18（$A_s = 763\text{mm}^2 > 651\text{mm}^2$）

$A_{s,min} = \rho_{min} bh = 0.2\% \times 200 \times 410 = 164\text{mm}^2 < A_s = 763\text{mm}^2$（满足适用条件二）

【例 5-6】　已知 T 形截面简支梁，跨度 $l = 6\text{m}$，跨中最大正弯矩设计值 $M = 450\text{kN} \cdot \text{m}$。该梁采用截面尺寸 $b = 250\text{mm}$，$h = 700\text{mm}$，$b_f' = 500\text{mm}$，$h_f' = 100\text{mm}$。选用材料：混凝土强度等级为 C30，$\alpha_1 = 1.0$，$f_c = 14.3\text{N/mm}^2$；钢筋种类为 HRB400 级钢，$f_y = 360\text{N/mm}^2$，$\xi_b = 0.518$，$\alpha_{s,max} = 0.384$。试求所需钢筋截面面积 A_s，并选配钢筋直径根数。

解：

根据混凝土强度等级和钢筋种类，先查得 $\alpha_{s,max} = 0.384$，$\xi_b = 0.518$，$\rho_{min} = 0.2\%$，$c = 20\text{mm}$。因 M 较大，预计要设置两排受拉钢筋，$h_0 = h - c - 40 = 700 - 20 - 45 = 635\text{mm}$。

第一步，由表 5-8 确定 b_f'

按跨度 l 考虑：$b_f' = \dfrac{l_0}{3} = \dfrac{6000}{3} = 2000\text{mm}$；

按梁肋净距考虑，b_f' 不受此项限制；

按翼缘高度 h_{f}' 考虑：$\dfrac{h_{\mathrm{f}}'}{h_0}=\dfrac{100}{635}=0.157>0.1$；

$$b_{\mathrm{f}}'=b+12h_{\mathrm{f}}'=250+12\times100=1450\mathrm{mm}；$$

因三者均大于实际翼缘宽度，故取 $b_{\mathrm{f}}'=500\mathrm{mm}$。

第二步，判别中和轴位置

$$M_{\mathrm{uf}}=\alpha_1 f_c b_{\mathrm{f}}' h_{\mathrm{f}}'\left(h_0-\frac{h_{\mathrm{f}}'}{2}\right)=1.0\times14.3\times500\times100\times\left(635-\frac{100}{2}\right)$$

$$=418.275\mathrm{kN\cdot m}<M=450\mathrm{kN\cdot m}$$

故中和轴在梁肋内。

第三步，按第二类 T 形截面计算 A_s

① 求 M_2 和 A_{s2}

$$M_2=\alpha_1 f_c(b_{\mathrm{f}}'-b)h_{\mathrm{f}}'\left(h_0-\frac{h_{\mathrm{f}}'}{2}\right)$$

$$=1.0\times14.3\times(500-250)\times100\times\left(635-\frac{100}{2}\right)=209.14\mathrm{kN\cdot m}$$

$$A_{s2}=\frac{\alpha_1 f_c(b_{\mathrm{f}}'-b)b_{\mathrm{f}}'}{f_y}=\frac{1.0\times14.3\times(500-250)\times100}{360}=993\mathrm{mm}^2$$

② 求 M_1 和 A_{s1}

$$M_1=M-M_2=450-209.14=240.86\mathrm{kN\cdot m}$$

$$\alpha_s=\frac{M_1}{\alpha_1 f_c bh_0^2}=\frac{240.86\times10^6}{1.0\times14.3\times250\times635^2}=0.167<\alpha_{s,\min}=0.399$$

满足适用条件一。

$$\xi=1-\sqrt{1-2\alpha_s}=1-\sqrt{1-2\times0.167}=0.184$$

$$A_{s1}=\frac{\alpha_1 f_c b_{\mathrm{f}}'\xi h_0}{f_y}=\frac{1.0\times14.3\times250\times0.184\times635}{300}=1160\mathrm{mm}^2$$

③ 求 A_s，并选配钢筋：

$$A_s=A_{s1}+A_{s2}=1160+993=2153\mathrm{mm}^2$$

选配 6Φ22（$A_s=2281\mathrm{mm}^2>2153\mathrm{mm}^2$）

$$\rho=\frac{A_s}{bh_0}=\frac{2281}{250\times635}=0.014>\rho_{\min}\frac{h}{h_0}=0.2\%\times\frac{700}{635}=0.0022$$

满足适用条件二，即满足构造要求。

5.2 受弯构件斜截面受剪承载力计算

受弯构件在荷载作用下产生的内力，不仅有弯矩，一般还同时有剪力。在弯矩和剪力共同作用下，特别在剪力较大的区段内常常会出现斜裂缝，进而可能沿斜裂缝较大的截面，发生斜截面破坏。这种破坏往往比较突然，没有明显预兆，属于脆性破坏。因此受弯构件不仅需要进行正截面受弯承载力计算，还需进行斜截面受剪承载力计算。

为了防止斜截面受剪破坏，受弯构件除应满足必要的截面尺寸和混凝土强度等级以外，还应配置足够的箍筋。箍筋不仅可以增加斜截面的抵抗剪力，同时箍筋和纵向钢筋、架立钢筋绑扎在一起，形成强劲的钢筋骨架，确保钢筋的正确位置。当受弯构件承受的剪力较大时，还可增设弯起钢筋，简称弯筋。弯筋一般由梁内的部分纵向受力钢筋弯起而成（图 5-1）。箍筋和弯筋统称为腹筋。

5.2.1 受弯构件受剪性能的试验研究

1）无腹筋梁斜裂缝出现前的应力状态

为了了解斜裂缝形成的原因，可以对图 5-19 所示的无腹筋简支梁进行研究分析。所谓无腹筋，即在梁内不配置箍筋和弯筋，而仅在截面受拉区配置纵向受拉钢筋。显然，这里的梁截面不仅指截面内的混凝土，还包括截面内配置的纵向受拉钢筋，如图 5-19（b）所示。该梁在两个对称集中荷载之间的 BC 段，只有弯矩作用，称为纯弯段；AB 和 CB 段有弯矩和剪力的共同作用，称为弯剪段。当荷载较小时，亦即出现裂缝以前，该梁接近于弹性材料梁，可以用材料力学公式分析截面应力。考虑到截面内的钢筋与混凝土的弹性模量不同，需要将钢筋的截面面积也折算成当量的混凝土截面面积，并保持各自的截面重心不变。根据折算的混凝土与钢筋的抗力相等及应变相同的原则，即令 $A_{cs}\sigma_c = A_s\sigma_s$，并由 $\varepsilon_s = \varepsilon_c$，可以得出：

$$A_{cs} = \frac{\sigma_s}{\sigma_c}A_s = \frac{E_s\varepsilon_s}{E_c\varepsilon_c}A_s = \frac{E_s}{E_c}A_s = \alpha A_s \tag{5-63}$$

式中　A_{cs}——折算混凝土截面面积；

　　　A_s——钢筋截面面积；

　　　α——折算系数，即钢筋弹性模量 E_s 与混凝土弹性模量 E_c 之比。

折算混凝土截面面积，等于 α 倍钢筋截面面积，相应得出的换算截面，如图 5-19（c）所示。求得换算截面以后，由材料力学可知：在弯矩 M 作用下会产生正应力 σ；在剪力作用下会产生剪应力 τ。其计算公式分别为：

$$\sigma = \frac{M}{I_0} \cdot y_0 \tag{5-64}$$

$$\tau = \frac{VS_0}{bI_0} \tag{5-65}$$

式中　I_0——换算截面（图 5-19c）惯性矩；

　　　y_0——计算纤维应力处至换算截面形心轴的距离；

　　　S_0——计算纤维应力处以外的换算截面面积对换算截面形心轴的面积矩。

由正应力和剪应力将合成主拉应力 σ_{pt} 和主压应力 σ_{pc}，其计算公式为：

$$\begin{matrix}\sigma_{pt}\\\sigma_{pc}\end{matrix} = \frac{\sigma}{2} \pm \sqrt{\left(\frac{\sigma}{2}\right)^2 + \tau^2} \tag{5-66}$$

主应力的作用方向与梁纵轴的夹角 α，可由下式求得：

$$\text{tg}2\alpha = -\frac{2\tau}{\sigma} \tag{5-67}$$

从理论上可知，当主拉应力 σ_{pt} 超过混凝土的抗拉强度 f_t 时就会出现垂直于主拉应力迹线方向（亦即沿着主压应力迹线方向）的斜裂缝。图 5-19 描述了仅配纵向受拉钢筋的简支梁，在斜裂缝出现以前的正应力 σ、剪应力 τ 以及主应力

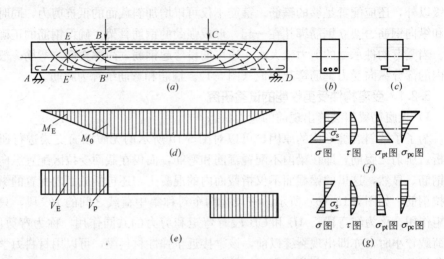

图 5-19　简支梁的内力与截面应力

(*a*) 主应力迹线；(*b*) 截面；(*c*) 换算截面；(*d*) 弯矩图；(*e*) 剪力图；

(*f*) 截面 *BB'* 应力分布图；(*g*) 截面 *EE'* 应力分布图

的分布规律。如果剪力过大，斜裂缝会继续开展与延伸，最后导致沿主斜裂缝方向发生斜截面受剪破坏。

2) 有腹筋梁斜截面破坏时的受力分析

为了提高斜截面的抗剪强度，一般需配置足够数量的箍筋，或者同时配置箍筋和弯起钢筋而形成有腹筋梁，当有腹筋梁即将发生斜截面剪压破坏时（参见本节之三），取出斜截面一侧为脱离体（如图 5-20 的斜截面 *EE'C* 以左部分），则脱离体除作用有外剪力以外，其斜截面所具有的抗力，计有：

(1) 未开裂的剪压区混凝土抗剪力 V_{sc}；

(2) 未开裂的剪压区混凝土抗压力 D_{sc}；

(3) 穿过斜裂缝的箍筋抗剪力 V_{sv}；

(4) 穿过斜裂缝的弯筋抗剪力 V_{sb}；

(5) 纵筋的水平抗拉力 $T_s(T_s=f_yA_s)$；

(6) 纵筋的销栓抗剪力 V_s；

(7) 斜裂缝上的咬合力 V_a。

根据上述受力分析，在理论上可以得到下列力的平衡方程：

$$D_{sc}+V_a\cos\beta=f_yA_s+V_{sb}\cos\alpha \tag{5-68}$$

$$V=V_{sc}+V_a\sin\beta+V_s+V_{sv}+V_{sb}\sin\alpha \tag{5-69}$$

$$M_c=f_yA_sz_s+V_{sb}z_b+V_{sv}z_v+V_az_a+V_s\cdot c \tag{5-70}$$

式中　V——剪力设计值（$V=F$）；

$\quad\quad M_c$——斜截面弯矩设计值（$M_c=F\alpha$），α 为剪跨，即从支座至临近支座的集中力之间的距离；

$\quad\quad \alpha$——弯起钢筋与梁纵轴的夹角。

158

$\quad\quad \beta$——斜截面咬合力 V_a 与梁纵轴的夹角。

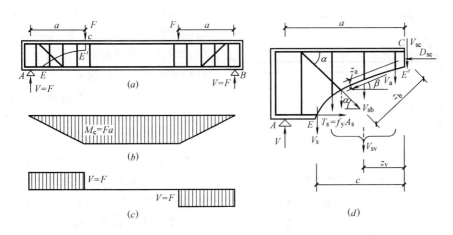

图 5-20 受弯构件斜截面受剪承载力

斜截面上的抵抗剪力，大致由五项组成，而各项抗剪力在受力过程中是不断变化的。随着斜裂缝的开展，斜裂缝间的咬合力急剧降低，纵筋的销栓力可能有所增加，但二者的抗剪能力均较小，梁在使用阶段，特别是在斜截面破坏阶段，斜截面上的剪力主要由剪压区混凝土、箍筋以及可能配置的弯起钢筋（简称弯筋）承担。如果梁的截面过小，且箍筋、弯筋又过少，造成总的斜截面抵抗剪力小于剪力设计值，便会发生斜截面受剪破坏。

5.2.2 影响斜截面受剪承载力的主要因素

斜截面受剪承载力的大小，主要与配箍率和配箍特征、混凝土强度等级、截面尺寸、剪跨比，弯筋的数量等因素有关，其他影响因素有纵筋配筋率，截面形状，受荷部位与方式等。下面仅就其主要因素说明如下。

1）配箍率和配箍特征

当有腹筋梁承受较大的设计剪力时，影响斜截面抗剪强度的主要因素之一，就是配箍率和配箍特征。

配箍率是指每一道钢箍各肢的总截面面积 A_{sv} 与沿梁的纵轴方向每一个箍筋间距 s 范围内梁的水平投影截面面积 bs 之比值（图 5-21），即：

$$\rho_{sv} = \frac{A_{sv}}{bs} = \frac{nA_{sv1}}{bs} \tag{5-71}$$

式中　s——沿构件长度方向的箍筋间距；

　　　b——梁宽；

A_{sv1}——每道箍筋中的一个肢的截面面积；

　　　n——每道箍筋的总肢数；

A_{sv}——每道箍筋各肢的总截面面积。

公式（5-71）说明，配箍率是梁沿纵向水平截面内，单位截面面积的箍筋含量，而配筋率则是梁沿垂直截面（有效截面）内，单位截面面积的纵筋含量。

在梁内配置箍筋，不仅它本身能够承担剪力，而且由于它对混凝土的箍束作用，限制斜裂缝的开展，保持有较大的剪压区并使其处于复合应力形态，所以它还可以提高剪压区混凝土的抗剪力以及斜裂缝间的咬合力和纵筋的销栓力。此

159

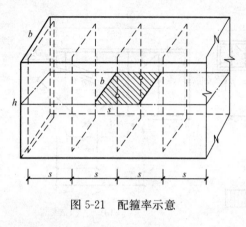

图 5-21　配箍率示意

外，箍筋对防止受压钢筋压屈外凸和增强构件的延性等也起到有利的作用。因此，钢筋混凝土梁内至少应根据构造要求配置箍筋。

试验表明，在梁的截面不过小的情况下，配箍率越大，受剪承载力越高，二者大体上成线性关系。而当配箍率超过一定限度，在箍筋屈服之前，由于梁截面过小或混凝土强度较低，造成剪压区混凝土先被压碎，这时，梁的受剪承载力就不会随配箍率的一再加大而提高了。

与配筋率相仿，梁内的箍筋含量，也不仅仅与配箍率有关，而且与箍筋和混凝土的强度等级有关。表示箍筋含量的综合指标是配箍特征，用"ξ_{sv}"表示，即：

$$\xi_{sv} = \rho_{sv} \cdot \frac{f_{yv}}{f_e} \tag{5-72}$$

式中　　f_{yv}——箍筋的抗拉强度设计值；

f_e——混凝土轴心抗压强度设计值。

2）混凝土的强度等级与截面尺寸

试验表明，混凝土强度等级越高，梁的抗剪强度越大，二者也大致成线性关系。一般地说，截面尺寸越大，受剪承载力也越大。如上所述，如果因截面过小使得箍筋屈服前混凝土被压碎，这显然会限制梁的受剪承载力。然而，试验还证实，若梁高过大，梁宽过小，导致斜裂缝过宽、过长，也会降低梁的受剪承载力。

3）剪跨比

不难想象，对同一根简支梁，若是将集中力作用在靠近支座与靠近跨中相比，前者的抗剪力肯定会大于后者。为便于研究这种影响因素，一般定义：在梁内的同一垂直截面上，其弯矩与剪力和截面有效高度乘积之比，称为"广义剪跨比"，即：

$$\lambda = \frac{M}{V h_0} \tag{5-73}$$

对于主要承受集中荷载的梁（图 5-20）广义剪跨比也可以表示为：

$$\lambda = \frac{F a}{F h_0} = \frac{a}{h_0} \tag{5-74}$$

式中的 $\frac{a}{h_0}$，称为"剪跨比"，a 为靠近支座的第一个集中力至该支座的距离，称为"剪跨"。

所以剪跨比即为剪跨与截面有效高度之比。

对于承受均布荷载的简支梁，则往往用"跨高比"来反映这一影响因素。即：

$$\lambda = \frac{l}{h_0} \qquad\qquad (5\text{-}75)$$

式中，$\frac{l}{h_0}$ 称为跨高比，l 为梁的计算跨度，故跨高比为梁的计算跨度与截面有效高度之比。

尽管剪跨比与跨高比对受剪承载力的影响程度有所不同，然而，试验结果表明，λ 值越小，梁的受剪承载力越高，反之，λ 值越大，受剪承载力越低。特别是以集中荷载为主的梁，受剪跨比的影响更为明显。

为便于受剪承载力计算，《混凝土结构设计规范》对承受均布荷载的受弯构件，在抗剪强度计算公式中，没有直接引出跨高比，而是在公式系数的取值中考虑这一影响因素。对集中荷载作用下（包括作用有多种荷载，其中集中荷载对支座截面或节点边缘所产生的剪力值占总剪力值的 75％以上的情况）的独立梁，因随剪跨比的增大受剪承载力降低很多，故在基本公式中直接引出剪跨比这一影响因素。

4）弯起钢筋

有时在配置箍筋的同时，还在梁内的弯剪区配置弯起钢筋，以其垂直分力承担部分剪力，还可以抑制斜裂缝的开展。显然，弯筋配置越多，抵抗剪力越大。因此，在设计中，常在剪力较大的区段，在配置箍筋的同时还配置弯起钢筋。

5.2.3 受弯构件斜截面的破坏类型及其破坏特征

受弯构件斜截面受剪破坏，可分为剪压破坏、斜压破坏和斜拉破坏三种类型（图 5-22）。

1）剪压破坏

受弯构件在腹筋配置的数量适当（不过多也不过少），且剪跨比或跨高比适中（对承受集中荷载的无腹筋梁，剪跨比 $\lambda = 1 \sim 3$ 左右）的条件下，常发生剪压型破坏。

其破坏特征是：破坏以前出现一些斜裂缝，其中有一条或几条主斜裂缝。开始破坏时，穿过斜裂缝的腹筋基本屈服，因主斜裂缝延伸，剪压区减小，最后剪压区混凝土因在复合应力作用下达到极限强度而被压碎。应当说明，这种破坏，从腹筋屈服到剪压区混凝土被压碎，也有一定的发展过程，破坏前也有一定的预兆，但这种预兆远

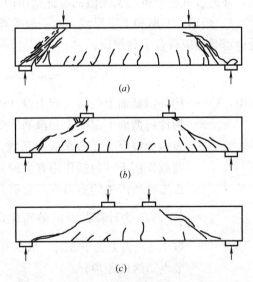

图 5-22 梁斜截面的破坏类型
(a) 斜压破坏；(b) 剪压破坏；(c) 斜拉破坏

没有适筋梁正截面破坏明显，同时又考虑到斜截面受剪承载力应有较大的可靠度，因此，《混凝土结构设计规范》将这种破坏类型归属于脆性破坏。剪压型破

坏的破坏特征是受弯构件斜截面受剪承载力计算的依据。

2）斜压破坏

受弯构件在腹筋配置过多，剪跨比或跨高比过小（对承受集中荷载的无腹筋梁 λ＜1 左右）的条件下，常发生斜压型破坏。

其破坏特征是：破坏以前，从集中力至靠近支座区段的斜向部位，常出现许多细微的斜裂缝。破坏时，腹筋尚未屈服，而类似"斜向短柱"的腹部混凝土先被压碎。这种破坏是突然的，属于脆性破坏。这种破坏的受剪承载力主要取决于"斜向短柱"混凝土的抗压能力，箍筋配置得再多也无济于事。所以，斜压破坏受剪承载力的最小值，便成为斜截面受剪承载力的上限，即为斜截面的极限抗剪力。

3）斜拉破坏

受弯构件在腹筋配置过少，剪跨比或跨高比过大（对承受集中荷载的无腹筋梁 λ＞3 左右）的条件下，常发生斜拉型破坏。

其破坏特征是：破坏前几乎没有任何预兆，一旦出现斜裂缝，腹筋很快屈服，主斜裂缝迅速延伸（当承受集中荷载时，斜裂缝一般向集中力作用点处延伸），使梁沿斜截面撕裂。这种梁承载能力极低，破坏更为突然，属脆性破坏。在实际工程中不允许设计成这种梁。因此，在设计中以斜截面受剪承载力下限——最小配箍率、箍筋最大间距及其最小直径作为防止斜拉破坏的构造措施。

5.2.4 受弯构件斜截面受剪承载力计算公式

受弯构件斜截面受剪承载力计算公式，是以剪压破坏的破坏特征为主要依据，并通过试验分析与实测值的验证给出的。

1）矩形、T 形和工字形截面的一般受弯构件，当仅配有箍筋时，其斜截面受剪承载力应符合下列规定：

$$V \leqslant V_{cs} = \alpha_{cv} f_t b h_0 + f_{yv} \frac{A_{sv}}{s} h_0 \qquad (5-76)$$

式中，V——构件斜截面上的最大剪力设计值；

V_{cs}——构件斜截面上混凝土和箍筋的受剪承载力设计值；

α_{cv}——斜截面混凝土受剪承载力系数。对于一般受弯构件取 0.7，对集中荷载作用下（包括作用有多种荷载，其中集中荷载对支座截面或节点边缘所产生的剪力值占总剪力的 75% 以上的情况）的独立梁取为 $\frac{1.75}{\lambda+1}$，λ 为计算截面的剪跨比，可取等于 a/h_0，当 λ 小于 1.5 时，取 1.5，当 λ 大于 3 时，取 3.0，a 取集中荷载作用点至支座截面或节点边缘的距离；

f_t——混凝土轴心抗拉强度设计值；

f_{yv}——箍筋抗拉强度设计值；

A_{sv}——配置在同一截面内箍筋（一道箍筋）各肢的总截面面积，$A_{sv} = nA_{sv1}$；

n——在同一截面内箍筋（一道箍筋）的总肢数；

A_{sv1}——箍筋一个肢的截面面积；

s——沿构件长度方向上的箍筋间距。

公式中的 V_{cs}，可以看作是由两部分抗剪力组成。第一部分（等式后边第一项）为配置箍筋以前的无腹筋梁的抗剪力。其中包括剪压区混凝土抗剪力以及斜裂缝咬合力、纵筋销栓力的抗剪作用，同时，还考虑了剪跨比的影响，取一个偏低的系数 α_{cv}。第二部分（等式后边第二项）为箍筋本身的抗剪力。

2）矩形、T 形和工字形截面的一般受弯构件，当同时配有箍筋和弯起钢筋时，其斜截面受剪承载力应符合下列规定：

$$V \leqslant V_{cs} + 0.8 f_y A_{sb} \sin\alpha_s \tag{5-77}$$

式中，V——配置弯起钢筋处的剪力设计值。对靠近支座第一排弯筋，可按支座边缘处的剪力值取用；以后的每一排弯筋，可按前一排弯筋起弯点处的剪力值取用；

f_y——弯起钢筋抗拉强度设计值；

A_{sb}——弯起钢筋截面面积；

α_s——斜截面上的弯起钢筋的切线与构件纵向轴线的夹角。

考虑到弯筋与斜截面的交点可能过分靠近剪压区而不一定屈服，故在公式中乘以 0.8 的应力不均匀系数。

3）矩形、T 形和工字形截面的一般（非预应力）受弯构件，当符合下式要求时，可不进行斜截面的受剪承载力计算，但应符合箍筋构造要求（斜截面受剪承载力的下限）。

$$V \leqslant \alpha_{cv} f_t b h_0 \tag{5-78}$$

式中，α_{cv}——斜截面混凝土受剪承载力系数，按公式（5-76）采用。

5.2.5 受弯构件斜截面受剪承载力计算公式的适用条件

1）斜截面受剪承载力的上限

为了避免因截面过小、箍筋过多而发生斜压破坏，或因箍筋达不到屈服强度而浪费钢材，或因截面腹板过薄而导致斜裂缝过宽，《混凝土结构设计规范》根据试验结果，给出了斜截面最大受剪承载力限值，以及由此得到的相应的最大配箍率，作为受弯构件斜截面受剪承载力的上限。由此规范规定，矩形、T 形和工形截面的受弯构件，其受剪截面应符合下列条件：

$$V \leqslant V_{u,max} \tag{5-79}$$

当 $\dfrac{h_w}{b} \leqslant 4$ 时，$\qquad V \leqslant V_{u,max} = 0.25\beta_c f_c b h_0 \tag{5-80a}$

当 $\dfrac{h_w}{b} \geqslant 6$ 时，$\qquad V \leqslant V_{u,max} = 0.20\beta_c f_c b h_0 \tag{5-80b}$

当 $4 < \dfrac{h_w}{b} < 6$ 时，按线性内插法确定。

式中，V——构件斜截面上的最大剪力设计值；

$V_{u,max}$——构件斜截面最大抵抗剪力设计值；

β_c——混凝土强度影响系数：当混凝土强度等级不超过 C50 时，取 $\beta_c = 1.0$；当混凝土强度等级为 C80 时，取 $\beta_c = 0.8$；其间按线性内插法

163

确定；

f_c——混凝土抗压强度设计值；

b——矩形截面宽度，T 形或工形截面的腹板宽度；

h_0——截面有效高度；

h_w——截面的腹板高度：对矩形截面取有效高度，对 T 形截面取有效高度减去翼缘高度，对工形截面取腹板净高。

2）斜截面受剪承载力的下限

为了避免因箍筋过少而发生斜拉破坏，或因箍筋很快屈服而不起抗剪作用，也为了抑制斜裂缝的发展，不至于过分削弱斜裂缝咬合力、纵筋销栓力以及粘结力，《混凝土结构设计规范》给出了最小配箍率以及箍筋最大间距和箍筋最小直径三个限值，作为斜截面受剪承载力的下限。

其一，当计算截面的剪力设计值满足 $V \leqslant \alpha_{cv} f_t bh_0$ 时，虽按计算不需配置箍筋，但应按构造要求配置箍筋，即箍筋的最大间距和最小直径宜满足表 5-11 的构造要求。

其二，当 $V > \alpha_{cv} f_t bh_0$ 时，其最小配箍率为：

$$\rho_{sv.min} = 0.24 \frac{f_t}{f_{yv}} \tag{5-81}$$

其三，箍筋的最大间距和最小直径，见表 5-11。

梁中箍筋的最大间距和最小直径（mm）　　　　　　　表 5-11

梁高 h	最大间距		最小直径
	$V > 0.7 f_t bh_0$	$V \leqslant 0.7 f_t bh_0$	
$150 < h \leqslant 300$	150	200	6
$300 < h \leqslant 500$	200	300	6
$500 < h \leqslant 800$	250	350	6
$h > 800$	300	400	8

注：当梁中配有计算需要的纵向受压钢筋时，箍筋直径尚不应小于 $d/4$，d 为纵向受压钢筋直径。

5.2.6 受弯构件斜截面受剪承载力的计算方法

第一步，确定计算斜截面与该斜截面的剪力设计值 V。

受弯构件很难预计确切的斜截面破坏位置。但按一般规律，势必发生在剪力较大、截面较小、箍筋或弯筋数量较少的"危险截面"处（图 5-23）。所以，一个受弯构件可能要取几个危险截面作为计算斜截面。每个计算斜截面的剪力设计值，一般均取为该斜截面斜裂缝起点处的剪力值。

例如，对于承受均布荷载的简支梁，如果截面和箍筋数量不变，且无弯起钢筋（见图 5-23a），则仅需对支座边缘为起点的斜截面进行受剪承载力计算就可以了。此时，斜截面的剪力设计值就取支座边缘处的剪力设计值 $V = V_0 = V_I$。

对于箍筋截面面积或箍筋直径改变处为起点的斜截面（图 5-23b），在进行斜截面承载力计算时，则取此斜截面起点处的剪力设计值，作为此斜截面的剪力设计值 $V = V_{II}$。

对于梁截面改变处为起点的斜截面（图 5-23c），在进行斜截面承载力计算时，则取此处斜截面起点处的剪力设计值，作为此斜截面的剪力设计值 $V=V_{\mathrm{III}}$。

当需要按计算配置弯起钢筋时（图 5-23d），不仅要用支座边缘的剪力设计值 $V_{\mathrm{IV}}=V_0$ 验算第一排弯筋的用量，而且还要用第一排弯筋起点处的剪力设计值 V_{V} 验算第二排弯筋用量。依此类推，直到按计算不需要配置弯筋为止。

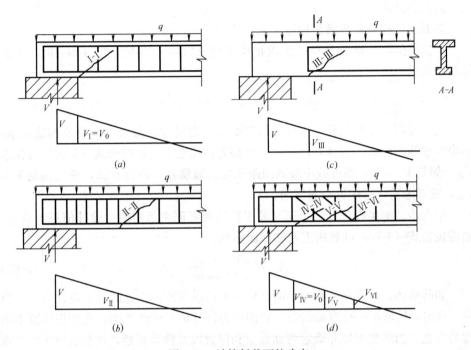

图 5-23　计算斜截面的确定

（a）支座边缘处的斜截面；（b）箍筋截面面积或间距改变处的斜截面；
（c）腹板宽度改变处的斜截面；（d）受拉区弯起钢筋弯起点处的斜截面

第二步，用斜截面受剪承载力的上限验算梁的截面尺寸。

为防止发生斜压破坏，验算要求计算斜截面的剪力设计值 V，不得超过斜截面的最大抵抗剪力 $V_{\mathrm{u,max}}$。否则必须加大截面尺寸或提高混凝土的强度等级。验算要求见式（5-79）、（5-80）。

第三步，用无腹筋梁的受剪承载力，验算是否可以仅按构造要求配置箍筋。

可以仅按构造要求配置箍筋的条件是：

对一般受弯构件

$$V \leqslant 0.7 f_{\mathrm{t}} b h_0 \tag{5-82}$$

按构造要求配置箍筋要求：

1）当 $V > 0.7 f_{\mathrm{t}} b h_0$ 时，$\rho_{\mathrm{sv}} = \dfrac{A_{\mathrm{sv}}}{bs} \geqslant \rho_{\mathrm{sv.min}} = 0.24 \dfrac{f_{\mathrm{t}}}{f_{\mathrm{yv}}}$ \tag{5-83}

2）箍筋间距 $s \leqslant s_{\max}$（见表 5-11）

3）箍筋直径 $d \geqslant d_{\min}$（见表 5-11）

第四步，按计算配置箍筋。

箍筋的计算方法，一般来说，可先初步选定箍筋种类、箍筋肢数与直径（即

165

f_{yv}、A_{sv}为已知），再由式（5-76）计算所需的箍筋间距 S。例如，对一般受弯构件：

$$s=\frac{f_{yv}A_{sv}h_0}{V-0.7f_tbh_0} \tag{5-84}$$

根据此箍筋间距的计算值，并以 S_{max} 为限制条件，以 10mm 为模数，确定实配的箍筋间距。

第五步，验算是否满足构造要求。

当箍筋间距和箍筋直径已经满足构造要求以后，当 $V>0.7f_tbh_0$ 时，再验算是否满足：

$$\rho_{sv}=\frac{A_{sv}}{bs}\geqslant\rho_{sv.min}=0.24\frac{f_t}{f_{yv}}$$

应当说明，如有经验，也可以根据梁的截面尺寸、剪力设计值及构造要求，事先对箍筋的肢数、直径和间距，一并预先初步选定，再按公式（5-76）直接求 V_{cs}。如果 $V>V_{cs}$，则可减小箍筋间距或加大箍筋直径再行验算，使之满足 $V\leqslant V_{cs}$，或考虑按计算配置弯起钢筋。

第六步，如果设计者认为同时采用箍筋和弯筋来承担剪力设计值更为合适，则需按公式（5-77）计算所需弯筋截面面积。

$$A_{sb}=\frac{V-V_{cs}}{0.8f_{yv}\sin\alpha_s} \tag{5-85}$$

如前所述，计算第一排弯筋时，V 一般可取支座边缘处的剪力设计值；计算第二排时，V 取第一排弯筋起弯点处的剪力设计值；依此类推，直到按计算不需弯筋为止。当然也可以先确定弯筋数量和位置以及箍筋直径，按公式（5-84）求箍筋间距，并使之不超过箍筋最大间距。

【例 5-7】　有一钢筋混凝土矩形截面简支梁，两端支承在砖墙上，净跨为 5m，梁上承受均布荷载，其中永久荷载标准值 $g_k=25kN/m$（包括梁自重），$\gamma_G=1.2$ 和 $\gamma_G=1.35$；可变荷载标准值 $q_k=45kN/m$，$\gamma_Q=1.4$，$\psi_c=0.7$。该梁截面尺寸：$b=250mm$，$h=600mm$，$h_0=560mm$。混凝土强度等级为 C30，$f_c=14.3N/mm^2$，$f_t=1.43N/mm^2$，$\beta_c=1.0$，箍筋采用 HPB300 级钢筋，$f_{yv}=270N/mm^2$。纵向受拉钢筋采用 HRB400 级钢筋 2Φ25 和 2Φ20，$f_y=360N/mm^2$。试通过斜截面受剪承载力计算配置箍筋。

解：

第一步，确定计算斜截面并计算剪力设计值。

本梁为承受均布荷载的简支梁，截面无变化，箍筋也拟均匀布置，故可只取支座边缘处斜截面作为计算斜截面。其剪力计算值按下列两种荷载效应组合的最不利值确定：

由可变荷载效应控制的组合：

$$q_1=V_Gg_k+V_Qq_k=1.2\times25+1.4\times45=93kN/m$$

由永久荷载效应控制的组合

$$q_2=V_Gg_k+V_Q\psi_cq_k=1.35\times25+1.4\times0.7\times45=77.85kN/m$$

故取 $q=93\text{kN/m}$。

支座边缘剪力设计值：

$$V=\frac{ql_0}{2}=\frac{93\times5}{2}=232.5\text{kN}$$

第二步，验算截面尺寸。

$$h_0=600-40=560\text{mm}$$

对于矩形截面梁 $\dfrac{h_\text{w}}{b}=\dfrac{h_0}{b}=\dfrac{560}{250}=2.24<4$，由式（5-80）

$$V_\text{u,max}=0.25\beta_\text{c}f_\text{c}bh_0=0.25\times1.0\times14.3\times250\times560=500500\text{N}$$
$$=500.5\text{kN}>V=232.5\text{kN} \text{ 截面满足要求。}$$

第三步，验算是否仅需按构造要求配置箍筋。

由式（5-78）：

$$0.7f_\text{t}bh_0=0.7\times1.43\times250\times560=140140\text{N}=140.14\text{kN}<V=232.5\text{kN}$$

需要按计算配置腹筋。

第四步，腹筋的计算与选用。

① 如仅配置箍筋

考虑到 V 与 $0.7f_\text{t}bh_0$ 相差较大，故初步选用双肢$\phi8$（$A_\text{sv}=nA_\text{sv1}=2\times50.3=100.6\text{mm}^2$），由式（5-84）：

$$s=\frac{f_\text{yv}A_\text{sv}h_0}{V-0.7f_\text{t}bh_0}=\frac{210\times100.6\times560}{232500-0.7\times1.43\times250\times560}=128\text{mm}$$

最后选用箍筋双肢$\phi8@120$

$$\rho_\text{sv}=\frac{A_\text{sv}}{bs}=\frac{100.6}{250\times120}=0.0034=0.34\%>0.24\frac{f_\text{t}}{f_\text{yv}}=0.24\times\frac{1.43}{270}=0.127\%\text{（满足）}$$

② 如同时配置箍筋和弯筋

因为弯筋一般由纵向受力钢筋而来，所以弯筋的数量可以根据纵筋的多少而初步确定。本例纵筋为 2ϕ25 和 2ϕ20。故以弯起 2ϕ20（$A_\text{sv}=628\text{mm}^2$）为宜。弯起角度 $\alpha=45°$，按式（5-85），其中：

$$V-0.8f_\text{yv}A_\text{sb}\sin\alpha_\text{s}=232500-0.8\times360\times628\times0.707=104629\text{N}$$

如果按最大箍筋间距要求选用$\phi8@250$，则：

$$V_\text{cs}=0.7f_\text{t}bh_0+\frac{f_\text{yv}A_\text{sv}h_0}{S}=0.7\times1.43\times250\times560+\frac{270\times100.6\times560}{250}$$
$$=200982\text{N}>104629\text{N}$$

可见，按支座边缘剪力设计值计算，选用$\phi8@250$箍筋和 2ϕ20 弯筋，可以满足支座边缘斜截面的受剪承载力要求。然而，不设第二排弯筋能否满足第一排弯筋弯起点处斜截面的受剪承载力呢？所以还必须进行下一步验算。

由图 5-24 可知，第一排弯筋弯起点处的剪力设计值为：

$$V_\text{II}=\frac{1}{2}(1.2\times25+1.4\times45)\times3.86=179.49\text{kN}<V_\text{cs}=200.982\text{kN}$$

说明不需要设置第二排弯筋。

两种设计方案相比，前者需沿梁全长配置双肢箍筋$\phi8@130$，后者需配置一排弯筋 2Φ20，同时沿梁全长配置双肢箍筋Φ8@250，显然后者节约钢材，前者施工较为方便。

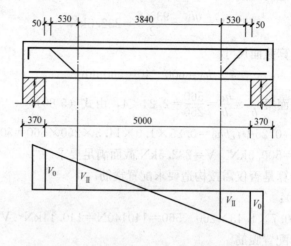

图 5-24　第一排弯筋弯起点处的剪力设计值

5.3　受弯构件保证斜截面受弯承载力的构造措施

5.3.1　保证斜截面受弯承载力的理论依据

在什么情况下，有可能发生斜截面受弯破坏？对此在第二节已经有所论述。根据简支梁承受对称集中力所得到的公式（5-70），并忽略斜裂缝咬合力和纵筋销栓力的有利作用，由图 5-25，可近似得到斜截面受弯承载力的一般表达式：

$$M_c = f_y A_s z_s + V_{sb} z_b + V_{sv} z_v \tag{5-86}$$

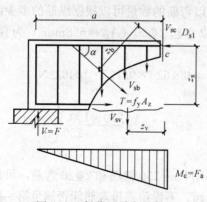

图 5-25　斜截面受弯承载力

因为一般纵筋 A_s 是根据梁内正截面最大弯矩设计值配置的，而斜截面弯矩设计值不会大于正截面最大弯矩设计值，所以，如果纵筋 A_s 不弯起也不切断，而且伸入支座内有足够的锚固长度，就是没有弯筋和箍筋的抗弯作用，也不会发生斜截面受弯破坏。问题是，在锚固长度得到保证的前提下，如果纵筋被弯起或被切断一部分，那么，需要相应地配置多少弯筋和箍筋才能和剩余的纵筋一起抵抗斜截面弯矩设计值（一般取斜裂缝终点处的弯矩设计值）M_c 呢？

由于斜裂缝的不规则性，也必然造成弯筋内力臂和箍筋合力与内力臂的不确定性，这就使得计算起来颇为复杂。为此，《混凝土结构设计规范》允许不必进行斜截面受弯承载力计算，但必须对斜截面受弯承载力采取足够的构造措施予以保证。

提出保证斜截面受弯承载力构造措施的理论依据有三：

其一，由纵筋弯起而形成的弯起钢筋，如果在未弯起以前（与纵筋平行时）是被充分利用的，即需要它提供 $f_y A_s z_s$ 的抵抗弯矩，则构造要求，弯起以后的抵抗弯矩 $f_y A_{sb} z_b$ 不得小于前者（在此，$A_s = A_{sb}$），即必须满足：

$$z_b \geqslant z_s \tag{5-87}$$

由图 5-26 的几何关系，可以得到：

$$z_b = a \cdot \sin\alpha + z_s \cdot \cos\alpha$$

式中 a 为自弯起钢筋被充分利用的截面 A 至弯筋起弯点 B（请注意：这里系指负筋向下弯起的水平距离，参见图 5-26）。现取 $z_s = 0.9h_0$，$\alpha = 45°$，则可得 $a = 0.37h_0$。这说明只要 $a \geqslant 0.37h_0$，就不会因纵筋弯起而削弱斜截面的受弯承载力。

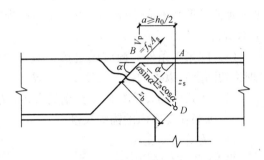

图 5-26 弯起钢筋起弯点位置的确定

其二，纵筋的切断位置不能简单地按正截面受弯承载力的需要与否确定，而必须留有足够的延伸长度（即从该钢筋被充分利用截面向外伸出的长度）和锚固长度（指从按正截面受弯承载力计算不需要该钢筋的截面向外伸出的长度）。其中主要考虑到以下几个因素：

① 斜截面的弯矩设计值，并不是斜裂缝起点处的弯矩，而是斜裂缝终点处的弯矩，参见图 5-25；

② 因为裂缝截面钢筋应力较大，所以钢筋被充分利用截面一般发生在裂缝所在的截面。试验发现，由于钢筋应力很大，其保护层混凝土常出现一系列短的斜向粘结裂缝（即所谓"针脚状"裂缝），从而使充分利用截面变成一个充分利用区段，这相当于充分利用截面"延伸"，或称为充分利用点"平移"，故而加大了延伸长度；

③ 自按正截面受弯承载力计算不需要该钢筋的截面以外，必须留有足够的锚固长度。

其三，钢筋在梁的支座内，必须有足够的锚固长度。

5.3.2 保证斜截面受弯承载力的构造措施

《混凝土结构设计规范》根据试验分析和过去的工程经验，对于等截面受弯构件，保证斜截面受弯承载力的构造措施，做出如下具体的规定：

1）钢筋的弯起

（1）在梁的受拉区中，弯起钢筋的起弯点，应设在按正截面受弯承载力计算该钢筋的强度全部被发挥的截面（称为"充分利用点"）以外，其距离不应小于 $\frac{h_0}{2}$ 处，即：

$$a \geqslant 0.5h_0 \tag{5-88}$$

式中 a 为弯筋的起弯点至钢筋充分利用点之间的距离。

169

（2）弯起钢筋与梁纵向中心线的交点应位于按计算不需要该钢筋的截面（称为"理论切断点"）以外。也就是说，抵抗弯矩图不得进入设计弯矩图（按弯矩设计值绘制）的里边去。

（3）弯起钢筋终弯点以外的直线段锚固长度 l_a：在受拉区不应小于 $20d$，在受压区不应小于 $10d$。

2）钢筋的切断

（1）当 $V \geqslant 0.7 f_t b h_0$ 时，从该钢筋充分利用截面（充分利用点）伸出的长度（延伸长度）不应小于（$1.2 l_a + h_0$）；当 $V < 0.7 f_t b h_0$ 时，延伸长度不应小于 $1.2 l_a$。

（2）除第 1 条外，尚应满足按正截面受弯承载力计算不需要该钢筋的截面（理论切断点）以外的锚固长度 $l_a \geqslant 20d$。

以上各式中的 d 为纵向受拉钢筋直径，l_a 为受拉钢筋的锚固长度。

3）纵筋在支座内的锚固长度 l_a

（1）梁端简支支座

当 $V \leqslant 0.7 f_t b h_0$ 时

$$l_a \geqslant 5d \tag{5-89}$$

当 $V > 0.7 f_t b h_0$ 时

光面钢筋（端头带弯钩）　　　　　　$l_a \geqslant 15d \tag{5-90}$

带肋钢筋　　　　　　　　　　　　$l_a \geqslant 12d \tag{5-91}$

（2）连续梁的中间支座（包括框架梁的中间节点或边节点）

当设计中不利用纵筋的强度时，其伸入支座的锚固长度应满足式（5-89）～（5-91）的要求；当利用纵筋的抗拉强度时，其锚固长度不应小于按式（2-13）的计算值；当利用下部纵筋作受压钢筋时，其锚固长度不应小于受拉钢筋锚固长度的 0.7 倍。

5.3.3　抵抗弯矩图的画法及其充分利用点、理论切断点的确定

为了保证纵筋的一部分被弯起或被切断后斜截面的受弯承载力，首先必须定量地计算出每部分纵筋所能够抵抗弯矩的大小。这种按实际配筋多少求得的各部分纵筋（直线筋、弯起筋或切断筋）的截面抵抗弯矩所绘制的弯矩图形叫做抵抗弯矩图。显然，只要抵抗弯矩图能够完全包络住设计弯矩图（锚固长度除外），则此梁的受弯承载力必定会得到保证。

下面通过一个例题，说明抵抗弯矩图的画法，并了解如何确定"充分利用点"和"理论切断点"的位置，以及当纵筋弯起或切断时，如何保证斜截面的受弯承载力。

【例 5-8】　有一承受均布荷我的伸臂梁，其支承情况、计算跨度与荷载设计值如图 5-27 所示。梁截面尺寸 $bh = 250\text{mm} \times 650\text{mm}$，$h_0 = 610\text{mm}$。混凝土强度等级为 C25，$f_c = 11.9\text{N/mm}^2$，$f_t = 1.27\text{N/mm}^2$，纵向受力钢筋为 HRB335 级，$f_y = 300\text{N/mm}^2$。经计算，梁内最大正弯矩设计值 $+M_{max} = 301\text{kN} \cdot \text{m}$，按计算需要 $A_s = 1935\text{mm}^2$，实配 4Φ25（$A_s = 1964\text{mm}^2$）；最大支座负弯矩设计值 $-M_{max} = 255\text{kN} \cdot \text{m}$，按计算需要 $A_s = 1605\text{mm}^2$，实配 2Φ25 + 2Φ20（$A_s =$

1610mm^2）。A 支座边缘剪力 $V=208$kN；B 支座左边缘剪力 $V=269$kN；B 支座右边缘剪力 $V=236$kN。全梁配置箍筋φ6@150 后的抵抗剪力为 196.4kN，经计算支座 B$_左$ 需配置两排弯起钢筋（第一排需 430mm^2，第二排需 289mm^2），支座 B$_右$ 仅需配置一排弯筋（236mm^2），试绘制截面抵抗弯矩图，并确定纵筋弯起与切断的位置。

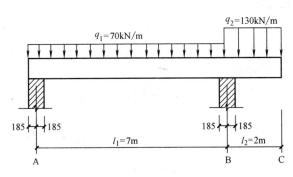

图 5-27　例 5-8 图

解：

在绘制抵抗弯矩图之前，需根据梁的实际尺寸和内力设计值，按比例对应地绘出梁的纵剖面图和设计弯矩图、设计剪力图。再按照实际工程结构设计的习惯作法，初步确定纵筋的弯起位置。一般是靠近支座的第一排弯筋的上弯点距支座边缘为 50mm，前排弯筋的下弯点与后排弯筋的上弯点配置在同一垂直截面处，弯筋与梁纵轴夹角取 $\alpha=45°$，见图 5-28。

A 支座边缘截面，按计算不需要弯筋抗剪，而且弯矩也很小。如果将部分纵筋弯起作为受弯承载力的安全储备，还可以用来承担支座附近实际上可能出现的负弯矩，故决定将其中 2Φ25 纵筋分两排弯起。

B 支座左边缘，按计算需要两排弯筋抗剪，且靠近支座 B 的第一排弯筋的上弯点距支座 B 的距离不宜大于 $185+50=235$mm。如果用这第一排弯筋抗弯，则不能满足 $\alpha > \dfrac{h_0}{2} = \dfrac{610}{2} = 305$mm 的构造要求。因此，宜设置鸭筋 2Φ18（$A_s = 509mm^2 > 377$mm^2）作为第一排弯筋抗剪，而将从 AB 跨下方弯上来的 2Φ25，分别作为第二排和第三排弯筋。按计算要求，其中第二排弯筋既抗弯又抗剪，而第三排弯筋主要用来抗弯。

B 支座右边缘，由鸭筋作为第一排抗剪弯筋，至于用来抵抗负弯矩的两根弯筋（2Φ25）和两根直筋（2Φ20），考虑到 BC 段跨度不长，接近梁端剪力也不大，可只将 1Φ25 作为第二排弯筋下弯，其余 1Φ25 和 2Φ20 直接伸入梁端，再按构造要求予以切断。

经过上述考虑与分析以后，便可着手绘制抵抗弯矩图，并最终确定纵筋的弯起与切断位置。其具体步骤如下：

第一步，按实际配筋的截面面积计算截面抵抗弯矩。

1）跨中

已知　$A_s = 1964 \text{mm}^2$

实际配筋率：

$$\rho = \frac{A_s}{bh_0} = \frac{1964}{250 \times 610} = 0.0129$$

ξ 值：

$$\xi = \rho \cdot \frac{f_y}{\alpha_1 f_c} = 0.0129 \times \frac{300}{1.0 \times 11.9} = 0.33$$

查得：$\gamma_s = 0.838$

$$M_u = \gamma_s h_0 f_y A_s = 0.838 \times 610 \times 300 \times 1964 = 302 \text{kN} \cdot \text{m}$$

2）支座

已知　$A_s = 1610 \text{mm}^2$

实际配筋率：

$$\rho = \frac{A_s}{bh_0} = \frac{1610}{250 \times 610} = 0.0106$$

ξ 值：

$$\xi = \rho \cdot \frac{f_y}{\alpha_1 f_c} = 0.0106 \times \frac{300}{1.0 \times 11.9} = 0.267$$

查得：

$$\gamma_s = 0.867$$

$$M_u = \gamma_s h_0 f_y A_s = 0.867 \times 610 \times 300 \times 1610 = 255 \text{kN} \cdot \text{m}$$

第二步，按照将同时伸入支座、同时弯起或同时切断的纵筋可分为一组的原则，将跨中和支座的纵筋各分为三组，并按钢筋截面面积的比例分配，求出每组钢筋相应的截面抵抗弯矩。

1）跨中

① 组　2Φ25（直筋，伸入支座）

$$M_{u1} = \frac{982}{1964} \times 302 = 151 \text{kN} \cdot \text{m}$$

② 组　1Φ25（第一排弯筋）

$$M_{u2} = \frac{491}{1964} \times 302 = 75.5 \text{kN} \cdot \text{m}$$

③ 组　1Φ25（第二排弯筋）

$$M_{u3} = \frac{491}{1964} \times 302 = 75.5 \text{kN} \cdot \text{m}$$

2）支座 B

① 组　2Φ20（直筋伸入梁端）

$$M'_{u4} = \frac{628}{1610} \times 255 = 99 \text{kN} \cdot \text{m}$$

② 组　1Φ25（即跨中第一排弯筋）

$$M'_{u2} = \frac{491}{1610} \times 255 = 78 \text{kN} \cdot \text{m}$$

③ 组　1Φ25（即跨中第二排弯筋）

$$M'_{u3} = \frac{491}{1610} \times 255 = 78 \text{kN} \cdot \text{m}$$

第三步，将各组抵抗弯矩，按钢筋伸入支座和弯起或切断的先后次序，划分为每组钢筋"负责"抵抗弯矩设计值的平行区段，并找出各组钢筋的充分利用点和理论切断点。

在 AD 段：A 点所对应的截面为①号筋的理论切断点；E 点所对应的截面为①号筋的充分利用点，②号筋的理论切断点；F 点所对应的截面为②号筋的充分利用点，③号筋的理论切断点；D 点所对应的截面为③号筋的充分利用点。

在 DB 段：D 点所对应的截面为③号筋的充分利用点；G 点所对应的截面为③号筋的理论切断点，②号筋的充分利用点；H 点所对应的截面为②号筋的理论切断点，③号筋的充分利用点，I 点（反弯点）所对应的截面为①号筋和③号筋的理论切断点；J 点所对应的截面为③号筋的充分利用点，②号筋的理论切断点；K 点所对应的截面为④号筋的充分利用点，②号筋的理论切断点；B' 点所对应的截面为④号筋的充分利用点。

在 BC 段：B' 点所对应的截面为③号筋的充分利用点；L 点所对应的截面为③号筋的理论切断点，②号筋的充分利用点；M 点所对应的截面为②号筋的理论切断点，④号筋的充分利用点；C 点所对应的截面为④号筋的理论切断点。

第四步，逐次绘制纵筋弯起和切断后的抵抗弯矩图，并最终确定纵筋的切断位置。

AD 段：

①号筋（2Φ25）为直筋，AB 两端伸入支座的锚固长度要求 $l_{as}=10d=10\times25=250$mm，实际各伸入梁端 $270-25=345$mm>250mm。

②号筋（1Φ25）和③号筋（1Φ25），分别自起弯点和弯筋与梁纵轴的交点向下引垂线，与各自的充分利用点所在的水平直线（以下简称"充分利用线"）和理论切断点所在的水平直线（以下简称"理论切断线"）的交点 N、O 与 P、Q。用直线连接 $DNOPQRA$ 所围成的图形，即为 AD 段的截面抵抗弯矩图。其中用直线连接 NO 与 PQ，是近似认为弯筋自起弯点到中和轴之间的抗弯强度按直线变化。因 $FP=580$mm，$DN=1605$mm 均大于 $\frac{h_0}{2}=\frac{610}{2}=305$mm，且抵抗弯矩图未进入设计弯矩图以内，故满足斜截面抗弯强度要求。构造还要求终弯点以外的直线段不少于 $20d=20\times25=500$mm，本梁直伸至梁端并下弯至梁底 l_a >500mm。

DB 承受正弯矩段：

③号筋和②号筋，分别自起弯点和弯筋与梁纵轴交点向下引垂线，与各自的充分利用线和理论切断线交于点 S、T、U、V，连接 $DSTUVWB$，即为 DB 段承受正弯矩的截面抵抗弯矩图。因 DS，GU 均大于 $\frac{h_0}{2}$，且均未进入设计弯矩图，故满足斜截面抗弯强度要求。

DB 承受负弯矩段：

为使④号筋（2Φ20）早些切断以节约钢材，这一段按④、②、③次序划分抵抗弯矩的水平区段。④号筋按斜截面抗弯强度要求：自充分利用点向外的延伸长度不应小于 $1.2l_a+h_0=1.2\times35\times18+610=1366$mm，实际取 1400mm，同时也满足自理论切断点向外的锚固长度 $20d=20\times18=360$mm 的要求（注：$K'B'$ 一段可按比例量得，约等于 300mm）。

173

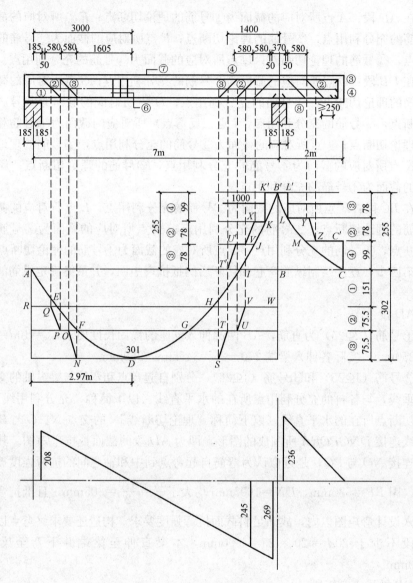

图 5-28　截面抵抗弯矩图

参照上述作法，分别自②号筋和③号筋的起弯点和弯筋与梁纵轴交点向下引垂线，与各自的充分利用线和理论切断线交于点 X、V' 和 U'、T'。最后连接 B' $K'KXV'U'T'$（包括④号筋的锚固长度 1100mm），即为此段的截面抵抗弯矩图。

从图中可知，KX 和 JU' 均大于 $\dfrac{h_0}{2}$，且均未进入设计弯矩图内，故均满足斜截面抗弯强度要求。

BC 段：

因③号筋不再下弯，故只需确定切断位置。按斜截面抗弯强度要求，自充分利用点向外的延伸长度不应小于 $1.2l_a + h_0 = 1.2 \times 35 \times 25 + 610 = 1660\text{mm}$。现直接伸至梁端切断，显然也能满足自理论切断点以外的锚固长度 $20d = 20 \times 25 =$

500mm 的要求。②号弯筋抵抗弯矩图的画法同前，但需注意下弯后的直线段锚固长度，因已伸入受压区，故不得少于 $10d=10×25=250mm$，实际上可伸至梁端。④号直筋至梁端才到达其理论切断点，故可在梁端垂直弯下，其锚固长度要求不少于 $20d=20×25=500mm$，实际可一直伸至梁底。

此外，梁内还有按计算配置的⑥号箍筋φ6@150，按构造要求配置的⑦号架立筋 2Φ10 和⑧号架立筋 2Φ10，其锚固长度和搭接长度亦应满足构造要求。

5.4　受弯构件的裂缝宽度与变形验算

5.4.1　受弯构件的裂缝宽度验算

1）裂缝的成因

在普通钢筋混凝土结构中，由于混凝土抗拉强度很低，只要在构件中的某个部位出现的拉应力超过混凝土的抗拉强度，就很容易在垂直于拉应力方向出现裂缝。其主要成因有：由弯矩引起的正应力在受拉区产生垂直裂缝，在剪力较大的剪弯区段，由剪力和弯矩引起的主拉应力产生的斜裂缝，由于混凝土的收缩和温度变形受到限制引起的收缩应力和温度应力产生的收缩裂缝，由于混凝土保护层厚度不足于抵抗粘结应力所产生的劈裂裂缝，以及由于截面突变或在局部荷载作用的部位引起的应力集中而产生的局部裂缝；等等。

2）裂缝对结构的影响

裂缝宽度过大，在有水侵入或空气相对湿度很大的情况下，裂缝处的钢筋将发生锈蚀。严重锈蚀的钢筋，会因截面面积减小而降低承载能力，直接影响构件或结构的安全性和耐久性。此外，过宽的裂缝还会给建筑物的使用者在心理上造成不安全和不舒适的感觉，也直接影响建筑物的外观。

通过国内不同地区、不同环境下带裂缝工作了 20～70 年的钢筋混凝土构件进行的实地调查（凿开保护层对裂缝处的钢筋锈蚀情况进行观测）表明：对处在无水源的室内正常环境中带裂缝工作的钢筋混凝土构件，不论使用时间长短，只要裂缝宽度不过大，裂缝处的钢筋表面基本上无锈蚀现象，而对于处在室内有水源环境（相对湿度较大）或室外直接受雨淋环境中的带裂缝工作的钢筋混凝土构件，其裂缝处的钢筋表面都存在不同程度的锈蚀现象。

3）裂缝的出现与开展过程

因为裂缝的成因很多，所以目前尚未找到裂缝出现与开展的一般规律，而主要是通过受弯构件纯弯段垂直裂缝的出现与开展过程的试验研究，从中得出抗裂度与裂缝宽度计算的理论依据。

如本章第一节所述，适筋梁从加荷到破坏的全过程可分为三个阶段。在正常使用期间，裂缝的出现与开展主要是在第Ⅱ阶段内进行的。在第Ⅰ阶段，由于荷载很小，整个截面基本上处于弹性工作状态。而荷载一旦加大到超过第Ⅰa瞬间，便会首先在某一弯矩较大且相对薄弱的截面出现一条或几条第一批裂缝。随着荷载的继续增加，裂缝会相继出现第二批，第三批，……。而当构件进入荷载相对稳定的正常使用阶段，裂缝的出现已经基本停止，不再出现新的裂缝了（即

175

所谓"裂缝出齐"了）。裂缝出齐以后，在纯弯段内的裂缝大体上是等间距分布的。这是因为两个相邻裂缝之间的受拉区混凝土开裂后要回缩，而钢筋要伸长，所以钢筋必定会通过其表面的剪应力使混凝土产生拉应力，如果裂缝间距过小，则通过剪应力传给混凝土的拉应力达不到混凝土的抗拉强度，显然就不会再出现新的裂缝了，又因同一构件混凝土的强度等级相同，在配筋数量相同的区段内，其裂缝间距也自然会大体上相等，如图 5-29 所示。

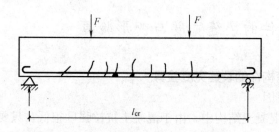

图 5-29　受弯构件纯弯段的裂缝

4）最大裂缝宽度的计算

（1）平均裂缝间距 l_{cr}

当裂缝出齐以后，裂缝间距的平均值，称为平均裂缝间距，用"l_{cr}"表示。

平均裂缝间距的大小，主要取决于混凝土和钢筋之间的粘结强度。粘结强度越高，钢筋受拉后，钢筋表面与混凝土之间的剪应力越大，只需较短的距离就可以使混凝土达到抗拉强度而出现新的裂缝，自然裂缝间距就越小。

影响平均裂缝间距的主要因素具体表现在：

（A）与纵筋配筋率有关。受拉区混凝土截面的纵向钢筋配筋率越大，平均裂缝间距越小。这是因为仅需要较短的距离，就可以使混凝土达到其抗拉强度而出现新的裂缝。

（B）与纵筋直径的大小有关。当受拉区配筋的截面面积相同时，钢筋根数越多，直径越细，钢筋表面积越大，粘结力越大，平均裂缝间距就越小。

（C）与钢筋表面形状有关。表面有肋纹的钢筋比光面钢筋粘结力大，平均裂缝间距就小。

（D）与保护层厚度有关。当受拉区截面面积相同时，保护层越厚，越不容易使混凝土达到其抗拉强度，平均裂缝间距也就越大。

《混凝土结构设计规范》考虑以上各种因素的影响，并根据实测结果，给出受弯构件平均裂缝间距 l_{cr} 的计算公式如下：

$$l_{cr} = 1.9c_s + 0.08\frac{d_{eq}}{\rho_{te}} \tag{5-92}$$

式中，c_s——最外层纵向受拉钢筋外边缘至受拉区底边的距离（mm），当 $c_s >$ 65mm 时，取 $c_s = 65$mm；当 $c_s < 20$mm 时，取 $c_s = 20$mm；

d_{eq}——受拉区纵向钢筋的等效直径，应按下式计算：

$$d_{eq} = \frac{\sum n_i d_i^2}{\sum n_i \nu_i d_i} \tag{5-93}$$

d_i——受拉区第 i 种纵向钢筋的公称直径（mm）；

n_i——受拉区第 i 种纵向钢筋的根数；

ν_i——受拉区第 i 种纵向钢筋的相对粘结特征系数，光面钢筋，$\nu_i=0.7$；带肋钢筋，$\nu_i=1.0$；

ρ_{te}——受拉截面配筋率，即按"有效受拉混凝土截面面积"计算的纵向受拉钢筋配筋率，按下式计算：

$$\rho_{te}=\frac{A_s}{A_{te}} \qquad (5\text{-}94)$$

当 $\rho_{te}<0.01$ 时，取 $\rho_{te}=0.01$；

A_{te}——有效受拉混凝土截面面积，按下式计算：

$$A_{te}=\frac{1}{2}bh+(b_f-b)h_f \qquad (5\text{-}95)$$

b_f、h_f 分别为截面受拉翼缘宽度和高度；对轴心受拉构件，取构件截面面积。

（2）平均裂缝宽度 ω

平均裂缝宽度 ω，相当于在一个平均裂缝间距范围内，钢筋的平均伸长值与处在钢筋相同截面高度处受拉混凝土的平均伸长值之差，即：

$$\omega=\bar{\varepsilon}_s l_{cr}-\bar{\varepsilon}_{ct} l_{cr} \qquad (5\text{-}96a)$$

$$\omega=\bar{\varepsilon}_s\left(1-\frac{\bar{\varepsilon}_{ct}}{\bar{\varepsilon}_s}\right)l_{cr} \qquad (5\text{-}96b)$$

式中，$\bar{\varepsilon}_s$——在平均裂缝间距范围内受拉钢筋的平均拉应变，见图 5-4-2（e）；

$\bar{\varepsilon}_{ct}$——与钢筋处在同一高度处的混凝土的平均拉应变，见图 5-4-2（d）。

根据试验结果，混凝土平均拉应变为钢筋平均拉应变的 15%，即 $\bar{\varepsilon}_{ct}/\bar{\varepsilon}_s=0.15$ 代入上式可得：

$$\omega=0.85\bar{\varepsilon}_s l_{cr} \qquad (5\text{-}97)$$

（3）钢筋应变不均匀系数 ψ

当裂缝出齐以后，在一个平均裂缝间距范围内的不同截面处，钢筋和混凝土的拉应力和拉应变均不相同（图 5-30）。在每个平均裂缝间距的中部，钢筋的拉应力和拉应变相对最小，而混凝土的拉应力和拉应变相对最大；越靠近裂缝截面，由于粘结力逐渐退化，钢筋的拉应力和拉应变越来越大，而混凝上的拉应力和拉应变越来越小。在裂缝截面处，混凝土已完全退出工作，全部拉力仅由钢筋承担，故钢筋的拉应力和拉应变为最大。

在平均裂缝间距范围内，钢筋平均拉应变与裂缝截面处钢筋拉应变的比值，称为裂缝间纵向受拉钢筋应变不均匀系数，用"ψ"表示，即：

$$\psi=\frac{\bar{\varepsilon}_s}{\varepsilon_s} \qquad (5\text{-}98)$$

式中，ε_s——裂缝截面处的钢筋拉应变，即：

$$\varepsilon_s=\frac{\sigma_s}{E_s} \qquad (5\text{-}99)$$

式中，σ_s——裂缝截面处的钢筋拉应力，对受弯构件，可按式（5-101）取用；

177

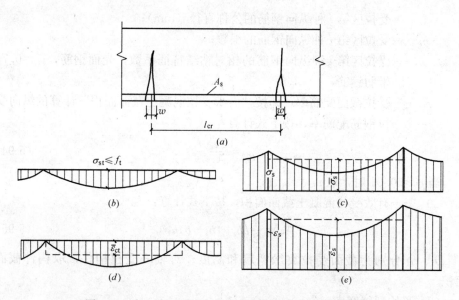

图 5-30　在一个平均裂缝间距范围内的应力应变分布示意

（a）平均裂缝间距与平均裂缝宽度；（b）受拉区混凝土拉应力分布；（c）受拉钢筋拉应力分布；

（d）受拉区混凝土拉应变分布；（e）受拉钢筋拉应变分布

E_s——钢筋的弹性模量。

根据试验研究结果，《混凝土结构设计规范》给出矩形、T 形、倒 T 形和工字形截面受弯构件裂缝之间钢筋应变不均匀系数 ψ 的计算公式为：

$$\psi = 1.1 - \frac{0.65 f_{tk}}{\rho_{te} \sigma_s} \qquad (5\text{-}100)$$

当计算出的 $\psi < 0.2$ 时，取 $\psi = 0.2$；当计算出的 $\psi > 1.0$ 时，取 $\psi = 1.0$。对直接承受重复荷载的构件，取 $\psi = 1.0$。

式中，f_{tk}——混凝土的轴心抗拉强度标准值；

ρ_{te}——按有效受拉混凝土截面面积计算的纵向受拉钢筋配筋率，在最小裂缝宽度计算中，当 $\rho_{te} < 0.01$ 时，取 $\rho_{te} = 0.01$；

σ_s——按荷载效应准永久组合计算的纵向受拉钢筋的拉应力，可按下式计算：

$$\sigma_s = \frac{M_q}{\eta h_0 A_s} = \frac{M_q}{0.87 h_0 A_s} \qquad (5\text{-}101)$$

M_q——按荷载效应准永久组合计算的弯矩值；

η——构件在正常使用阶段的内力臂系数，可近似按 $\eta = 0.87$ 计算。

（4）最大裂缝宽度 ω_{max}

由式（5-101）和式（5-99），可得出平均裂缝宽度为：

$$\omega = 0.85 \psi \varepsilon_s l_{cr} = 0.85 \psi \frac{\sigma_s}{E_s} l_{cr} \qquad (5\text{-}102)$$

考虑到实际受弯构件中的裂缝间距和裂缝宽度的随机性，而且最大裂缝宽度显然要大于平均裂缝宽度。此外，在长期荷载作用下，由于受拉钢筋和混凝土应力松弛、滑移徐变以及混凝土收缩等因素的影响，裂缝宽度还会略有增长，由过去的设计经验，《混凝土结构设计规范》最后给出的最大裂缝宽度计算公式为：

$$\omega_{max}=\alpha_{cr}\psi\frac{\sigma_s}{E_s}\left(1.9c_s+0.08\frac{d_{eq}}{\rho_{te}}\right) \qquad (5\text{-}103)$$

（5）验算要求：

$$\omega_{max}\leqslant[\omega_{lim}] \qquad (5\text{-}104)$$

式中，α_{cr}——构件受力特征系数，按表 5-12 采用；

　　　ω_{max}——按荷载效应为准永久组合，并考虑长期作用影响计算的最大裂缝宽度；

　　　$[\omega_{lim}]$——最大裂缝宽度限值，按表 5-13 采用。

构件受力特征系数　　　　　表 5-12

类　型	α_{cr}	
	钢筋混凝土构件	预应力混凝土构件
受弯、偏心受压	1.9	1.5
偏心受拉	2.4	—
轴心受拉	2.7	2.2

结构构件的裂缝控制等级及最大裂缝宽度限值（mm）　　　　表 5-13

环境类别	钢筋混凝土结构		预应力混凝土结构	
	裂缝控制等级	ω_{lin}	裂缝控制等级	ω_{lin}/mm
一	三级	0.3(0.4)	三级	0.20
二 a				0.10
二 b		0.2	二级	—
三 a、三 b			一级	—

注：1. 对处于年平均相对湿度小于 60% 地区一类环境下的受弯构件，其最大裂缝宽度限值可采用括号内的数值。

　　2. 在一类环境下，对钢筋混凝土屋架、托架及需作疲劳验算的吊车梁，其最大裂缝宽度限值应取为 0.20mm；对钢筋混凝土屋面梁和托梁，其最大裂缝宽度限值应取为 0.30mm；

　　3. 对于处于四、五类环境下的结构构件，其裂缝控制要求应符合专门标准的有关规定；

　　4. 表中的最大裂缝宽度限值是用于验算荷载作用引起的最大裂缝宽度。

【例 5-9】　某钢筋混凝土简支梁，计算跨度 $l=7m$，矩形截面 $b\times h=250\times700mm$，混凝土为 C25，$f_{tk}=1.78N/mm^2$。梁上承受均布永久荷载标准值（包括梁的自重）$g_k=19.74kN/m$，均布可变荷载标准值 $p_k=10.5kN/m$。经正截面承载力计算，纵向受拉钢筋选用 HRB335 级 2Φ22＋2Φ20（$A_{sv}=1388mm^2$），此梁处于室内正常环境下，保护层厚度 $c=30mm$，最大裂缝宽度限值为 $\omega_{lim}=0.3mm$。试对此梁进行裂缝宽度验算。

解：

① 梁内按准永久组合计算的弯矩标准值

$$M_q=\frac{1}{8}(g_k+p_k)l^2=\frac{1}{8}\times(19.74+0.5\times10.5)\times7^2=153.07kN\cdot m$$

② 裂缝截面钢筋应力

$$\sigma_s = \frac{M_q}{0.87 h_0 A_s} = \frac{153070000}{0.87 \times 660 \times 1388} = 192.06 \text{N/mm}^2$$

③ 按有效受拉混凝土截面面积计算的纵向受拉钢筋配筋率

$$\rho_{te} = \frac{A_s}{0.5bh} = \frac{1388}{0.5 \times 250 \times 700} = 0.0159$$

④ 受拉钢筋应变不均匀系数

$$\psi = 1.1 - \frac{0.65 f_{tk}}{\rho_{te}\sigma_s} = 1.1 - \frac{0.65 \times 2.01}{0.0159 \times 192.06} = 0.671 > 0.2,\text{且} < 1.0$$

⑤ 受拉区纵向钢筋的等效直径

$$d_{eq} = \frac{\sum n_i d_i^2}{\sum n_i \nu_i d_i} = \frac{2(22^2 + 20^2)}{2 \times 1.0 \times (22 + 20)} = 21\text{mm}$$

⑥ 最大裂缝宽度

$$\omega_{max} = \alpha_{cr}\psi \frac{\sigma_s}{E_s}\left(1.9 c_s + 0.08 \frac{d_{eq}}{\rho_{te}}\right) = 1.9 \times 0.671 \times \frac{232.4}{2.0 \times 10^5}\left(1.9 \times 30 + 0.08 \frac{21}{0.0159}\right)$$
$$= 0.26\text{mm}$$

⑦ 裂缝宽度验算

$\omega_{max} = 0.26\text{mm} < \omega_{lim} = 0.3\text{mm}$，满足要求。

5.4.2　受弯构件的挠度验算

1）钢筋混凝土受弯构件的挠度计算方法

对于连续均质的弹性材料梁，在材料力学中已得出承受不同形式荷载的挠度计算公式。例如，当简支梁承受均布荷载 q 时，其跨中最大挠度的计算公式为：

$$f = \frac{5}{384} \cdot \frac{ql^4}{EI}$$

当简支梁仅在跨中承受集中荷载 F 时，其跨中最大挠度计算公式为：

$$f = \frac{1}{48} \cdot \frac{Fl^3}{EI}$$

在此，EI 为弹性材料梁的截面抗弯刚度。当梁所用的材料和截面形状尺寸确定以后，EI 为一常数。

对于钢筋混凝土受弯构件，由于在使用阶段裂缝的扩展和混凝土塑性变形的增大，I 和 E 逐渐降低，所以截面抗弯刚度是个变数。因而，钢筋混凝土受弯构件按荷载效应准永久组合计算的截面抗弯刚度，称为短期刚度，用符号"B_s"表示；受弯构件考虑荷载长期作用影响的截面抗弯刚度，称为长期刚度，用符号"B"表示。由于沿梁长度方向弯矩不同，刚度也不相同（弯矩越大，刚度较小），通常取简支梁最大正弯矩所在截面的抗弯刚度，作为该梁的抗弯刚度，而在连续梁或框架梁中取最大正弯矩和最大负弯矩所在截面的抗弯刚度，作为相应正、负弯矩区段的抗弯刚度。这种处理原则称作"最小刚度原则"。

钢筋混凝土受弯构件的挠度计算方法，就是按材料力学的挠度计算公式，只是将其中的截面抗弯刚度 EI 改换为钢筋混凝土受弯构件的刚度 B 后，再进行挠度计算。例如：承受均布荷载的简支梁，其跨中最大挠度计算公式为：

$$f = \frac{5}{384} \cdot \frac{q_q l^4}{B} \tag{5-105}$$

或
$$f = \frac{5}{48} \cdot \frac{M_q l^2}{B} \tag{5-106}$$

式中的 q_q 和 M_q 分别按荷载效应的准永久组合（不乘荷载分项系数）计算的均布荷载和跨中最大弯矩标准值。

挠度验算要求：

$$f \leqslant [f] \tag{5-107}$$

式中的 $[f]$ 为钢筋混凝土受弯构件的挠度限值，见表5-14。

受弯构件的挠度限值   表 5-14

构 件 类 型	挠 度 限 值
吊车梁：手动吊车 电动吊车	$l_0/500$ $l_0/600$
屋盖、楼盖及楼梯构件： 当 $l_0 < 7m$ 时 当 $7m \leqslant l_0 \leqslant 9m$ 时 当 $l_0 > 9m$ 时	 $l_0/200(l_0/250)$ $l_0/250(l_0/300)$ $l_0/300(l_0/400)$

2）钢筋混凝土受弯构件在荷载效应准永久组合作用下的短期刚度 B_s 的计算

为了最终得到短期刚度 B_s 的计算公式，仍取一个平均裂缝间距 l_{cr} 作为研究对象，如图5-31所示。当受弯构件产生弯曲变形以后，取平均中和轴至曲率中心的曲率半径为 ρ（曲率为 $1/\rho$），平均受压区高度为 $\bar{x}$，在平均裂缝间距 l_{cr} 范围内，受拉钢筋共伸长 $\Delta s = \bar{\varepsilon}_s l_{cr}$，（$\bar{\varepsilon}_s$ 为钢筋的平均拉应变），受压边缘共缩短 $\Delta c = \bar{\varepsilon}_c l_{cr}$（$\bar{\varepsilon}_c$ 为受压边缘混凝土的平均压应变）。

由 $\triangle OAB$ 与 $\triangle CDE$ 的几何相似关系，可得：

$$\frac{\frac{l_{er}}{2}}{\rho} = \frac{\frac{\Delta s}{2} + \frac{\Delta c}{2}}{h_0}$$

即
$$\frac{l_{er}}{\rho} = \frac{\Delta s + \Delta c}{h_0} = \frac{(\bar{\varepsilon}_s + \bar{\varepsilon}_c) l_{er}}{h_0}$$

亦即
$$\frac{1}{\rho} = \frac{(\bar{\varepsilon}_s + \bar{\varepsilon}_c)}{h_0} \tag{5-108}$$

由曲率与弯矩的关系得知：

$$\frac{1}{\rho} = \frac{M_q}{B_s} \tag{5-109}$$

再由式（5-108）与（5-109）相等得：

$$B_s = \frac{M_q h_0}{\bar{\varepsilon}_s + \bar{\varepsilon}_c} \tag{5-110}$$

因此，只要求得受拉钢筋的平均拉应变和受压区边缘混凝土的平均压应变，便可得出短期刚度的计算公式。

181

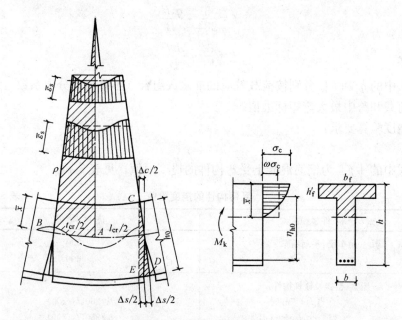

图 5-31　受弯构件出现裂缝后的应变与应力

（1）受拉钢筋的平均拉应变 $\bar{\varepsilon}_s$

由公式（5-98）、（5-99）和（5-101）可以得出：

$$\bar{\varepsilon}_s=\psi\varepsilon_s=\psi\frac{\sigma_s}{E_s}=\frac{\psi M_q}{\eta h_0 E_s A_s} \tag{5-111}$$

（2）受压区边缘混凝土的平均压应变 $\bar{\varepsilon}_c$

受弯构件使用阶段（适筋梁第Ⅱ阶段）的受压区混凝土压应力图形为曲线分布图形，令受压区边缘混凝土的压应力为 σ_c，其平均压应力为 $\omega\sigma_c$，ω 为受压区混凝土压应力图形的丰满程度系数。

对于 T 形、工字形或倒 T 形截面，已知受压区截面面积为：

$$A_c=(b_f'-b)h_f'+bx$$

$$=\left(\frac{(b_f'-b)h_f'}{bh_0}\right)bh_0+\xi bh_0=(\gamma_f'+\xi)bh_0$$

式中，γ_f'——受压翼缘面积与腹板有效面积的比值，称为受压区翼缘抗压加强系数，即：

$$\gamma_f'=\frac{(b_f'-b)h_f'}{bh_0} \tag{5-112}$$

受压区合压力为：

$$C=\omega\sigma_c(\gamma_f'+\xi)bh_0$$

使用阶段截面弯矩标准值为：

$$M_q=C\cdot z=\omega\sigma_c(\gamma_f'+\xi)bh_0\cdot\eta h_0$$

由此可得受压区边缘混凝土压应力为：

$$\sigma_c=\frac{M_q}{\omega(\gamma_f'+\xi)\eta h_0^2} \tag{5-113}$$

由公式（2-8）可知混凝土弹塑性模量 $E'_c = \lambda E_c$，取受压区混凝土压应变不均匀系数为 ψ_c，则受压区混凝土边缘的平均压应变为：

$$\bar{\varepsilon}_c = \psi_c \varepsilon_c = \psi_c \frac{\sigma_c}{\lambda E_c} = \frac{\psi_c M_q}{\omega(\gamma'_f + \xi)\lambda \eta E_c bh_0{}^2} \qquad (5\text{-}114)$$

令

$$\zeta = \frac{\omega(\gamma'_f + \xi)\lambda \eta}{\psi_c} \qquad (5\text{-}115)$$

ζ 可称为受压区边缘混凝土平均压应变的综合影响系数。由此可得受压区边缘混凝土的平均压应变：

$$\bar{\varepsilon}_c = \frac{M_q}{\zeta E_c bh_0{}^2} \qquad (5\text{-}116)$$

（3）短期刚度计算公式

将式（5-111）和式（5-116）代入式（5-110），便可得：

$$B_s = \frac{h_0}{\dfrac{\psi}{\eta h_0 E_s A_s} + \dfrac{1}{\zeta E_c bh_0{}^2}}$$

将等式右边分子、分母同乘以 $h_0 E_s A_s$，并取钢筋和混凝土弹性模量之比 $\alpha_E = \dfrac{E_s}{E_c}$，$\rho = \dfrac{A_s}{bh_0}$（受拉钢筋配筋率），且取内力臂系数 $\eta = 0.87$，即得：

$$B_s = \frac{E_s A_s h_0{}^2}{1.15\psi + \dfrac{\alpha_E \rho}{\zeta}} \qquad (5\text{-}117)$$

由（5-100）式和（5-101）式可知，ψ 值随 M_q 的增大而增大，所以 B_s 值随 M_q 的增大而减小。这说明钢筋混凝土梁的截面抗弯刚度，不仅与材料性质、截面几何特征有关，而且与外荷载的大小有关。另外，式中的系数 ζ，由于综合了许多因素，不易确定。然而，根据试验结果发现，等式右边分母的第二项，可近似取为：

$$\frac{\alpha_E \rho}{\zeta} = 0.2 + \frac{6\alpha_E \rho}{1 + 3.5\gamma'_f}$$

最后得出矩形、T 形、工字形和倒 T 形截面受弯构件的短期刚度计算公式为：

$$B_s = \frac{E_s A_s h_0{}^2}{1.15\psi + 0.2 + \dfrac{6\alpha_E \rho}{1 + 3.5\gamma'_f}} \qquad (5\text{-}118)$$

式中，ψ——受拉钢筋应变不均匀系数，按公式（5-100）计算；

$\qquad \alpha_E$——钢筋与混凝土弹性模量的比值，按下式计算：

$$\alpha_E = \frac{E_s}{E_c} \qquad (5\text{-}119)$$

$\qquad \gamma'_f$——受压区翼缘抗压加强系数，按（5-112）式计算。当 $h'_f > 0.2h_0$ 时，取 $h'_f = 0.2h_0$ 计算 γ'_f。因为当翼缘较厚时，靠近中和轴的翼缘部分受力较小，如仍按全部 h'_f 计算 γ'_f，将使 B_s 的计算值偏大。

183

3）钢筋混凝土受弯构件在荷载效应的准永久组合作用下，并考虑荷载长期作用影响的抗弯刚度 B（即长期刚度）

钢筋混凝土受弯构件，在荷载的长期作用下，抗弯刚度会进一步减小，挠度会进一步加大。这是由于受压区混凝土在荷载长期作用下产生徐变；受拉区未开裂区段混凝土应力松弛；受拉钢筋与混凝土之间产生滑移徐变等原因而引起的。

根据受弯构件长期挠度的试验结果，《混凝土结构设计规范》给出了长期刚度的计算公式为：

（1）采用荷载标准组合时

$$B = \frac{M_k}{M_q(\theta-1)+M_k} \cdot B_s \qquad (5-120a)$$

（2）采用荷载准永久组合时

$$B = \frac{B_s}{\theta} \qquad (5-120b)$$

式中，M_k——按荷载效应的标准组合计算出的弯矩，取计算区段内的最大弯矩值；

M_q——按荷载效应的准永久组合计算出的弯矩，取计算区段内的最大弯矩值；

θ——考虑荷载长期效应组合对挠度增大的影响系数，θ 值可按下式取用：

当 $\rho'=0$ 时，$\theta=2.0$；

当 $\rho'=\rho$ 时，$\theta=1.6$；

当 ρ' 为中间数值时，θ 按直线内插法取用。即：

$$\theta = 2.0 - 0.4\frac{\rho'}{\rho} \qquad (5-121)$$

此处，ρ' 为纵向受压钢筋配筋率 $\left(\rho'=\dfrac{A'_s}{bh_0}\right)$。

因为受压钢筋能够起到阻滞混凝土产生徐变的作用，所以可使长期挠度减小。式中用 $\dfrac{\rho'}{\rho}$ 来反映受压钢筋对长期挠度的有利影响。对翼缘位于受拉区的倒 T 形截面，θ 应增加 20%。

【例 5-10】　试对例 5-9 的简支梁进行挠度验算（C30 混凝土，$E_c = 3.0 \times 10^4 \, \text{N/mm}^2$）。

解：

① 计算梁内最大弯矩标准值

按荷载效应的准永久组合计算的梁内最大弯矩标准值：

$$M_q = \frac{1}{8}g_k l^2 + \frac{1}{8}(0.5 \textbf{❶} p_k)l^2 = \frac{1}{8} \times 19.74 \times 7^2 + \frac{1}{8} \times 0.5 \times 10.50 \times 7^2$$

$$= 120.91 + 32.16 = 153.07 \, \text{kN} \cdot \text{m}$$

---

　❶　0.5为可变荷载的准永久值系数

② 裂缝截面钢筋应力（例题 5-9 已算出）

$$\sigma_s = \frac{M_q}{0.87 h_0 A_s} = \frac{153070000}{0.87 \times 660 \times 1388} = 192.06 \text{N/mm}^2$$

③ 受拉钢筋应变不均匀系数（例 5-9 已算出）

$$\psi = 0.671$$

④ 钢筋弹性模量与混凝土弹性模量之比

$$\alpha_E = \frac{E_s}{E_c} = \frac{2.0 \times 10^5}{3.0 \times 10^4} = 6.67$$

⑤ 受拉钢筋配筋率

$$\rho = \frac{A_s}{b h_0} = \frac{1388}{250 \times 660} = 0.0084$$

⑥ 短期刚度（$\gamma'_f = 0$）

$$B_s = \frac{E_s A_s h_0{}^2}{1.15\psi + 0.2 + \dfrac{6\alpha_E \rho}{1 + 3.5\gamma'_f}} = \frac{2.0 \times 10^5 \times 1388 \times 660^2}{1.15 \times 0.671 + 0.2 + 6 \times 6.67 \times 0.0084}$$

$$= 92604 \times 10^9 \text{N} \cdot \text{mm}^2$$

⑦ 受弯构件的刚度

$$\because A'_s = 0 \qquad \therefore \theta = 2.0$$

$$B = \frac{B_s}{2} = \frac{92604 \times 10^9}{2} = 46259 \times 10^9 \text{N} \cdot \text{mm}^2$$

⑧ 跨中最大挠度

$$f = \frac{5}{384} \cdot \frac{(g_k + 0.5 p_k) l^4}{B} = \frac{5 \times (19.74 + 0.5 \times 10.50) \times 7000^4}{384 \times 46259 \times 10^9} = 16.9 \text{mm}$$

⑨ 挠度验算

$$[f] = \frac{l}{250} = \frac{7000}{250} = 28.0 \text{mm}$$

$f = 16.9 \text{mm} < [f] = 28.0 \text{mm}$，挠度满足要求。

5.5　受压构件

5.5.1　钢筋混凝土受压构件的一般概念与构造要求

1）轴心受压构件与偏心受压构件

（1）轴心受压构件

当纵向压力 N 直接作用在纵向形心轴（通过截面形心的纵轴）上时，即为轴心受压构件。钢筋混凝土轴心受压构件属于全截面均匀受压，这时可以充分利用混凝土材料的抗压强度。由于混凝土的非均质性、配筋位置的准确性以及纵向压力作用点可能存在的初始偏心与构件可能发生的纵向弯曲等因素的影响，所以在实际工程中，不存在理想的轴心受压构件。但轴心受压构件设计简便，对于偏心距 $e_0 \leq \dfrac{1}{10}h$ 或 $e_0 \leq \dfrac{1}{600}l_0$ 的受压构件，可以近似按轴心受压构件进行设计。h

185

为纵向弯曲方向的截面边长，l_0 为受压构件的计算长度。轴心受压构件的截面，多为正方形（图 5-32a），圆形或正多边形。

（2）偏心受压构件

当纵向压力 N 平行于纵向形心轴但不通过截面形心（偏心压力），或者在构件截面上同时作用有轴心压力 N 和弯矩 M 时，即为偏心受压构件。

实际上，当截面同时作用有压力 N 和弯矩 M 时，只要将此轴心压力 N 平移到距截面形心 $e_0 = \dfrac{M}{N}$ 的位置，即可用这个当量的偏心压力 N，替代轴心压力 N 和弯矩 M 的作用。偏心受压构件的截面，多为矩形（图 5-32b）和工字形等。

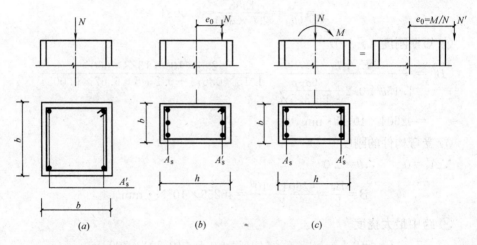

图 5-32 轴心受压与偏心受压

2）短柱与长柱

不论是轴心受压构件还是偏心受压构件，由于杆件挠曲或结构侧移，都会产生附加弯矩，从而降低承载能力。只是短柱可以忽略附加弯矩影响，长柱需要考虑附加弯矩影响。对于任意截面的轴心受压构件，其长细比 $\dfrac{l_0}{i} \leqslant 28$ 者，由于对构件的承载能力影响很小，可以不考虑纵向弯曲影响，习惯上常称为"短柱"；而其长细比 $\dfrac{l_0}{i} > 28$ 者，由于构件附加弯矩较大，承载能力明显降低，需要考虑附加弯矩影响，习惯上常称为"长柱"。

对于偏心受压构件，附加弯矩的大小除主要与长细比有关外，还与杆件受力大小，支撑条件等因素有关。按照《混凝土结构设计规范》的要求：弯矩作用平面内截面对称的偏心受压构件，当同一主轴方向的杆端弯矩比 $\dfrac{M_2}{M_1}$ 不大于 0.9，且轴压比不大于 0.9 时，若构件的长细比满足下式的要求，可不考虑轴向压力在该方向挠曲杆件中产生的附加弯矩影响（习惯上可称为"短柱"）；否则应根据按截面的两个主轴方向，分别考虑轴向压力在挠曲杆件中产生的附加弯矩影响（习惯上可称为"长柱"）。

$$\frac{l_c}{i} \leqslant 34 - 12\left(\frac{M_1}{M_2}\right) \tag{5-122}$$

式中，M_1、M_2——分别为考虑侧移影响的偏心受压构件两端截面，按结构弹性分析确定的对同一主轴的组合弯矩设计值，绝对值较大端为 M_2，绝对值较小端为 M_1，当构件按单曲率弯曲时，M_1/M_2 取正值，否则取负值；

      l_c——构件的计算长度，可近似取偏心受压构件相应主轴方向上下支撑点之间的距离；

      i——偏心方向的截面回转半径。

受压构件计算长度的取值，与柱两端的支承条件有关。当构件两端为铰支时，取 $l_0 = l$（l_0 为柱的计算长度，l 为柱的实际长度）；两端固定时，取 $l_0 = 0.5l$；一端固定，一端自由时，取 $l_0 = 2l$；一端固定，一端铰支时，取 $l_0 = 0.7l$。从图 5-33 可以看出：构件的计算长度，实为构件纵向挠曲线反弯点之间的距离。

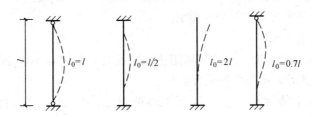

图 5-33　受压构件的计算长度

对于两端支承条件不很明显的构件，如框架柱、排架柱以及桁架、托架上弦杆等，其计算长度取值方法，《混凝土结构设计规范》都作了具体规定，设计时可直接查用。

3）纵筋与箍筋

（1）纵向受力钢筋（简称纵筋）

纵筋的主要作用是协助混凝土承担压力和承担由外弯矩以及附加弯矩产生的拉力。除此之外，纵筋还具有减少构件徐变、减小构件的脆性和非均质性、增强构件的延性、承担构件的收缩应力与温度应力以及防止脆断等重要作用。

纵筋一般采用 HRB400 级、HRB500 级、HRB335 级、HPB300 级，不宜选用高强度钢筋。对于普通混凝土轴心受压构件，由于混凝土的峰值应变一般取为 0.002，此时混凝土已达到棱柱体抗压强度 f_c，相应的纵筋压应力值 $\sigma'_s = E_s \varepsilon'_s \approx 2.0 \times 10^5 \times 0.002 = 400 \text{N/mm}^2$。这时对于 HRB400 级、HRB335 级、HPB235 级和 RRB400 级普通热轧钢筋已达到其屈服强度；而对于屈服强度或条件屈服点大于 400N/mm^2 的高强度钢筋，在计算时也只能取 $f_y \leqslant 400 \text{N/mm}^2$。

为保证纵筋更好地起到上述作用，构造要求：纵向受力钢筋的直径不宜小于 12mm，总根数一般不得少于 4 根，柱截面的角部应布置纵筋。全部纵向钢筋的配筋率不应小于 0.6%。在无焊接接头区域内纵筋的最大配筋率不宜大于 5%。纵筋配置过多，非但不经济和不便于施工，而且当混凝土发生徐变或收缩时，还会因纵筋产生内力重分布而使混凝土被拉裂。根据工程经验，配筋率控制在

187

0.8%～1.2%较为经济，而常用配筋率多在 1%～2%之间。

此外，轴心受压构件的纵筋（用符号 A'_s 表示），应沿截面四周均匀布置，柱内纵筋的净距不应小于 50mm，对水平浇筑的混凝土预制柱，纵筋的净距不应小于 30mm 和 1.5 倍纵筋直径。各边纵筋的中距不宜大于 300mm。

偏心受压构件的纵筋，一般布置在与弯矩作用平面相垂直的截面两侧。靠近偏心力一侧的纵筋用"A'_s"表示，另一侧（远离偏心力一侧）的纵筋用"A_s"表示，参见图 5-32 (b)、(c)。当偏心受压构件的截面高度 $h \geqslant 600$mm 时，在柱的侧面上应设置直径为 10～16mm 的纵向构造钢筋，并应设置复合箍筋或拉筋。

（2）箍筋

箍筋的主要作用是与纵筋形成钢筋骨架和抵抗剪力，而且还能起到限制纵筋压屈外凸、提高核心混凝土的抗压强度以及增强构件的延性等。

箍筋一般采用 HPB300 级、HRB335 级。箍筋随受压构件截面形状和配置方式的不同也分为：普通箍筋（方形、矩形或多边形）和螺旋式箍筋（螺旋形或横向焊接网片）两类，本书只介绍前者。

箍筋的构造要求有：

（A）箍筋不能过细。当箍筋采用热轧钢筋时，其直径不应小于 6mm，且不应小于 $d/4$，此处，d 为纵筋最大直径。

（B）箍筋不能太稀。轴心受压构件的箍筋间距 s，应同时满足下列三项要求：

① $s \leqslant 400$mm，在受压构件中，纵向受力钢筋搭接长度范围内箍筋间距，不应大于搭接钢筋较小直径的 10 倍且不应大于 200mm；

② $s \leqslant b$（b 为截面的短边尺寸）；

③ $s \leqslant 15d$（绑扎骨架）或 $s \leqslant 20d$（焊接骨架），此处，d 为纵筋最小直径。

（C）所有箍筋应做成封闭式。

（D）箍筋的布置，应保证每相隔一根纵筋，必需置于箍筋的转角处。为此当每侧纵筋多于 3 根时，需设置复合箍筋或增加箍筋的肢数。当截面有内凹缺口时，不得设置有内折角的箍筋（图 5-34d）。当柱截面短边尺寸大于 400mm 且各

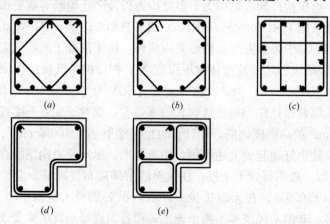

图 5-34　受压构件的截面配筋

边纵向钢筋多于 3 根时，或当柱截面短边尺寸大于 400mm，或各边纵向钢筋多于 4 根时，应设置复合箍筋。

此外，对于纵筋的配筋率超过 3% 时所用的箍筋，直径不应小于 8mm，且应焊接成封闭式，间距不应大于 200mm，同时不应大于 10d（此处 d 为纵筋最小直径）。箍筋末端应做成 135° 弯钩且弯钩末端平直段长度不应小于箍筋直径的 10 倍。箍筋也可焊成封闭环式。

5.5.2 轴心受压构件的承载力计算

1）轴心受压构件的破坏特征

轴心受压短柱，破坏前常在构件的中部出现细微裂缝并进而发展为明显的纵向裂缝。混凝土和钢筋之间，由于内力重分布的结果，使得混凝土在达到极限压应变之前，具有明显屈服点的钢筋便达到屈服强度，无明显屈服点的钢筋也能达到其抗压强度设计值。

轴心受压长柱，其破坏形式可能有如下两种：

一种为强度破坏。因长细比较大，由初始偏心或偶然偏心产生的附加弯矩将伴随构件的挠曲变形而加大，使构件接近于偏心受压的工作状态，最后发生强度破坏。

另一种为失稳破坏。因长细比过大，由初始偏心或偶然偏心而使构件丧失稳定而破坏。

以上两种破坏的结局，均导致长柱的极限承载能力 N_u^l 低于短柱的极限承载能力 N_u^s，我国《混凝土结构设计规范》对轴心受压构件，采用"钢筋混凝土轴心受压构件的稳定系数 φ" 来定量地反映这种承载能力的降低程度，即：

$$\varphi = \frac{N_u^l}{N_u^s}$$

稳定系数 φ，主要与构件的长细比有关，而与混凝土的强度等级、配筋率等关系不大。其具体取值见表 5-15。

2）轴心受压构件的承载力计算公式

钢筋混凝土轴心受压构件，当配置的箍筋满足构造要求时，在考虑长柱因纵向弯曲承载力降低的同时，为保持与偏心受压构件正截面承载力计算具有相近的可靠度，《混凝土结构设计规范》给出轴心受压构件承载力计算公式如下：

$$N \leqslant N_u = 0.9\varphi(f_c A + f_y' A_s') \tag{5-123}$$

式中，N——轴向压力设计值；

$\quad N_u$——轴向受压极限承载力；

$\quad 0.9$——可靠度调整系数；

$\quad \varphi$——钢筋混凝土轴心受压构件的稳定系数，按表 5-15 取用；

$\quad f_c$——混凝土轴心抗压强度设计值；

$\quad A$——构件截面面积；当 $\rho > 3\%$ 时，式中 A 改用 $A - A_s'$；

$\quad f_y'$——纵向受压钢筋的抗压强度设计值；

$\quad A_s'$——全部纵向钢筋的截面面积。

189

钢筋混凝土轴心受压构件的稳定系数 φ   表 5-15

l_0/b	≤8	10	12	14	16	18	20	22	24	26	28
l_0/d	≤7	8.5	10.5	12	14	15.5	17	19	21	22.5	24
l_0/i	≤28	35	42	43	55	62	69	76	83	90	97
φ	1.0	0.98	0.95	0.92	0.87	0.81	0.75	0.70	0.65	0.60	0.56
l_0/b	30	32	34	36	38	40	42	44	46	48	50
l_0/d	26	28	29.5	31	33	34.5	36.5	38	40	41.5	43
l_0/i	104	111	118	125	132	139	146	153	160	167	174
φ	0.52	0.48	0.44	0.40	0.36	0.32	0.29	0.26	0.23	0.21	0.19

3) 钢筋混凝土轴心受压构件的设计方法

轴心受压构件的设计问题，可分为截面设计和截面复核两大类。

(1) 截面设计

在已知轴向压力设计值 N，并初步选定混凝土和纵筋的材料强度等级与构件截面形状、尺寸之后：

第一步，确定构件的计算长度 l_0。若构件截面两个主轴方向的支承条件不同，应取计算长度的较大值；

第二步，由长细比 $\frac{l_0}{b}$（在此 b 为截面短边尺寸），查 φ；

第三步，按公式（5-123）求 A_s'；

第四步，选配纵筋直径、根数，并应符合构造要求（包括验算纵筋的配筋率）。

(2) 截面复核

在已知构件的轴力设计值 N，材料强度，截面形状尺寸，同时已知实配纵筋截面面积的基础上：

第一步，同截面设计；

第二步，同截面设计；

第三步，按公式（5-123）求构件截面所能承担的极限承载力 N_u；

第四步，截面复核要求：$N \leqslant N_u$。

【例 5-11】 一根钢筋混凝土柱，截面为正方形，$A = bh = 400 \times 400$mm。该柱承受轴心压力设计值 $N = 2000$kN，若 x、y 两个方向的计算长度 l_0 均为 5m，材料选用 C25 混凝土（$f_c = 11.9$N/mm^2）和 HRB335 级钢筋（$f_y' = 300$N/mm^2），试对该柱进行截面设计。

解：

第一步，构件计算长度 $l_0 = 5000$mm；

第二步，初步选定截面尺寸：$b \times h = 400 \times 400$mm，其长细比：$\frac{l_0}{b} = \frac{5000}{400} = 12.5$；

由表 5-15 查得 $\varphi = 0.9425$；

第三步，由公式（5-123）求得：

$$A_s' = \frac{\dfrac{N}{0.9\varphi} - f_c A}{f_y'} = \frac{\dfrac{2000000}{0.9 \times 0.9425} - 11.9 \times 400 \times 400}{300} = 1513\text{mm}^2;$$

第四步，选用 4Φ22（$A_s' = 1520\text{mm}^2$），

$$\rho' = \frac{A_s'}{A} = \frac{1520}{400 \times 400} = 0.95\% > \rho_{min} = 0.6\%, \text{且} < 5\%, \text{满足要求。}$$

5.5.3　偏心受压构件的受压承载力计算

偏心受压构件又分单向偏心受压构件和双向偏心受压构件。实际工程中的偏心受压构件，大部分是按单向偏心受压来进行截面设计的。而且在承载力计算中，不论是构件截面上仅作用有偏心距为 e_0 的偏心压力 N，还是同时作用有轴向压力 N 和弯矩 M，均按仅作用有偏心距为 e_0 的偏心压力 N 来计算，只是后者取 $e_0 = M/N$。

1）偏心受压构件的破坏类型及破坏特征

偏心受压构件，通常将纵筋分别集中布置在截面内与弯矩作用平面相垂直的两侧。邻近纵向压力一侧所配纵筋的总量用 A_s' 表示，一般称为受压钢筋；远离纵向压力一侧所配纵筋的总量用 A_s 表示，一般称为受拉钢筋（当偏心距 e_0 很小时，A_s 也可能受压）。偏心受压构件，按其截面破坏特征可划分为以下两类：

第一类构件——拉压破坏，习惯上称为大偏心受压构件；

第二类构件——受压破坏，习惯上称为小偏心受压构件。

（1）拉压破坏（大偏心受压）构件的破坏特征

当偏心压力的相对偏心距 $\dfrac{e_0}{h}$ 较大（h 为平行于弯矩作用平面的截面边长），且受拉钢筋配置得并不过多时，构件一般发生拉压破坏。

其破坏特征是：在破坏前，常在受拉一侧出现横向裂缝并随荷载的增大向受压一侧扩展、延伸。破坏开始时，受拉钢筋首先屈服，随着钢筋的塑性伸长，裂缝继续延伸，受压区截面逐渐减小。直至最终破坏时，受压区混凝土的压应力图形与适筋梁基本相同，截面的平均应变分布也基本符合平均平截面假定，受压区边缘混凝土达到极限压应变。此时的受压钢筋，同双筋受弯构件，只要受压区计算高度 $x \geqslant 2a_s'$，也能达到抗压强度设计值。这种破坏称为拉压破坏。拉压破坏具有明显的预兆，属于"延性破坏"。

（2）受压破坏（小偏心受压）构件的破坏特征

当偏心压力的相对偏心距 $\dfrac{e_0}{h}$ 较小，或者虽然 $\dfrac{e_0}{h}$ 较大，但受拉钢筋配置得过多时，构件常发生受压破坏。

其破坏特征是：构件截面可能全部受压，也可能大部分受压。当全部受压时，构件破坏以前自然不会出现横向裂缝；当部分受压时，受拉一侧可能出现细微的横向裂缝，但发展缓慢，而在接近破坏时，在构件中部靠近偏心压力一侧，则会出现明显的纵向裂缝，且急剧扩展，很快这一侧混凝土便被压碎。由于混凝土的塑性发展不充分，其破坏时受压区边缘混凝土的极限压应变随偏心距 e_0 的

191

不同而改变。可近似认为，随 e_0 的减小，从 ε_{cu} 减小到 ε_0，即从小偏心受压过渡为轴心受压。与此同时，受压较大一侧的纵筋 A_s' 也达到抗压强度设计值；而另一侧的纵筋 A_s，可能受拉，也可能受压，但一般都不会屈服。只有当偏心距相当小时，A_s 才有可能也达到抗压强度设计值。这种破坏，称为受压破坏。受压破坏一般没有明显预兆，属于"脆性破坏"。

2）大、小偏心受压的界限

如上所述，大偏心受压破坏的主要特征是受拉纵筋首先屈服，然后受压区混凝土达到极限压应变；而小偏心受压破坏的主要特征是受压较大一侧混凝土先被压碎。其本质区别是受拉钢筋能否达屈服强度。由此，界限破坏的特征即为：当受拉钢筋达到屈服强度的同时，受压区混凝土也达到极限压应变。这和适筋梁与超筋梁的界限破坏特征完全相同。所以，仍然可以采用 ξ_b（相对界限受压区高度）作为判断截面属于大偏心受压还是小偏心受压的界限指标。即：

当 $\xi \leqslant \xi_b$ 时，截面属于大偏心受压；

当 $\xi > \xi_b$ 时，截面属于小偏心受压。

在此，ξ 亦为相对受压区高度，即 $\xi = \dfrac{x}{h_0}$，ξ_b 亦为相对界限受压区高度。ξ_b 是一个在一定范围内变化的数值，它随偏心距、配筋率、截面形状与钢筋和混凝土的材料性能的不同而改变。但在一般情况下，其主要影响因素还是钢筋的强度等级。ξ_b 的具体取值与受弯构件完全相同（见表 5-5）。

3）轴向压力的偏心距

（1）轴向压力对截面重心的偏心距 e_0

在偏心受压构件承载力计算中，不论是构件截面上仅作用有偏心距为 e_0 的轴向压力 N，还是同时作用有轴心压力 N 和弯矩 M，均按仅作用有偏心距为 e_0 的轴向压力 N 来计算；M 按考虑二阶效应后的控制截面弯矩设计值计算。在此，

$$e_0 = \frac{M}{N} \tag{5-124}$$

（2）附加偏心距 e_a

在实际工程中，由于材质的不均匀性、荷载作用位置的不定性以及施工的偏差等因素，必定产生客观存在的附加偏心。《混凝土结构设计规范》规定：在偏心受压构件的正截面承载力计算中，应计入轴向压力在偏心方向存在的附加偏心距 e_a，其值应取 20mm 和偏心方向截面最大尺寸的 1/30 两者中的较大值。

（3）初始偏心距 e_i

偏心受压构件承载力计算中，在原有轴向压力对截面重心的偏心距 e_0 的基础上，再考虑了附加偏心距 e_a 后的偏心距 e_i，叫做初始偏心距。即：

$$e_i = e_0 + e_a \tag{5-125}$$

4）考虑二阶效应后的弯矩设计值

（1）杆件自身挠曲引起的二阶效应（$P\text{-}\delta$ 效应）

考虑到偏心受压长柱，轴向压力 N 对构件有初始偏心距 e_i 以外，还可能由于杆件的自身挠曲而引起的侧向挠度 a_f，见图 5-35。故实际作用到挠曲杆件中

的弯矩，相当于在 $M_0 = Ne_i$，的基础上，又增加了一个附加弯矩，$\Delta M = Na_f$，又称二阶效应（P-δ 效应），即：

$$M = M_0 + \Delta M = Ne_i + Na_f \tag{5-126}$$

式中，a_f 为杆件中点处的水平侧移，又称控制截面的侧向挠度。

偏心受压构件，考虑轴向压力在挠曲杆件中产生的二阶效应后，控制截面的弯矩设计值，应按下列公式计算：

$$M = C_m \eta_{ns} M_2 \tag{5-127}$$

式中，　$C_m = 0.7 + 0.3 \dfrac{M_1}{M_2} \tag{5-128}$

$$\eta_{ns} = 1 + \frac{1}{1300 \left(\dfrac{M_2/N + e_a}{h_0} \right)} \left(\frac{l_c}{h} \right)^2 \zeta_c \tag{5-129}$$

$$\zeta_c = \frac{0.5 f_c A}{N} \tag{5-130}$$

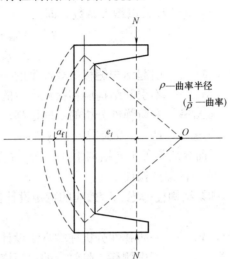

ρ—曲率半径
（$\frac{1}{\rho}$—曲率）

图 5-35　侧向挠度示意

式中，C_m——构件端截面偏心距调节系数，当小于 0.7 时，取 0.7；

　　　η_{ns}——弯矩增大系数；

　　　N——与弯矩值 M_2 相应的轴向压力设计值；

　　　e_a——附加偏心距；

　　　ζ_c——截面曲率修正系数，当计算值大于 1.0 时，取 1.0；

　　　h——截面高度。对环形截面，取外直径；对圆形截面，取直径；

　　　h_0——截面有效高度。对环形截面，取 $h_0 = r_1 + r_2$；对圆形截面，取 $h_0 = r_1 + r_s$；此处，r_1、r_2、r_s 分别为，环形截面的内、外半径，和纵向普通钢筋重心所在圆周的半径；

　　　A——构件的截面面积，

考虑到本规范所用钢材强度总体有所提高，故将原规范 η 公式中，反映极限曲率的"1/1400"，改为"1/1300"；根据对二阶效应规律的分析，取消了原规范 η 公式中，在长细比偏大情况下减小构件挠曲变形系数（即构件长细比对截面曲率的影响系数）ζ_2，考虑到小偏心受压构件，受拉钢筋可能达不到屈服强度，应变也小于 ε_y，受压区边缘混凝土应变一般也小于 ε_{cu}，故极限曲率减小。而在上述确定控制截面的极限曲率时，对大、小偏心两种破坏类型均取界限破坏的极限曲率。为反映受力情况不同，给界限破坏时的极限曲率乘以截面曲率修正系数 ζ_c。

（2）结构侧移引起的二阶效应（P—Δ 效应）

由于结构可能作用有水平作用，或由结构不对称，或荷载不对称，或因支撑条件变异等原因，使结构或构件发生侧移，所以，结构或构件不仅有由轴向压

193

力产生挠曲变形而引起的附加弯矩（$P—\delta$ 效应），而且还可能存在由竖向压力在产生侧移时引起附加弯矩（$P—\Delta$ 效应），二者均称为二阶效应。后者可采用增大系数法近似计算。

$P—\Delta$ 效应增大系数法，系指对考虑 $P—\Delta$ 效应的一阶弹性分析所得的杆端弯矩及层间位移乘以增大系数，即：

$$M=M_{ns}+\eta_s M_s \tag{5-131}$$

$$\Delta=\eta_s \Delta_1 \tag{5-132}$$

式中，M_s——引起结构侧移荷载产生的一阶弹性分析构件端弯矩设计值；

M_{ns}——不引起结构侧移荷载产生的一阶弹性分析构件端弯矩设计值；

Δ_1——一阶弹性分析的层间位移；

η_s——$P—\Delta$ 效应增大系数。

下面介绍几种不同结构中，$P—\Delta$ 效应增大系数的计算方法。

（A）排架结构柱

排架结构柱考虑二阶效应的弯矩设计值可按下列公式计算：

$$M=\eta_s M_0 \tag{5-133}$$

式中，M_0——一阶弹性分析柱端弯矩设计值；

η_s——考虑侧移二阶效应的弯矩增大系数。

$$\eta_s=1+\frac{1}{1500\left(\dfrac{M_0/N+e_a}{h_0}\right)}\left(\frac{l_0}{h}\right)^2\zeta_c \tag{5-134}$$

l_0——排架柱的计算长度，按表 5-16 的规定取用。

刚性屋盖单层房屋排架柱、露天吊车柱和栈桥柱的计算长度　　表 5-16

柱 的 类 别		l_0		
		排架方向	垂直排架方向	
			有柱间支撑	无柱间支撑
无吊车房屋柱	单跨	$1.5H$	$1.0H$	$1.2H$
	两跨及多跨	$1.25H$	$1.0H$	$1.2H$
有吊车房屋柱	上柱	$2.0H_u$	$1.25H_u$	$1.5H_u$
	下柱	$1.0H_l$	$0.8H_l$	$1.0H_l$
露天吊车柱和栈桥柱		$2.0H_l$	$1.0H_l$	—

注：1. 表中 H 为从基础顶面算起的柱子全高；H_l 为从基础顶面至装配式吊车梁底面或现浇式吊车梁顶面的柱子下部高度；H_u 为从装配式吊车梁底面或从现浇式吊车梁顶面算起的柱子上部高度；

　　2. 表中有吊车房屋排架柱的计算长度，当计算中不考虑吊车荷载时，可按无吊车房屋柱的计算长度采用，但上柱的计算长度仍可按有吊车房屋采用；

　　3. 表中有吊车房屋排架柱的上柱在排架方向的计算长度，仅适用于 H_u/H_l 不小于 0.3 的情况；当 H_u/H_l 小于 0.3 时，计算长度宜采用 $2.5H_u$。

（B）框架结构柱

框架结构中，所计算楼层各柱的 η_s，可按下列公式计算：

$$\eta_s=\frac{1}{1-\dfrac{\sum N_j}{Dh}} \tag{5-135}$$

式中，N_j——计算楼层第 j 列柱轴力设计值；

$\qquad$ D——所计算楼层的侧向刚度；

$\qquad$ h——计算楼层的层高。

（C）剪力墙结构，框架—剪力墙结构和筒体结构

剪力墙结构，框架—剪力墙结构和筒体结构中的 η_s，可按下列公式计算：

$$\eta_s = \frac{1}{1 - 0.14 \dfrac{H^2 \sum G}{E_c J_d}} \qquad (5\text{-}136)$$

式中，$\sum G$——各楼层重力荷载设计值之和；

$\qquad$ $E_c J_d$——结构的等效侧向刚度；

$\qquad$ H——结构总高度。

对于排架结构柱，P—Δ 效应增大系数 η_s，系采用与弯矩增大系数 η_{ns} 同样的推导方法。考虑到截面极限曲率与钢筋强度等级有关，在 η_s 的计算公式中，统一按 500MPa 级钢筋采用，混凝土极限压应变统一取 $\varepsilon_{cu} = 0.0033$，而且不乘以长期荷载影响系数 1.25。

对于有侧移框架结构柱，为简化计算，采用增大系数，因此进行框架结构 P—Δ 效应计算时，不再需要计算框架柱的计算长度 l_0。

5）矩形截面偏心受压构件的正截面受压承载力计算公式及适用条件

（1）大偏心受压构件的受压承载力计算图形，计算公式及适用条件

根据拉压破坏的破坏特征，并参照受弯构件取受压区混凝土压应力图形为简化后的等效矩形应力图形，其平均压应力为 $\alpha_1 f_c$，受压区高度 $x = \beta_1 x_c$。其中，α_1 为等效矩形应力图形的应力值与 f_c 的比值；β_1 为等效矩形应力图形受压区高度 x 与曲线应力图形高度（中和轴高度）x_c 的比值。当混凝土强度等级 $\leqslant$C50 时，α_1 取 1.0，β_1 取 0.8；当混凝土强度等级为 C80 时，α_1 取 0.94，β_1 取 0.74。

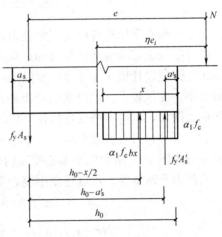

图 5-36 大偏心受压计算图形

其间按线性内插法取用。于是便得出图 5-36 所示的大偏心受压构件的受压承载力计算图形。

由静力平衡条件，可以建立大偏心受压构件受压承载力计算的基本公式：

$$N \leqslant \alpha_1 f_c b x + f_y' A_s' - f_y A_s \qquad (5\text{-}137)$$

$$Ne \leqslant \alpha_1 f_c b x \left(h_0 - \frac{x}{2} \right) + f_y' A_s' (h_0 - a_s') \qquad (5\text{-}138)$$

式中，N——轴向压力设计值；

$\qquad$ e——偏心压力至 A_s 合力点的距离，由计算图形可知：

$$e = e_i + \frac{h}{2} - a_s \qquad (5\text{-}139)$$

e_i——初始偏心距，按式（5-125）计算；

a_s'——受压筋合力点至受压区边缘的距离；

a_s——受拉筋合力点至受拉区边缘的距离。

基本公式（5-137）和（5-138）的适用条件是：

（A）$\xi = \dfrac{x}{h_0} \leqslant \xi_b$

或

$$x \leqslant \xi_b h_0$$

式中，ξ_b——相对界限受压区高度，按式（5-18）、（5-19）计算，或由表 5-5 查得。

（B）$x \geqslant 2a_s'$

当 $x < 2a_s'$ 时，可以近似取 $x = 2a_s'$，得出相应的近似承载力计算公式：

$$Ne' = f_y A_s (h_0 - a_s') \qquad (5\text{-}140)$$

式中，e'——偏心压力至 A_s' 合力点的距离，由计算图形可知：

$$e' = e_i - \frac{h}{2} + a_s' \qquad (5\text{-}141)$$

（C）全部纵筋配筋率：

$$\rho = \frac{A_s + A_s'}{bh} \geqslant \rho_{min} = 0.6\% \qquad (5\text{-}142)$$

（2）小偏心受压构件的受压承载力计算图形、计算公式及适用条件

根据受压破坏的破坏特征可知，截面破坏时，受压较大一侧的纵筋 A_s' 能够达到抗压强度设计值 f_y'；而另一侧纵筋 A_s 可能受拉，也可能受压，但其应力 σ_s 一般较小。受压较大一侧边缘混凝土亦能达到极限压应变 ε_{cu}。所以受压区混凝土压应力图形，也可参照受弯构件，仍取等效矩形应力图形，其平均抗压强度仍取 $\alpha_1 f_c$，受压区计算高度仍取 $x = \beta_1 x_c$（x_c 为截面受压区边缘至中和轴的高度）。由此可得出图 5-37 所示的小偏心受压构件的受压承载力计算图形。

由静力平衡条件，可以建立小偏心受压构件受压承载力计算的基本公式：

$$N \leqslant \alpha_1 f_c bx + f_y' A_s' - \sigma_s A_s \qquad (5\text{-}143)$$

$$Ne \leqslant \alpha_1 f_c bx \left(h_0 - \frac{x}{2}\right) + f_y' A_s'(h_0 - a_s') \qquad (5\text{-}144)$$

式中，

$$e = e_i + \frac{h}{2} - a_s \qquad (5\text{-}145)$$

此时另一侧纵筋 A_s 的应力可由平截面假定求得（图 5-38），即由：

$$\frac{\varepsilon_s}{\varepsilon_{cu}} = \frac{h_0 - x_c}{x_c} = \frac{h_0 - \dfrac{\xi h_0}{\beta_1}}{\dfrac{\xi h_0}{\beta_1}} = \frac{1 - \dfrac{\xi}{\beta_1}}{\dfrac{\xi}{\beta_1}} = \frac{\beta_1}{\xi} - 1$$

得，

$$\varepsilon_s = \varepsilon_{cu}\left(\frac{\beta_1}{\xi} - 1\right)$$

故，

$$\sigma_s = E_s \varepsilon_{cu}\left(\frac{\beta_1}{\xi} - 1\right) \qquad (5\text{-}146)$$

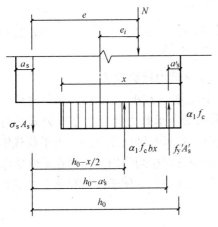

图 5-37 小偏心受压计算图形

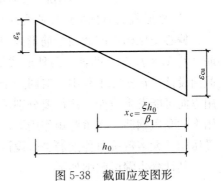

图 5-38 截面应变图形

由上式和界限破坏定义可知：

当 $\xi = \xi_b$ 时，$\sigma_s = f_y$

当 $\xi = \beta_1$ 时，$\sigma_s = 0$

由此，为便于计算，《混凝土结构设计规范》又给出 σ_s 随 ξ 按线性关系变化的近似计算公式：

$$\sigma_s = \frac{\xi - \beta_1}{\xi_b - \beta_1} \cdot f_y \tag{5-147}$$

按公式（5-143）和（5-144）计算的纵向钢筋应力应符合下列条件：

$$-f_y' \leqslant \sigma_s \leqslant f_y \tag{5-148}$$

即当计算出的 σ_s 为正号时为拉应力，且其值大于 f_y 时，取 $\sigma_s = f_y$；当 σ_s 为负号时为压应力，且其绝对值大于 f_y' 时，取 $\sigma_s = -f_y'$。

基本公式（5-143）和（5-144）的适用条件是：

$$\xi > \xi_b \tag{5-149a}$$

或

$$x > \xi_b h_0 \tag{5-149b}$$

此外，对于小偏心受压构件，当 $e_0 \leqslant 0.15 h_0$，且 $N \geqslant \alpha_1 f_c b h_0$ 时，为防止 A_s 过早受压屈服，其受压承载力尚应符合下列条件：

$$Ne' \leqslant \alpha_1 f_c b h \left(h_0' - \frac{h}{2} \right) + f_y' A_s (h_0' - a_s) \tag{5-150}$$

式中，e'——偏心压力至 A_s' 合力点的距离，即：

$$e' = \frac{h}{2} - (e_0 - e_a) - a_s' \tag{5-151}$$

h_0'——受压较大一侧纵筋 A_s' 的合力点至受压较小一侧截面边缘的距离。

对于矩形截面对称配筋（$A_s' = A_s$）的钢筋混凝土小偏心受压构件，《混凝土结构设计规范》还给出了由受压承载力计算基本公式推导出的纵筋截面面积的近似计算公式：

$$A_s' = A_s = \frac{Ne - \xi(1 - 0.5\xi)\alpha_1 f_c b h_0^2}{f_y'(h_0 - a_s')} \tag{5-152}$$

197

此处，相对受压区高度 ξ 可按下列公式计算：

$$\xi = \frac{N - \xi_b \alpha_1 f_c b h_0}{\dfrac{Ne - 0.43 \alpha_1 f_c b h_0^2}{(\beta_1 - \xi_b)(h_0 - a_s')} + \alpha_1 f_c b h_0} + \xi_b \tag{5-153}$$

6）矩形截面对称配筋偏心受压构件的受压承载力计算方法

偏心受压构件的截面配筋形式可分为对称配筋（$f_y' A_s' = f_y A_s$）和非对称配筋（$f_y' A_s' \neq f_y A_s$）两种。两种形式都可以采用受压承载力计算的基本公式进行截面设计。在实际工程中，对同一个控制截面，除承受轴向压力外，由于荷载作用方向可能发生改变，往往要分别承受正弯矩和负弯矩的作用，亦即在正弯矩作用下的受压钢筋，在负弯矩作用下，将变成受拉钢筋。为便于设计和施工，偏心受压构件大多数按对称配筋进行设计。

其计算步骤可归纳如下：

第一步，确定弯矩设计值

（1）求偏心方向的截面回转半径，$\qquad i = \sqrt{\dfrac{I}{A}}$

对矩形截面，$\qquad\qquad\qquad i = \dfrac{h}{\sqrt{12}}$

（2）求杆端弯矩比，$\dfrac{M_1}{M_2}$

（3）求构件的轴压比，$\dfrac{N}{A f_c}$

（4）求构件的长细比，$\dfrac{l_c}{i}$

（5）判断是否需要考虑杆件自身挠曲引起的二阶效应（简称挠曲效应），若 $\dfrac{l_c}{i} \leqslant 34 - 12\left(\dfrac{M_1}{M_2}\right)$，则可不考虑附加弯矩影响；否则应考虑附加弯矩影响。

（6）求附加偏心距 e_a。e_a 取 20mm 与偏心方向截面最大尺寸的 1/30，两者中的较大值。

（7）求截面曲率修正系数 ζ_c，按下式计算：

$$\zeta_c = \frac{0.5 f_c A}{N} \ (\zeta_c > 1\text{时，取 } \zeta_c = 1.0)$$

（8）求弯矩增大系数 η_{ns}，

$$\eta_{ns} = 1 + \frac{1}{1300\left(\dfrac{M_2/N + e_a}{h_0}\right)}\left(\frac{l_c}{h}\right)^2 \zeta_c$$

（9）求偏心距调节系数，

$$C_m = 0.7 + 0.3\frac{M_1}{M_2}$$

当 $C_m < 0.7$ 时，取 $C_m = 0.7$；当 $C_m \eta_{ns} < 1.0$ 时，取 $C_m \eta_{ns} = 1.0$；对于剪力墙及核心筒墙，可取 $C_m \eta_{ns} = 1.0$。

（10）计算考虑轴向压力在挠曲杆件中产生二阶效应后的控制截面弯矩设

计值，

$$M = C_m \eta_{ns} M_2$$

第二步，暂时先按大偏心受压构件，判别大、小偏心

（1）求相对界限受压区高度 ξ_b，可根据混凝土强度等级和钢筋种类，由表 5-5 直接查得。

（2）求 x，由式（5-137），且 $f_y A_s = f_y' A_s'$，则：

$$x = \frac{N}{\alpha_1 f_c b}$$

（3）求 ξ，由式（5-16）得，

$$\xi = \frac{x}{h_0}$$

（4）判别大、小偏心

若 $\xi \leqslant \xi_b$，且 $x \geqslant 2a_s'$，则截面属于大偏心受压的一般情况；

若 $\xi \leqslant \xi_b$，且 $x < 2a_s'$，则截面属于大偏心受压的特殊情况；

若 $\xi > \xi_b$，则截面属于小偏心受压。

第三步，求轴向压力的偏心距

（1）轴心压力对截面重心的偏心距 e_0。

$$e_0 = \frac{M}{N}$$

式中，M——考虑二阶效应后的控制截面弯矩设计值；

N——轴向压力设计值。

（2）附加偏心距 e_a，按第一步之（6）取用。

（3）初始偏心距 e_i，由式（5-125）可知，

$$e_i = e_0 + e_a$$

第四步，求 A_s'

第四步之一，若 $\xi \leqslant \xi_b$，且 $x \geqslant 2a_s'$，则按大偏心受压一般情况的承载力计算公式求 A_s'，并取 $A_s = A_s'$，为此，

（1）求 e——偏心压力至 A_s 合力点的距离。

$$e = e_i + \frac{h}{2} - a_s$$

（2）求 A_s' 和 A_s，由式（5-138）

$$A_s = A_s' = \frac{Ne - \alpha_1 f_c b x (h_0 - x/2)^2}{f_y' (h_0 - a_s')}$$

（3）选配纵筋，按构造要求，一般应考虑：

（A）全部纵筋配筋率

$$\rho = \frac{A_s + A_s'}{b h_0} \geqslant \rho_{min} = 0.6\%$$

（B）ρ 一般不宜大于 5%；

（C）经济配筋率 0.8~1.2%；

（D）常用配筋率 1.0~2.0%；

199

（E）纵筋根数与直径，一般不小于 4Φ12。

第四步之二，若 $\xi > \xi_b$，则按小偏心受压构件承载力计算公式求 A_s'，并取 $A_s = A_s'$，为此，

（1）求 e，由式（5-145）

$$e = e_i + \frac{h}{2} - a_s$$

（2）重新按近似公式（5-153）求 ξ（因为在第一步中求出的 ξ 值，是假定按大偏心受压求得的，与实际不符，故应按小偏心受压重新求），即：

$$\xi = \frac{N - \xi_b \alpha_1 f_c b h_0^2}{\dfrac{Ne - 0.43 \alpha_1 f_c b h_0^2}{(\beta_1 - \xi_b)(h_0 - a_s')} + \alpha_1 f_c b h_0} + \xi_b$$

（3）求 A_s' 和 A_s，由式（5-152）

$$A_s = A_s' = \frac{Ne - \xi(1 - 0.5\xi)\alpha_1 f_c b h_0^2}{f_y'(h_0 - a_s')}$$

（4）选配纵筋，其选配方法与构造要求，同大偏心受压构件。

第四步之三，若 $\xi \leqslant \xi_b$，且 $x < 2a_s'$，属于大偏心受压特殊情况，可按式（5-140）求 A_s，并取 $A_s = A_s'$，对此，

（A）求 e'——偏心压力至 A_s' 合力点的距离，由式（5-140）

$$e' = e_i - \frac{h}{2} + a_s'$$

（B）求 A_s 和 A_s'，由式（5-140）

$$A_s = A_s' = \frac{Ne'}{f_y'(h_0 - a_s')}$$

（C）选配纵筋。其选配方法与构造要求，同大偏心受压构件。

第五步，弯矩作用平面外的受压承载力校核

（1）求弯矩作用平面外的长细比和受压杆件稳定系数

由垂直于弯矩作用平面的长细比 $\dfrac{l_0}{b}$，按表 5-15 查得稳定系数 φ。

（2）按轴心受压构件（$M=0$）计算，其极限承载力 N_u。

$$N_u = 0.9\varphi(f_c A + 2f_y' A_s')$$

（3）校核

$N < N_u$，则承载力满足要求。

【例 5-12】　已知一钢筋混凝土矩形截面偏心受压住，其截面尺寸 $bh = 300 \times 400\text{mm}$，弯矩作用平面内上下两端支撑长度为 4m，弯矩作用平面外柱的计算高度为 5m。混凝土保护层厚度为 20mm。该柱截面承受轴向压力设计值 $N = 400\text{kN}$，柱顶截面弯矩设计值 $M_1 = 120\text{kN} \cdot \text{m}$，柱底截面弯矩设计值 $M_2 = 150\text{kN} \cdot \text{m}$。柱挠曲变形为单曲率，柱端截面弯矩已考虑侧移二阶效应。材料选用：混凝土等级为 C30，$f_c = 14.3\text{N/mm}^2$；纵筋为 HRB400 级，$f_y = f_y' = 360\text{N/mm}^2$。试按对称配筋计算所需纵向受力钢筋 A_s 和 A_s'，并考虑构造要求选配纵筋。

解：

混凝土保护层厚度 $c=20\text{mm}$，纵筋按一排计。$h_0=400-c-20=400-20-20=360\text{mm}$

第一步，确定弯矩设计值

（1）求截面回转半径

$$i=\frac{h}{\sqrt{12}}=\frac{400}{\sqrt{12}}=115.5\text{mm}$$

（2）求杆端弯矩比

$$\frac{M_1}{M_2}=\frac{120}{150}=0.8<0.9$$

（3）求轴压比

$$\frac{N}{Af_c}=\frac{400\times10^3}{300\times400\times14.3}=0.233<0.9$$

（4）求长细比

$$\frac{l_c}{i}=\frac{4000}{115.5}=34.6$$

（5）判断是否需要考虑挠曲效应

$$\frac{l_c}{i}=34.6>34-12\left(\frac{M_1}{M_2}\right)=24.4$$

故应考虑杆件自身挠曲产生的附加弯矩影响。

（6）求附加偏心距 e_a

$\frac{h}{30}=\frac{400}{30}=13.3\text{mm}<20\text{mm}$，故取 $e_a=20\text{mm}$

（7）求截面曲率修正系数 ζ_c

$\zeta_c=\frac{0.5f_cA}{N}=\frac{0.5\times14.3\times300\times400}{400000}=2.145>1$，取 $\zeta_c=1$

（8）求弯矩增大系数 η_{ns}。

$$\eta_{ns}=1+\frac{1}{1300\left(\frac{M_2/N+e_a}{h_0}\right)}\frac{l_c}{h}^2\zeta_c$$

$$=1+\frac{1}{1300\times\left[\frac{\frac{150\times10^6}{400\times10^3}+20}{360}\right]}\times\left(\frac{4000}{400}\right)^2\times1.0$$

$$=1.07$$

（9）求偏心距调节系数

$$C_m=0.7+0.3\frac{M_1}{M_2}=0.7+0.3\times\frac{120}{150}=0.94$$

（10）求弯矩设计值

$$M=C_m\eta_{ns}M_2=0.94\times1.07\times150\times10^6=150.87\text{kN}\cdot\text{m}$$

第二步，暂时先按大偏心受压构件，判别大、小偏心

（1）求相对界限受压区高度 ξ_b，由表 5-5 直接查得 $\xi_b=0.518$。

（2）求 x

$$x=\frac{N}{\alpha_1 f_c b}=\frac{400\times10^3}{1.0\times14.3\times300}=93.2\text{mm}$$

（3）求 ξ，由式（5-16）得，

$$\xi=\frac{x}{h_0}=\frac{93.2}{360}=0.259$$

（4）判别大、小偏心

因 $\xi=0.259<\xi_b=0.518$，且 $x=93.2\text{mm}>2a_s'=2\times40=80\text{mm}$，故截面属于大偏心受压的一般情况。

第三步，求轴向压力的偏心距

（1）求轴向压力对截面重心的偏心距 e_0。

$$e_0=\frac{M}{N}=\frac{150.87\times10^6}{400\times10^3}=377\text{mm}$$

（2）求附加偏心距 e_a，已求出 $e_a=20\text{mm}$。

（3）求初始偏心距 e_i

$$e_i=e_0+e_a=377+20=397\text{mm}$$

第四步，按大偏心受压一般情况的承载力计算公式求 A_s' 和 A_s

（1）求偏心压力至 A_s 合力点的距离 e。

$$e=e_i+\frac{h}{2}-a_s=397+\frac{400}{2}-40=557\text{mm}$$

（2）求 A_s' 和 A_s

$$A_s'=\frac{Ne-\alpha_1 f_c bx(h_0-x/2)^2}{f_y'(h_0-a_s')}$$

$$=\frac{400\times10^3\times557-1.0\times14.3\times93.2\times(360-93.2/2)^2}{360\times(360-40)}$$

$$=1930\text{mm}^2$$

取 $A_s=A_s'=1930\text{mm}^2$

（3）选配纵筋

A_s 和 A_s' 各选用 4Φ25（即：$A_s'=A_s=1964\text{mm}^2$），则配筋率为：

$$\rho=\frac{A_s+A_s'}{bh_0}=\frac{2\times1964}{300\times360}=3.6\%>0.6\%，且<5\%$$

第五步，弯矩作用平面外的受压承载力校核

（1）求弯矩作用平面外的长细比，查受压杆件稳定系数 ϕ。

$\frac{l_0}{b}=\frac{5000}{300}=16.7$，查得 $\varphi=0.82$

（2）求构件极限承载力 N_u

$N_u=0.9\varphi(f_c A+2f_y'A_s')=0.9\times0.82\times(14.3\times300\times400+2\times360\times1964)$
　　$=2310\text{kN}$

（3）校核

$N_u=2310\text{kN}>N=400\text{kN}$，承载力满足要求。

【例 5-13】 已知一钢筋混凝土矩形截面偏心受压柱，其截面尺寸 $bh=400\times$

600mm，$a_s = a_s' = 40$mm。弯矩作用平面内，柱上下两端支撑长度 $l_c = 4.8$m。弯矩作用平面外柱计算长度 $l_0 = 6$m。其控制截面承受轴向压力设计值 $N = 3000$kN，柱顶截面弯矩设计值 $M_1 = 320$kN·m，柱底截面弯矩设计值 $M_2 = 336$kN·m。柱挠曲变形为单曲率，柱端弯矩已考虑侧移二阶效应。混凝土强度等级为 C30，$f_c = 14.3$N/mm²。纵筋采用 HRB400 级，$f_y = f_y' = 360$N/mm²。试按对称配筋计算并选用两侧纵筋。

解：

混凝土保护层厚度 $c = 20$mm，纵筋按一排计。

$$h_0 = 600 - c - 20 = 600 - 20 - 20 = 560\text{mm}$$

第一步，确定弯矩设计值

（1）求截面回转半径

$$i = \frac{h}{\sqrt{12}} = \frac{600}{\sqrt{12}} = 173\text{mm}$$

（2）求杆端弯矩比

$$\frac{M_1}{M_2} = \frac{320}{336} = 0.952 > 0.9$$

（3）求轴压比

$$\frac{N}{Af_c} = \frac{3000 \times 10^3}{400 \times 600 \times 14.3} = 0.874 < 0.9$$

（4）求长细比

$$\frac{l_c}{i} = \frac{4800}{173} = 27.75$$

（5）判断是否需要考虑挠曲效应

$$\frac{l_c}{i} = 27.75 > 34 - 12\left(\frac{M_1}{M_2}\right) = 34 - 12 \times 0.952 = 23$$

应考虑杆件自身挠曲产生的附加弯矩影响。

（6）求附加偏心距 e_a

取 $\frac{h}{30} = \frac{600}{30} = 20$mm 与 20mm 中的较大值，故 $e_a = 20$mm

（7）求截面曲率修正系数 ζ_c

$$\zeta_c = \frac{0.5 f_c A}{N} = \frac{0.5 \times 14.3 \times 400 \times 600}{3000 \times 10^3} = 0.572$$

（8）求弯矩增大系数 η_{ns}

$$\eta_{ns} = 1 + \frac{1}{1300\left(\frac{M_2/N + e_a}{h_0}\right)}\left(\frac{l_c}{h}\right)^2 \zeta_c$$

$$= 1 + \frac{1}{1300 \times \left[\dfrac{\frac{336 \times 10^6}{3000 \times 10^3} + 20}{560}\right]} \times \left(\frac{4800}{600}\right)^2 \times 0.572$$

$$= 1.077$$

（9）求偏心距调节系数

$$C_m = 0.7 + 0.3 \frac{M_1}{M_2} = 0.7 + 0.3 \times \frac{320}{336} = 0.986$$

（10）求弯矩设计值

$$M = C_m \eta_{ns} M_2 = 0.986 \times 1.077 \times 336 \times 10^6 = 356.8 \text{kN} \cdot \text{m}$$

第二步，暂时先按大偏心受压构件，判别大、小偏心

（1）求相对界限受压区高度 ξ_b，由表 5-5 直接查得 $\xi_b = 0.518$。

（2）求 x

$$x = \frac{N}{\alpha_1 f_c b} = \frac{3000 \times 10^3}{1.0 \times 14.3 \times 400} = 525 \text{mm}$$

（3）求 ξ，由式（5-16）得，

$$\xi = \frac{x}{h_0} = \frac{525}{560} = 0.937$$

（4）判别大、小偏心

$\xi = 0.937 > \xi_b = 0.518$，故截面属于小偏心受压。

第三步，求轴向压力的偏心距

（1）求轴心压力对截面重心的偏心距 e_0

$$e_0 = \frac{M}{N} = \frac{356.8 \times 10^6}{3000 \times 10^3} = 119 \text{mm}$$

（2）求附加偏心距 e_a，已求出 $e_a = 20 \text{mm}$

（3）求初始偏心距 e_i

$$e_i = e_0 + e_a = 119 + 20 = 139 \text{mm}$$

第四步，按小偏心受压承载力计算公式求 A_s' 和 A_s

（1）求 e——偏心压力至 A_s 合力点的距离

$$e = e_i + \frac{h}{2} - a_s = 139 + \frac{600}{2} - 40 = 399 \text{mm}$$

（2）重新求 ξ，由公式（5-153）

$$\xi = \frac{N - \xi_b \alpha_1 f_c b h_0}{\dfrac{Ne - 0.43 \alpha_1 f_c b h_0^2}{(\beta_1 - \xi_b)(h_0 - a_s')} + \alpha_1 f_c b h_0} + \xi_b$$

$$= \frac{3000 \times 10^3 - 0.518 \times 1.0 \times 14.3 \times 400 \times 560}{\dfrac{3000 \times 10^3 \times 399 - 0.43 \times 1.0 \times 14.3 \times 400 \times 560^2}{(0.8 - 0.518) \times (560 - 40)} + 1.0 \times 1.43 \times 40} + 0.518$$

$$= 0.77$$

（3）求 A_s' 和 A_s，由式（5-152），

$$A_s' = A_s = \frac{Ne - \xi(1 - 0.5\xi)\alpha_1 f_c b h_0^2}{f_y'(h_0 - a_s')}$$

$$= \frac{3000 \times 10^3 \times 399 - 0.77(1 - 0.5 \times 0.77) \times 1.0 \times 14.3 \times 400 \times 560^2}{360 \times (560 - 40)}$$

$$= 1744 \text{mm}^2$$

204

（4）选配纵筋

A_s 和 A'_s 各选用 5Φ22（即：$A'_s = A_s = 1900\text{mm}^2$），配筋率为：

$$\rho = \frac{A_s + A'_s}{bh_0} = \frac{1900 + 1900}{400 \times 560} = 1.7\% > 0.6\%, 且 < 5\%$$

第五步，弯矩作用平面外的受压承载力校核

（1）求弯矩作用平面外的长细比，查受压杆件稳定系数 φ

$\dfrac{l_0}{b} = \dfrac{6000}{400} = 15$，查得 $\varphi = 0.895$

（2）求构件极限承载力 N_u

$$\begin{aligned} N_u &= 0.9\varphi(f_c A + 2f'_y A'_s) \\ &= 0.9 \times 0.895 \times (14.3 \times 400 \times 560 + 2 \times 360 \times 1900) \\ &= 3682\text{kN} \end{aligned}$$

（3）校核

$N_u = 3682\text{kN} > N = 3000\text{kN}$，承载力满足要求。

【例 5-14】 已知钢筋混凝土矩形截面偏心受压柱，其截面尺寸为 $bh = 400 \times 600\text{mm}$，$a_s = a'_s = 40\text{mm}$。其控制截面作用承受轴向压力设计值 $N = 378\text{kN}$，柱顶截面弯矩设计值 $M_1 = 300\text{kN·m}$，柱底截面弯矩设计值 $M_2 = 320\text{kN·m}$。柱挠曲变形为单曲率，柱端弯矩已考虑侧移二阶效应。弯矩作用平面内，柱上下两端支撑长度 $l_c = 4.2\text{m}$。弯矩作用平面外柱计算长度 $l_0 = 5.25\text{m}$。混凝土强度等级为 C30，$f_c = 14.3\text{N/mm}^2$。纵筋采用 HRB400 级，$f_y = f'_y = 360\text{N/mm}^2$。试按对称配筋计算并选用两侧纵筋。

解：

混凝土保护层厚度 $c = 20\text{mm}$，$h_0 = h - 40 = 560\text{mm}$

第一步，确定弯矩设计值

（1）求截面回转半径

$$i = \frac{h}{\sqrt{12}} = \frac{600}{\sqrt{12}} = 173\text{mm}$$

（2）求杆端弯矩比

$$\frac{M_1}{M_2} = \frac{300}{320} = 0.938 > 0.9$$

（3）求轴压比

$$\frac{N}{Af_c} = \frac{3000 \times 10^3}{400 \times 600 \times 14.3} = 0.874 < 0.9$$

（4）求长细比

$$\frac{l_c}{i} = \frac{4200}{173} = 24.3$$

（5）判断是否需要考虑挠曲效应

$$\frac{l_c}{i} = 24.3 > 34 - 12\left(\frac{M_1}{M_2}\right) = 22.75$$

应考虑杆件自身挠曲产生的附加弯矩影响。

（6）求附加偏心距 e_a

取 $\dfrac{h}{30}=\dfrac{600}{30}=20\text{mm}$ 与 20mm 中的较大值，故 $e_a=20\text{mm}$

（7）求截面曲率修正系数 ζ_c

$$\zeta_c=\dfrac{0.5f_cA}{N}=\dfrac{0.5\times14.3\times400\times600}{378\times10^3}=4.53>1.0$$

故取 $\zeta_c=1.0$

（8）求弯矩增大系数 η_{ns}

$$\eta_{ns}=\dfrac{1}{1300\left(\dfrac{M_2/N+e_a}{h_0}\right)}\left(\dfrac{l_c}{h}\right)^2\zeta_c$$

$$=1+\dfrac{1}{1300\times\left[\dfrac{\dfrac{320\times10^6}{378\times10^3}+20}{560}\right]}\times\left(\dfrac{4200}{600}\right)^2\times1.0$$

$$=1.024$$

（9）求偏心距调节系数

$$C_m=0.7+0.3\dfrac{M_1}{M_2}=0.7+0.3\times\dfrac{320}{336}=0.928$$

（10）求弯矩设计值

因 $C_m\eta_{ns}=0.928\times1.024=0.95<1.0$，故取 $C_m\eta_{ns}=1.0$

$$M=C_m\eta_{ns}M_2=320\text{kN}\cdot\text{m}$$

第二步，暂时先按大偏心受压构件，判别大、小偏心

（1）求相对界限受压区高度 ξ_b，由表 5-5 直接查得 $\xi_b=0.518$

（2）暂求 x

$$x=\dfrac{N}{\alpha_1f_cb}=\dfrac{378\times10^3}{1.0\times14.3\times400}=66\text{mm}$$

（3）求 ξ

$$\xi=\dfrac{x}{h_0}=\dfrac{66}{560}=0.118$$

（4）判别大、小偏心

$\xi=0.118<\xi_b=0.518$，且 $x=66\text{mm}<2a_s'=2\times40=80\text{mm}$，故截面属于大偏心受压的特殊情况。

第三步，求轴向压力的偏心距

（1）求轴心压力对截面重心的偏心距 e_0

$$e_0=\dfrac{M}{N}=\dfrac{320\times10^6}{378\times10^3}=847\text{mm}$$

（2）求初始偏心距 e_i

$$e_i=e_0+e_a=847+20=867\text{mm}$$

第四步，按大偏心受压特殊情况，求 A_s' 和 A_s

（1）求 e'

$$e'=e_i-\dfrac{h}{2}+a_s=867-\dfrac{600}{2}+40=607\text{mm}$$

（2）求 A_s，并取 $A_s' = A_s$

$$A_s = \frac{Ne'}{f_y'(h_0 - a_s')} = \frac{378 \times 10^3 \times 607}{360 \times (560 - 40)} = 1226\text{mm}$$

（3）选配纵筋

每侧各选用 HRB400 钢筋 4Φ20（即：$A_s' = A_s = 1256\text{mm}^2$），配筋率为：

$$\rho = \frac{A_s + A_s'}{bh_0} = \frac{1256 + 1256}{400 \times 560} = 1.1\% > 0.6\%，且 < 5\%$$

第五步，弯矩作用平面外的受压承载力校核

（1）求弯矩作用平面外的长细比，查受压杆件稳定系数 φ。

$$\frac{l_0}{b} = \frac{5250}{400} = 13，查得 \varphi = 0.935$$

（2）求构件极限承载力 N_u，并校核

$$N_u = 0.9\varphi(f_c A + 2f_y' A_s')$$
$$= 0.9 \times 0.935 \times (14.3 \times 400 \times 600 + 2 \times 360 \times 1256)$$
$$= 3649\text{kN} > N = 378\text{kN}，承载力满足要求$$

【例 5-15】 已知钢筋混凝土偏心受压排架柱，矩形截面 $bh = 400 \times 800\text{mm}$，$a_s = a_s' = 40\text{mm}$。其控制截面作用轴向压力设计值 $N = 1000\text{kN}$，柱顶和柱底截面弯矩设计值分别为 $M_1 = 650\text{kN} \cdot \text{m}$，$M_2 = 850\text{kN} \cdot \text{m}$。柱计算长度 $l_0 = 6.4\text{m}$。混凝土强度等级为 C40，$f_c = 19.1\text{N/mm}^2$。纵筋采用 HRB400 级，$f_y = f_y' = 360\text{N/mm}^2$。试按对称配筋计算，并选用两侧纵筋。

解：

混凝土保护层厚度取 30mm，纵筋按一排计。

$$h_0 = h - 50 = 750\text{mm}$$

第一步，确定弯矩设计值

（1）求附加偏心距 e_a

取

$$e_a \frac{h}{30} = \frac{800}{30} = 27\text{mm} .$$

（2）求截面曲率修正系数 ζ_c

$$\zeta_c = \frac{0.5f_c A}{N} = \frac{0.5 \times 19.1 \times 400 \times 800}{1000 \times 10^3} = 3.056 > 1.0，故取 \zeta_c = 1.0$$

（3）对于排架结构柱考虑二阶效应的弯矩设计值，可按公式（5-134、5-133）计算。式中取 $M_0 = M_2 = 850\text{kN} \cdot \text{m}$。

$$\eta_s = 1 + \frac{1}{1500\left(\dfrac{M_0/N + e_a}{h_0}\right)}\left(\frac{l_0}{h}\right)^2 \zeta_c$$

$$= 1 + \frac{1}{1500 \times \left(\dfrac{\dfrac{850 \times 10^6}{1000 \times 10^3} + 27}{750}\right)} \times \left(\frac{6400}{800}\right)^2 \times 1.0$$

$$= 1.036$$

$$M = \eta_s M_0 = 1.036 \times 850 = 880\text{kN} \cdot \text{m}$$

207

第二步，判别大、小偏心。

（1）相对界限受压区高度 ξ_b，由表 5-5 直接查得 $\xi_b = 0.518$

（2）求 x

$$x = \frac{N}{\alpha_1 f_c b} = \frac{1000 \times 10^3}{1.0 \times 19.1 \times 400} = 130\text{mm}$$

（3）求 ξ，由式（5-16）得，

$$\xi = \frac{x}{h_0} = \frac{130}{7600} = 0.171$$

（4）判别大、小偏心

$\xi = 0.171 < \xi_b = 0.518$，且 $x = 130 > 2a'_s = 2 \times 40 = 80\text{mm}$，故截面属于大偏心受压的一般情况。

第三步，求轴向压力的偏心距。

（1）求轴心压力对截面重心的偏心距 e_0

$$e_0 = \frac{M}{N} = \frac{880 \times 10^6}{1000 \times 10^3} = 880\text{mm}$$

（2）求初始偏心距 e_i

$$e_i = e_0 + e_a = 880 + 27 = 907\text{mm}$$

第四步，按大偏心受压一般情况的承载力计算公式，求 A'_s 和 A_s

（1）求 e

$$e = e_i + \frac{h}{2} - a_s = 907 + \frac{800}{2} - 50 = 1257\text{mm}$$

（2）求 A'_s 和 A_s

$$A'_s = \frac{Ne - \alpha_1 f_c b(h_0 - x/2)}{f'_y(h_0 - a'_s)}$$

$$= \frac{1000 \times 10^3 \times 1257 - 1.0 \times 19.1 \times 400 \times 130(750 - 130/2)}{360 \times (750 - 40)}$$

$$= 2256\text{mm}^2$$

取 $A_s = A'_s = 2256\text{mm}^2$

（3）选配纵筋

A_s 和 A'_s 各选用 4Φ28（即：$A_s = A'_s = 2463\text{mm}^2$）。配筋率为：

$$\rho = \frac{A_s + A'_s}{bh_0} = \frac{2463 + 2463}{400 \times 750} = 1.6\% > 0.6\%，且 < 5\%$$

第五步，弯矩作用平面外的受压承载力校核

（1）求弯矩作用平面外的长细比，查受压杆件稳定系数 φ

$$\frac{l_0}{b} = \frac{6400}{400} = 16，查得 \varphi = 0.87$$

（2）求构件极限承载力 N_u，并校核

$$N_u = 0.9\varphi(f_c A + 2f'_y A'_s)$$

$$= 0.9 \times 0.87 \times (19.1 \times 400 \times 8000 + 2 \times 360 \times 2463)$$

$$= 6174\text{kN} > N = 1000\text{kN}，承载力满足要求$$

5.5.4　偏心受压构件的斜截面受剪承载力计算

1）试验研究结果

偏心受压构件，在竖向荷载和水平荷载共同作用下，不仅有轴力和弯矩，而且还有剪力。因此，和受弯构件一样，不仅应满足正截面承载力要求，而且应满足斜截面受剪承载力要求。

实验表明，轴向压力的大小与受剪承载力有关。当轴压比 $\frac{N}{f_c bh}$ 不很大时，轴向压力对构件的受剪承载力起有利作用，这主要是由于轴向压力能阻滞斜裂缝的出现和开展，增加了混凝土剪压区高度，从而提高混凝土的抗剪力。然而当轴压比不很大时，斜截面的水平投影长度与受弯构件相比变化不大，所以轴向压力对箍筋的抗剪力没有明显影响。

实验还表明，轴向压力对抗剪力的提高是有限的。当轴压比 $\frac{N}{f_c bh}=0.3\sim0.5$ 时，这种抗剪承载力的提高达到最大值。轴压比再大却将导致极限抗剪力降低，故应将轴向压力对抗剪力的提高范围加以限制。

对于矩形截面钢筋混凝土偏心受压构件，在其斜截面受剪承载力计算时，是在矩形截面独立梁计算公式的基础上，再加上一项由轴向压力所提高的受剪承载力，其设计值取 $V_N=0.07N$，且当 $N>0.3f_c A$ 时，只能取 $N=0.3f_c A$。根据实验结果，这样取值是偏于安全的。

2）矩形截面偏心受压构件受剪截面的限制条件

矩形截面的钢筋混凝土偏心受压构件，其受剪截面的大小应符合下列条件（见公式5-80）：

当 $\frac{h_w}{b}\leqslant 4$ 时，

$$V\leqslant 0.25\beta_c f_c bh_0$$

当 $\frac{h_w}{b}\geqslant 6$ 时，

$$V\leqslant 0.20\beta_c f_c bh_0$$

当 $4<\frac{h_w}{b}<6$ 时，按线性内插法确定。

上述条件与钢筋混凝土受弯构件受剪截面的适用条件（上限）相同。

3）矩形截面偏心受压构件可不进行斜截面受剪承载力计算的条件

矩形截面的钢筋混凝土偏心受压构件，当符合下列公式的要求时：

$$V\leqslant \frac{1.75}{\lambda+1}f_c bh_0+0.07N \tag{5-154}$$

可不进行斜截面受剪承载力计算，而仅需按构造要求配置箍筋。

式中，λ——计算截面的剪跨比。按下列规定取用：

(1) 对框架柱，取 $\lambda=\frac{H_n}{2h_0}$，当 $\lambda<1$ 时，取 $\lambda=1$；当 $\lambda>3$ 时，取 $\lambda=3$；此处，H_n 为柱净高；

(2) 对其他偏心受压构件，当承受均布荷载时，取 $\lambda=1.5$；当承受

209

集中荷载时（包括作用多种荷载，而集中荷载对支座截面或节点边缘所产生的剪力占总剪力值的 75% 以上的情况），取 $\lambda = \frac{a}{h_0}$；当 $\lambda < 1.5$ 时，取 $\lambda = 1.5$；当 $\lambda > 3$ 时，取 $\lambda = 3$；此处 a 为集中荷载至支座或节点边缘的距离。

N——与剪力设计值 V 相应的轴向压力设计值，当 $N > 0.3 f_c A$ 时，取 $N = 0.3 f_c A$，此处 A 为构件的截面面积。

4）矩形截面偏心受压构件的斜截面受剪承载力计算

矩形截面的钢筋混凝土偏心受压构件，其斜截面受剪承载力应按下列公式计算：

$$V \leqslant \frac{1.75}{\lambda + 1} f_c b h_0 + f_{yv} \frac{A_{sv}}{S} h_0 + 0.07 N \tag{5-155}$$

式中的剪跨比 λ 和轴向压力设计值 N 的取值同公式（5-154）。

5.6　受拉构件

5.6.1　轴心受拉构件

只承受轴心拉力的构件，称为轴心受拉构件。因为混凝土的抗拉强度很低，容易开裂，所以应用较少。不过，若能将裂缝宽度控制在允许的范围内，让纵向受拉钢筋承担全部拉力，则混凝土既可起到保护钢筋的作用，又可提高构件的刚度（与钢拉杆相比）。在实际工程中属于钢筋混凝土轴心受拉构件的有屋架或托架中的受拉弦杆和腹杆，以及在环向拉力作用下的圆形筒仓或容池池壁等。

1）轴心受拉构件的正截面受拉承载力计算

因为轴心受拉构件破坏时，混凝土早因开裂而已退出工作，所以拉力设计值全部由纵向受拉钢筋承受，并达到屈服强度。由此，其受拉承载力计算公式为：

$$N \leqslant f_y A_s \tag{5-156}$$

式中，N——轴向拉力设计值；

f_y——纵向受拉钢筋抗拉强度设计值；

A_s——纵向受拉钢筋的全部截面面积。

2）轴心受拉构件的裂缝宽度验算

轴心受拉构件的裂缝宽度验算，一般来说，比强度计算重要，往往由裂缝宽度控制设计。

轴心受拉构件裂缝宽度计算公式的由来，与受弯构件基本相同，也是将平均裂缝间距范围内钢筋伸长值与受拉混凝土伸长值之差作为平均裂缝宽度，再由此得出最大裂缝宽度的计算公式。即为：

$$\omega_{max} = 2.7 \psi \frac{\sigma_s}{E_s} \left(1.9 c_s + 0.08 \frac{d_{eq}}{\rho_{te}} \right) \tag{5-157}$$

与受弯构件的公式（5-104）相比，其不同点有三：

（1）构件受力特征系数 α_{cr} 取 2.7；

（2）σ_s 改为轴心受拉构件裂缝截面处的钢筋应力，应按下式计算：

$$\sigma_s = \frac{N_q}{A_s} \tag{5-158}$$

式中，N_q——按荷载准永久组合计算的轴向力值；

（3）纵向受拉钢筋配筋率取整个截面面积的配筋率，即按下式计算：

$$\rho_{te} = \frac{A_s}{bh} \tag{5-159}$$

最后，验算要求：

$$\omega_{max} \leqslant \omega_{lim} \tag{5-160}$$

式中，ω_{lim}——最大裂缝宽度限值，（见表 5-13）。

【例 5-16】 某钢筋混凝土屋架的下弦杆，矩形截面 $bh = 200 \times 140mm$。按轴心受拉构件设计。其端节间的最大拉力设计值 $N = 245kN$，拉力标准值 $N_k = 198kN$。若采用 HRB335 级钢筋，C30 混凝土，保护层厚 $c = 25mm$。试进行该受拉构件的设计。

解：

（1）正截面受拉承载力计算

由附录一之附表 1-6 查得 $f_y = 300N/mm^2$，由式（5-156）：

$$A_s = \frac{N}{f_y} = \frac{245000}{300} = 817mm^2$$

初步选用 4Φ18（$A_s = 1017mm^2$）

（2）裂缝宽度验算

由附录一之附表 1-9 查得 C30 混凝土 $f_{tk} = 2.01N/mm^2$，由表 5-13 得知，对于室内正常环境下的屋架，其最大裂缝宽度限值，应取 $\omega_{lim} = 0.2mm$。

（A）截面配筋率

$$\rho_{te} = \frac{A_s}{bh} = \frac{1017}{200 \times 140} = 0.0363$$

（B）裂缝截面处钢筋应力

$$\sigma_s = \frac{N_k}{A_s} = \frac{19800}{1017} = 194.7N/mm^2$$

（C）钢筋截面不均匀系数，由式（5-100）

$$\psi = 1.1 - \frac{0.65 f_{tk}}{\rho_{te}\sigma_s} = 1.1 - \frac{0.65 \times 2.01}{0.0363 \times 194.7} = 0.915$$

$$0.2 < \psi = 0.915 < 1.0$$

（D）最大裂缝宽度

由附录一之附表 1-18 查得 HRB335 级钢筋的 $E_s = 2.0 \times 10^5 Nmm^2$，本题 $d_{eq} = d = 18mm$，由式（5-157）和（5-160）得：

$$\omega_{max} = 2.7\psi \frac{\sigma_{sk}}{E_s}\left(1.9c_s + 0.08\frac{d_{eq}}{\rho_{te}}\right)$$

$$= 2.7 \times 0.915 \times \frac{194.7}{2.0 \times 10^5}(1.9 \times 25 + 0.08)\frac{18}{0.0363}$$

$$= 0.21mm > \omega_{lim} = 0.2mm$$

不满足要求。

从式（5-157）可见，在其他基本条件不变的情况下，要减小裂缝宽度，最好是减小钢筋直径或加大截面配筋率。

现将纵向受拉钢筋改用 6Φ16（$A_s = 1206\text{mm}^2$），

$$\rho_{te} = \frac{A_s}{bh} = \frac{1206}{200 \times 140} = 0.043$$

按以上步骤重新计算最大裂缝宽度 $\omega_{max} = 0.16\text{mm} < \omega_{lim} = 0.2\text{mm}$，满足要求。

本例题也说明，裂缝宽度对该构件截面起控制作用。

5.6.2　偏心受拉构件

当构件截面上只作用有偏心拉力或同时作用有轴心拉力和弯矩时，则为偏心受拉构件。例如当屋架下弦尚承担节间荷载时，筒仓或熔池池壁同时承受竖向和水平荷载时，则应按偏心受拉构件进行设计。

偏心受拉构件内，纵向钢筋的布置方式与偏心受压构件相同。离纵向拉力较近一侧所配纵筋的总量用 A_s 表示；离纵向拉力较远一侧所配纵筋的总量用 A_s' 表示。

偏心受拉构件也分大偏心受拉和小偏心受拉两类。二者的界限划分也比较简单明确：当纵向拉力作用在钢筋 A_s 的合力点和钢筋 A_s' 的合力点之间时，即 $e_0 \leqslant \frac{h}{2} - a_s$，为小偏心受拉构件；当纵向拉力作用在钢筋 A_s 的合力点和钢筋 A_s' 的合力点以外时，即 $e_0 > \frac{h}{2} - a_s$，为大偏心受拉构件。

可用公式表达为：

$e_0 = \frac{M}{N} \leqslant \frac{h}{2} - a_s$，为小偏心受拉构件；

$e_0 = \frac{M}{N} > \frac{h}{2} - a_s$，为大偏心受拉构件。

1）大偏心受拉构件的正截面受拉承载力计算公式

大偏心受拉构件的受拉承载力计算公式，可参照大偏心受压构件的模式，再考虑受拉构件的特点，便不难得出如图 5-39 所示的计算图形和相应的受拉承载力计算公式。即：

$$N \leqslant f_y A_s - f_y' A_s' - \alpha_1 f_c bx \tag{5-161}$$

$$Ne \leqslant \alpha_1 f_c bx \left(h_0 - \frac{x}{2} \right) + f_y' A_s' (h_0 - a_s') \tag{5-162}$$

式中，

$$e = e_0 - \frac{h}{2} + a_s \tag{5-163}$$

其的适用条件为：

（1）$x \leqslant \xi_b h_0$

（2）$x \geqslant 2a_s'$

（3）$\rho = A_s / bh_0 \geqslant \rho_{min}$

212

如果 $x < 2a_s'$，可近似取 $x = 2a_s'$，由此得到受拉承载力计算的近似公式：

$$Ne' = f_y A_s (h_0' - a_s) \tag{5-164}$$

式中，
$$e' = \frac{h}{2} - a_s' + e_0 \tag{5-165}$$

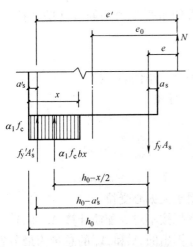

图 5-39 大偏心受拉计算图形

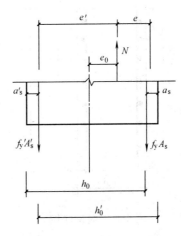

图 5-40 小偏心受拉计算图形

2）小偏心受拉构件的正截面受拉承载力计算公式

小偏心受拉构件，在开始承受荷载或荷载很小时，也有全截面受拉或大部分截面受拉两种可能性。但是到了全截面混凝土出现贯通裂缝以后，混凝土全部退出工作，全部拉力都由两侧纵筋分担，而且两侧纵筋都承担拉力。但实际上，只要一侧纵筋屈服，由于全截面混凝土很快出现贯通裂缝，截面便达到承载力极限状态。而且，当小偏心受拉构件，采用的钢筋抗拉强度设计值大于 300N/mm^2 时，在计算中也只能按 $f_y = 300\text{N/mm}^2$ 取用。否则会因钢筋应力过高，导致一旦开裂，裂缝宽度无法控制的后果。

由此，按图 5-40 小偏心受拉计算图形，分别对纵筋 A_s' 和 A_s 的合力取矩，可得：
$$Ne' \leqslant f_y A_s (h_0' - a_s) \tag{5-166}$$
和
$$Ne \leqslant f_y A_s' (h_0 - a_s') \tag{5-167}$$
式中，
$$e' = \frac{h}{2} - a_s' + e_0 \tag{5-168}$$

$$e = \frac{h}{2} - a_s - e_0 \tag{5-169}$$

显然，上述受拉承载力计算公式，只适用于 $x > \xi_b h_0$ 的小偏心受拉构件。

3）偏心受拉构件的正截面受拉承载力计算方法

第一步，求 e_0，判别大、小偏心受拉。

第二步，按大、小偏心受拉的相应受拉承载力计算公式求纵筋 A_s' 和 A_s（其具体步骤与偏心受压构件类似），选配纵筋时，亦应满足构造要求。

【例 5-17】 某矩形截面钢筋混凝土贮仓的仓壁，厚度 $h = 150\text{mm}$，取 1m 长的仓壁作为截面宽度 $b = 1000\text{mm}$。材料选用：C25 混凝土，$f_c = 11.9\text{N/mm}^2$，

213

纵筋为 HPB300 级钢筋，$f_y = f'_y = 270\text{N/mm}^2$。沿仓壁垂直截面上作用的水平轴向拉力设计值 $N = 22.5\text{kN}$，弯矩设计值 $M = 16.88\text{kN} \cdot \text{m}$。试确定在这段 1m 长的垂直截面中，沿内壁和外壁需要配置的水平受力钢筋（外壁受拉，内壁受压）。

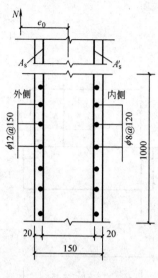

图 5-41　例 5-17 图

解：

（1）判别大、小偏心受拉。

由图 5-41 可知：

$$a_s = a'_s = 20\text{mm}$$

$$e_0 = \frac{M}{N} = \frac{16880000}{22500} = 750 > \frac{h}{2} - a_s$$

$$= 75 - 20 = 55\text{mm}。$$

故截面属于大偏心受拉。

（2）本例拟按不对称配筋计算 A_s 和 A'_s。

为了使计算出的 A'_s 和 A_s 的总量为最节省，计算中可令 $x = \xi_b h_0$，本例 $\xi_b = 0.614$。同时，对于偏心受拉构件，当 $\xi_b h_0 \geqslant \frac{h}{2}$ 时，一般取 $x = \frac{h}{2}$。

根据这一原则，在本例中：

$$\xi_b h_0 = 0.614 \times (150 - 20) = 79.82\text{mm} > \frac{h}{2} = 75\text{mm}$$

故取 $x = 75\text{mm}$

由式（5-163）得：

$$e = e_0 - \frac{h}{2} + a_s = 750 - \frac{150}{2} + 20 = 695\text{mm}$$

代入公式（5-162）得：

$$A'_s = \frac{Ne - \alpha_1 f_c b x \left(h_0 - \dfrac{x}{2}\right)}{f'_y (h_0 - a'_s)}$$

$$= \frac{22500 \times 695 - 1.0 \times 11.9 \times 1000 \times 75 \left(130 - \dfrac{75}{2}\right)}{210(130 - 20)}$$

$$= -2897\text{mm}^2 < 0$$

说明按计算不需要受压钢筋，但按构造要求所需受压钢筋面积不应小于：

$$A'_s = \rho_{\min} bh = 0.272\% \times 1000 \times 150 = 408\text{mm}^2$$

选用 $\phi 8@120$，由附录四之附表 4-2，查得 $A'_s = 419\text{mm}^2$，置于仓壁内侧。

然后按已知 A'_s，求 A_s（参见双筋受弯构件）：

$$M_2 = f'_y A'_s (h_0 - a'_s) = 210 \times 419 \times (130 - 20) = 9678900\text{N} \cdot \text{mm}$$

$$M_1 = Ne - M_2 = 22500 \times 695 - 9678900 = 5958600 \text{ N} \cdot \text{mm}$$

$$\alpha_s = \frac{M_1}{\alpha_1 f_c b h_0^2} = \frac{5958600}{1.0 \times 11.9 \times 1000 \times 130^2} = 0.0296$$

$$\xi = 1 - \sqrt{1 - 2\alpha_s} = 1 - \sqrt{1 - 2 \times 0.0296} = 0.03$$

$$A_{s1} = \frac{\alpha_1 f_c b \xi h_0}{f_y} = \frac{1.0 \times 11.9 \times 1000 \times 0.03 \times 130}{210} = 221 \text{mm}^2$$

$$A_s = A_s' + A_{s1} + \frac{N}{f_y} = 419 + 221 + \frac{22500}{210} = 747 \text{mm}^2$$

实配 $\phi12@150$（$A_s = 754\text{mm}^2$），置于仓壁外侧，见图 5-41。

【例 5-18】 一根钢筋混凝土偏心拉杆，截面为矩形 $b = 250\text{mm}$，$h = 400\text{mm}$。截面承受纵向拉力设计值 $N = 530\text{kN}$，弯矩设计值 $M = 62\text{kN} \cdot \text{m}$，若混凝土强度等级为 C20，钢筋为 HRB335 级，$f_y = f_y' = 300\text{N/mm}^2$，$a_s = a_s' = 35\text{mm}$。试确定截面中所需的纵向钢筋数量。

解：

（1）判别大、小偏心受拉

$$e_0 = \frac{M}{N} = \frac{62000000}{530000} = 117\text{mm} < \frac{h}{2} - a_s = \frac{400}{2} - 35 = 165\text{mm}。$$

故截面属于小偏心受拉。

（2）计算 A_s 和 A_s'

由式（5-168）和式（5-169）得：

$$e' = \frac{h}{2} - a_s' + e_0 = \frac{400}{2} - 35 + 117 = 282\text{mm}$$

$$e = \frac{h}{2} - a_s - e_0 = \frac{400}{2} - 35 - 117 = 48\text{mm}$$

根据公式（5-166）和（5-167）即得：

$$A_s = \frac{Ne'}{f_y(h_0' - a_s)} = \frac{530000 \times 282}{300(365 - 35)} = 1510\text{mm}^2$$

$$A_s' = \frac{Ne}{f_y(h_0 - a_s')} = \frac{530000 \times 48}{300(365 - 35)} = 257\text{mm}^2$$

分别选配 $4\Phi22$（$A_s = 1520\text{mm}^2$）和 $2\Phi14$（$A_s' = 308\text{mm}^2 > \rho_{\min} bh = 0.002 \times 250 \times 400 = 200\text{mm}^2$）。其中 $\rho_{\min} = 0.002$，由表 5-8 查得。

5.7 受扭构件

从材料力学得知，在梁的横截面上，由于平行于横截面的外力偶矩作用所产生的截面内部抵抗力偶矩，即为该截面的扭矩。在扭矩作用下，构件截面的破坏，既不是正截面破坏，也不是斜截面破坏，而是扭曲截面破坏。对矩形截面而言，是三边受拉，一边受压。在实际工程中很少有纯扭构件，而多为在弯矩、剪力和扭矩共同作用下的弯剪扭构件。图 5-42 展示了几种常遇的钢筋混凝土弯剪扭构件。

作为钢筋混凝土弯剪扭构件的理论基础，不能不对素混凝土和钢筋混凝土纯扭构件进行必要的试验研究分析。

215

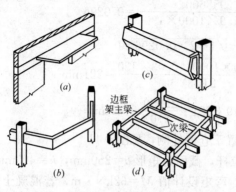

图 5-42 受扭构件

5.7.1 矩形截面素混凝土纯扭构件的受扭承载力

1) 按弹性材料分析的受扭承载力

当扭矩很小时，截面混凝土接近弹性工作状态。扭矩沿截面四周从外向内产生"剪应力流"，其剪应力分布规律如图 5-43 (*b*) 所示。最大剪应力 τ_{max} 发生在长边中点处，四角及截面中心处 $\tau = 0$。而且构件在纯扭作用下，截面处于纯剪状态，其截面上任意点处的主拉应力 σ_{pt} 和主压应力 σ_{pc} 在数值上就等于该点处的剪应力。亦即：$\sigma_{pt} = \sigma_{pc} = \tau$。

由于混凝土并非弹性材料，当扭矩增加到仅能使截面外边缘的主拉应力 σ_{pt} 达到混凝土的抗拉强度时，构件并不会出现裂缝，更不可能发生受扭破坏。试验表明按照图 5-43 (*b*) 剪应力分布规律，计算素混凝土纯扭构件的受扭承载力总比实测的受扭承载力低。

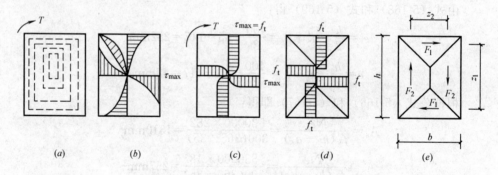

图 5-43 矩形截面受扭剪应力分布示意

2) 按塑性材料分析的受扭承载力

由于混凝土塑性的发展，逐渐向截面内部进行内力的重新分布。假如视混凝土为理想的塑性材料，由于内力重分布的结果，只有当截面中各点的剪应力都达到混凝土的抗拉强度 f_t 时才会发生破坏，此时的剪应力分布规律可以由图 5-43 (*c*) 简化为图 5-43 (*d*)。这时如将矩形截面从四角起按 45° 分成两两对应的三角形和梯形（图 5-43*e*）则可算出理想塑性材料的受扭承载力为：

$$T = F_1 \cdot z_1 + F_2 \cdot z_2 = \frac{b^2}{12}(3h-b)f_t + \frac{b^2}{12}(3h-b)f_t = \frac{b^2}{6}(3h-b)f_t$$

此式可记为：

$$T = W_t f_t \tag{5-170}$$

式中 W_t 称为截面受扭塑性抵抗矩。对于矩形截面：

$$W_t = \frac{b^2}{6}(3h-b) \tag{5-171}$$

然而，混凝土也并非理想的塑性材料，实测结果也表明，用塑性分析公式（5-170）算得的受扭承载力偏高。

3）素混凝土纯扭构件的破坏特征与受扭承载力表达式

素混凝土纯扭构件的破坏，常常是先在构件的一个侧面高度中点附近出现一条斜向裂缝，逐渐以 45°的方向延伸至上下两面交界处，随着扭矩加大，继续以45°方向向上下两面发展，最后因另一个侧面混凝土被压碎而破坏。破坏截面呈一空间扭曲面。说明纯扭构件的破坏截面处于三边受拉一边受压的受力状态。

实验结果表明，素混凝土纯扭构件的受扭承载力介于弹性分析和塑性分析结果之间，而且其开裂扭矩和破坏扭矩相当接近。所以，素混凝土的受扭承载力可以写成下列表达式：

$$T_{c\gamma} = \alpha_1 f_t W_t \tag{5-172}$$

式中 α_1 为混凝土纯扭构件的实际受扭承载力与其理想塑性受扭承载力的比值。《混凝土结构设计规范》为偏于安全对纯扭素混凝土矩形截面梁，α_1 值取为 0.7。

5.7.2 钢筋混凝土纯扭构件的扭曲截面受扭承载力

1）抗扭纵筋与抗扭箍筋的配筋强度比 ζ

在钢筋混凝土受扭构件内配置适量的抗扭纵筋和抗扭箍筋，对阻止构件的开裂作用并不大，而对提高构件的受扭承载力却起着重要作用。扣除混凝土的抵抗扭矩后，其余的扭矩可由抗扭纵筋和抗扭箍筋相配合共同承担。其中，抗扭纵筋承担主拉应力的水平分力，抗扭箍筋承担主拉应力的垂直分力。二者缺一不可，且要求配合得当。否则，势必造成一者过早屈服，二者浪费，不利于提高受扭承载力。由此便引出了"抗扭纵筋与抗扭箍筋的配筋强度比"的概念，并用符号"ζ"表示。

所谓配筋强度比 ζ，就是沿截面核芯周长，单位长度内抗扭纵筋的强度与沿构件长度方向单位长度内一侧抗扭箍筋强度（相当于单肢箍筋强度除以箍筋间距）之比。即：

$$\zeta = \frac{\dfrac{f_y \cdot A_{stl}}{u_{cor}}}{\dfrac{f_{yv} \cdot A_{st1}}{s}} = \frac{f_{yv} \cdot A_{stl} \cdot s}{f_{yv} \cdot A_{st1} \cdot u_{cor}} \tag{5-173}$$

式中 f_y——纵筋的抗拉强度设计值；

f_{yv}——箍筋的抗拉强度设计值；

A_{stl}——在受扭计算中取对称布置的全部纵筋的截面面积；

A_{st1}——受扭计算中沿截面周边所配置箍筋的单肢截面面积；

s——箍筋间距；

u_{cor}——截面核芯部分的周长。所谓"截面核心"，是指箍筋内皮以内的截面面积。对于矩形截面：

$$u_{cor} = 2(b_{cor} + h_{cor}) \tag{5-174}$$

其中 b_{cor} 和 h_{cor} 分别为截面核芯短边和长边尺寸。

试验表明，当 $\zeta = 1.2$ 左右时，为抗扭纵筋和抗扭箍筋的最佳配合状态，在 $\zeta = 0.5 \sim 2.0$ 的范围内，且在两种钢筋均配置得不过多的情况下，构件破坏时，

217

二者均能达到各自的抗拉屈服强度。为稳妥起见，故对钢筋混凝土纯扭构件配筋强度比的限制条件为：$0.6 \leqslant \zeta \leqslant 1.7$。当 $\zeta > 1.7$ 时，取 $\zeta = 1.7$；当 $\zeta = 1.2$ 左右时为钢筋达到屈服的最佳值。

2）钢筋混凝土纯扭构件的破坏特征

（1）少筋破坏。当抗扭纵筋和抗扭箍筋其中之一配置得过少时，其破坏特征与素混凝土构件类似，一旦开裂，构件很快发生脆性破坏。为此，在设计时，通过规定最小配筋率和最小配箍率予以防止。

（2）适筋破坏。在正常配置抗扭纵筋和抗扭箍筋的条件下，构件破坏时，空间扭曲面三个受拉边的抗扭钢筋首先屈服，而后另一边受压区混凝土被压碎。构件具有延性破坏的性质。

（3）部分超筋破坏。若抗扭纵筋或抗扭箍筋其中之一超过正常配筋，构件破坏时，配筋率正常者屈服，然后混凝土被压碎，而配筋超常者达不到屈服强度。因为这种破坏非属完全脆性，设计尚可采用。

（4）超筋破坏。若抗扭纵筋和抗扭箍筋均配置过多，在两者均未屈服的情况下，混凝土会突然被压碎。破坏表现出明显的脆性性质，因此应避免设计出这种构件。具体办法是通过控制构件截面不得过小，来对抗扭钢筋的最大用量与最大受扭承载力进行限制。

3）矩形截面钢筋混凝土纯扭构件的受扭承载力计算公式

钢筋混凝土纯扭构件的受扭承载力，由混凝土的受扭承载力和抗扭钢筋的受扭承载力两部分组成。可记为：

$$T_u = T_c + T_s \tag{5-175}$$

其中，由公式（5-172）混凝土的受扭承载力为：

$$T_c = \alpha_1 f_t W_t$$

抗扭纵筋和抗扭箍筋的受扭承载力为：

$$T_s = \alpha_2 \sqrt{\zeta} \frac{f_{yv} A_{st1}}{s} \cdot A_{cor} \tag{5-176}$$

这样便可得到受扭承载力计算的一般表达式：

$$T_u = \alpha_1 f_t W_t + \alpha_2 \sqrt{\zeta} \frac{f_{yv} A_{st1}}{s} \cdot A_{cor} \tag{5-177}$$

式中　α_1、α_2——经验系数，根据试验分析，《混凝土结构设计规范》分别取 $\alpha_1 = 0.35$，$\alpha_2 = 1.2$；

A_{cor}——构件截面核芯面积；

$$A_{cor} = b_{cor} \cdot h_{cor} \tag{5-178}$$

最后得出矩形截面钢筋混凝土纯扭构件的受扭承载力计算公式：

$$T \leqslant 0.35 f_t W_t + 1.2 \sqrt{\zeta} \frac{f_{yv} A_{st1}}{s} \cdot A_{cor} \tag{5-179}$$

式中　W_t——受扭构件的截面抗扭塑性抵抗弯矩，对矩形截面，可按公式（5-171）计算；

ζ——抗扭钢筋配筋强度比 ζ 值，应按公式（5-173）计算，同时，ζ 值尚应符合 $0.6 \leqslant \zeta \leqslant 1.7$ 的要求，当 $\zeta > 1.7$ 时，取 $\zeta = 1.7$。

为避免出现少筋破坏和超筋破坏，上述受扭承载力计算公式也有它的适用条件，这将在下面的弯剪扭构件受扭承载力计算方法中统一给出。

5.7.3 矩形截面钢筋混凝土弯剪扭构件的扭曲截面承载力计算方法

同时承受弯矩、剪力和扭矩的矩形截面钢筋混凝土构件，三者相互影响受力复杂。现将目前《混凝土结构设计规范》GB 50010—2002 采用的设计方法，介绍如下。

1）验算截面尺寸

在弯矩、剪力和扭矩共同作用下，对 $\frac{h_0}{b} \leqslant 6$ 的矩形截面构件（当 $\frac{h_0}{b} > 6$ 时，其扭曲截面承载力计算应符合专门规定），其截面应符合下列条件：

当 $\frac{h_0}{b} \leqslant 4$ 时，

$$\frac{V}{bh_0} + \frac{T}{0.8W_t} \leqslant 0.25\beta_c f_c \tag{5-180}$$

当 $\frac{h_0}{b} = 6$ 时，

$$\frac{V}{bh_0} + \frac{T}{0.8W_t} \leqslant 0.20\beta_c f_c \tag{5-181}$$

当 $4 < \frac{h_0}{b} < 6$ 时，按线性内插法确定。

式中　V——剪力设计值；

　　　T——扭矩设计值；

　　　b——矩形截面的宽度；

　　　h_0——截面的有效高度；

　　　W_t——受扭构件的截面受扭塑性抵抗矩，按式（5-171）计算；

　　　β_c——混凝土强度影响系数，当混凝土强度等级不超过C50时，取 $\beta_c=1.0$；

　　　f_c——混凝土轴心抗压强度设计值，按附录之一附表 1-9 取用。

如不满足上述要求，则应加大截面尺寸或提高混凝土强度等级。

2）验算是否可以既不进行受扭承载力计算，也不进行受剪承载力计算

当满足下列条件时，可不进行构件的受剪和受扭承载力计算，而只按受弯构件正截面受弯承载力计算配置纵向受力钢筋。同时还必须按构造要求配置纵筋和箍筋，即：

$$\frac{V}{bh_0} + \frac{T}{W_t} \leqslant 0.7f_t \tag{5-182}$$

在弯剪扭构件中，纵向钢筋和箍筋的构造要求，应符合下列要求：

（1）纵筋

（A）在弯剪扭构件中，配置在截面弯曲受拉边的纵向受力钢筋，其截面面积不应小于按受弯构件正截面受拉钢筋最小配筋率计算出的钢筋截面面积与按受扭纵向钢筋配筋率的最小值计算并分配到弯曲受拉边的钢筋截面面积之和。

其中，受扭纵向钢筋的配筋率 ρ_{tl}，应符合下列要求：

219

$$\rho_{tl} \geqslant \rho_{tl,\min} = 0.6\sqrt{\frac{T}{Vb}} \cdot \frac{f_t}{f_y} \tag{5-183}$$

当 $\frac{T}{Vb} > 2.0$ 时，取 $\frac{T}{Vb} = 2.0$。

式中　ρ_{tl}——受扭纵向钢筋的配筋率；

$$\rho_{tl} = \frac{A_{stl}}{bh} \tag{5-184}$$

$\rho_{tl,\min}$——受扭纵向钢筋的配筋率的最小值；

b——矩形截面宽度；

A_{stl}——沿截面周边布置的受扭钢筋总截面面积。

(B) 沿截面周边布置的受扭纵向钢筋的间距不应大于 200mm 和截面短边长度；除应在梁截面四角设置受扭纵向钢筋外，其余受扭纵向钢筋宜沿截面周边均匀对称布置。受扭纵向钢筋应按受拉钢筋锚固在支座内。

(2) 箍筋

(A) 在弯剪扭构件中的箍筋的配箍率 $\rho_{sv}\left(\rho_{sv} = \frac{A_{sv}}{bs}\right)$，应满足：

$$\rho_{sv} \geqslant \rho_{sv,\min} = 0.28\frac{f_t}{f_{yv}} \tag{5-185}$$

当 $V > 0.7f_t bh_0$ 时，尚应满足：

$$\rho_{sv} \geqslant 0.24\frac{f_t}{f_{yv}} \tag{5-186}$$

当采用复合箍筋时，位于截面内部的箍筋不应计入受扭所需的箍筋面积。

(B) 箍筋间距不得大于受弯构件中的最大箍筋间距（表 5-11），且箍筋应做成封闭式。

(C) 受扭所需箍筋的末端应做成 135°弯钩，弯钩端头平直段长度不应小于 $10d$（d 为箍筋直径）。

3) 验算是否可以不进行受扭承载力计算

当满足下列条件时，可以不进行受扭承载力计算，而只按受弯构件的正截面受弯承载力和斜截面受剪承载力进行计算：

$$T \leqslant 0.175f_t W_t \tag{5-187}$$

如不满足，则需进行受扭承载力计算。

4) 验算是否可以不进行受剪承载力计算

当满足下列条件时，可以不进行受剪承载力计算，而只按受弯构件的正截面受弯承载力和纯扭构件的受扭承载力分别进行计算：

$$V \leqslant 0.35f_t bh_0 \tag{5-188}$$

对于以集中荷载为主的矩形截面构件，可不进行受剪承载力计算的条件改为：

$$V \leqslant \frac{0.875}{\lambda+1}f_t bh_0 \tag{5-189}$$

220　矩形截面纯扭构件，当需要进行受扭承载力计算时，按公式（5-179）和

（5-183）计算抗扭箍筋和抗扭纵筋，并应满足构造要求。

5）当需要同时按受剪和受扭承载力计算箍筋时，箍筋的计算步骤

第一步，用修正后的受剪承载力计算公式求 $\dfrac{A_{sv1}}{S}$

因为在受剪和受扭承载力计算公式中，都包含了混凝土的抗力。显然应扣除重复利用的抗力，所以应对受剪和受扭承载力计算公式进行修正。修正后的受剪承载力计算公式为：

对于一般剪扭构件：

$$V \leqslant 0.7(1.5-\beta_t)f_t bh_0 + f_{yv}\frac{A_{sv}}{S}h_0 \tag{5-190}$$

$$\beta_t = \frac{1.5}{1+0.5\dfrac{VW_t}{Tbh_0}} \tag{5-191}$$

式中　A_{sv}——受剪承载力所需的箍筋截面面积；

　　　β_t——一般剪扭构件混凝土受扭承载力降低系数：当 $\beta_t < 0.5$ 时，取 $\beta_t = 0.5$；当 $\beta_t > 1$ 时，取 $\beta_t = 1$。

对于集中荷载作用下的独立剪扭构件：

$$V \leqslant (1.5-\beta_t)\left(\frac{1.75}{\lambda+1}f_t bh_0\right)f_{yv}\frac{A_{sv}}{S}h_0 \tag{5-192}$$

$$\beta_t = \frac{1.5}{1+0.2(\lambda+1)\dfrac{VW}{Tbh_0}} \tag{5-193}$$

式中　λ——计算截面的剪跨比，见式（5-77）；

　　　β_t——集中荷载作用下剪扭构件混凝土受扭承载力降低系数：当 $\beta_t < 0.5$ 时，取 $\beta_t = 0.5$；当 $\beta_t > 1$ 时，取 $\beta_t = 1$。

第二步，用修正后的受扭承载力计算公式求 $\dfrac{A_{sv1}}{S}$

修正后的受扭承载力计算公式为：

对于一般剪扭构件：

$$T \leqslant 0.35\beta_t f_t W_t + 1.2\sqrt{\zeta}\,f_{yv}\frac{A_{st1} \cdot A_{cor}}{S} \tag{5-194}$$

此处 ζ 值应按式（5-173）计算，β_t 按式（5-191）计算。

对于集中荷载作用下的独立剪扭构件，其受扭承载力仍按公式（5-194）计算，但式中的 β_t 应按公式（5-193）计算。

第三步，用叠加法求一侧单肢钢筋的总用量，并初步选用箍筋直径和箍筋间距（同时应满足构造要求）

截面一侧单肢抗剪和抗扭箍筋的总用量 A_{svt1}，可按下式计算：

$$\frac{A_{svt1}}{S} = \frac{A_{sv1}}{S} + \frac{A_{st1}}{S} \tag{5-195}$$

式中　A_{sv1}——抗剪箍筋单肢截面面积（$A_{sv1} = \dfrac{A_{sv}}{n}$，$n$ 为一个箍筋的肢数）。

第四步，校核配箍率

实际配箍率
$$\rho_{sv} = \frac{nA_{svt1}}{bs} \tag{5-196}$$

最小配箍率　$\rho_{sv,min} = 0.28\dfrac{f_t}{f_{yv}}$，见式（5-185）

构造要求　$\rho_{sv} \geqslant \rho_{sv,min}$

6) 当需要同时按受弯和受扭承载力计算配置纵筋时，纵筋的计算步骤：

第一步，按受弯构件正截面受弯承载力计算抗弯纵筋 A_s（也可能有 A_s'）

第二步，按受扭承载力计算抗扭纵筋

因为在剪扭承载力计算中，已经求得所需抗扭箍筋单肢用量 $\dfrac{A_{st1}}{S}$，再由 (5-197)式可以求得所需全部抗扭纵筋的截面面积：

$$A_{stl} = \zeta \cdot u_{car} \cdot \frac{A_{st1}}{S} \cdot \frac{f_{yv}}{f_y} \tag{5-197}$$

在计算之前，可初步选定配筋强度比：$\zeta = 1.0 \sim 1.2$。构造要求：$\rho_{tl} = \dfrac{A_{stl}}{bh} \geqslant \rho_{tl,min}$。

第三步，抗弯纵筋和抗扭纵筋的截面布置

按计算与构造要求所需的抗弯纵筋 A_s（及 A_s'），显然应尽量配置在截面受拉区（及受压区）边缘；而按计算与构造要求所需的抗扭纵筋，则必须沿截面四周周边对称均匀配置。由此可知，截面受拉区边缘的纵筋总量，应该等于抗弯纵筋 A_s 和按照四边均匀布置的原则需要布置在该边缘的拉扭纵筋之和。

【例 5-19】　钢筋混凝土矩形截面梁，截面尺寸 $bh = 250 \times 500mm$。弯矩设计值 $M = 90kN \cdot m$，由均布荷载产生的剪力设计值 $V = 90kN$，扭矩设计值 $T = 10kN \cdot m$。材料采用：C25 混凝土，$f_c = 11.9N/mm^2$，$f_t = 1.27N/mm^2$。纵筋 HRB335 级，$f_y = 300N/mm^2$，$\alpha_{s,max} = 0.399$，箍筋 HPB300 级，$f_{yv} = 270N/mm^2$。试求该梁所需配置的纵向钢筋和箍筋。

解：

（1）验算截面尺寸

$$\frac{h_0}{b} = \frac{465}{250} = 1.86 < 4$$

$$\frac{V}{bh_0} + \frac{T}{0.8W_t} = \frac{90000}{250 \times 465} + \frac{10000000}{0.8 \times \dfrac{250^2}{6} \times (3 \times 500 - 250)}$$

$$= 1.734N/mm^2 < 0.25\beta_c f_c = 0.25 \times 1.0 \times 11.9 = 2.975N/mm^2$$

故截面满足要求。

（2）验算是否可以既不进行受扭承载力计算，也不进行受剪承载力计算

$$\frac{V}{bh_0} + \frac{T}{W_t} = \frac{90000}{250 \times 465} + \frac{10000000}{\dfrac{250^2}{6} \times (3 \times 500 - 250)}$$

$$= 1.542N/mm^2 > 0.7f_t = 0.7 \times 1.27N/mm^2 = 0.889\ N/mm^2 \quad （否）$$

（3）验算是否可以不进行受扭承载力计算

$T=10\text{kN}\cdot\text{m}>0.175f_tW_t=0.175\times1.27\times13020833=2.89\text{ kN}\cdot\text{m}$（否）

（4）验算是否可以不进行受剪承载力计算

$T=10\text{kN}\cdot\text{m}>0.35f_tbh_0=0.35\times1.27\times250\times465=0.05167\text{ kN}\cdot\text{m}$（否）

根据第（2）、（3）、（4）项计算结果，可知该梁扭矩和剪力的作用均不能忽略，应按弯剪扭共同作用的构件计算。

（5）按受弯构件正截面受弯承载力计算的抗弯纵筋

$$\alpha_s=\frac{M}{\alpha_1f_cbh_0^2}=\frac{90\times10^6}{1.0\times11.9\times250\times465^2}=0.140<\alpha_{s,\min}=0.399$$

（满足适用条件一）

$$\xi=1-\sqrt{1-2\alpha_s}=1-\sqrt{1-2\times0.14}=0.151$$

$$A_s=\frac{\alpha_1f_cb\xi h_0}{f_y}=\frac{1.0\times11.9\times250\times0.151\times465}{300}=696.3\text{mm}^2$$

抗弯纵筋选用 3Φ18（$A_s=763\text{mm}^2>696.3\text{mm}^2$）

（6）计算抗扭箍筋和抗扭纵筋

对于一般剪扭构件，混凝土受扭承载力降低系数：

$$\beta_t=\frac{1.5}{1+0.5\frac{VW_t}{Tbh_0}}=\frac{1.5}{1+1.5\times\frac{90000\times250^2\times(3\times500-250)}{10000000\times6\times250\times465}}=0.99\approx1.0$$

设计配筋强度比 $\zeta=1.2$，则由公式（5-194）求 $\frac{A_{st1}}{S}$：

$$T=0.35\beta_tf_tW_t+1.2\sqrt{\zeta}f_{yv}\frac{A_{st1}\cdot A_{cor}}{S}$$

代入数据：

$$10000000=0.35\times1.0\times1.27\times\frac{250^2}{6}\times(3\times500-250)+$$
$$1.2\sqrt{1.2}\times270\frac{A_{stl}}{S}\times450\times200$$

得：
$$\frac{A_{st1}}{S}=0.132\text{mm}$$

由公式（5-197）计算所需抗扭纵筋：

$$A_{st1}=\zeta\cdot u_{car}\cdot\frac{A_{st1}}{S}\cdot\frac{f_{yv}}{f_y}=1.2\times2\times(450+200)\times0.132\times\frac{270}{300}=185\text{mm}^2$$

抗扭纵筋选用 6Φ8（$A_{stl}=302\text{mm}^2$）

（7）计算抗剪箍筋用量

由公式（5-190）：

$$V=0.7(1.5-\beta_t)f_tbh_0+f_{yv}\frac{A_{sv}}{S}h_0$$

代入数据得：

$$90000=0.7(1.5-1)\times1.27\times250\times465+270\times\frac{A_{sv}}{S}\times465$$

由此可得所需抗剪箍筋用量：

$$\frac{A_{sv}}{S} = 0.305\text{mm}$$

（8）全部箍筋用量

单肢箍筋用量（箍筋肢数 $n=2$），由公式（5-195）求得：

$$\frac{A_{svt1}}{S} = \frac{A_{sv}}{2S} + \frac{A_{st1}}{S} = \frac{0.305}{2} + 0.132 = 0.285\text{mm}$$

选用Φ 6@100 $\left(\dfrac{A_{svt1}}{S} = 0.283\text{mm} \approx 0.285\text{mm} \right)$。

（9）验算最小配筋率和最小配箍筋率，截面配筋如图 5-44 所示

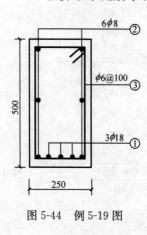

图 5-44　例 5-19 图

$$\rho_{tl} = \frac{A_{st1}}{bh} = \frac{302}{250 \times 250} = 0.0048$$

$$\rho_{tl,min} = 0.6\sqrt{\frac{T}{Vb}} \cdot \frac{f_t}{f_y}$$

$$= 0.6\sqrt{\frac{1000000}{90000 \times 250}} \times \frac{1.27}{270}$$

$$= 0.00059$$

$\rho_{tl} > \rho_{tl,min}$（满足）

$$\rho_{sv} = \frac{nA_{svt1}}{bs} = \frac{2 \times 0.283}{250 \times 100} = 0.0023$$

$$\rho_{sv,min} = 0.28\frac{f_t}{f_{yv}} = 0.28 \times \frac{1.27}{210} = 0.0017$$

$\rho_{sv} > \rho_{v,min}$（满足）

第6章　预应力混凝土构件的基本原理

6.1　预应力混凝土构件的一般概念

6.1.1　为什么采用预应力混凝土构件

1）可以提高混凝土构件的抗裂性能

将普通混凝土构件中的全部或部分纵向受力钢筋改为预应力钢筋，便成为预应力混凝土构件。由于混凝土抗拉强度低，普通混凝土构件在使用荷载作用下，受拉区混凝土很容易开裂，例如受弯构件（图 6-1）。如果构件在使用之前，通过张拉预应力钢筋，靠预应力钢筋的回弹，给受拉区混凝土施加预压应力。设截面边缘混凝土预压应力为 σ_{pc}，在构件投入使用后，由使用荷载对受拉区截面边缘混凝土产生的法向拉应力为 σ_{ck}，则只要二者之差 $\sigma_{ck}-\sigma_{pc}\leqslant f_{tk}$（$f_{tk}$ 为混凝土轴心抗拉强度标准值），便一般不会出现裂缝。如果施加的预压应力再大一些，使 σ_{ck} $-\sigma_{pc}\leqslant0$，说明即使在使用阶段也不会出现拉应力，自然会严格控制不会

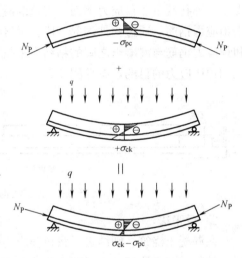

图 6-1　预应力混凝土受弯
构件的截面应力示意

出现裂缝（前者裂缝控制等级为二级，后者为一级）。如果通过合理地施加预应力，设计者也不难设计出允许出现裂缝，而将最大裂缝宽度控制在最大裂缝宽度限值范围以内（这种构件的裂缝控制等级为三级）。这便是预应力混凝土构件的独到之处。对于有防水、抗渗透及抗腐蚀要求的构件，尤为适用。

2）可以充分利用高强材料，减小构件截面尺寸和钢筋截面面积，近而节省材料，减轻构件自重

由于需要通过张拉预应力钢筋对混凝土施加足够的预压应力，因此预应力钢筋必须具有很高的强度。《混凝土结构设计规范》指出，预应力钢筋宜采用预应力钢丝、预应力钢绞线、预应力螺纹钢筋。同时，预应力混凝土构件亦应尽可能地采用高强度等级的混凝土，以便与高强度钢筋相配合。只有采用高强度等级的混凝土，才能经受得住较大的预压应力和在截面受压区相应引起的预拉应力。预应力混凝土强度等级不宜低于 C40，且不应低于 C30。为避免在施加预应力时将

225

受压区混凝土拉裂，有时还同时在受压区配置少量的预应力钢筋。

预应力混凝土构件和设计要求条件相同的普通混凝土构件相比较，钢筋可节约 20%～50%，混凝土用量可节省 20%～40%。

3）可以提高构件的刚度，减少构件的变形

预应力混凝土构件，因不出现裂缝或裂缝很小而刚度较大，挠度较小。这对承受重复荷载的构件优点更为突出。对于预应力混凝土受弯构件，由于在施加预应力的过程中会出现反拱，通过反拱值的计算，不仅会减少构件的挠度，而且可以合理地控制使用阶段的变形。

6.1.2　施加预应力的方法

1）先张法

在浇筑混凝土之前先张拉预应力钢筋的施工方法称为先张法。张拉预应力钢筋，一般在台座（或钢模）上进行，随之便临时锚固在台座（或钢模）上；然后支模、绑扎其余非预应力钢筋、浇筑混凝土；待混凝土达到一定强度后切断或放松预应力钢筋，通过构件端部一段自锚区，将两端锚固住，靠预应力钢筋的回弹和预应力钢筋与混凝土之间的粘结力来挤压混凝土，从而达到对构件截面混凝土施加预压应力的目的，参见图 6-2。

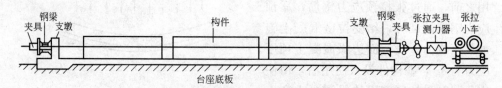

图 6-2　先张法构件生产示意图

2）后张法

在混凝土浇筑、硬结之后张拉预应力钢筋的施工方法称为后张法。在浇筑混凝土的同时预留孔道，待混凝土达到一定强度后，将预应力钢筋穿入孔道，再行张拉，并用特制的锚具将预应力钢筋（连同锚具一起）固定在构件端部，最后再向孔道内灌浆（也有的不灌浆），靠预应力钢筋的回弹和两端锚具的锚固挤压混凝土，从而达到对构件截面混凝土施加预压应力的目的，参见图 6-3。

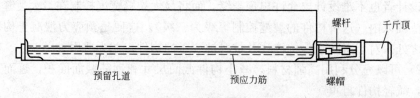

图 6-3　后张法构件张拉示意图

3）锚具与夹具

先张法，常用夹具将预应力钢筋临时固定在台座上；后张法，常用锚具将预应力钢筋两端固定在构件端部。先张法常用的夹具有：带齿的圆锥夹具、单根墩头夹具、销片式夹具等。后张法常用的锚具有：螺丝端杆锚具、JM12 锚具、锥形锚具等。

施加预应力的方法，还有后张自锚法、电热法以及通过膨胀混凝土使钢筋受拉等，应用不多，其原理大同小异。

6.2 预应力混凝土构件的基本计算原理

6.2.1 张拉控制应力 σ_{con} 的确定

根据对构件裂缝控制等级以及挠度限值等条件的要求，再考虑在施工和使用期间可能出现的预应力损失，设计者应首先确定在张拉预应力钢筋时，需要达到的张拉应力值，谓之张拉控制应力。用"σ_{con}"表示。施工时，根据控制应力便不难得知全部预应力钢筋或每一组预应力钢筋的总张拉力。即，受拉区预应力钢筋的总张拉力：$N_p = \sigma_{con} A_p$（A_p 为受拉区预应力钢筋的总截面面积）。

确定张拉控制应力的原则，应该是根据需要尽可能取高一些，也要注意留有余地。很明显，控制应力取值越高，预应力钢筋的实际预应力也越高，混凝土得到的预压应力也就越大。但也不是取值越高越好，控制应力的取值定得过高，会带来如下一些不利的影响：①减小构件的延性，在非正常情况下一旦开裂，构件容易发生脆断；②钢筋和混凝土都有可能产生塑性变形，回弹减小，降低对混凝土预压应力的效果；③相应地加大预应力损失；④可能造成受压区混凝土开裂；⑤可能引起局部受压区混凝土开裂和破坏；⑥可能因张拉设备的张拉能力和技术条件不足无法施工等等。

根据多年来国内外设计与施工经验，《混凝土结构设计规范》指出，预应力的张拉控制应力 σ_{con}，应符合下列规定：

1）消除应力钢丝、钢绞线

$$\sigma_{con} \leqslant 0.75 f_{ptk} \tag{6-1}$$

2）中强度预应力钢丝

$$\sigma_{con} \leqslant 0.70 f_{ptk} \tag{6-2}$$

3）预应力螺纹钢筋

$$\sigma_{con} \leqslant 0.85 f_{pyk} \tag{6-3}$$

式中　f_{ptk}——预应力筋极限强度标准值；

f_{pyk}——预应力螺纹钢筋屈服强度标准值。

消除应力钢丝、钢绞线，中强度预应力钢丝的张拉控制应力值不应小于 $0.4 f_{ptk}$，预应力螺纹钢筋的张拉控制应力值不宜小于 $0.5 f_{pyk}$。

当符合下列情况之一时，上述张拉控制应力限值可相应提高 $0.05 f_{ptk}$ 或 $0.05 f_{pyk}$：

1）要求提高构件在施工阶段的抗裂性能，而在使用阶段受压区内设置的预应力筋；

2）要求部分抵消由于应力松弛、摩擦、钢筋分批张拉，以及预应力筋与张拉台座之间的温差等因素，产生的预应力损失。

6.2.2 预应力损失值计算

预应力损失值的计算，见表 6-1。

227

预应力损失值（N/mm²）　　　　　　　　　　　表 6-1

引起损失的因素		符号	先张法构件	后张法构件
张拉端锚具变形和预应力筋内缩			按式(6-4)和表 6-2 计算	按式(6-4)和表 6-2 计算
预应力筋的摩擦	与孔道壁之间的摩擦		—	按式(6-5)或式(6-6)计算
	张拉端锚口摩擦		按实测值或厂家提供的数据确定	
	在转向装置处的摩擦		按实际情况确定	
混凝土加热养护时，预应力筋与承受拉力的设备之间的温差			$2\Delta t$	—
预应力筋的应力松弛			消除应力钢丝钢绞线， 普通松弛： $$0.4\left(\frac{\sigma_{con}}{f_{ptk}}-0.5\right)\sigma_{con}$$ 低松弛： 当 $\sigma_{con}\leqslant 0.7f_{ptk}$ 时 $$0.125\left(\frac{\sigma_{con}}{f_{ptk}}-0.5\right)\sigma_{con}$$ 当 $0.7f_{ptk}<\sigma_{con}\leqslant 0.8f_{ptk}$ 时 $$0.2\left(\frac{\sigma_{con}}{f_{ptk}}-0.575\right)\sigma_{con}$$ 中等强度预应力钢丝：$0.08\sigma_{con}$ 预应力螺纹钢筋：$0.03\sigma_{con}$	
混凝土的收缩和徐变			按式(6-8)～(6-11)计算	
用螺旋式预应力筋作配筋的环形构件，当直径 d 不大于 3m 时，由于混凝土的局部挤压			—	30

注：1. 表中 Δt 为混凝土加热养护时，预应力筋与承受拉力的设备之间的温差（℃）；

　　2. 当 $\sigma_{con}/f_{ptk}\leqslant 0.5$ 时，预应力筋的应力松弛损失值可取为零。

　　1）由于张拉端锚具变形和预应力筋内缩引起的预应力损失值 σ_{l1}，应按下列公式计算：

$$\sigma_{l1}=\frac{a}{l}\cdot E_s \qquad\qquad (6-4)$$

式中　a——张拉端锚具变形和钢筋内缩值（mm），可按表 6-2 采用；

　　　　l——张拉端至锚固端之间的距离（mm）。

锚具变形和预应力筋内缩值 a（mm）　　　　　　表 6-2

锚 具 类 别		a
支承式锚具（钢丝束镦头锚具等）	螺帽缝隙	1
	每块后加垫板的缝隙	1
夹片式锚具	有顶压时	5
	无顶压时	6～8

注：1. 表中的锚具变形和预应力筋内缩值也可根据实测数据确定。

　　2. 其他类型的锚具变形和钢筋内缩值应根据实测数据确定。

228

　　2）预应力钢筋与孔道壁之间的摩擦引起的预应力损失值 σ_{l2}，宜按下列公式计算：

$$\sigma_{l2} = \sigma_{con}\left(1 - \frac{l}{e^{kx+\mu\theta}}\right) \tag{6-5}$$

当 $(kx+\mu\theta)$ 不大于 0.3 时，σ_{l2} 可按下列近似公式计算：

$$\sigma_{l2} = (kx+\mu\theta)\sigma_{con} \tag{6-6}$$

式中　x——从张拉端至计算截面的孔道长度（m），可近似取该段孔道在纵轴上的投影长度；

　　　θ——张拉端至计算截面曲线孔道各部分切线的夹角之和（rad）；

　　　k——考虑孔道每米长度局部偏差的摩擦系数，按表 6-3 采用；

　　　μ——预应力筋与孔道壁之间的摩擦系数，按表 6-3 采用。

摩擦系数　　　　　　　　　　　　　　　　表 6-3

孔道成型方式	k	μ	
		钢绞线、钢丝束	预应力螺纹钢筋
预埋金属波纹管	0.0015	0.25	0.50
预埋塑料波纹管	0.0015	0.15	
预埋钢管	0.0010	0.30	
抽芯成型	0.0014	0.55	0.60
无粘结预应力筋	0.0040	0.09	

注：摩擦系数也可根据实测数据确定。

3）预应力筋与张拉设备之间的温差损失 σ_{l3}

温差损失，系指先张法采用蒸汽养护的构件，因台座温度低，钢筋温度高，且混凝土尚未硬结时，由台座和预应力筋温度变化所造成的预应力损失。温差损失可按下式计算：

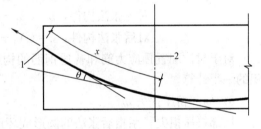

图 6-4　预应力摩擦损失计算
1—张拉端；2—计算截面

$$\sigma_{l3} = 2 \cdot \Delta t \tag{6-7}$$

式中　Δt——为受张拉预应力筋与承受拉力的设备之间的温差（以 ℃ 计）。

4）预应力钢筋的应力松弛损失 σ_{l4}

钢筋在长度不变的情况下，其应力随时间增长而降低，称为钢筋应力松弛。应力松弛的多少，与钢筋应力的大小有关，应力越大，松弛越多，而且应力松弛的发生是先快后慢且趋于平稳。由此可知，张拉控制应力越大，钢筋的应力松弛损失越大。如果采用超张拉工艺（由 $0 \to 1.03\sigma_{con}$ 或由 $0 \to 1.05\sigma_{con} \to \sigma_{con}$），让钢筋大部分松弛损失完成以后，再重新张拉至 σ_{con}，便可使松弛损失大为减少。

松弛损失值按表 6-4 计算。

5）混凝土的收缩和徐变应力损失 σ_{l5}

混凝土在空气中硬结时会使体积收缩；混凝土在预压应力作用下，会沿预压应力方向发生徐变。收缩和徐变均使混凝土构件长度缩短，由此引起预应力损

229

失。混凝土的收缩和徐变损失 σ_{l5}，与混凝土在施加预应力时所受的预压应力大小、混凝土当时的立方体强度以及受拉区和受压区配筋（包括预应力钢筋和非预应力钢筋）的多少有关。在一般情况下，对受拉区的预应力钢筋，σ_{l5} 可按下列方法确定：

先张法构件

$$\sigma_{l5}=\frac{60+340\dfrac{\sigma_{pc}}{f_{cu}'}}{1+15\rho} \tag{6-8}$$

$$\sigma_{l5}'=\frac{60+340\dfrac{\sigma_{pc}'}{f_{cu}'}}{1+15\rho} \tag{6-9}$$

后张法构件

$$\sigma_{l5}=\frac{55+300\dfrac{\sigma_{pc}}{f_{cu}'}}{1+15\rho} \tag{6-10}$$

$$\sigma_{l5}'=\frac{55+300\dfrac{\sigma_{pc}'}{f_{cu}'}}{1+15\rho} \tag{6-11}$$

式中　σ_{pc}、σ_{pc}'——受拉区、受压区预应力筋合力点处的混凝土法向压应力；

f_{cu}'——施加预应力时的混凝土立方体抗压强度；

ρ、ρ'——受拉区、受压区预应力筋和普通钢筋的配筋率：

对先张法构件，$\rho=(A_p+A_s)/A_0$，$\rho'=(A_p'+A_s')/A_0$；

对后张法构件，$\rho=(A_p+A_s)/A_n$，$\rho'=(A_p'+A_s')/A_n$；

对于对称配置预应力筋和普通钢筋的构件，配筋率 ρ、ρ' 应按钢筋总截面面积的一半计算。

6）局部挤压损失 σ_{l6}

局部挤压损失，系指后张法的圆形或环形构件且用螺旋式预应力筋，构件外圆直径 $d \leqslant 3m$ 时，所考虑的由混凝土被挤压而引起的预应力损失。为简化计算，可近似取：

$$\sigma_{l6}=30N/mm^2 \tag{6-12}$$

实际上，施工阶段只产生一部分预应力损失，称为第一批损失，用"σ_{lI}"表示；使用阶段又产生另一部分预应力损失，称为第二批损失，用"σ_{lII}"表示。全部预应力损失（用"σ_l"表示）等于第一批与第二批预应力损失之和，即：

$$\sigma_l=\sigma_{lI}+\sigma_{lII} \tag{6-13}$$

将上述六项预应力损失分为两批，并用"混凝土开始受到预压应力"作为分界线。即将混凝土开始受到预压应力以前发生的损失值作为第一批预应力损失（σ_{lI}），而将混凝土开始受到预压应力以后发生的损失值作为第二批预应力损失（σ_{lII}）。第一批损失将作为施工阶段验算的依据；第一批与第二批损失之和（全损失）将作为使用阶段计算的依据。

230

预应力混凝土构件，在各阶段的预应力损失值宜按表 6-4 的规定进行组合。

预应力损失值组合	先张法构件	后张法构件
混凝土预压前(第一批)的损失	$\sigma_{l1}+\sigma_{l2}+\sigma_{l3}+\sigma_{l4}$	$\sigma_{l1}+\sigma_{l2}$
混凝土预压后(第二批)的损失	σ_{l5}	$\sigma_{l4}+\sigma_{l5}+\sigma_{l6}$

注：先张法构件由于预应力筋应力松弛引起的损失值 σ_{l4} 在第一批和第二批损失中所占的比例，如需区分，可根据实际情况确定。

考虑到实际损失有可能比计算值偏高，《混凝土结构设计规范》规定，当总预应力损失的计算值小于下列数值时，σ_l 应按下列数值取用：

先张法构件　　　　　$100\mathrm{N/mm^2}$

后张法构件　　　　　$80\mathrm{N/mm^2}$

6.2.3 预应力混凝土构件不同工作阶段的应力分析

1) 净截面和换算截面

为便于按材料力学公式计算应力，需将非预应力钢筋和预应力钢筋的截面面积也折算成当量的混凝土截面面积，并保持各自的截面重心不变。根据折算混凝土与钢筋的抗力相等及应变相同的原则，即令 $A_{cs}\sigma_c=A_s\sigma_s$，并由 $\varepsilon_s=\varepsilon_c$，可以得出：

$$A_{cs}=\frac{\sigma_s}{\sigma_c}\cdot A_s=\frac{E_s\varepsilon_s}{E_c\varepsilon_c}\cdot A_s=\frac{E_s}{E_c}\cdot A_s=\alpha A_s \tag{6-14}$$

式中　α——折算系数，即钢筋与混凝土弹性模量之比。

由此可见，折算混凝土截面面积，等于 α 倍钢筋截面面积。即：

$$\left.\begin{aligned}
A_{cp}&=\alpha_p A_p & \alpha_p&=\frac{E_p}{E_c}\\
A'_{cp}&=\alpha'_p A'_p & \alpha'_p&=\frac{E'_p}{E_c}\\
A_{cs}&=\alpha_s A_s & \alpha_s&=\frac{E_s}{E_c}\\
A'_{cs}&=\alpha'_s A'_s & \alpha'_s&=\frac{E'_s}{E_c}
\end{aligned}\right\} \tag{6-15}$$

式中　A_{cp}、A'_{cp}、A_{cs}、A'_{cs}——分别为受拉区预应力钢筋、受压区预应力钢筋、非预应力受拉钢筋、非预应力受压钢筋折算成当量混凝土后的折算面积；

　　　　α_p、α'_p、α_s、α'_s——相应的折算系数。

统一折算成混凝土材料的截面，如图 6-5 所示。其中，不包括预应力钢筋的折算面积时，称为净截面面积，用"A_n"表示；包括时，称为换算截面面积，用"A_0"表示。即：

净截面面积　　　　　$A_n=A_c+\alpha_s A_s+\alpha'_s A'_s$ $\tag{6-16}$

换算截面面积　　　　$A_0=A_c+\alpha_s A_s+\alpha'_s A'_s+\alpha_p A_p+\alpha'_p A'_p$ $\tag{6-17}$

与净截面和换算截面相应的截面重心轴，分别称为净截面重心轴和换算截面

231

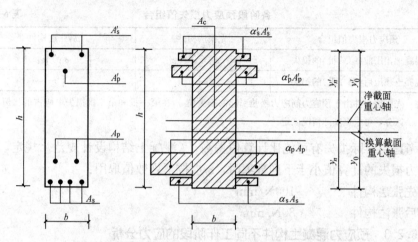

图 6-5　预应力混凝土受弯构件截面的几何特征

重心轴，它们至截面下边缘、上边缘的距离，分别用 y_n、y_n' 和 y_0、y_0' 表示；相应的截面抵抗矩、惯性矩分别用 W_n、I_n 和 W_0、I_0 表示。

2）预应力混凝土受弯构件各工作阶段的应力状态

现以后张法预应力混凝土简支梁为例，说明在施工阶段和使用阶段截面所处的应力状态（假定在构件开裂前混凝土为理想弹性体）。在此，非预应力钢筋的应力从略。

（1）施工阶段（又可分为两个阶段）

第一阶段——从开始张拉到锚固，即到完成第一批预应力损失为止。

A_p（受拉区预应力钢筋）的应力：

$$\sigma_{pI} = \sigma_{con} - \sigma_{lI} \tag{6-18}$$

A_p'（受压区预应力钢筋）的应力：

$$\sigma_{pI}' = \sigma_{con}' - \sigma_{lI}' \tag{6-19}$$

混凝土下边缘和上边缘的预压应力，可由预应力钢筋产生的偏心压力，作用在净截面上，按材料力学公式求得，即：

$$\sigma_{cI} = \frac{N_{pI}}{A_n} + \frac{N_{pI} \cdot e_{nI}}{I_n} \cdot y_n \tag{6-20}$$

$$\sigma_{cI}' = \frac{N_{pI}}{A_n} - \frac{N_{pI} \cdot e_{nI}}{I_n} \cdot y_n' \tag{6-21}$$

式中　N_{pI}——完成第一批预应力损失后预应力钢筋产生的偏心压力，其大小应按下式计算：

$$N_{pI} = (\sigma_{con} - \sigma_{lI})A_p + (\sigma_{con}' - \sigma_{lI}')A_p' \tag{6-22}$$

e_{nI}——偏心压力 N_{pI} 作用点至净截面重心轴的距离，可根据 $(\sigma_{con} - \sigma_{lI})A_p$ 和 $(\sigma_{con}' - \sigma_{lI}')A_p'$ 的大小及作用点，按合力力矩定理求得。

第二阶段——从锚固到承受外荷载之前，即近似地认为第二批预应力损失也全部完成。

A_p 的应力：

$$\sigma_{pII} = \sigma_{con} - \sigma_l \tag{6-23}$$

A_p' 的应力：

$$\sigma_{pII}' = \sigma_{con}' - \sigma_l' \tag{6-24}$$

受拉区和受压区边缘混凝土的预压应力：

$$\sigma_{cII} = \frac{N_{pII}}{A_n} + \frac{N_{pII} \cdot e_{nII}}{I_n} \cdot y_n \tag{6-25}$$

$$\sigma_{cII}' = \frac{N_{pII}}{A_n} - \frac{N_{pII} \cdot e_{nII}}{I_n} \cdot y_n' \tag{6-26}$$

式中 N_{pII}——完成全部预应力损失后预应力钢筋产生的偏心压力，其大小应按下式计算：

$$N_{pII} = (\sigma_{con} - \sigma_l)A_p + (\sigma_{con}' - \sigma_l')A_p' \tag{6-27}$$

e_{nII}——偏心压力 N_{pII} 作用点至净截面重心轴的距离，可根据 $(\sigma_{con} - \sigma_l)A_p$ 和 $(\sigma_{con}' - \sigma_l')A_p'$ 的大小及作用点，按合力力矩定理求得。

（2）使用阶段（又可分为三个阶段）

第三阶段——加荷至受拉预应力钢筋合力点处（在此，近似取为受拉区下边缘）混凝土的法向应力为零，即所谓"零应力阶段"，或称"零应力状态"。

因为在构件受荷之前，截面受拉区下边缘混凝土已经存在预压应力 σ_{cII}，所以只有外荷载对截面下边缘产生拉应力 $\sigma_c = \sigma_{cII}$ 时，才能达到零应力状态。即此阶段：

受拉区下边缘混凝土的拉应力：

$$\sigma_{c0} = 0 \tag{6-28}$$

又因为外荷载是作用在整个换算截面上，所以此时的外弯矩，必为：

$$M_0 = \sigma_{cII} \cdot W_0 \tag{6-29}$$

截面受压区上边缘的混凝土压应力：

$$\sigma_{c0}' = \sigma_{cII}' + \frac{M_0}{I_0} \cdot y_0' \tag{6-30}$$

A_p 的应力：

$$\sigma_{p0} = \sigma_{con} - \sigma_l + \alpha_p \frac{M_0}{I_0} \cdot y_p \tag{6-31}$$

A_p' 的应力：

$$\sigma_{p0}' = \sigma_{con}' - \sigma_l' - \alpha_p' \frac{M_0}{I_0} \cdot y_p' \tag{6-32}$$

式中 y_p、y_p'——换算截面重心轴至 A_p、A_p' 合力点的距离。

第四阶段——继续加荷至受拉区混凝土即将出现裂缝。

考虑到受拉区混凝土即将出现裂缝时塑性充分发展，此阶段：

截面下边缘混凝土的拉应力应为考虑塑性内力重分布后的混凝土抗拉强度，即：

$$\sigma_{cr} = \gamma f_{tk} \tag{6-33}$$

式中 f_{tk}——混凝土抗拉强度标准值；

γ——受拉区混凝土塑性影响系数（$\gamma \geq 1$），在设计中，《混凝土结构设计规范》为偏于严格控制抗裂度，取 $\gamma = 1.0$，即取：

$$\sigma_{cr} = f_{tk} \tag{6-34}$$

此刻，整个截面相当于在 M_0 的基础上，又增加了一个弯矩增量：

233

$$\Delta M = f_{tk}W_0 \tag{6-35}$$

因此，当截面即将出现裂缝时，截面所承受的外弯矩应为：

$$M_{cr} = M_0 + \Delta M$$

即：

$$M_{cr} = (\sigma_{cII} + f_{tk})W_0 \tag{6-36}$$

受压区边缘混凝土的压应力，相当于在 σ'_{cII} 的基础上，又增加了由 ΔM 引起的压应力，即：

$$\sigma'_{cr} = \sigma'_{cII} + \frac{M_{cr}}{I_0} \cdot y'_0 \tag{6-37}$$

同理，A_p 的应力：

$$\sigma_{pr} = \sigma_{con} - \sigma_l + \alpha_p \frac{M_{cr}}{I_0} \cdot y_p \tag{6-38}$$

A'_p 的应力：

$$\sigma'_{pr} = \sigma'_{con} - \sigma'_l - \alpha'_p \frac{M_{cr}}{I_0} \cdot y'_p \tag{6-39}$$

第五阶段——继续加荷，直到构件截面发生破坏，即破坏阶段末。

此阶段，受拉区混凝土已退出工作，受压区混凝土达到极限压应变。在此之前，受拉区预应力钢筋和非预应力受拉钢筋均已达到各自的强度设计值。非预应力受压钢筋，只要 $x \geqslant 2a'$，也能达到抗压强度设计值。只是受压区预应力钢筋一般不会达到强度设计值，也有可能仍在受拉。

因为构件截面处于零应力状态时，A'_p 的应力已达到 σ'_{p0}，所以当构件截面达到承载能力极限状态时，受压预应力钢筋 A'_p 的实际应力（又称受压预应力钢筋的应力设计值）σ'_p 为：

$$\sigma'_p = \sigma'_{p0} - f'_{py} \tag{6-40}$$

式中的 σ'_{p0} 为受拉预应力钢筋重心处的混凝土法向应力等于零（零应力状态）时受压预应力钢筋的应力。σ'_{p0} 以拉应力为正，压应力为负。当 $\sigma'_p > f_{py}$ 时，取 $\sigma'_p = f_{py}$。

预应力混凝土后张法受弯构件各阶段的应力状态，可参见表 6-5。

6.2.4　预应力混凝土矩形截面受弯构件的正截面受弯承载力计算

预应力混凝土受弯构件与普通钢筋混凝土受弯构件相比，正截面受弯承载力的计算简图和计算公式，只增加了 A_p 和 A'_p 两项抗力。其中 h_0 为受拉区预应力钢筋和非预应力钢筋的总合力至截面受压区边缘的距离。按图 6-6，可建立正截

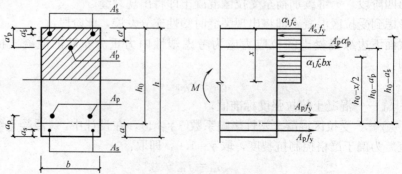

图 6-6　预应力混凝土受弯构件正截面承载力计算图形

面受弯承载力计算的基本公式:

$$\alpha_1 f_c bx = f_y A_s - f'_y A'_s + f_{py} A_p + (\sigma'_{p0} - f'_{py}) A'_p \tag{6-41}$$

$$M \leqslant \alpha_1 f_c bx \left(h_0 - \frac{x}{2}\right) + f'_y A'_s (h_0 - a'_s) - (\sigma'_{p0} - f'_{py}) A'_p (h_0 - a'_p) \tag{6-42}$$

预应力混凝土后张法简支梁各阶段的应力状态　　　　　　　　　表 6-5

受力阶段		受 力 状 态	A_p 应力
施工阶段	第一阶段 从张拉到锚固(完成第一批损失)		$\sigma_{pI} = \sigma_{con} - \sigma_{lI}$
	第二阶段 从锚固到加荷(完成第二批损失)		$\sigma_{pII} = \sigma_{con} - \sigma_l$
使用阶段	第三阶段 加荷至截面下边缘混凝土应力为零		$\sigma_{pc} = \sigma_{con} - \sigma_l + \alpha_p \dfrac{M_0}{I_0} \cdot y_p$
	第四阶段 加荷至即将出现裂缝		$\sigma_{pr} = \sigma_{con} - \sigma_l + \alpha_p \dfrac{M_{cr}}{I_0} \cdot y_p$
	第五阶段 加荷至构件破坏		$\sigma_p = f_{py}$

(未包括非预应力钢筋)

基本公式的适用条件为:

$$x \leqslant \xi_b h_0$$

$$x \geqslant 2a'$$

式中　ξ_b——预应力混凝土受弯构件的相对界限受压区高度。应按下式计算：

$$\xi_b = \frac{\beta_1}{1 + \frac{0.002}{\varepsilon_{cu}} + \frac{f_{py} - \sigma_{p0}}{E_s \varepsilon_{cu}}} \tag{6-43}$$

式中　σ_{p0}——受拉预应力钢筋合力点处的混凝土预压应力为零（零应力状态）时，受拉区预应力钢筋的应力，可按式（6-31）计算；

f_{py}——预应力受拉钢筋的抗拉强度设计值，见附录一之附表 1-8。

6.2.5　预应力混凝土受弯构件使用阶段正截面抗裂度验算

由受弯构件应力状态（第四阶段）的公式（6-36）可知，构件的开裂弯矩为：

$$M_{cr} = (\sigma_{c\,\text{II}} + f_{tk}) W_0 \tag{6-44}$$

所以，当正截面上作用的弯矩标准值 M_k 满足下式时，构件即不会开裂：

$$M_k \leqslant M_{cr} = (\sigma_{c\,\text{II}} + f_{tk}) W_0 \tag{6-45}$$

此式也可表达为应力的形式，即：

$$\frac{M_k}{W_0} \leqslant \sigma_{c\,\text{II}} + f_{tk}$$

或　　　　　　　　　　　　　$$\sigma_{ck} \leqslant \sigma_{c\,\text{II}} + f_{tk} \tag{6-46}$$

式中 σ_{ck} 为按荷载效应的标准组合计算的弯矩标准值在构件截面受拉边缘引起的拉应力。

考虑到正常使用极限状态应分别按荷载效应的标准组合和荷载效应的准永久组合进行验算，对于不同控制等级的受弯构件，《混凝土结构设计规范》要求按下列规定进行正截面抗裂度验算：

1）严格要求不出现裂缝的构件

$$\sigma_{ck} - \sigma_{pc} \leqslant 0 \tag{6-47}$$

2）一般要求不出现裂缝的构件

（1）在荷载效应的标准组合下：

$$\sigma_{ck} - \sigma_{pc} \leqslant f_{tk} \tag{6-48a}$$

（2）在荷载效应的准永久组合下：

$$\sigma_{cq} - \sigma_{pc} \leqslant 0 \tag{6-48b}$$

式中　σ_{ck}、σ_{cq}——荷载效应的标准组合、荷载效应的准永久组合下在构件截面受拉边缘引起的拉应力，即：

$$\sigma_{ck} = \frac{M_k}{W_0} \tag{6-49}$$

$$\sigma_{cq} = \frac{M_q}{W_0} \tag{6-50}$$

M_k、M_q——按荷载效应标准组合、准永久组合计算出的弯矩；

σ_{pc}——扣除全部预应力损失后在构件截面受拉边缘引起的预压应力（即为 $\sigma_{c\,\text{II}}$）；对后张法预应力受弯构件，可按公式（6-25）计算；

f_{tk}——混凝土的抗拉强度标准值，按附录一之附表 1-5 取用。

6.2.6 预应力混凝土受弯构件使用阶段斜截面抗裂度验算

使用阶段斜截面抗裂度验算，《混凝土结构设计规范》规定：控制截面上计算纤维处的混凝土主拉应力和主压应力，应满足下列要求：

1）混凝土主拉应力

严格要求不出现裂缝的构件：

$$\sigma_{sp} \leqslant 0.85 f_{tk} \tag{6-51}$$

一般要求不出现裂缝的构件：

$$\sigma_{tp} \leqslant 0.95 f_{tk} \tag{6-52}$$

2）混凝土主压应力

$$\sigma_{cp} \leqslant 0.6 f_{tk} \tag{6-53}$$

其中，受弯构件的混凝土主拉应力 σ_{tp} 与主压应力 σ_{cp} 的计算公式为：

$$\begin{matrix} \sigma_{tp} \\ \sigma_{cp} \end{matrix} = \frac{\sigma_x + \sigma_y}{2} \pm \sqrt{\left(\frac{\sigma_x + \sigma_y}{2}\right)^2 + \tau^2} \tag{6-54}$$

式中　σ_x——预应力与弯矩 M_s 在计算纤维处产生的混凝土法向应力，可按下式计算：

$$\sigma_x = \sigma_{pc} \pm \frac{M_k}{I_0} \cdot y_0 \tag{6-55}$$

σ_{pc}——扣除全部预应力损失后，在计算纤维处由预应力产生的混凝土法向应力；

y_0——计算纤维处至换算截面重心轴的距离；

σ_y——集中荷载标准值在计算纤维处引起的混凝土竖向压应力；

τ——顶应力（曲线孔道）与剪力 V_s 在计算纤维处引起的混凝土剪应力，可按下式计算：

$$\tau = \frac{(V_k - \sum \sigma_{pe} A_{pb} \sin\alpha_p) S_0}{I_0 b} \tag{6-56}$$

式中　I_0——换算截面惯性矩；

V_k——按荷载效应的标准组合计算的剪力值；

S_0——计算纤维以上部分的换算截面面积对构件的截面重心轴的面积矩；

σ_{pe}——预应力弯起钢筋的有效预应力；

A_{pb}——计算截面上同一弯起平面内的预应力弯起钢筋的截面面积；

α_p——计算截面上预应力弯起钢筋的切线与构件纵向轴线的夹角。

公式（6-54）中的 σ_x、σ_y 以拉应力为正，压应力为负。

通过上述介绍，大体上可以了解预应力混凝土构件的基本计算原理。预应力混凝土构件，除应进行上述计算外，还需分别进行使用阶段的斜截面受剪承载力计算，挠度验算以及施工阶段的承载力和抗裂度验算等，这里不再一一叙述。

第7章 无筋砌体基本构件

7.1 受压构件的承载力计算

7.1.1 高厚比和轴向力的偏心距对受压构件承载力的影响

1) 受压构件的高厚比

无筋砌体受压构件和混凝土受压构件相似，也可分成短柱与长柱，只是无筋砌体受压构件用高厚比 β 来区分。高厚比 $\beta \leqslant 3$ 者为短柱，高厚比 $\beta > 3$ 者为长柱。短柱高厚比较小，可以忽略因纵向弯曲而使承载能力降低的影响；长柱高厚比较大，则需要考虑因纵向弯曲而使承载力降低的影响。

在此，受压构件的高厚比 β，为构件的计算高度 H_0 与矩形截面轴向力偏心方向的边长（当轴心受压时，为截面较小边长）之比。构件的高厚比 β，应按下列公式确定：

对矩形截面
$$\beta = \gamma_\beta \frac{H_0}{h} \tag{7-1}$$

对 T 形截面
$$\beta = \gamma_\beta \frac{H_0}{h_T} \tag{7-2}$$

式中 γ_β——不同砌体材料构件的高厚比修正系数，按表 7-1 采用；

H_0——受压构件的计算高度，按表 7-2 确定；

h——矩形截面轴向力偏心方向的边长，当轴心受压时为截面较小边长；

h_T——T 形截面的折算厚度，可近似按 $3.5i$ 计算；

i——截面回转半径。

高厚比修正系数 γ_β 表 7-1

砌体材料类别	γ_β
烧结普通砖、烧结多孔砖	1.0
混凝土普通砖、混凝土多孔砖、混凝土及轻集料混凝土砌块	1.1
蒸压灰砂普通砖、蒸压粉煤灰普通砖、细料石	1.2
粗料石、毛石	1.5

注：对灌孔混凝土砌块砌体，γ_β 取 1.0。

受压构件的计算高度 H_0 表 7-2

房屋类别			柱		带壁柱墙或周边拉结的墙		
			排架方向	垂直排架方向	$s>2H$	$2H \geqslant s>H$	$s \leqslant H$
有吊车的单层房屋	变截面柱上段	弹性方案	$2.5H_u$	$1.25H_u$	$2.5H_u$		
		刚性、刚弹性方案	$2.0H_u$	$1.25H_u$	$2.0H_u$		
	变截面柱下段		$1.0H_l$	$0.8H_l$	$1.0H_l$		

续表

房屋类别			柱		带壁柱墙或周边拉结的墙		
			排架方向	垂直排架方向	$s>2H$	$2H \geqslant s>H$	$s \leqslant H$
无吊车的单层和多层房屋	单跨	弹性方案	$1.5H$	$1.0H$	$1.5H$		
		刚弹性方案	$1.2H$	$1.0H$	$1.2H$		
	多跨	弹性方案	$1.25H$	$1.0H$	$1.25H$		
		刚弹性方案	$1.10H$	$1.0H$	$1.1H$		
	刚性方案		$1.0H$	$1.0H$	$1.0H$	$0.4s+0.2H$	$0.6s$

注：1. 表中 H_u 为变截面柱的上段高度，H_l 为变截面柱的下段高度；

　　2. 对于上端为自由端的构件，$H_0=2H$；

　　3. 独立砖柱，当无柱间支撑时，柱在垂直排架方向的 H_0 应按表中数值乘以 1.25 后采用；

　　4. s 为房屋横墙间距；

　　5. 自承重墙的计算高度应根据周边支承或拉接条件确定。

墙、柱的计算高度 H_0，与房屋的静力计算方案、与该墙相垂直连接的"横墙"间距 s 以及该墙体的实际高度 H 有关。为了利用表 7-2 求得墙、柱的计算高度 H_0，有必要对上述三个因素作进一步说明。

（1）房屋的静力计算方案

根据房屋的空间工作性能，《砌体结构设计规范》以屋盖或楼盖类型（刚度大小）及横墙间距作为主要因素，将混合结构房屋的静力计算方案划分为三种：刚性方案、刚弹性方案和弹性方案，见表 7-3。

房屋的静力计算方案　　　　　　　表 7-3

序号	屋盖或楼盖类别	刚性方案	刚弹性方案	弹性方案
1	整体式装配整体式和装配式无檩体系钢筋混凝土屋盖或钢筋混凝土楼盖	$s<32$	$32 \leqslant s \leqslant 72$	$s>72$
2	装配式有檩体系钢筋混凝土屋盖、轻钢屋盖和有密铺望板的木屋盖或木楼盖	$s<20$	$20 \leqslant s \leqslant 48$	$s>48$
3	瓦材屋面的木屋盖和轻钢屋盖	$s<16$	$16 \leqslant s \leqslant 36$	$s>36$

注：1. 表中 s 为房屋横墙间距，其长度单位为 m；

　　2. 当屋盖、楼盖类别不同或横墙间距不同时，可按规范的规定确定房屋的静力计算方案；

　　3. 对无山墙或伸缩缝处无横墙的房屋，应按弹性方案考虑。

（2）横墙的条件

作为刚性方案房屋的横墙，应符合下列规定：

（A）横墙中开有洞口时，洞口的水平截面面积不应超过横墙截面面积的 50%；

（B）横墙的厚度不宜小于 180mm；

（C）横墙的长度，单层房屋不宜小于单层房屋的高度，多层房屋不宜小于 $H/2$（H 为横墙总高度）；

（D）横墙和纵墙，必须有可靠的拉结。

这里还应指出，在对某一墙体进行高厚比验算时，作为该墙体的"横墙"，系指与该墙体成垂直连接的墙体而言，不一定是横向布置的墙体。凡不符合上述

239

条件的墙体一般不可作为刚性方案房屋的横墙，也不可作为验算高厚比墙体的横墙；必要时，应对横墙的刚度进行验算。显然，两端的"横墙"间距越小，墙体越稳定，其计算长度 H_0 便可以取小一些。

（3）墙、柱的实际高度 H

墙、柱的实际高度，系指房屋的每一层上、下水平支承点间的距离。计算时，应按下列规定采用：

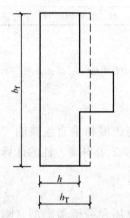

图 7-1　T 形截面折算厚度

（A）在房屋底层，为楼板顶面到构件下端支点的距离。下端支点的位置，可取在基础顶面。当埋置较深且有刚性地坪时，可取室内地面下 500mm 处；

（B）在房屋其他层次，为楼板或其他水平支点间的距离；

（C）对于无壁柱的山墙，可取层高加山墙尖高度的 1/2；对于带壁柱的山墙可取壁柱处的山墙高度。

T 形截面的折算厚度，可由回转半径相等的条件，将 T 形截面折算成等效的矩形截面（图 7-1）。即由：

$$i=\sqrt{\frac{\dfrac{b_f h_T^3}{12}}{b_f h_T}}=\frac{h_T}{\sqrt{12}}$$

得：

$$h_T=\sqrt{12}i=3.5i \tag{7-3}$$

式中　i——T 形截面回转半径，即：

$$i=\sqrt{\frac{I}{A}}$$

A，I——T 形截面的截面面积、惯性矩。

2）构件的高厚比 β 对构件截面承载力的影响

与钢筋混凝土受压构件相似，细长的砌体受压构件会因侧向挠曲变形，在初始偏心距 e 的基础上产生附加偏心距 e_i，从而降低构件截面的承载能力。试验结果表明：砌体的高厚比和初始偏心距越大，挠曲变形越大，附加偏心距也越大，构件截面的承载能力也越低。

通过理论分析和试验验证，对于矩形截面受压构件，由于纵向弯曲所引起的附加偏心距可取为：

$$e_i=\frac{h}{\sqrt{12}} \cdot \sqrt{\frac{1}{\phi_0}-1} \tag{7-4}$$

式中　ϕ_0——轴心受压构件稳定系数，当 $\beta \leqslant 3$ 时，取 $\phi_0=1.0$；当 $\beta>3$ 时，可按下式计算：

$$\phi_0=\frac{1}{1+\alpha\beta^2} \tag{7-5}$$

式中　α——考虑砌体变形性能系数，主要与砂浆强度等级有关。当砂浆强度等级 $\geqslant$M5 时，$\alpha=0.0015$；当砂浆强度等级为 M2.5 时，$\alpha=0.002$；

当砂浆强度为 0 时，$\alpha = 0.009$。

3）轴向力的偏心距 e 对构件截面承载力的影响

对于不需要考虑纵向弯曲影响的（短粗的）轴心受压构件，在轴心压力作用下，截面处于均匀受压状态（图 7-2a）。其极限承载力 N_u 等于计算截面面积 A 与砌体抗压强度 f 之乘积。即：

$$N_u = f \cdot A \tag{7-6}$$

对于短粗的偏心受压构件，随着轴向力偏心距的增大，截面可能全部受压，也可能部分受压，其压应力则不可能均匀分布，如图 7-2（b）、（c）、（d）所示。试验和实测结果都证实，尽管截面受压较大一侧的极限压应力有可能略高于砌体抗压强度 f，但由于另一侧的压应力减小，如果产生拉应力，还可能因出现水平裂缝而减小实际受压截面面积。所以偏心受压构件截面的承载能力不仅低于轴心受压构件，而且随着偏心距的加大，其承载力降低得非常显著。

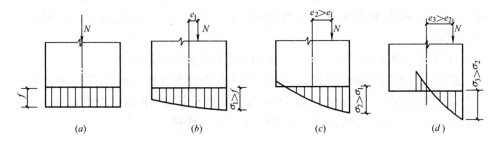

图 7-2 受压构件截面压应力分布

现将偏心受压构件与轴心受压构件承载力的比值 φ_1 作为纵坐标，将轴向力的偏心距 e 与截面回转半径 i（$i = \sqrt{I/A}$）的比值 e/i 作为横坐标，通过试验，可以得到一条与实测结果相当符合的变化规律曲线，如图 7-3 所示，其函数表达式为：

$$\varphi_1 = \frac{1}{1 + \left(\dfrac{e}{i}\right)^2} \tag{7-7}$$

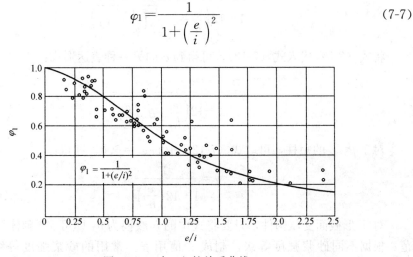

图 7-3 φ_1 与 e/i 的关系曲线

对矩形截面偏心受压构件，当高厚比 $\beta \leqslant 3$ 时，可以改用相对偏心距（e/h）表示，即：

$$\varphi_1 = \frac{1}{1 + 12\left(\dfrac{e}{h}\right)^2} \tag{7-8}$$

式中　e——轴向力的偏心距（初始偏心距），即：

$$e = \frac{M}{N} \tag{7-9}$$

h——矩形截面在轴向力偏心方向的边长，当为轴心受压时取截面较小边长。

由此可将不需要考虑纵向弯曲影响的受压构件承载力表示为：

$$N_u = \varphi_1 f A \tag{7-10}$$

式中的 φ_1 称为仅考虑偏心距 e 对受压承载力的影响系数。它反映了偏心距的大小对偏心受压构件承载能力的影响。偏心距 e 越大，φ_1 值越小，极限承载力 N_u 越低。

4）高厚比和轴向力偏心距对受压构件承载力的影响系数 φ

高厚比和轴向力偏心距对受压构件承载力的影响系数，用"φ"表示。它是一个同时考虑高厚比和轴向力偏心距对受压构件承载能力的综合影响系数。如果将公式（7-8）中的初始偏心距 e，改换为 $e + e_i$，便得：

$$\varphi = \frac{1}{1 + 12\left(\dfrac{e + e_i}{h}\right)^2} \tag{7-11}$$

再将 e_i 用公式（7-4）代入，便可得出轴向力影响系数 φ 的计算公式。对矩形截面受压构件：

$$\varphi = \frac{1}{1 + 12\left(\dfrac{e}{h} + \sqrt{\dfrac{1}{12}\left(\dfrac{1}{\varphi_0} - 1\right)}\right)^2} \tag{7-12}$$

将式（7-5）代入式（7-12），可得到 φ 的另一种表达形式：

$$\varphi = \frac{1}{1 + 12\left(\dfrac{e}{h} + \beta\sqrt{\dfrac{\alpha}{12}}\right)^2} \tag{7-13}$$

对于 $\beta \leqslant 3$ 的短柱，可取式（7-12）中的 $\varphi_0 = 1.0$，即得：

$$\varphi = \frac{1}{1 + 12\left(\dfrac{e}{h}\right)^2} \tag{7-14}$$

对 T 形截面受压构件，只要将式中的 h 改换为 h_t 即可。《砌体结构设计规范》根据不同砂浆强度等级，制成 φ 值用表。常用的砂浆强度等级 $\geqslant$M5 和 M2.5 的以及砂浆强度为 0 的 φ 值，可分别由表 7-4、表 7-5 和表 7-6 查得。

影响系数 φ（砂浆强度等级≥M5）　　　　　　表 7-4

β	$\frac{e}{h}$或$\frac{e}{h_T}$												
	0	0.025	0.05	0.075	0.1	0.125	0.15	0.175	0.2	0.225	0.25	0.275	0.3
≤3	1	0.99	0.97	0.94	0.89	0.84	0.79	0.73	0.68	0.62	0.57	0.52	0.48
4	0.98	0.95	0.90	0.85	0.80	0.74	0.69	0.64	0.58	0.53	0.49	0.45	0.41
6	0.95	0.91	0.86	0.81	0.75	0.69	0.64	0.59	0.54	0.49	0.45	0.42	0.38
8	0.91	0.86	0.81	0.76	0.70	0.64	0.59	0.54	0.50	0.46	0.42	0.39	0.36
10	0.87	0.82	0.76	0.71	0.65	0.60	0.55	0.50	0.46	0.42	0.39	0.36	0.33
12	0.82	0.77	0.71	0.66	0.60	0.55	0.51	0.47	0.43	0.39	0.36	0.33	0.31
14	0.77	0.72	0.66	0.61	0.56	0.51	0.47	0.43	0.40	0.36	0.34	0.31	0.29
16	0.72	0.67	0.61	0.56	0.52	0.47	0.44	0.40	0.37	0.34	0.31	0.29	0.27
18	0.67	0.62	0.57	0.52	0.48	0.44	0.40	0.37	0.34	0.31	0.29	0.27	0.25
20	0.62	0.57	0.53	0.48	0.44	0.40	0.37	0.34	0.32	0.29	0.27	0.25	0.23
22	0.58	0.53	0.49	0.45	0.41	0.38	0.35	0.32	0.30	0.27	0.25	0.24	0.22
24	0.54	0.49	0.45	0.41	0.38	0.35	0.32	0.30	0.28	0.26	0.24	0.22	0.21
26	0.50	0.46	0.42	0.38	0.35	0.33	0.30	0.28	0.26	0.24	0.22	0.21	0.19
28	0.46	0.42	0.39	0.36	0.33	0.30	0.28	0.26	0.24	0.22	0.21	0.19	0.18
30	0.42	0.39	0.36	0.33	0.31	0.28	0.26	0.24	0.22	0.21	0.20	0.18	0.17

影响系数 φ（砂浆强度等级 M2.5）　　　　　　表 7-5

β	$\frac{e}{h}$或$\frac{e}{h_T}$												
	0	0.025	0.05	0.075	0.1	0.125	0.15	0.175	0.2	0.225	0.25	0.275	0.3
≤3	1	0.99	0.97	0.94	0.89	0.84	0.79	0.73	0.68	0.62	0.57	0.52	0.48
4	0.97	0.94	0.89	0.84	0.78	0.73	0.67	0.62	0.57	0.52	0.48	0.44	0.40
6	0.93	0.89	0.84	0.78	0.73	0.67	0.62	0.57	0.52	0.48	0.44	0.40	0.37
8	0.89	0.84	0.78	0.72	0.67	0.62	0.57	0.52	0.48	0.44	0.40	0.37	0.34
10	0.83	0.78	0.72	0.67	0.61	0.56	0.52	0.47	0.43	0.40	0.37	0.34	0.31
12	0.78	0.72	0.67	0.61	0.56	0.52	0.47	0.43	0.40	0.37	0.34	0.31	0.29
14	0.72	0.66	0.61	0.56	0.51	0.47	0.43	0.40	0.36	0.34	0.31	0.29	0.27
16	0.66	0.61	0.56	0.51	0.47	0.43	0.40	0.36	0.34	0.31	0.29	0.26	0.25
18	0.61	0.56	0.51	0.47	0.43	0.40	0.36	0.33	0.31	0.29	0.26	0.24	0.23
20	0.56	0.51	0.47	0.43	0.39	0.36	0.33	0.31	0.28	0.26	0.24	0.23	0.21
22	0.51	0.47	0.43	0.39	0.36	0.33	0.31	0.28	0.26	0.24	0.23	0.21	0.20
24	0.46	0.43	0.39	0.36	0.33	0.31	0.28	0.26	0.24	0.23	0.21	0.20	0.18
26	0.42	0.39	0.36	0.33	0.31	0.28	0.26	0.24	0.22	0.21	0.20	0.18	0.17
28	0.39	0.36	0.33	0.30	0.28	0.26	0.24	0.22	0.21	0.20	0.18	0.17	0.16
30	0.36	0.33	0.30	0.28	0.26	0.24	0.22	0.21	0.20	0.18	0.17	0.16	0.15

影响系数 φ（砂浆强度 0）　　　　　　表 7-6

β	$\frac{e}{h}$或$\frac{e}{h_T}$												
	0	0.025	0.05	0.075	0.1	0.125	0.15	0.175	0.2	0.225	0.25	0.275	0.3
≤3	1	0.99	0.97	0.94	0.89	0.84	0.79	0.73	0.68	0.62	0.57	0.52	0.48
4	0.87	0.82	0.77	0.71	0.66	0.60	0.55	0.51	0.46	0.43	0.39	0.36	0.33
6	0.76	0.70	0.65	0.59	0.54	0.50	0.46	0.42	0.39	0.36	0.33	0.30	0.28
8	0.63	0.58	0.54	0.49	0.45	0.41	0.38	0.35	0.32	0.30	0.28	0.25	0.24
10	0.53	0.48	0.44	0.41	0.37	0.34	0.32	0.29	0.27	0.25	0.23	0.22	0.20
12	0.44	0.40	0.37	0.34	0.31	0.29	0.27	0.25	0.23	0.21	0.20	0.19	0.17
14	0.36	0.33	0.31	0.28	0.26	0.24	0.23	0.21	0.20	0.18	0.17	0.16	0.15
16	0.30	0.28	0.26	0.24	0.22	0.21	0.19	0.18	0.17	0.16	0.15	0.14	0.13
18	0.26	0.24	0.22	0.21	0.19	0.18	0.17	0.16	0.15	0.14	0.13	0.12	0.12
20	0.22	0.20	0.19	0.18	0.17	0.16	0.15	0.14	0.13	0.12	0.12	0.11	0.10

243

续表

β	$\dfrac{e}{h}$或$\dfrac{e}{h_T}$												
	0	0.025	0.05	0.075	0.1	0.125	0.15	0.175	0.2	0.225	0.25	0.275	0.3
22	0.19	0.18	0.16	0.15	0.14	0.14	0.13	0.12	0.12	0.11	0.10	0.10	0.09
24	0.16	0.15	0.14	0.13	0.13	0.12	0.11	0.11	0.10	0.10	0.09	0.09	0.08
26	0.14	0.13	0.13	0.12	0.11	0.11	0.10	0.10	0.09	0.09	0.08	0.08	0.07
28	0.12	0.12	0.11	0.11	0.10	0.10	0.09	0.09	0.08	0.08	0.08	0.07	0.07
30	0.11	0.10	0.10	0.09	0.09	0.09	0.08	0.08	0.07	0.07	0.07	0.07	0.06

7.1.2　无筋砌体受压构件的承载力计算

1) 无筋砌体受压构件的承载力计算公式

根据上述试验研究结果，无筋砌体受压构件，可统一按下式进行承载力计算：

$$N \leqslant \varphi f A \tag{7-15}$$

式中　N——轴向力设计值；

φ——高厚比 β 和轴向力的偏心距 e 对受压构件承载力的影响系数；

f——砌体抗压强度设计值，按附录一之附表 1-10～附表 1-15 取用；对遇有下列情况的各类砌体，其砌体强度设计值应乘以调整系数 γ_a：

(1) 有吊车房屋砌体、跨度不小于 9m 的梁下烧结普通砖砌体、跨度不小于 7.5m 的梁下烧结多孔砖、蒸压灰砂砖、蒸压粉煤灰砖砌体、混凝土和轻骨料混凝土砌块砌体，γ_a 为 0.9；

(2) 对无筋砌体构件，其截面面积小于 0.3m² 时，γ_a 为其截面面积加 0.7；构件截面面积以 m² 计；

(3) 当砌体用强度等级小于 M5 的水泥砂浆砌筑时，表中抗压强度设计值 γ_a 为 0.9；抗拉、抗弯、抗剪强度设计值 γ_a 为 0.8；

(4) 当施工质量控制等级为 C 级时，γ_a 为 0.89；

(5) 当验算施工中房屋的构件时，γ_a 为 1.1。

A——计算截面面积，对各类砌体均可按毛截面计算。其中，带壁柱墙体的计算截面翼缘宽度 b_f：多层房屋取窗间墙宽，无门窗洞口时可取相邻壁柱间距；单层房屋取 $b_f = b + \dfrac{2}{3} H$（b 为壁柱宽度，H 为墙高），但不大于窗间墙宽度和相邻壁柱间距；对转角墙，当承受集中荷载时；计算截面的长度从角点算起，每侧取 1/3 层高，如在此范围内有门窗洞口，则计算截面取至洞边，但不大于 1/3 层高，上层的集中力传至本层时，可按均布荷载计算。

需要指出，偏心受压构件的偏心距过大，构件的承载力明显下降，既不经济又不合理。另外，偏心距过大，可使截面受拉边出现过大水平裂缝，给人以不安全感。因此，《砌体结构设计规范》规定，轴向力偏心距 e 不应超过 $0.6y$，y 为截面重心到轴向力所在偏心方向截面边缘的距离（图 7-4）。

当偏心受压构件的偏心距超过规范规定的允许值，可采用设有中心装置的垫块或设置缺口垫块调整偏心距（图 7-5），也可采用砖砌体和钢筋混凝土面层

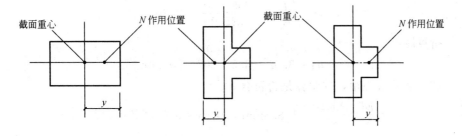

图 7-4 y 值取值示意图

（或钢筋砂浆面层）组成的组合砖砌体构件。

尚须指出，对矩形截面构件，当轴向力偏心方向边长大于另一方向的边长时，除按偏心受压构件计算外，还应对较小边边长方向，按轴心受压进行验算。

【例 7-1】 某单层库房带壁柱的窗间纵墙截面尺寸如图 7-6 所示，其计算高度 $H_0=1.2H=1.2\times8.1=9.72m$，用 MU10 黏土砖及 M2.5 砂浆砌筑，该墙体控制截面（柱底截面）承受的轴心压力设计值 $N=332kN$，弯矩设计值 $M=39.44kN\cdot m$（偏心压力偏向截面翼缘一侧），试进行该墙体的承载力计算。

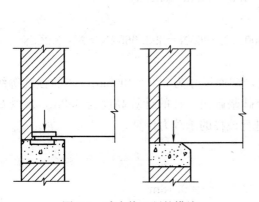

图 7-5 减小偏心距的措施

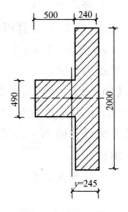

图 7-6 例 7-1 图

解：

（1）截面几何特征

截面面积

$$A=2000\times240+490\times500=725000mm^2$$

截面形心至压力偏心一侧翼缘的距离 y

$$y=\frac{2000\times240\times120+490\times500\times490}{725000}=245mm$$

截面惯性矩

$$I=\frac{2000\times240^3}{12}+2000\times240\times125^2+\frac{490\times500^3}{12}+490\times500\times245^2$$

$$=298\times10^8mm^4$$

截面回转半径

245

$$i=\sqrt{\frac{I}{A}}=\sqrt{\frac{298\times10^8}{725000}}=202\text{mm}$$

折算厚度

$$h_T=3.5i=3.5\times202=707\text{mm}$$

（2）初始偏心距，并验算是否符合 $e\leqslant0.6y$

$$e=\frac{M}{N}=\frac{39440}{332}=118.8\text{mm}\leqslant0.6y=0.6\times245=147\text{mm}$$

（3）求墙体高厚比

$$\beta=\frac{H_0}{h_T}=\frac{9720}{707}=13.45$$

（4）求受压构件承载力影响系数 φ

由式（7-13）

$$\varphi=\frac{1}{1+12\left(\dfrac{e}{h_T}+\beta\sqrt{\dfrac{\alpha}{12}}\right)^2}=\frac{1}{1+12\left(\dfrac{118.8}{707}+13.45\sqrt{\dfrac{0.002}{12}}\right)^2}=0.418$$

（5）承载力计算

由附录一之附表 1-11 查得 $f=1.30\text{N/mm}^2$（MPa）

按式（7-15）计算得：

$$\varphi fA=0.418\times1.30\times725000=393965\text{N}=393.965\text{kN}>N=332\text{kN}$$

承载力足够。

【例 7-2】 某一烧结普通砖柱，截面尺寸为 $370\times490\text{mm}$，砖的强度等级为 MU10，采用强度等级为 M5 混合砂浆砌筑，柱的计算高度为 3.3m，承受最大轴心压力设计值 $N=200\text{kN}$，试进行该柱的承载力计算。

解：

（1）柱截面面积

$$A=0.37\times0.49=0.18\text{m}^2$$

（2）砌体强度设计值

∵ 对无筋砌体构件，其截面面积小于 0.3m^2 时，应乘以调整系数 γ_a，$\gamma_a=$ 截面面积$+0.7$。

∴ $f=1.5\times\gamma_a=1.5\times(0.18+0.7)=1.5\times0.88=1.32\text{MPa}$

（3）由高厚比 β 求 φ

$$\beta=\gamma_\beta=\frac{H_0}{h}=1.0\times\frac{3.3}{0.37}=8.92$$

$$e=\frac{M}{N}=0$$

$$\varphi=\frac{1}{1+12\left(\dfrac{e}{h}+\beta\sqrt{\dfrac{\alpha}{12}}\right)^2}=\frac{1}{1+12\left(\dfrac{0}{370}+8.92\sqrt{\dfrac{0.0015}{12}}\right)^2}=0.89，或查表 7-4$$

（4）承载力计算

$$\varphi fA=0.89\times1.32\times0.18\times10^3=211.46\text{kN}>N=200\text{kN}\quad（安全）$$

【例 7-3】 某一偏心受压柱，截面尺寸为 $490 \times 620mm$，柱的计算高度为 5m，承受最大轴向压力设计值 $N=160kN$，最大弯矩设计值 $M=20kN \cdot m$（弯矩沿长边方向），该柱用 MU10 蒸压灰砂砖和 M5 水泥砂浆砌筑，试验算该柱的承载力是否安全。

解：

$$e=\frac{M}{N}=\frac{20}{120}=0.125=125mm$$

$$\frac{e}{h}=\frac{125}{620}=0.202$$

$$\beta=\gamma_\beta \frac{H_0}{h}=1.2 \times \frac{5}{0.62}=9.7$$

查表 7-4 得：$\varphi=0.47$

柱截面面积：$A=0.49 \times 0.62=0.3038m^2 > 0.3m^2$

砌体抗压强度设计值，按附录一之附表 1-10 取用。

∵ 砌体用水泥砂浆砌筑，应乘以调整系数 $\gamma_a=0.9$

∴ $f=1.5 \times \gamma_a=1.5 \times 0.9=1.35MPa$

承载力计算：

$$\varphi f A=0.47 \times 1.35 \times 0.3038 \times 10^3=192.76kN > N=160kN \quad （安全）$$

【例 7-4】 某一混凝土小型空心砌块砌成的独立柱，截面尺寸为 $400 \times 600mm$，砌块的强度等级为 MU10，砂浆的强度等级为 Mb5，柱的计算高度为 3.9m。该柱承受最大轴向压力设计值 $N=290kN$，试验算该柱的承载力是否安全。

解：

砌体高厚比：

$$\beta=\gamma_\beta \frac{H_0}{h}=1.1 \times \frac{3.9}{0.4}=10.7$$

查表 7-4 得：$\varphi=0.85$

柱截面面积：

$$A=0.4 \times 0.6=0.24m^2$$

因 $A=0.24m^2 < 0.3m^2$，故需对抗压强度设计值乘以调整系数 γ_a：

$$\gamma_a=0.24+0.7=0.94$$

又因对独立柱，砌块砌体尚应乘以 0.7

故：$f=2.22 \times 0.94 \times 0.7=1.46MPa$

承载力计算：

$$\varphi f A=0.85 \times 1.46 \times 0.24 \times 10^3=297.84kN > N=290kN \quad （安全）$$

7.2 墙、柱高厚比验算

7.2.1 墙、柱高厚比验算的目的

1）保证在正常施工和正常使用的条件下，墙、柱具有足够的稳定性，在外

部荷载作用下不发生失稳破坏；

2）保证墙、柱在使用阶段具有足够的刚度，不致发生过大的挠曲变形；

3）保证墙、柱有足够的厚度，使施工中难免的相对轴线偏差（如墙面鼓出、墙柱倾斜、柱轴线弯曲等）不致过大。

7.2.2　受压构件的实际高厚比 β

根据前文所述受压构件高厚比的定义，其实际高厚比 β 应按公式（7-1）或公式（7-2）计算。

7.2.3　墙、柱的允许高厚比 $[\beta]$ 及其修正

允许高厚比 $[\beta]$ 与横墙间距、墙体所用块材与砂浆的强度等级、墙体厚度、承重或自承重，以及洞口大小等因素有关。如何确定高厚比的允许值，才能保证墙、柱的稳定？这是一个综合性的研究课题。

为了使问题简单化，我国《砌体结构设计规范》将横墙间距这一影响因素，放在计算实际高厚比 β 中予以考虑（即用计算高度 H_0 求实际高厚比），而《砌体结构设计规范》给出的允许高厚比 $[\beta]$ 值，是根据 24 墙、承重墙、实体墙（无洞口）达到临界失稳状态时求得的高厚比，再参考以往的设计经验和现阶段的材料质量与施工技术水平之后确定的，并用 $[\beta]$ 表示。其具体取值根据不同的砂浆强度等级由表 7-7 查得。

墙、柱的允许高厚比 $[\beta]$ 值　　　　　　　　　　　　表 7-7

砌体类型	砂浆强度等级	墙	柱
	M2.5	22	15
无筋砌体	M5.0 或 Mb5.0、Ms5.0	24	16
	≥M7.5 或 Mb7.5、Ms7.5	26	17
配筋砌块砌体		30	21

注：1. 毛石墙、柱允许高厚比应按表中数值降低 20%；

　　2. 带有混凝土或砂浆面层的组合砖砌体构件的允许高厚比，可按表中数值提高 20%，但不得大于 28；

　　3. 验算施工阶段砂浆尚未硬化的新砌砌体高厚比时，允许高厚比对墙取 14，对柱取 11。

对于不同厚度的自承重墙（又称非承重墙）和有门窗洞口的非实体墙，再对允许高厚比 $[\beta]$ 加以修正。于是，墙、柱高厚比的限值便成为：

$$\mu_1 \cdot \mu_2 \cdot [\beta] \tag{7-16}$$

其中，μ_1——自承重墙允许高厚比的修正系数。因为自承重墙较承重墙重心偏下，稳定性较好，所以乘以 $[\beta]$ 值的提高系数。《砌体结构设计规范》规定：

$h=240$mm 的自承重墙　　　　$\mu_1 = 1.2$；

$h=90$mm 的自承重墙　　　　　$\mu_1 = 1.5$；

240mm$>h>$90mm 的自承重墙，μ_1 可按线性内插法取值。

对上端为自由端的墙体，$[\beta]$ 除乘以 μ_1 外，尚可提高 30%。

μ_2——有门窗洞口墙允许高厚比的修正系数。因为有洞口的墙体稳定性差，所以乘以 $[\beta]$ 值的降低系数。μ_2 按下式计算取用：

$$\mu_2 = 1 - 0.4 \frac{b_s}{s} \tag{7-17}$$

式中 s——相邻窗间墙或相邻壁柱之间的距离；

b_s——在宽度 s 范围内的门窗洞口宽度。

当按公式（7-17）算得的 $\mu_2 < 0.7$ 时，仍取 $\mu_2 = 0.7$；当洞口高度等于或小于墙高的 1/5 时，可取 $\mu_2 = 1.0$。

7.2.4 墙、柱的高厚比验算

1）一般墙、柱的高厚比验算（图 7-7）

一般对矩形截面墙体，可对墙体的全长进行高厚比验算，其验算公式为：

$$\beta = \gamma_\beta \cdot \frac{H_0}{h} \leqslant \mu_1 \cdot \mu_2 \cdot [\beta] \tag{7-18}$$

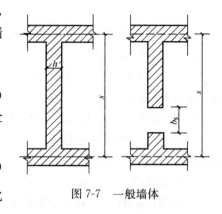

图 7-7 一般墙体

式中 γ_β——不同砌体材料构件的高厚比修正系数；

H_0——墙、柱的计算高度；

h——墙厚或矩形柱与 H_0 相对应的边长；

μ_1——自承重墙允许高厚比的修正系数；

μ_2——有门窗洞口墙允许高厚比的修正系数；

$[\beta]$——墙、柱的允许高厚比，应按表 7-7 采用。

2）带壁柱墙的高厚比验算（图 7-8）

带壁柱墙的高厚比验算，应先验算整个带壁柱墙体的高厚比，在满足整片墙体稳定要求的前提下，再验算两相邻壁柱之间局部墙体的高厚比。

图 7-8 带壁柱墙体

（1）验算整个带壁柱墙体的高厚比（图 7-8a）

此时，可以简化为只验算其中一个单元长度 B 的带壁柱墙体（其折算厚度与整个带壁柱墙体接近相等）的高厚比。即相当于验算一个如图 7-8（b）的洞宽为 b_s 的 T 形截面墙体的高厚比。其验算公式与一般墙、柱的高厚比验算公式

（7-18）相同。

这里应注意：在确定墙体的计算高度 H_0 时，s 应取整个墙体的横墙间距；在计算 T 形截面的回转半径时，则应取翼缘宽度为 b_f 范围内的 T 形截面（不计孔洞截面面积）；在计算 μ_2 时，公式（7-17）中的 s 应以一个单元长度 B 代入之。

（2）验算两相邻壁柱之间的局部墙体的高厚比

此时，其验算公式同（7-18）式。局部墙体的验算截面，可按局部验算单元 B 范围内的矩形截面（不计壁柱）计算，如图 7-8（c）所示。此时的横墙间距，应取相邻壁柱间距 B，即 $s=B$。

3）带构造柱的墙体的高厚比验算

带构造柱墙的高厚比验算，也应先验算整个带构造柱墙体的高厚比，再验算两构造柱之间局部墙体的高厚比。

（1）验算整个带构造柱墙体的高厚比

当构造柱截面宽度不小于墙厚时，可以按一般矩形截面墙体进行高厚比验算，只是考虑到设置构造柱对墙体稳定的有利作用，可将墙体的允许高厚比 $[\beta]$ 再乘以一个修正系数 μ_c，即：

$$\beta=\gamma_\beta \cdot \frac{H_0}{h_T} \leqslant \mu_c \cdot \mu_1 \cdot \mu_2 \cdot [\beta] \tag{7-19}$$

式中　μ_c——带构造柱墙允许高厚比 $[\beta]$ 修正系数；

$$\mu_c=1+\gamma \frac{b_c}{l} \tag{7-20}$$

γ——系数。对细料石砌体，$\gamma=0$；对混凝土砌块、粗料石、毛料石及毛石砌体，$\gamma=1.0$；其他砌体，$\gamma=1.5$；

b_c——构造柱沿墙长方向的宽度；

l——构造柱的间距。

当 $\frac{b_c}{l}>0.25$ 时，取 $\frac{b_c}{l}=0.25$；当 $\frac{b_c}{l}<0.05$ 时，取 $\frac{b_c}{l}=0$。

式（7-6）中，h 可取墙厚，确定 H_0 时，s 应取相邻横墙间的距离。

（2）验算两相邻构造柱之间的局部墙体的高厚比

此时，仍可按式（7-18）进行验算。在确定 H_0 时，s 取构造柱间距，静力计算方案全按刚性方案考虑。设有钢筋混凝土圈梁的带构造柱墙，当 $\frac{b}{s} \geqslant \frac{1}{30}$ 时，圈梁可视作构造柱间墙的不动铰支点（b 为圈梁宽度）。

【例 7-5】　某办公楼平面布置如图 7-9 所示，采用装配式钢筋混凝土楼盖，M10 砖墙承重（$\gamma_\beta=1.0$）。纵墙及横墙厚度均为 240mm，砂浆强度等级 M5，底层墙高 $H=4.5$m（从基础顶面算起），隔墙厚 120mm，试验算底层各墙高厚比。

解：

（1）确定房屋静力计算方案

由横墙最大间距 $s=12$m<32m 和楼盖类型，查表 7-3，可判断为刚性方案。

（2）外纵墙高厚比验算

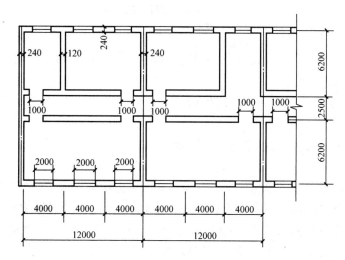

图 7-9 某办公楼平面布置图（局部）

计算高度 $H_0 = 12m > 2H = 2 \times 4.5 = 9m$，由表 7-2 查得

$$H_0 = 1.0H$$

由表 7-7 查得允许高厚比

$$[\beta] = 24$$

又 $\mu_2 = 1 - 0.4 \dfrac{b_s}{s} = 1 - 0.4 \times \dfrac{2}{4} = 0.8 > 0.7$

$$\beta = \frac{H_0}{h} = \frac{4.5}{0.24} = 18.75 < \mu_2[\beta] = 0.8 \times 24 = 19.2$$

满足要求。

（3）内纵墙高厚比验算

内纵墙 $s = 12m$，在 s 范围内门窗洞口 $b_s = 2m$

$$\mu_2 = 1 - 0.4 \frac{b_s}{s} = 1 - 0.4 \times \frac{2}{12} = 0.933 > 0.7$$

$$\beta = \frac{H_0}{h} = \frac{4.5}{0.24} = 18.75 < \mu_2[\beta] = 0.933 \times 24 = 22.4$$

满足要求。

（4）承重横墙高厚比验算

因 $s = 6.2m$，$2H = 9m > s > H = 4.5m$，由表 7-2 查得

$$H_0 = 0.4s + 0.2H = 0.4 \times 6.2 + 0.2 \times 4.5 = 3.38m$$

$$\beta = \frac{H_0}{h} = \frac{3380}{240} = 14.08 < [\beta] = 24，满足要求。$$

（5）隔墙高厚比验算

因隔墙上端在砌筑时，一般用斜放立砖顶住楼板，故可按顶端为不动铰支点考虑。设隔墙与纵墙咬搓拉接，则

$$s = 6.2m，2H = 9m > s > H = 4.5m$$

由表 7-2 查得

$$H_0=0.4s+0.2H=3.38\text{m}$$

由隔墙是自承重墙

$$\mu_1=1.2+\frac{1.5-1.2}{240-90}\times(240-120)=1.44$$

$$\beta=\frac{H_0}{h}=\frac{3380}{240}=14.08<\mu_1[\beta]=1.44\times24=34.56 \quad 满足要求。$$

7.3 砌体局部受压承载力计算

通过本章第一节的受压构件承载力计算，可以保证构件的整个计算截面在其所承担的外荷载作用下不会发生破坏。但在实际工程中，外荷载有时并不是均匀地作用在整个计算截面 A 上，而是通过梁端或柱下作用在计算截面以内的较小的面积上，称为局部受压面积，用符号"A_l"表示（图 7-10）。尽管试验结果表明，局部受压区砌体的抗压强度一般要高于砌体截面全部均匀受压的抗压强度，然而由于局部受压面积通常远远小于整个计算截面面积，这就有可能导致砌体局部受压破坏，所以要进行局部受压承载力计算。

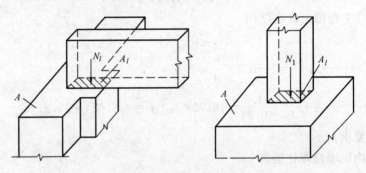

图 7-10 局部受压示意

7.3.1 局部均匀受压时的砌体局部受压承载力计算

通过大量试验和理论分析得知，当砌体截面上作用有局部均匀压力时，其压应力自局部受压面起，通过砌体的一定深度向整个截面扩散，形成一段局部受压区段 H（图 7-11）。处于局部受压区段的砌体，其横向变形受到周围砌体的约束

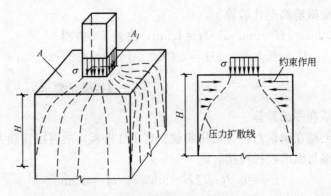

图 7-11 局部受压的压应力扩散示意

作用。实际上处于三向受压状态，同时，对周围砌体产生环向拉应力。如果局部压应力超过砌体的局部抗压强度，则可能将局部砌体压碎；如果由局部压应力引起的环向拉应力超过砌体的抗拉强度，则可能产生竖向裂缝以至造成砌体沿竖向劈裂破坏。因此在砌体结构设计中，对局部受压应给予足够的重视。

局部受压承载力主要取决于砌体的抗压强度和周围砌体对局部受压区段的约束程度。一般地说，整个计算截面面积越大，这种约束作用越强，但不是没有限度的。凡能够影响局部抗压强度提高的面积范围（包括局部受压面积在内），叫做影响局部抗压强度的计算面积，用符号"A_0"表示，并用 A_0/A_l 来反映周围砌体对抗压强度提高的影响程度。《砌体结构设计规范》根据各种局部受压位置的试验结果，给出砌体截面中受有局部均匀压力时的局部受压强度计算公式：

$$N_l \leqslant \gamma f A_l \tag{7-21}$$

式中　N_l——局部受压面积上的轴向力设计值；

f——砌体抗压强度设计值，局部受压面积小于 0.3m^2 时，可不考虑强度调整系数 γ_a 的影响；

γ——砌体局部抗压强度提高系数，按下式计算：

$$\gamma = 1 + 0.35\sqrt{\dfrac{A_0}{A_l} - 1} \tag{7-22}$$

计算所得的 γ 值，尚应符合下列规定：

① 在图 7-12（a）的情况下　　　　　$\gamma \leqslant 2.5$；

② 在图 7-12（b）的情况下　　　　　$\gamma \leqslant 2.0$；

③ 在图 7-12（c）的情况下　　　　　$\gamma \leqslant 1.5$；

④ 在图 7-12（d）的情况下　　　　　$\gamma \leqslant 1.25$；

⑤ 对于多孔砖砌体和灌孔的砌块砌体，在①、②、③款的情况下，尚应符合 $\gamma \leqslant 1.5$。未灌孔混凝土砌块砌体，$\gamma = 1.0$；

⑥ 对多孔砖砌体孔洞难以灌实时，应按 $\gamma = 1.0$ 取用；当设置混凝土垫块时，按垫块下的砌体局部受压计算。

A_l——局部受压面积；

A_0——影响砌体局部抗压强度的计算面积，可按下列规定采用：

① 在图 7-12（a）的情况下　　　$A_0 = (a + c + h)h$；

② 在图 7-12（b）的情况下　　　$A_0 = (b + 2h)h$；

③ 在图 7-12（c）的情况下　　　$A_0 = (a + h)h + (b + h_1 - h)h_1$；

④ 在图 7-12（d）的情况下　　　$A_0 = (a + h)h$。

式中　a、b——矩形局部受压面积 A_l 的边长；

h、h_1——墙厚或柱的较小边长，墙厚；

c——矩形局部受压面积的外边缘至构件边缘的较小距离，当大于 h 时，应取为 h。

7.3.2　梁端支承处砌体的局部受压承载力计算

梁端支承处砌体的局部受压，由于梁的弯曲变形，使梁端支承砌体处于非均匀受压状态。其有效支承长度为 a_0，根据试验结果，并经分析简化，《砌体结构

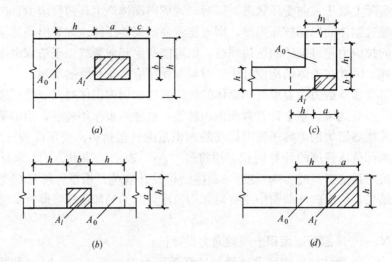

图 7-12　影响局部抗压强度的面积 A_0

设计规范》统一给出梁端有效支承长度的计算公式：

$$a_0 = 10\sqrt{\frac{h_c}{f}} \tag{7-23}$$

式中　a_0——梁端有效支承长度（mm），当 a_0 大于 a 时，应取 $a_0 = a$；

　　　a——梁端实际支承长度（mm）；

　　　h_c——梁的截面高度（mm）；

　　　f——砌体的抗压强度设计值（MPa）。

其梁端支承处砌体的有效局部受压面积为：

$$A_l = a_0 b \tag{7-24}$$

式中　b——梁的截面宽度（mm）。

在有效局部受压面积 A_l 上，常常同时作用有梁端支承压力 N_l 和由上部结构传来的轴向压力 N_0，考虑到上部结构传来的荷载是作用在砌体构件的整个计算截面 A 上，当作用在局部有效受压面积上的轴向压力 N_0 一般不很大，而且影响局部抗压强度的计算面积 A_0 又较大时，梁端砌体在支承压力 N_l 作用下往往因压缩变形而产生水平缝隙，由此在梁端上部的砌体便形成一个"拱区"，从而出现上部轴向压应力"遇拱改道"（或称"内拱卸荷"）的现象（图 7-12b）。这样势必会减少上部荷载对局部有效受压面积上的压应力，也就相当于减少了作用在局部有效受压面积上的上部轴向压力 N_0（《砌体结构设计规范》规定：当 $A_0/A_l \geqslant 3$ 时，就可以完全不考虑上部荷载的作用，即取 $N_0 = 0$）。根据上述分析，当局部有效受压面积上同时作用有 N_l 和 N_0 时，梁端支承处局部受压承载力应按下列公式计算：

$$\psi N_0 + N_l \leqslant \eta \gamma f A_l \tag{7-25}$$

$$\psi = 1.5 - 0.5\frac{A_0}{A_l} \tag{7-26}$$

$$N_0 = \sigma_0 A_l \tag{7-27}$$

$$\sigma_0 = \frac{N}{A} \tag{7-28}$$

式中　ψ——上部荷载的折减系数，当 $A_0/A_l \geqslant 3$ 时，应取 $\psi = 0$；

　　　N_0——局部受压面积内上部轴向力设计值（N）；

　　　N_l——梁端支承压力设计值（N）；

　　　σ_0——上部荷载设计值 N 对整个计算截面 A 产生的平均压应力设计值（N/mm²）；

　　　η——梁端底面压应力图形的完整系数，可取 0.7，对于过梁和墙梁可取 1.0。

7.3.3　梁端设有刚性垫块的砌体局部受压承载力计算

当梁端设有刚性垫块时，其局部受压承载力计算公式可参照无筋砌体受压构件的承载力计算公式（7-15）得出。所不同之处有以下四点：

1）将轴向力设计值改为作用在垫块上的上部轴向力 N_0 与梁端支承压力 N_l 之和。

2）在确定承载力影响系数 ϕ 时，由于不考虑纵向弯曲影响，故可按 $\beta \leqslant 3$ 及 e/h 的 ϕ 值取用，其中 e 为 N_0 和 N_l 的合力对垫块形心的偏心距（垫块上 N_l 作用点的位置在 $0.4a_0$ 取值处），可按下式计算：

$$e = \frac{N_l \left(\dfrac{a_b}{2} - 0.4a_0 \right)}{N_0 + N_l} \tag{7-29}$$

式中的梁端有效支承长度 a_0，考虑刚性垫块可能对其下的墙体受力不利，从而增大了荷载偏心距，故将式（7-23）的系数另外作了具体规定。即取：

$$a_0 = \delta_1 \sqrt{\frac{h_c}{f}} \tag{7-30}$$

式中　δ_1——刚性垫块的影响系数，可按表 7-8 采用。

系数 δ_1 值表　　　　　　　　表 7-8

σ_0/f	0	0.2	0.4	0.6	0.8
δ_1	5.4	5.7	6.0	6.9	7.8

3）将计算截面面积 A，改为垫块面积 A_b；

4）考虑周围砌体对垫块下面砌体抗压强度的有利影响及垫块底面压应力分布的不均匀性，再乘以有利影响系数 γ_1，并取 $\gamma_1 = 0.8\gamma$。

由此便得出，在梁端设有刚性垫块的砌体局部受压承载力计算公式：

$$N_0 + N_l \leqslant \phi \gamma_1 f A_b \tag{7-31}$$

$$N_0 = \sigma_0 A_b \tag{7-32}$$

$$A_b = a_b b_b \tag{7-33}$$

式中　N_0——垫块面积 A_b 范围内上部轴向力设计值（N）；

　　　ϕ——垫块上 N_0 及 N_l 合力的影响系数，按 $\beta \leqslant 3$ 及 e/h 取用；

　　　γ_1——垫块外砌体面积的有利影响系数，γ_1 应为 0.8γ，但不小于 1.0。γ

255

为砌体局部抗压强度提高系数，按公式（7-22）以 A_b 代替 A_l 计算得出；

A_b——垫块面积（mm^2）；

a_b——垫块伸入墙内的长度（mm）；

b_b——垫块的宽度（mm）。

《砌体结构设计规范》指出，刚性垫块的构造应符合下列规定：

（1）刚性垫块的高度不宜小于 180mm，自梁边算起的垫块挑出长度不宜大于垫块高度 t_b；

（2）在带壁柱墙的壁柱内设刚性垫块时（图 7-13），其计算面积应取壁柱范围内的面积，而不应计算翼缘部分，同时壁柱上垫块伸入翼缘内的长度不应小于 120mm；

（3）当现浇垫块与梁端整体浇筑时，垫块可在梁高范围内设置。

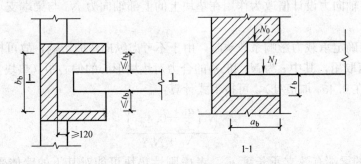

图 7-13　壁柱上设有垫块时的梁端局部受压

7.3.4　梁下设有长度大于 πh_0 的垫梁下的砌体局部承载力计算

如果将梁端的圈梁视为垫梁，则垫梁相当于承受梁端支承压力 N_l（集中荷载）的弹性地基梁见图 7-14。

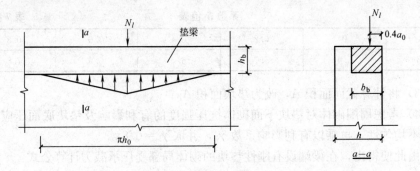

图 7-14　垫梁局部受压

由弹性力学分析可知，在集中荷载 N_l 作用下，在弹性地基梁上的压应力分布长度为 πh_0（h_0 为垫梁的折算高度），其压应力的最大值 σ_{max} 可由 $N_l = \pi h_0 b_b \dfrac{\sigma_{max}}{2}$ 得出（图 7-15），即：

$$\sigma_{max} = \frac{2N_l}{\pi h_0 b_b} \tag{7-34}$$

垫梁的折算高度（将钢筋混凝土垫梁换算成墙体的折算厚度），可由弹性地基梁理论求得：

$$h_0 = 2\sqrt[3]{\frac{E_b I_b}{Eh}} \tag{7-35}$$

式中　E_b、I_b——分别为垫梁的混凝土弹性模量和截面惯性矩；

　　　　h_b——垫梁的高度（mm）；

　　　　E——砌体的弹性模量；

　　　　h——墙厚（mm）。

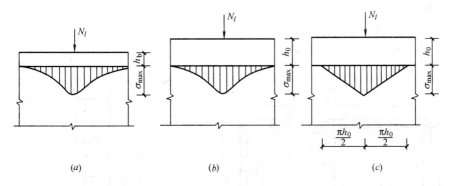

图 7-15　垫梁受力示意图

试验得知，弹性理论计算的垫梁下砌体抵抗压应力的最大值均在其砌体抗压强度的 1.5 倍以上，所以局部受压承载力验算条件应为：

$$\sigma_{max} \leqslant 1.5f \tag{7-36}$$

即：

$$\frac{2N_l}{\pi h_0 b_b} \leqslant 1.5f$$

由此得：

$$N_l \leqslant \frac{1.5\pi h_0 b_b f}{2} \approx 2.4 h_0 b_b f \tag{7-37}$$

考虑到梁端还可能有由上部墙体传来的轴向力 N_0，再考虑梁端荷载可能沿墙厚方向分布的不均匀性，《砌体结构设计规范》给出梁下设有长度大于 πh_0 的垫梁下的砌体局部受压承载力计算公式：

$$N_0 + N_l \leqslant 2.4\delta_2 f b_b h_0 \tag{7-38}$$

$$N_0 = \frac{\pi b_b h_0 \sigma_0}{2} \tag{7-39}$$

式中　N_0——垫梁上部轴向力设计值（N）；

　　　　b_b——垫梁在墙厚方向的宽度（mm）；

　　　　δ_2——当荷载沿墙厚方向均匀分布时 δ_2 取 1.0；不均匀时 δ_2 可取 0.8；

　　　　h_0——垫梁折算高度（mm）；

　　　　σ_0——见公式（7-28）。

垫梁上梁端有效支承长度 a_0 可按公式（7-30）计算。

【**例 7-6**】　某医院住院部楼，底层局部平面如图 7-16 所示。内外砖墙厚均为 240mm，5.7m 钢筋混凝土的简支梁下，有壁柱 490×130mm，梁端实际支承长度 $a=370$mm。烧结普通砖的强度等级为 MU10，砂浆的强度等级为 M2.5 混合砂浆。底层墙体的实际高度 $H=3$m，简支梁截面 $b×h_c=200×550$mm，混凝土强度等级为 C20（$f_{tk}=1.54$N/mm^2）。由荷载设计值产生的梁端支承压力 $N_l=62$kN，弯矩 $M=11.9$kN·m；由上部荷载设计值传来的轴向力 $N_0=98$kN。试对底层窗间墙 2.6m 的计算单元墙体进行高厚比验算、抗压强度验算以及局部抗压强度验算。

解：

（1）计算截面几何特征（图 7-17）

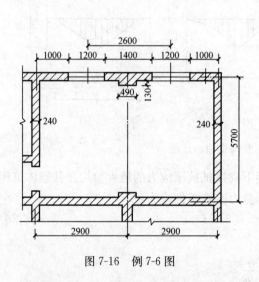

图 7-16　例 7-6 图

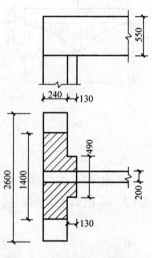

图 7-17　墙体计算截面尺寸

截面面积

$$A=240×1400+490×130=399700\text{mm}^2$$

截面形心至截面内边缘（偏心力所在一侧）的距离

$$y=\frac{490×130×65+1400×240×250}{399700}=221\text{mm}$$

截面惯性矩

$$I=\frac{1400×240^3}{12}+1400×240×29^2+\frac{490×130^3}{12}+490×130×156^2$$
$$=3535×10^6\text{mm}^4$$

回转半径

$$i=\sqrt{\frac{I}{A}}=\sqrt{\frac{3535×10^6}{399700}}=94\text{mm}$$

折算厚度

$$h_T=3.5i=3.5×94=329\text{mm}$$

（2）高厚比验算（底层）

（A）实际高厚比

258

由 $H=3$m，$s=5.8$m，$2H>s>H$

查表 7-2 得知：

$$H_0=0.4s+0.2H=0.4\times5.8+0.2\times3=2.92\text{m}$$

$$\beta=\gamma_\beta\frac{H_0}{h_\text{T}}=1.0\times\frac{2920}{329}=8.875$$

(B) 允许高厚比

根据砂浆强度等级 M2.5，由表 7-5 查得 $[\beta]=22$；对 240 承重墙，$\mu_1=1.0$；由窗口宽度 $b_s=1200$mm，得：

$$\mu_2=1-0.4\times\frac{1200}{2600}=0.815>0.7$$

修正后的允许高厚比

$$\mu_1\cdot\mu_2\cdot[\beta]=1.0\times0.815\times22=17.93$$

(C) 高厚比验算

$$\beta=8.875<\mu_1\mu_2[\beta]=17.93，满足稳定要求。$$

(3) 墙体受压承载力验算

(A) 初始偏心距

$$e=\frac{M}{N_l+N_0}=\frac{11900}{62+98}=74.4\text{mm}$$

$$\frac{e}{y}=\frac{74.4}{221}=0.336<0.6 \quad (符合 e<0.6y 的要求)$$

(B) 纵向力影响系数

根据砌体所用的砂浆强度等级 M2.5 和 $\beta=8.875$，$e/h_\text{T}=74.4/329=0.23$，查表 7-5 得，$\varphi=0.41$

(C) 承载力验算

根据 MU10 和 M2.5，查附录一之附表 1-11 可知，$f=1.3$N/mm²

$$N=62+98=160\text{kN}$$

$$\varphi Af=0.41\times399700\times1.3=213040\text{N}=213.04\text{kN}>N=160\text{kN}$$

承载力满足要求。

(4) 梁端局部受压承载力验算

(A) 梁端有效支承长度 a_0

$$a_0=10\sqrt{\frac{h_c}{f}}=10\sqrt{\frac{550}{1.19}}=215\text{mm}<370\text{mm}，$$

取 $a_0=215$mm

(B) 局部抗压强度提高系数 γ

$$A_l=a_0\cdot b=215\times200=43000\text{mm}^2$$

A_0 参照图 7-3，取 $A_0=370\times490=181300$mm²

$$\gamma=1+0.35\sqrt{\frac{A_0}{A_l}-1}=1+0.35\sqrt{\frac{181300}{43000}-1}=1.628<2.0$$

取 $\gamma=1.628$

(C) 上部荷载折减系数 ψ

$$\frac{A_0}{A_l} = \frac{191300}{4300} = 4.3 > 3$$

取 $\psi = 0$，即可不考虑上部荷载作用。

(D) 局部受压承载力验算

按公式 (7-25) 进行验算，对一般构件，$\eta = 0.7$

$$\eta\gamma f A_l = 0.7 \times 1.628 \times 1.19 \times 43000 = 58313N = 58.3kN < N_l = 62kN$$

不满足局部受压承载力要求，需设梁垫。

(E) 设现浇梁垫：$a_b = 370mm$，$b_b = 490mm$，$t_b = 180mm$，进行梁端局部受压承载力验算

按公式 (7-24)，其中：

$$A_l = a_0 b_b = 215 \times 490 = 105350mm^2$$

且取 $A_0 = A_l$，即 $\gamma = 1.0$，由此得：

$$\eta\gamma f A_l = 0.7 \times 1.0 \times 1.19 \times 105350 = 87757N = 87.757kN > N_l = 62kN$$

满足局部受压承载力要求。

【例 7-7】　某楼面梁的截面尺寸 $b \times h = 200 \times 450mm$，支承于 240mm 厚的外纵墙上，梁的实际支承长度 $a = 240mm$，由荷载设计值产生的支座反力 $N_l = 60kN$，由上部荷载设计值产生的轴向力设计值 $N_u = 100kN$。窗间墙截面尺寸为 $240 \times 1200mm$。墙体采用 MU10 烧结普通砖及用 M2.5 混合砂浆砌筑，试验算梁下砌体的局部受压承载力。

(1) 梁端支承处砌体局部受压承载力计算

(A) 梁端有效支承长度

由附录一之附表 1-11，查得 $f = 1.3MPa$

$$a_0 = 10\sqrt{\frac{h_c}{f}} = 10\sqrt{\frac{450}{1.3}} = 186mm < a = 240mm,$$

(B) 局部受压面积

$$A_c = a_0 b = 186 \times 200 = 37200mm^2$$

(C) 影响局部抗压强度的计算面积

$$A_0 = (b + 2h)h = (200 + 2 \times 240) \times 240 = 163200mm^2$$

(D) 局部受压强度提高系数

$$\gamma = 1 + 0.35\sqrt{\frac{A_0}{A_l} - 1} = 1 + 0.35\sqrt{\frac{163200}{37200} - 1} = 1.64 < 2.0$$

(E) 上部荷载折减系数

$$\because \quad \frac{A_0}{A_l} = \frac{163200}{37200} = 4.39 > 3,$$

$$\therefore \quad \text{取 } \psi = 0$$

(F) 局部受压承载力计算

验算公式：　　　　　$\psi N_0 + N_l \leqslant \eta\gamma f A_l$

$$\eta\gamma f A_l = 0.7 \times 1.64 \times 1.3 \times 37200 \times 10^{-3} = 55.5kN < 60kN \quad (\text{不满足})$$

260　(2) 梁端设有刚性垫块的砌体局部受压承载力计算

（A）拟设预制钢筋混凝土刚性垫块，垫块平面尺寸为 $a_b b_b = 240 \times 500$ mm，垫块厚度为 $t_b = 180$ mm，垫块面积：

$$A_b = a_b b_b = 240 \times 500 = 120000 \text{mm}^2$$

（B）影响砌体局部抗压强度的计算面积

$$A_0 = (500 + 2 \times 240) \times 240 = 235200 \text{mm}^2$$

（C）垫块面积 A_b 范围内，传来的上部轴向力设计值

$$\sigma_0 = \frac{N_u}{A} = \frac{100000}{240 \times 1200} = 0.347 \text{N/mm}^2$$

$$N_0 = \sigma_0 A_b = 0.347 \times 120000 \times 10^{-3} = 41.6 \text{kN}$$

（D）梁在垫块表面上的有效支承长度

$$\frac{\sigma_0}{f} = \frac{0.347}{1.3} = 0.267$$

查表 7-8，得 $\delta_1 = 5.8$，则

$$a_0 = \delta_1 \sqrt{\frac{h_c}{f}} = 5.8 \sqrt{\frac{450}{1.3}} = 107.9 \text{mm}$$

（E）轴向力 N_l 对垫块形心的偏心距

$$e_l = \frac{240}{2} - 0.4 \times 107.9 = 76.8 \text{mm}$$

轴向力合力 $N_0 + N_l$ 对垫块形心的偏心距

$$e = \frac{N_l e_l}{N_0 + N_l} = \frac{60 \times 76.9}{41.6 + 60} = 45.4 \text{mm}$$

（F）垫块上合力影响系数

由 $\beta \leqslant 3$ 和 $\frac{e}{h} = \frac{e}{a_b} = \frac{45.4}{240} = 0.189$

查表 7-5 得 $\phi = 0.7$

（G）垫块外砌体面积的有利影响系数

由 $\gamma = 1 + 0.35 \sqrt{\frac{A_0}{A_l} - 1} = 1 + 0.35 \sqrt{\frac{235200}{120000} - 1} = 1.34 < 2.0$

得：$\gamma_1 = 0.8\gamma = 0.8 \times 1.34 = 1.07$

（H）垫块下砌体局部受压承载力计算

$$N_0 + N_l = 41.6 + 60 = 101.6 \text{kN}$$

$$\varphi \gamma_1 f A_b = 0.7 \times 1.07 \times 1.3 \times 10^{-3} \times 120000 = 116.8 \text{kN} > 101.6 \text{kN}$$

所以满足。

7.4 轴心受拉、受弯、受剪构件的承载力计算

7.4.1 轴心受拉构件的承载力计算

构件轴心受拉时，应按下式进行承载力计算：

$$N_t \leqslant f_t A \qquad (7\text{-}40)$$

式中 N_t——轴向拉力设计值；

261

f_t——砌体轴心抗拉强度设计值，见附录一之附表 1-14。

7.4.2　受弯构件的承载力计算

1）构件受弯时，应按下式进行受弯承载力计算：

$$M \leqslant f_{tm}W \tag{7-41}$$

式中　M——弯矩设计值；

f_{tm}——砌体的弯曲抗拉强度设计值，见附录一之附表 1-14；

W——截面抵抗矩。

2）构件受弯时，应按下式进行受剪承载力计算：

$$V \leqslant f_v bz \tag{7-42}$$

式中　V——剪力设计值；

f_v——砌体的抗剪强度设计值，见附录一之附表 1-14；

b——截面宽度；

z——内力臂，$z = I/S$，对矩形截面，$z = 2h/3$；

S——截面面积矩；

h——截面高度。

7.4.3　受剪构件的承载力计算

沿通缝或沿阶梯形截面破坏时受剪构件的承载力，应按下列公式计算：

$$V \leqslant (f_v + \alpha\mu\sigma_0)A \tag{7-43}$$

当 $\gamma_G = 1.2$ 时，

$$\mu = 0.26 - 0.082\frac{\sigma_0}{f} \tag{7-44}$$

当 $\gamma_G = 1.35$ 时，

$$\mu = 0.23 - 0.065\frac{\sigma_0}{f} \tag{7-45}$$

式中　V——截面剪力设计值；

A——水平截面面积。当有孔洞时，取净截面面积；

f_v——砌体的抗剪强度设计值；

α——修正系数；

当 $\gamma_G = 1.2$ 时，砖砌体取 0.60，混凝土砌块砌体取 0.64；

当 $\gamma_G = 1.35$ 时，砖砌体取 0.64，混凝土砌块砌体取 0.66；

μ——剪压复合受力影响系数（α 与 μ 的乘积，亦可查表 7-9）；

σ_0——永久荷载设计值产生的水平截面平均压应力，其值不应大于 $0.8f$。

当 $\gamma_G = 1.2$ 及 $\gamma_G = 1.35$ 时的 $\alpha\mu$ 值　　　　　　　　表 7-9

γ_G	σ_0/f	0.1	0.2	0.3	0.4	0.5	0.6	0.7	0.8
1.2	砖砌体	0.15	0.15	0.14	0.04	0.13	0.13	0.12	0.12
	砌块砌体	0.16	0.16	0.15	0.15	0.14	0.13	0.13	0.12
1.35	砖砌体	0.14	0.14	0.13	0.13	0.13	0.12	0.12	0.11
	砌块砌体	0.15	0.14	0.14	0.13	0.13	0.13	0.12	0.12

第8章　地基

8.1　土的物理性质指标与地基岩土的分类

8.1.1　地质作用与地质年代的划分

1）地球构造概况

地球是宇宙中位于银河系的太阳系的一颗行星，它是一个绕太阳运动并自身旋转着的椭球体。其赤道半径为6378.4km，两极半径为6365.9km。地球按内部物质成分和存在状态的不同，可分为地壳、地幔和地核三个圈层，如图 8-1 所示。

地壳是地球最外面的一个圈层，也是一切工程建筑和人类活动的场所。地壳表面起伏不平，有高山、深渊、陆地和海洋。大陆地壳较厚，平均厚度为 33km，最厚达70km。大洋地壳较薄，最薄处厚度不到 5km。地壳的物质组成相当复杂，化学元素有 100 多种。地壳上部的主要元素以氧、硅、铝为主，钙、钠、钾也较多；地壳下部

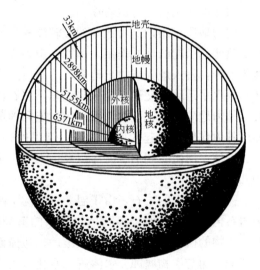

图 8-1　地球的内部圈层构造

镁、铁含量相应较多。按照地质学的板块构造学说，地壳是由六大板块"拼凑"而成：太平洋板块、欧亚板块、美洲板块、非洲板块、大洋洲板块和南极洲板块。这些巨大的板块彼此之间又分别以不同的速度和不同的方向，在地幔软流层上缓慢漂移。

地幔的横向变化比较均匀，深度平均达 2898km。深度 1000km 以上叫上地幔，其主要化学成分是硅、氧，其中铁、镁、钙随深度显著增加，而硅、铝的成分有所减少。下地幔从 1000km 到 2898km，其化学成分比较均匀，物质结构没有多大变化，只是铁的含量更多一些。

地核在地幔以下，物质发生巨变。地核占地球体积的 16.3%，而质量却占地球总质量的 1/3。地核以 4640km 和 5155km 为界，分为外核、过渡层和内核。外核厚度 1742km，液相，平均密度约 105kN/m³；过渡层厚度只有 515km；内核厚度 1216km，平均密度 129kN/m³ 左右，物质为固相。地核的化学成分主要

是铁，并含镍 $5\% \sim 20\%$，具有高磁性。

2）地质作用

如上所述，地壳只是地球最外面一个极薄的圈层。地球在地质演变历史的长河中，随着地球的转动和内、外圈层物质的运动，地壳的物质成分与地表的形态都在不断地发生变化。这种变化一直发生，永不停息。

地壳中的化学元素大部分是以各种化合物的形式出现的。其中尤以氧化物（如 SiO_2 等）最为常见。这些氧化物不仅具有一定的化学成分，而且具有一定的内部构造与物理性质，通称为矿物。矿物是构成地壳的最基本物质。构成岩石的矿物称为造岩矿物。由各种地质作用所形成的矿物或岩屑的集合体即为岩石。

导致地壳物质成分和地表形态发生变化的一切自然作用统称为地质作用。这些作用有些进行得迅速而又剧烈，较易为人们所察觉；但在更多的情况下则进行得非常缓慢，很难为人们直接察觉。按地质作用的来源不同，可将地质作用划分为内力地质作用和外力地质作用。

内力地质作用，是由地球的旋转能和地球的放射性物质在其衰减过程中释放出的热能所引起的地质作用。例如，由地壳以下高温高压岩浆，沿着地壳的薄弱地带上升，侵入地壳或喷出地表，冷凝后生成岩石。又如，由地壳本身发生升降运动或水平运动，使地面隆起与塌陷，岩石产生褶皱或折裂等。

外力地质作用，是由太阳的辐射能和地球的重力位能所引起的地质作用。亦即由外力作用而引起的地质作用。常见的外力作用包括由气温变化、雨雪、山洪、滑坡、河流、湖泊、海洋以及由大气、水、生物等引起的重力作用、生物作用和化学作用。

裸露于地表的岩石，由于温、湿度的不断变化而发生膨胀、收缩和裂隙。这种岩石再受到风力的剥离和植物根系的劈裂作用而碎裂。碎裂块体在风力、流水、生物的搬运过程中，因相互滚动、碰撞而使颗粒变小，加之太阳辐射、生物的新陈代谢与生物腐蚀、水溶解与水化、大气氧化等外力作用，不仅可以改变原岩的形态与颗粒大小，而且还可能改变原岩的矿物成分。

由原岩风化，再经各种地质作用的剥蚀、搬运、沉积而成的未经硬结的沉积物，这就是通常所说的"土"。

原岩风化剥蚀后，在原地未被搬运的产物，称残积物。残积物多分布在宽广的分水岭上或平缓的山坡上。残积物没有层理构造，匀质性很差。岩石风化产物被雨雪水流冲刷剥蚀并下移，沉积在平缓的坡腰或坡脚下，称为坡积物。坡积物与基岩没有直接联系，容易沿基岩倾斜面滑动。尤其是新近堆积的坡积物，土质疏松，压缩性较高，稳定性差。由暴雨或大量融雪引起的山洪急流冲刷地表，挟带着大量沉积物堆积于山谷沟冲的出口处或山前倾斜的平原上，形成洪积物。在河流两岸，形成一阶一阶的沉积物，称为冲积物。由河漫滩向上，依次为一级阶地、二级阶地、三级阶地……等。例如黄河在兰州附近就有六级阶地。靠近河漫滩一带的下层多为砂砾和卵石，上层多为淤泥石和泥炭土，强度低，压缩性高。在基坑开挖时可能发生流砂现象。海洋、湖泊的沉积物，在滨海和湖岸地带多为卵石、圆砾和砂土等；在浅海和近岸地带，多为细粒砂土、黏性土、淤泥等。

264

3）地质年代的划分

地球形成至今大约已有 60 亿年的历史了。在这漫长的地质年代里,地壳经历着一系列复杂的演变过程,形成了各种类型的地质构造、地貌,以及复杂多样的岩石和土。

地质年代是按照地壳发展历史、地壳运动、沉积环境,以及生物演化等因素所划分的时代段落。在根据地质构造和地貌对建筑场地和地基进行承载力、变形及稳定性评价时,都离不开地质年代的知识。

在地质学中,根据地层对比和古生物学方法,将地质年代划分为五大代,每代又分为若干纪,每纪又细分为若干世及期,表 8-1 即为按代、纪划分的地质年代表。

地质年代表 表 8-1

代（界）	纪（系）		距今年数（百万年）	地壳构造运动	地史时期主要现象
新生代 Kz	第四纪（Q）	全新世 Q_h 或 Q_4	0.012	喜马拉雅构造阶段（新阿尔卑斯）	近代各种类型的堆积
		更新世（Q_p）	1 或 2		冰川广布,黄土生成
	晚第三纪（N）	上新世（N_2）	12		第三纪山系形成,地势分异显著
		中新世（N_1）	25		
	早第三纪（E）	渐新世（E_3）	40		哺乳类分化
		始新世（E_2）	60		被子植物繁盛,哺乳类大发展
		古新世（E_1）	70		
中生代 Mz	白垩纪（K）			燕山构造阶段（旧阿尔卑斯）	广大海侵,晚期造山运动强烈,岩浆活动,生物界显著变革
	侏罗纪（J）		135		爬行类极盛,第二次森林广布,煤田生成
	三叠纪（T）		180		陆地增大,爬行类发育,哺乳类开始
古生代 Pz	晚古生代 P_{Z2}	二叠纪（P）	225	海西构造阶段（华力西）	陆地增大,造山作用强烈,生物界显著变革
		石炭纪（C）	270		早期珊瑚发育,爬行类昆虫发生,北半球煤田生成,南半球末期冰川广布
		泥盆纪（D）	350		陆相沉积及陆生植物发育,鱼类极盛,两栖类发育
	早古生代 P_{Z2}	志留纪（S）	400	加里东构造阶段	地势及气候分异,末期造山运动强烈
		奥陶纪（O）	440		地势较平,海水广布,无脊椎动物极盛
		寒武纪（F）	500		浅海广布,生物初步大量发展
			600		
元古代 Pt	晚元古代 P_{t2}	震旦纪（Z）			早期地形不平,冰川广布,晚期海侵广布
		青白口纪			
		蓟县纪			
		长城纪			
	早元古代 P_{t1}		950		早期沉积巨厚,晚期造山作用变质强烈,岩浆岩活动
			1800		
太古代 Ar			2700		早期基性喷发,继以造山作用,变质强烈,花岗岩侵入
地球形成,地壳局部分异,大陆开始形成			6000		

8.1.2　土的物理性质指标

1) 土的三相组成

通常情况下，组成土的物质可分为固相、液相和气相三种状态。固相部分主要是土粒，有时还有粒间的胶结物和有机质，它们构成土的骨架；液相部分为水及其溶解物；气相部分为空气和其他微量气体。土中的三相物质本来是交错分布的，为了便于标记和阐述，我们将其三相物质抽象地分别集合在一起，构成一种理想的三相图，如图 8-2 所示。该图表示土由三相体系组成，包括：

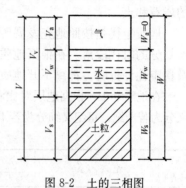

图 8-2　土的三相图

固相——固体颗粒（土粒）；

液相——颗粒之间孔隙中的水；

气相——颗粒之间孔隙中的气体。

土的三相图中：

V——土体的总体积；

V_s——土粒的体积；

V_w——土中水的体积；

V_a——土中气体的体积；

V_v——土中孔隙的体积。

$$V_v = V_w + V_a \tag{8-1}$$

$$V = V_s + V_v = V_s + V_w + V_a \tag{8-2}$$

W——土体的总质量；

W_s——土粒的质量；

W_w——土中水的质量；

W_a——土中气体的质量（可忽略不计）。

$$W = W_s + W_w \tag{8-3}$$

（1）土中的固体颗粒（土粒）

（A）土粒的矿物成分

成土矿物可分为两大类。一类矿物是岩石经物理风化生成的颗粒，也称原生矿物。如石英、长石、云母等。这类颗粒一般较粗，多呈浑圆形、块状或板状，吸附水的能力弱。性质比较稳定，有较好的透水性。土颗粒的矿物中的主要物质有氧、硅、铝、镁、钙、铁、钾、钠等。

土颗粒的另一类矿物是原生矿物经化学和生物化学风化生成的新矿物，也称次生矿物。它们的成分与原生矿物不完全相同。由次生矿物组成的土颗粒一般极细。次生矿物中的难溶盐，如 $CaCO_3$、$MgCO_3$ 等，可在土粒间产生胶结作用，从而增加土的结构强度，减小土的压缩性；次生矿物中的可溶性盐类，如 $CaSO_4$、NaC_l 等，遇水溶解并使土的力学性质变差。构成黏土颗粒的主要成分是次生矿物中的黏土矿物。

266

（B）粒组与颗粒级配

土粒大小与成土矿物之间存在着一定的内在联系，因此土粒大小，也就在一定程度上反映了土粒性质的差异。天然土的固相是由无数多个大小不同的土粒组成的，土颗粒按其适当尺寸划分为若干个组别，每一个组别的颗粒称为一个粒组。用以对土粒进行粒组划分的分界尺寸，称为土的界限粒径。

以土中的各粒组颗粒的相对含量（占颗粒总质量的百分数）表示的土中颗粒大小及组成情况，为土的颗粒级配。

土的颗粒级配需要通过土的颗粒大小分析实验来测定。对于粒径大于0.075mm的粗颗粒用筛分法测定粒组颗粒的质量。实验时将风干分散的代表性土样通过一套孔径不同的标准筛（例如20、2、0.5、0.25、0.1、0.075mm）进行分选，分别用天平称量即可确定各粒组颗粒的相对含量。粒径小于0.075mm的细颗粒难以筛分，可用比重计法或移液管法（见《土的试验方法标准》）进行粒组相对含量的测定。

在实际的土层内，不同粒径的土粒通常混杂在一起，而含量多少不一，这就构成了土的性质的复杂性，粒径大者（如砾粒、砂粒），透水性大，受水的影响很小，土粒之间无黏性；粒径小者（如粉粒、黏粒），透水性小，受水的影响很大，土粒之间存在有胶结力和引力，而且颗粒越细，水越少，越薄，胶结力和引力越大，土质也就越坚硬。所以粒径的级配往往是决定土的工程性质的主要因素。

土粒粒组划分 表 8-2

粒组名称		粒径范围(mm)	一般特征
漂石或块石颗粒		>200	透水性大，无黏性，无毛细水
卵石或碎石颗粒		200～60	
圆砾或角砾颗粒	粗	60～20	透水性大，无黏性，毛细水上升高度不超过粒径大小
	中	20～5	
	细	5～2	
砂粒	粗	2～0.5	易透水，当混入云母等杂质时透水性减小，而压缩性增加，无黏性，遇水不膨胀，干燥时松散，毛细水上升高度不大，随粒径减小而增大
	中	0.5～0.25	
	细	0.25～0.1	
	极细	0.1～0.075	
粉粒	粗	0.075～0.01	透水性小，湿时有黏性，遇水有膨胀，干时有收缩，毛细水上升高度较大较快，极易出现冻胀现象
	细	0.01～0.005	
黏粒		<0.005	透水性极小，湿时有黏性，遇水膨胀大，干时收缩显著，毛细水上升高度大，但速度较慢

（2）土中的水

土中的水，按其存在的状态不同，可分为结合水和自由水两类。结合水是借土粒的引力吸附在土粒表面上的水；自由水是不受土粒引力的影响，仅在重力作用或表面张力作用下，土体内运动的水。位于地下水位以下的自由水，又叫重力水，它的升降会改变土的工程性质，位于地下水位以上受毛细作用而在土的细微孔隙中上升的自由水，又叫毛细水。黏性土的毛细水厚度可达 5～6m，在此范围内的建筑物应采取防潮措施。

（3）土中的气体

在土的孔隙中，除一部分孔隙被水占据外，剩余的部分则被气体所充满。这些气体，有的和土层上面的大气相通，有的被封闭在黏性土的气泡内，不易从土中逸出，从而减小透水性，增加土的弹性。

2）土的物理性质指标

（1）由试验直接测定的基本物理性质指标

（A）土粒相对密度 d_s

土粒的质量 W_s 与一个大气压下同体积 4℃ 的纯水质量之比（为一无量纲量），叫做土粒比重，又称为土粒相对密度。即

$$d_s = \frac{W_s}{V_s \gamma_w} \tag{8-4}$$

式中　W_s——土粒质量（kN）；

V_s——土粒体积（m³）；

γ_w——纯水在一个大气压下 4℃ 时的重力密度（可以近似按 10kN/m³ 计算）。

土粒相对密度，主要取决于土的矿物成分，也与土的颗粒大小有一定关系。土中有机质含量增大时，土粒相对密度明显减小。土粒相对密度在实验室通常用"比重瓶法"直接测定。一般土粒相对密度介于 2.65～2.80 之间。

（B）土的含水量 w

土体中水相物质（液态水和冰）的质量与土粒质量的百分比，叫做土的含水量。一般用百分数表示，即：

$$w = \frac{W_w}{W_s} \times 100\% \tag{8-5}$$

土的含水量是反映土的干湿程度的指标之一，含水量的变化对黏性土等细颗粒土的力学性质有很大影响。对于细粒土，含水量愈大，土愈湿愈软，作为地基时的承载能力愈低。土的含水量通常用"烘干法"直接测定。天然土体的含水量变化范围很大，我国西北地区由于降水量少，蒸发量大，沙漠表面的干砂含水量为零。而饱和砂土的含水量 w 可达 40%；坚硬的黏土 $w < 30\%$，而饱和状态的软黏性土 w 可达 60% 或更大。

（C）土的重度 γ

天然状态下，单位体积土体的总质量（包括土体颗粒的质量和孔隙水的质量，气体的质量一般忽略不计）叫做土的重力密度，简称土的重度，即：

$$\gamma = \frac{W}{V} \quad (kN/m^3) \tag{8-6}$$

天然状态下，土的重度变化范围较大，这除与土的紧密程度有关外，还与土体中含水量多少有关。土的重度，通常用"环刀法"直接测定。一般情况下，土的重度变化范围为 16～22kN/m³。一般黏土 $\gamma = 18～20kN/m³$；砂土 $\gamma = 16～20kN/m³$；腐殖土 $\gamma = 15～17kN/m³$。

268

（2）土的换算物理性质指标

（A）孔隙比

土的孔隙所占体积 V_v 与土粒所占体积 V_s 之比，称为土的孔隙比，即：

$$e = \frac{V_v}{V_s} \tag{8-7}$$

孔隙比是评价地基好坏的一个重要物理性质指标。它表明了天然土层的密实程度，如果 $e < 0.5$（即孔隙体积小于土体总体积的三分之一），则属于密实的低压缩性土；如果 $e > 1.0$（即孔隙体积超过土体总体积的一半），则属于疏松的高压缩性土。

孔隙比 e 的计算公式，可用下述方法推出：

由公式（8-4）和公式（8-6）可得：

$$e = \frac{V_v}{V_s} = \frac{V - V_s}{V_s} = \frac{V}{V_s} - 1 = \frac{\dfrac{W}{\gamma}}{\dfrac{W_s}{d_s \gamma_w}} - 1 = \frac{d_s(W_s + W_w)\gamma_w}{\gamma W_s} - 1$$

$$= \frac{d_s \left(\dfrac{W_s}{W_s} + \dfrac{W_w}{W_s}\right)\gamma_w}{\gamma \cdot \dfrac{W_s}{W_s}} - 1 = \frac{d_s (1 + w) \gamma_w}{\gamma} - 1 \tag{8-8a}$$

或由公式（8-4）和（8-11）可得：

$$e = \frac{V}{V_s} - 1 = \frac{V}{V_s} \cdot \frac{W_s}{W_s} - 1 = \frac{d_s \gamma_w}{\gamma_d} - 1 \tag{8-8b}$$

（B）饱和度 S_γ

土中孔隙水所占体积 V_w 与孔隙的总体积 V_v 之比，称为土的饱和度。一般用百分数表示，即：

$$S_\gamma = \frac{V_w}{V_v} \times 100\% \tag{8-9}$$

饱和度可以说明土的潮湿程度。如 $S_\gamma = 100\%$，即土的孔隙完全被水充满，说明土是饱和的；如 $S_\gamma = 0$，即孔隙中完全无水，说明土是完全干的。

饱和度 S_γ 的计算公式，也可以通过推导得出：

因 $V_w = \dfrac{W_w}{\gamma_w}$，且由公式（8-5）和（8-4）得知 $W_w = wW_s = wd_sV_s\gamma_w$，故 $V_w = wd_sV_s$，代入公式（8-9）得：

$$S_\gamma = \frac{V_w}{V_v} = \frac{wd_sV_s}{V_v} = \frac{wd_s}{e} \tag{8-10}$$

（C）干重度 γ_d

在整个土体内，单位体积固体颗粒（土粒）的质量，称为土的干重度，即：

$$\gamma_d = \frac{W_s}{V} \tag{8-11}$$

在工程上，常把干重度作为评定土体密实程度的标准，借以控制填土工程的施工质量。干重度可以用"环刀法"直接测出，也可以用计算公式求得。其计算公式推导如下：

$$\gamma_d = \frac{W_s}{V} = \frac{d_s V_s}{V_s + V_v} = \frac{d_s}{1+e} \tag{8-12a}$$

或由

$$\gamma_d = \frac{W_s}{V} = \frac{W - W_w}{V} = \frac{W}{V} - \frac{wW_s}{V} = \gamma - w\gamma_d$$

得：

$$\gamma_d = \frac{\gamma}{1+w} \tag{8-12b}$$

（D）饱和重度 γ_{sat}

在整个土体内，当孔隙中全部充满水时，整个土体单位体积的质量（土粒与水的质量），称为土的饱和重度，即：

$$\gamma_{sat} = \frac{W_s + W_w}{V} = \frac{W_s + V_v \cdot \gamma_w}{V} \tag{8-13}$$

饱和重度的计算公式，可由公式（8-4）推出如下：

$$\gamma_{sat} = \frac{W + V_c \cdot \gamma_w}{V} = \frac{d_s V_s \gamma_w + V_v \gamma_w}{V_s + V_v} = \frac{(d_s + e)\gamma_w}{1+e} \tag{8-14}$$

（E）浮重度 γ'

地下水位以下，扣除水的浮力以后的单位体积固体颗粒（土粒）质量，称为土的浮重度，即：

$$\gamma' = \frac{W_s - V_s \cdot \gamma_w}{V} \tag{8-15}$$

土的浮重度，可以通过水的饱和重度求得：

$$\gamma' = \frac{W_s - V_s \cdot \gamma_w}{V} = \frac{W_s - (V - V_v)\ \gamma_w}{V} = \frac{W_s + V_v \gamma_w - V\gamma_w}{V}$$

即：

$$\gamma' = \gamma_{sat} - \gamma_\omega \tag{8-16}$$

（F）孔隙率 n

在整个土体中，全部孔隙体积与土体总体积之比，称为孔隙率。一般用百分数表示，即：

$$n = \frac{V_v}{V} \times 100\% \tag{8-17}$$

一般黏性土，$n = 30\% \sim 60\%$；砂土，$n = 25\% \sim 45\%$。

孔隙率的计算公式推导如下：

$$n = \frac{V_v}{V} = \frac{V_v}{V_s + V_v} = \frac{e}{1+e} \tag{8-18}$$

上述土的物理性质指标，一并归纳入表 8-3 内。

【例 8-1】　某天然黄土 $V = 30 \times 10^{-6} \, m^3$，单位体积土的重力 $W = 480 \times 10^{-6}$ kN，烘干后称得 $W_s = 400 \times 10^{-6}$ kN，土粒比重为 2.7。试求该土的重度 γ、土的含水量 ω 和孔隙比 e。

解：

根据公式（8-6）

$$\gamma = \frac{W}{V} = \frac{480 \times 10^{-6}}{30 \times 10^{-6}} = 16 \, kN/m^3$$

　　根据公式（8-5）

$$w = \frac{W_w}{W_s} \times 100\% = \frac{480 \times 10^{-6} - 400 \times 10^{-6}}{400 \times 10^{-6}} = 20\%$$

根据公式（8-8）

$$e = \frac{d_s(1+w)\gamma_w}{\gamma} - 1 = \frac{2.7 \times 10(1+0.2)}{16} - 1$$

$$= 2.025 - 1 = 1.025$$

【例 8-2】 某土样的天然重度为 19kN/m^3，土粒比重为 2.69，天然含水量为 29%，求该土样的天然孔隙比和饱和度。

解：

用公式（8-12b）、（8-8b）、（8-10），并代入数据，可依次算得：

$$\gamma_d = \frac{d_s}{1+e} = \frac{19}{1+0.29} = 14.7\text{kN/m}^3$$

$$e = \frac{d_s \gamma_w}{\gamma_d} - 1 = \frac{2.69 \times 10}{14.7} - 1 = 0.82$$

$$S_\gamma = \frac{w d_s}{e} = \frac{2.69 \times 0.29}{0.82} = 96\%$$

土的物理性质指标及换算公式 表 8-3

序号	名称	符号	各项指标表达式	常用换算公式	单位	常见的数值范围
1	土粒相对密度	d_s	$d_s = \dfrac{W_s}{V_s \gamma_w}$	—	—	一般黏性土：2.7～2.76 砂土：2.65～2.69
2	含水量	w	$w = \dfrac{W_w}{W_s} \times 100\%$	—	—	20%～60%
3	重度	γ	$\gamma = \dfrac{W}{V}$	—	kN/m^3	16～20kN/m³
4	孔隙比	e	$e = \dfrac{V_v}{V_s}$	$e = \dfrac{d_s(1+w)\gamma_w}{\gamma} - 1$ $e = \dfrac{d_s \gamma_w}{\gamma_d} - 1$	—	一般黏性土：0.4～1.20 砂土：0.3～0.9
5	饱和度	S_γ	$S_\gamma = \dfrac{V_w}{V_v}$	$S_\gamma = \dfrac{w d_s}{e}$	—	0～100%
6	干重度	γ_d	$\gamma_d = \dfrac{W_s}{V}$	$\gamma_d = \dfrac{\gamma}{1+w}$	kN/m^3	13～18kN/m³
7	饱和重度	γ_{sat}	$\gamma_{sat} = \dfrac{W_s + V_v \cdot \gamma_w}{V}$	$\gamma_{sat} = \dfrac{(d_s+e)\gamma_w}{1+e}$	kN/m^3	18～23kN/m³
8	浮重度	γ'	$\gamma' = \dfrac{W_s - V_s \cdot \gamma_w}{V}$	$\gamma' = \gamma_{sa} - \gamma_w$	kN/m^3	8～13kN/m³
9	孔隙率	n	$n = \dfrac{V_v}{V} \times 100\%$	$n = \dfrac{e}{1+e}$	—	一般黏性土：30%～60% 砂土：25%～45%

3）土的天然物理状态指标

（1）黏性土的土质特征及其物理状态指标

（A）界限含水量——塑限 w_p（%）和液限 w_L（%）

天然状态下的黏性土，当含水量很小时，呈固体状态；当含水量增加到一定数值后，呈可塑状态（在外力作用下可塑成任何形状而无裂缝）；当含水量很大时，呈流动状态。

黏性土由固态（或半固态）变成可塑状态的界限含水量，叫塑限，用"w_p（％）"表示；黏性土由可塑状态变成流动状态的界限含水量，叫液限，用"w_L（％）"表示。

三种状态的界限含水量，可以用含水量为数轴的直线坐标表示如下：

0	塑限 w_p（％）	液限 w_L（％）
固态或半固态	可塑状态	流动状态 → w（％）

（B）塑性指数 I_p 和液性指数 I_L

液限与塑限之差，用百分数的绝对值表示，称为塑性指数，即：

$$I_p = w_L - w_p \qquad (8\text{-}19)$$

塑性指数是黏性土分类的依据。塑性指数大，反映出黏性土固体颗粒含量多，土的可塑性范围大。塑性指数 $I_p \leqslant 10$ 者为粉土，$I_p > 10$ 者为黏性土。黏性土又根据塑性指数 I_p 的大小，分为黏土和粉质黏土两个亚类。

天然含水量减去塑限（二者之差）与塑性指数的比值，称为液性指数（又称稠度），即：

$$I_L = \frac{w - w_p}{I_p} = \frac{w - w_p}{w_L - w_p} \qquad (8\text{-}20)$$

液性指数反映黏性土在天然状态下的软硬程度。根据液性指数的大小，黏性土又分为坚硬、硬塑、可塑、软塑及流塑五种不同状态。

（2）粉土的土质特征及其物理状态指标

粉土是指塑性指数 $I_p \leqslant 10$，粒径大于 0.075mm 的颗粒含量不超过全重 50％ 的土。粉土既不同于黏性土，又有别于砂土，它具有独立的个性。粉土的粒度成分中以 0.05mm～0.005mm 的粉粒占绝大多数，水与土粒之间的作用明显地异于黏性土与砂土，主要表现粉粒的特性。

（3）砂土和碎石土的土质特征及其物理状态指标

砂土和碎石土，土粒之间极少有黏性（一般称为无黏性土），也不具有可塑性。砂土和碎石土的密实度为其主要物理状态指标。

8.1.3　地基岩土的分类

作为建筑地基的岩土，可分为岩石、碎石土、砂土、粉土、黏性土和人工填土。

1）岩石

岩石应为颗粒间牢固联结，呈整体性或具有节理裂隙的岩体。

（1）岩石按坚硬程度划分为坚硬岩、较硬岩、较软岩、软岩和极软岩五类。不同类别应根据岩块的饱和单轴抗压强度 f_{rk} 试验划分，见表 8-4。当缺乏饱和单轴抗压强度资料或不能进行该项试验时，可在现场通过观察，定性划分，划分标准应符合表 8-6 的规定。

岩石坚硬程度的划分　　　　　　　　　　　　　　　表 8-4

坚硬程度类别	坚硬岩	软硬岩	较软岩	软岩	极软岩
饱和单轴抗压强度标准值 f_{rk}（MPa）	$f_{rk} > 60$	$60 \geqslant f_{rk} > 30$	$30 \geqslant f_{rk} > 15$	$15 \geqslant f_{rk} > 5$	$f_{rk} \leqslant 5$

其中，岩石的风化程度可分为未风化、微风化、中风化、强风化和全风化五类。每类主要风化特征是：未风化，无风化迹象；微风化，岩石新鲜，表面稍有风化迹象；中风化，岩体被节理裂隙分割成较大块状（200～500mm），裂缝中填充少量风化物，用镐难挖掘，锤击声脆；强风化，岩体被节理裂隙分割成碎石块（20～200mm），用镐可以挖掘，手摇钻不宜钻进；全风化，裂缝中风化物较多，撞击声闷，且易击碎，手摇钻可钻进。

（2）岩石按完整程度划分为完整、较完整、较破碎、破碎和极破碎五类。不同程度等级应按表 8-5 划分。

岩石完整程度划分   表 8-5

完整程度等级	完整	较完整	较破碎	破碎	极破碎
完整性指数	>0.75	0.75～0.55	0.55～0.35	0.35～0.15	<0.15

注：完整性指数为岩体纵波波速与岩块纵波波速之比的平方。选定岩体、岩块测定波速时应有代表性。

当缺乏试验数据时，宜按表 8-6 的规定执行。

岩石坚硬程度的定性划分   表 8-6

名 称	结构面组数	控制性结构面平均间距（m）	代表性结构类型
完整	1～2	>1.0	整状结构
较完整	2～3	0.4～1.0	块状结构
较破碎	>3	0.2～0.4	镶嵌状结构
破碎	>3	<0.2	碎裂状结构
极破碎	无序	—	散体状结构

2）碎石土

粒径大于 2mm 的颗粒含量超过全重 50% 的土，称为碎石土。碎石土根据颗粒形状和粒组含量，按表 8-7 分为漂石、块石、卵石、碎石、圆砾和角砾六类。按其密实程度，可为松散、稍密、中密、密实四类。对于平均粒径小于等于 50mm，且最大粒径不超过 100mm 的卵石、碎石、圆砾、角砾可按表 8-8 鉴别其密实度。

碎石土的分类   表 8-7

土的名称	颗粒形状	粒 组 含 量
漂石	圆性及亚圆形为主	粒径大于 200mm 的颗粒含量超过全重 50%
块石	棱角形为主	
卵石	圆性及亚圆形为主	粒径大于 20mm 的颗粒含量超过全重 50%
碎石	棱角形为主	
圆砾	圆性及亚圆形为主	粒径大于 2mm 的颗粒含量超过全重 50%
角砾	棱角形为主	

注：分类时应根据粒组含量栏从上到下以最符合者确定。

碎石土的密实度   表 8-8

重型圆锥动力触探锤击数 $N_{63.5}$	密 实 度	重型圆锥动力触探锤击数 $N_{63.5}$	密 实 度
$N_{63.5} \leqslant 5$	松散	$10 < N_{63.5} \leqslant 20$	中密
$5 < N_{63.5} \leqslant 10$	稍密	$N_{63.5} > 20$	密实

3）砂土

粒径大于 2mm 的颗粒含量不超过全重 50％、粒径大于 0.075mm 的颗粒超过全重 50％的土，称为砂土。砂土根据粒组含量，按表 8-9 分为砾砂、粗砂、中砂、细砂和粉砂五类。砂土的密实度，根据标准贯入试验锤击数 N，可按表 8-10 分为松散、稍密、中密、密实四类。

砂土的分类　　　　　　　　　　　　　　　　　　表 8-9

土 的 名 称	粒 组 含 量
砾砂	粒径大于 2mm 的颗粒含量占全重 25％～50％
粗砂	粒径大于 0.5mm 的颗粒含量超过全重 50％
中砂	粒径大于 0.25mm 的颗粒含量超过全重 50％
细砂	粒径大于 0.075mm 的颗粒含量超过全重 85％
粉砂	粒径大于 0.075mm 的颗粒含量超过全重 50％

注：分类时应根据粒组含量栏从上到下以最先符合者确定。

砂土的密实度　　　　　　　　　　　　　　　　　　表 8-10

标准贯入试验锤击数 N	密 实 度	标准贯入试验锤击数 N	密 实 度
$N \leqslant 10$	松散	$15 < N \leqslant 30$	中密
$10 < N \leqslant 15$	稍密	$N > 30$	密实

应当指出，碎石土和砂土的密实度，与工程性质有着密切的关系，呈密实状态时，其强度大，可以作为良好的天然地基；而处于疏松状态时，其承载能力小，受荷载作用压缩变形大，是不良的地基地层，在其上修筑建筑物时，应对其采用合适的方法进行适当处理。

4）黏性土

塑性指数大于 10 的土，属于黏性土，黏性土按塑性指数 I_p 又可分为黏土和粉质黏土两类；按液性指数 I_L 又可分为五种不同的软硬状态。详见表 8-11 和表 8-12。

沉积年代较久（第四纪更新世 Q_3 或更早一些时期）的黏性土，承载力较大（可达 400 kPa 以上），压缩性低，少数例外。

一般属于第四纪全新世（Q_4）沉积的黏性土，分布面积最广，工程性质变化较大。在塘、沟、谷与河漫滩地段新近沉积（一般不超过 5000 年）的黏性土，没有经过很好的压实作用，其压缩性比一般黏土还要高。

黏性土的分类　　　　　　　　　　　　　　　　　　表 8-11

塑性指数 I_p	土 的 名 称
$I_p > 17$	黏土
$10 < I_p \leqslant 17$	粉质黏土

注：塑性指标由相应于 76g 圆锥体沉入土样中深度为 10mm 时测定的液限计算而得。

黏性土的状态　　　　　　　　　　　　　　　　　　表 8-12

液性指数 I_L	状 态	液性指数 I_L	状 态
$I_L \leqslant 0$	坚硬	$0.75 < I_L \leqslant 1$	软塑
$0 < I_L \leqslant 0.25$	硬塑	$I_L > 1$	流塑
$0.25 < I_L \leqslant 0.75$	可塑		

尚须指出，黏性土还有两个分支，一为淤泥和淤泥质土，二为红黏土。

淤泥为在静水或缓慢的流水环境中沉积，并经生物化学作用形成，其天然含水量大于液限，天然孔隙比大于或等于 1.5 的黏性土。当天然含水量大于液限而天然孔隙比小于 1.5，但大于或等于 1.0 的黏性土或粉土为淤泥质土。淤泥和淤泥质土，强度低，压缩性高，透水性差，变形稳定时间长。

红黏土为碳酸盐岩系的岩石经红土化作用形成的高塑性黏土。其液限一般大于 50%。红黏土经再搬运后仍保留其基本特征，其液限大于 45% 的土为次生红黏土。次生红黏土是在岩溶洼地、谷地、准平原及丘陵斜坡地带，受水流冲蚀，红黏土的土粒被带到低洼处堆积而成的新土层，其颜色较浅，含粗颗粒较多，但总体上仍保持红黏土的基本性质，而又明显有异于一般黏性土。我国鄂西、湘西、广西与粤北等山地丘陵区域，次生红黏土较红黏土的分布更为广泛。

5）粉土

介于砂土和黏性土之间，塑性指数 $I_p \leqslant 10$ 且粒径大于 0.075mm 的颗粒含量不超过全重 50% 的土，称为粉土。粉土介于砂土和黏性土之间。在湖、塘、沟、谷与河漫滩地段新近沉积的粉土，其工程性质一般较差，设计时应根据当地实践经验确定承载力。

6）人工填土

人工填土，根据其组成和成因，又分为素填土、杂填土和冲填土。素填土是由碎石土、砂土、粉土、黏性土等组成的填土；杂填土是含有建筑垃圾、工业废料、生活垃圾等杂物的填土；冲填土是由水力充填泥砂形成的填土。

除此而外，在工程地基中，还可能遇到湿陷性黄土、多年冻土、膨胀土等。关于这些地基土及其在地震作用和机械振动荷载作用下的地基基础设计，尚应符合现行有关标准、规范的规定。

8.2　地基设计的基本规定

8.2.1　地基基础设计的总原则

地基基础设计，包括地基设计和基础设计两个方面。本书除简要地介绍土的物理性质及其工程分类外，主要讲述有关地基设计的基本原理和方法，对于各种类型的基础设计，将在与本书配套的《建筑结构设计》一书中分别予以介绍。

由于天然地基土的性质和存在状态错综复杂，在同一地基内土的物理性质指标离散性较大，加上洞穴、暗塘、古河道、古遗址、山前洪积、熔岩等许多不同条件，为此，《建筑地基基础设计规范》GB 50007—2011（简称《地基规范》），特别强调地基基础设计必须坚持因地制宜、就地取材、保护环境和节约资源的原则；根据岩土工程勘察资料，综合考虑结构类型，材料情况与施工条件等因素，精心设计。力求做到安全适用、技术先进、经济合理、确保质量、保护环境。

8.2.2　地基基础设计等级的划分与地基设计要求

按照《工程结构可靠性设计统一标准》对结构设计应满足安全性、适用性、耐久性、耐火性和整体稳定性的功能要求，地基设计应保证在长期荷载作用下，

275

地基变形不致造成承重结构的损坏，在最不利荷载作用下，地基不出现失稳现象。为此，就总体而言，地基计算共包括地基承载力计算、地基变形计算和地基稳定性计算三部分内容。通过地基承载力计算，保证地基不致因出现长期塑性变形或对一般中、小型房屋下的地基不致因出现连续贯通的滑动面，而丧失其承载能力；通过地基变形计算，保证地基变形值在地基变形允许值的范围以内；通过地基稳定性计算，保证经常受水平荷载作用以及建造在斜坡上的建筑物和构筑物，不致使其连同滑动面一起发生滑动甚至倾倒。

根据地基复杂程度、建筑物规模和功能特征，以及由于地基问题可能造成建筑物破坏或影响正常使用程度，将地基基础设计分为三个设计等级，设计时应根据具体情况，按表 8-13 选用。

表 8-13

地基基础设计等级

设计等级	建筑和地基类型
甲级	重要的工业与民用建筑物 30 层以上的高层建筑 体型复杂、层数相差超过 10 层的高低层连成一体建筑物 大面积的多层地下建筑物（如地下车库、商场、运动场等） 对地基变形有特殊要求的建筑物 复杂地质条件下的坡上建筑物（包括高边坡） 对原有工程影响较大的新建建筑物 场地和地基条件复杂的一般建筑物 位于复杂地质条件及软土地区的二层及二层以上地下室的基坑工程 开挖深度大于 15m 的基坑工程 周边环境条件复杂、环境保护要求高的基坑工程
乙级	除甲级、丙级以外的工业与民用建筑物 除甲级、丙级以外的基坑工程
丙级	场地和地基条件简单、荷载分布均匀的七层及七层以下民用建筑及一般工业建筑；次要的轻型建筑物 非软土地区且场地地质条件简单、基坑周边条件简单、环境保护要求不高且开挖深度小于 5.0m 的基坑工程

根据建筑物地基基础设计等级及长期荷载作用下地基变形对上部结构的影响程度，《地基规范》对各级建筑类型房屋的地基基础设计，均作出了明确的规定，现概括如下：

1）所有建筑物的地基计算均应满足承载力计算的有关规定；

2）设计等级为甲级、乙级的建筑物，均应按地基变形设计；

3）表 8-14 所列范围内设计等级为丙级的建筑物可不作变形验算，如有下列情况之一时，仍应作变形验算：

（1）地基承载力特征值小于 130kPa，且体型复杂的建筑；

（2）在基础上及其附近有地面堆载或相邻基础荷载差异较大，可能引起地基产生过大的不均匀沉降时；

（3）软弱地基上的建筑物存在偏心荷载时；

（4）相邻建筑距离过近，可能发生倾斜时；

（5）地基内有厚度较大或厚薄不均的填土，其自重固结未完成时。

可不作地基变形验算的设计等级为丙级的建筑物范围 表 8-14

地基主要受力层情况	地基承载力特征值 f_{ak}(kPa)		$80 \leqslant f_{ak}$ <100	$100 \leqslant f_{ak}$ <130	$130 \leqslant f_{ak}$ <160	$160 \leqslant f_{ak}$ <200	$200 \leqslant f_{ak}$ <300
	各土层坡度(%)		$\leqslant 5$	$\leqslant 10$	$\leqslant 10$	$\leqslant 10$	$\leqslant 10$
建筑类型	砌体承重结构、框架结构(层数)		$\leqslant 5$	$\leqslant 5$	$\leqslant 6$	$\leqslant 6$	$\leqslant 7$
	单层排架结构(6m柱距) 单跨	吊车额定起重量(t)	10~15	15~20	20~30	30~50	50~100
		厂房跨度(m)	$\leqslant 18$	$\leqslant 24$	$\leqslant 30$	$\leqslant 30$	$\leqslant 30$
	多跨	吊车额定起重量(t)	5~10	10~15	15~20	20~30	30~75
		厂房跨度(m)	$\leqslant 18$	$\leqslant 24$	$\leqslant 30$	$\leqslant 30$	$\leqslant 30$
	烟囱	高度(m)	$\leqslant 40$	$\leqslant 50$	$\leqslant 75$		$\leqslant 100$
	水塔	高度(m)	$\leqslant 20$	$\leqslant 30$	$\leqslant 30$		$\leqslant 30$
		容积(m³)	50~100	100~200	200~300	300~500	500~1000

注：1. 地基主要受力层系指条形基础底面下深度为 $3b$（b 为基础底面宽度），独立基础下为 $1.5b$，且厚度均不小于 5m 的范围（二层以下一般的民用建筑除外）。

2. 地基主要受力层中如有承载力特征值小于 130kPa 的土层时，表中砌体承重结构的设计，应符合《建筑地基基础设计规范》第 7 章的有关要求。

3. 表中砌体承重结构和框架结构均指民用建筑，对工业建筑可按厂房高度、荷载情况折合成与其相当的民用建筑层数。

4. 表中吊车额定起重量、烟囱高度和水塔容积的数值系指最大值。

4）对经常受水平荷载作用的高层建筑、高耸结构和挡土墙等，以及建筑在斜坡土或边坡附近的建筑物和构筑物，尚应验算其稳定性；

5）基坑工程应进行稳定性验算；

6）当地下水埋藏较浅，建筑地下室或地下构筑物存在上浮问题时，尚应进行抗浮验算。

8.2.3 地基基础设计时，荷载效应与抗力限值的计算与取值原则

按照《地基规范》的要求，地基基础设计时，所采用的作用效应与相应的抗力限值应按下列规定取用：

1）按地基承载力确定基础底面积及埋深或按单桩承载力确定桩数时，传至基础或承台底面上的作用效应按正常使用极限状态下作用的标准组合。相应的抗力应采用地基承载力特征值或单桩承载力特征值。

2）计算地基变形时，传至基础底面上的作用效应应按正常使用极限状态下作用的准永久组合，不应计入风荷载和地震作用。相应的限值应为地基变形允许值。

3）计算挡土墙、地基或滑坡稳定以及基础抗浮稳定时，作用效应应按承载能力极限状态下作用的基本组合，但其分项系数均为 1.0。

4）在确定基础或桩台高度、支挡结构截面、计算基础或支挡结构内力、确定配筋和验算材料强度时，上部结构传来的作用和相应的基底反力、挡土墙土压力以及滑坡推力，应按承载能力极限状态下作用的基本组合，采用相应的分项系数。

当需要验算基础裂缝宽度时，应按正常使用极限状态下作用的标准组合。

277

5）基础设计安全等级、结构设计使用年限、结构重要性系数应按有关规范的规定采用，但结构重要性系数 γ_0 不应小于 1.0。

在此，正常使用极限状态下荷载效应的标准组合、准永久组合，与承载能力极限状态下荷载效应的基本组合分别按下列表达式计算：

（1）正常使用极限状态下，标准组合的效应设计值 S_k 应按下式确定：

$$S_k = S_{Gk} + S_{Q1k} + \psi_{c2} S_{Q2k} + \cdots\cdots + \psi_{ci} S_{Qik} \tag{8-21}$$

式中　S_{Gk}——永久荷载标准值 G_k 的效应；

　　　S_{Qik}——第 i 个可变作用标准值 Q_{ik} 的效应；

　　　ψ_{ci}——第 i 个可变作用 Q_i 的组合系数，按现行国家标准《建筑结构荷载规范》GB 50009 的规定取值。

（2）准永久组合的效应设计值 S_k，应按下式确定：

$$S_k = S_{Gk} + \psi_{q1} S_{Q1k} + \psi_{q2} S_{Q2k} + \cdots\cdots + \psi_{qi} S_{Qik} \tag{8-22}$$

式中　ψ_{qi}——第 i 个可变作用的准永久值系数，按现行国家标准《建筑结构荷载规范》的规定取值。

（3）承载能力极限状态下，由可变作用控制的基本组合的效应设计值 S_d，应按下式确定：

$$S_d = \gamma_G S_{Gk} + \gamma_{Q1} S_{Q1k} + \gamma_{Q2} \psi_{c2} S_{Q2k} + \cdots\cdots + \gamma_{Qi} \psi_{ci} S_{Qik} \tag{8-23}$$

式中　γ_G——永久作用的分项系数，按现行国家标准《建筑结构荷载规范》的规定取值；

　　　γ_{Qi}——第 i 个可变作用的分项系数，按现行国家标准《建筑结构荷载规范》的规定取值。

（4）对由永久作用控制的基本组合，可采用简化规则，基本组合的效应设计值 S_d，按下式确定：

$$S_d = 1.35 S_k \tag{8-24}$$

式中　S_k——标准组合的作用效应设计值。

8.3　地基承载力计算

8.3.1　地基承载力特征值的确定

由于地基土的错综复杂性，在同一地基内土的力学指标离散性较大，而且地基土的变形具有长期的时间效应，与钢、混凝土、砖石等材料相比，它属于大变形材料。因此，在地基承载力计算中，首要的问题即是如何确定地基土的强度指标（工程特性指标之一）。地基土承载力特征值，系指由载荷试验测定的地基土压力变形曲线线性变形段内规定的变形所对应的压力值。对于一般中、小型房屋，系指在保证地基稳定和不产生过大变形的地基承载力。亦即，对一般中、小型房屋来说，当按地基承载力特征值设计基础面积和埋置深度以后，既可保证地基不会出现长期塑性变形或沿某一曲面产生滑动破坏，也可保证建筑物的沉降量不越过建筑物基地变形允许值。

地基承载力特征值的确定方法，根据地基岩土种类的不同，有浅层平板载荷试验法、深层平板载荷试验法、岩基载荷试验法、重型圆锥动力触探法、标准贯入试验法、轻便触探试验法、室内公式计算法、野外鉴别法或按经验取值等多种。不论采用何种方法，都需要根据具体工程的地质条件，工程实践经验综合评定。

下面仅就浅层平板载荷试验法予以概要介绍。

地基土浅层平板载荷试验，可适用于确定浅部地基土层的承压板下应力主要影响范围内的承载力。浅层平板载荷试验，是在试验点处先挖好基坑，基坑宽度不应小于承压板宽度或直径的三倍。应注意保持试验土层的原状结构和天然湿度。再用不超过 20mm 厚的粗砂或中砂层找平。然后放上承压板，承压板面积不应小于 $0.25m^2$，对于软土不应小于 $0.5m^2$。随后开始逐级加载，所加荷载以 kN/m^2（kPa）计。总加载分级不应少于 8 级。最大加载量不应小于设计要求的两倍。每级加载后，按间隔 10、10、10、15、15min，以后为每隔半小时测读一次荷载与沉降量。当在连续两小时内，每小时的沉降量小于 0.1mm 时，则认为已趋稳定，可加下一级荷载。随后绘制出荷载—沉降曲线（p—s 曲线），如图 8-3所示。

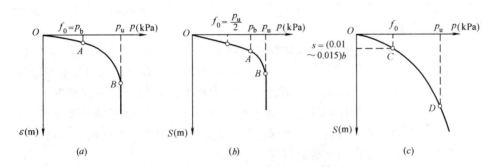

图 8-3　荷载—沉降曲线（p—s 曲线）

当出现下列情况之一时，即可终止加载：

1）承压板周围的土明显地侧向挤出；

2）沉降 S 急剧增大，荷载—沉降曲线出现陡降段；

3）在某一级荷载下，24 小时内沉降速率不能达到稳定；

4）沉降量与承压板宽度或直径之比大于或等于 0.06。

当满足前三种情况之一时，其对应的前一级荷载定为极限荷载。

对于低压缩性土，其 p—s 曲线通常有比较明显的起始直线段和极限值（如图 8-3a、b 中的 OA 段和 B 点），A 点所对应的荷载 p_B 称为比例界限荷载，B 点所对应的前一级荷载 p_u 称为极限荷载。对于高压缩性土，p—s 曲线无明显的转折点，此时，极限荷载 p_u 可取曲线斜率开始到达最大值时（图 8-3c 中的 D 点）对应的荷载值。但在实践中因受加荷设备的限制，往往无法取得 p_u 值，在这种情况下，地基土的承载力一般由允许沉降量控制，而沉降量又与承压板的尺寸、形状有关，故此，《地基规范》以 s/b 的经验值作为确定承载力的依据（b 为承压板的宽度）。

承载力特征值的确定应符合下列规定：

279

1）当 p—s 曲线上有比例界限时，取该比例界限所对应的荷载值；

2）当极限荷载小于对应比例界限的荷载值的 2 倍时，取极限荷载值的一半；

3）当不能按上述二款要求确定时，当压板面积为 $0.25 \sim 0.50 \mathrm{m}^2$，可取 $s/b = 0.01 \sim 0.015$ 所对应的荷载，但其值不应大于最大加载量的一半。

同一土层参加统计的试验点不应少于三点，当试验实测值的极差不超过其平均值的 30% 时，取此平均值作为该土层的地基承载力特征值 f_{ak}。

8.3.2 修正后的地基承载力特征值

当基础宽度大于 3m 或埋置深度大于 0.5m 时，从载荷试验或其他原位测试、经验值等方法确定的地基承载力特征值，尚应按下式修正：

$$f_a = f_{ak} + \eta_b \gamma (b-3) + \eta_d \gamma_m (d-0.5) \tag{8-25}$$

式中　f_a——修正后的地基承载力特征值（kPa）；

　　　f_{ak}——地基承载力特征值（kPa）；

　η_b、η_d——地基宽度和埋深的地基承载力修正系数，按基底下土的类别，查表 8-15 取值；

　　　γ——地基底面以下土的重度，地下水位以下取浮重度；

　　　b——基础底面宽度（m），当基宽小于 3m，按 3m 取值，大于 6m 按 6m 取值；

　　　γ_m——基础底面以上土的加权平均重度（kPa），地下水位以下取浮重度；

　　　d——基础埋置深度（m），一般自室外地面标高算起。在填方整平地区，可自填土地面标高算起，但填土在上部结构施工后完成时，应从天然地面标高算起。对于地下室，如采用箱形基础或筏基时，基础埋置深度自室外地面标高算起；当采用独立基础或条形基础时，应从室内地面标高算起。

承载力修正系数　　　　　　　　　　表 8-15

土 的 类 别		η_b	η_d
淤泥和淤泥质土		0	1.0
人工填土 e 或 I_L 大于等于 0.85 的黏性土		0	1.0
红黏土	含水比 $\alpha_w > 0.8$	0	1.2
	含水比 $\alpha_w \leqslant 0.8$	0.15	1.4
大面积 压实填土	压实系数大于 0.95、黏粒含量 $\rho_c \geqslant 10\%$ 的粉土	0	1.5
	最大干密度大于 2100kg/m³ 的级配砂石	0	2.0
粉土	黏粒含量 $\rho_c \geqslant 10\%$ 的粉土	0.3	1.5
	黏粒含量 $\rho_c < 10\%$ 的粉土	0.5	2.0
e 或 I_L 均小于 0.85 的黏性土		0.3	1.6
粉砂、细砂（不包括很湿与饱和时的稍密状态）		2.0	3.0
中砂、粗砂、砾砂和碎石土		3.0	4.4

注：1. 强风化和全风化的岩石，可参照所风化成的相应土类取值，其他状态下的岩石不修正；
　　2. 地基承载力特征值按深层平板载荷试验确定时 η_d 取 0；
　　3. 含水比是指土的天然含水量与液限的比值；
　　4. 大面积压实填土是指填土范围大于两倍基础宽度的填土。

8.3.3 地基承载力计算

1) 地基承载力计算的要求

(1) 对于轴心荷载作用下的基础，其基础底面的压力，应符合下列规定：

$$p_k \leqslant f_a \tag{8-26}$$

式中 p_k——相应于作用的标准组合时，基础底面处的平均压力值（kPa）；

f_a——修正后的地基承载力特征值（kPa）。

(2) 对于偏心荷载作用下的基础，除应符合式（8-26）要求外，尚应符合下式规定：

$$p_{kmax} \leqslant 1.2 f_a \tag{8-27}$$

式中 p_{kmax}——相应于作用的标准组合时，基础底面边缘的最大压力值。

(3) 当地基受力层范围内有软弱下卧层时，尚应按下式验算：

$$p_z + p_{cz} \leqslant f_{az} \tag{8-28}$$

式中 p_z——相应于作用的标准组合时，软弱下卧层顶面处的附加压力值，对于条形基础和矩形基础，可分别按式（8-43）和式（8-44）简化计算；

p_{cz}——软弱下卧层顶面处的自重压力值（kPa），可按式（8-39）计算；

f_{az}——软弱下卧层顶面处，经深度修正后的地基承载力特征值。

2) 基础底面压力计算

基础底面的压力，可按下式确定：

(1) 当轴心荷载作用时（图 8-4a）

$$p_k = \frac{F_k + G_k}{A} \tag{8-29}$$

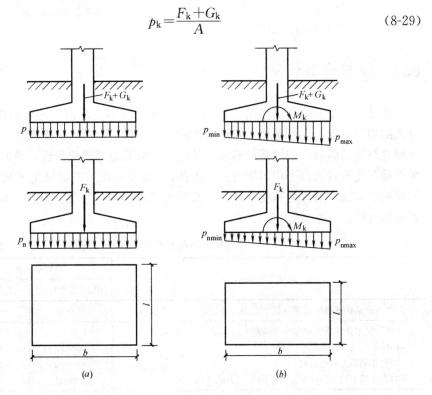

图 8-4 基础底面的压力

式中　F_k——相应于作用的标准组合时，上部结构传至基础顶面的竖向力值（kN）；

　　　G_k——基础自重和基础底面以上的填土重（kN）；

　　　A——基础底面面积（m²）。

（2）当偏心荷载作用时（图 8-4b）

$$p_{kmax}=\frac{F_k+G_k}{A}+\frac{M_k}{W} \qquad (8\text{-}30a)$$

$$p_{kmin}=\frac{F_k+G_k}{A}-\frac{M_k}{W} \qquad (8\text{-}30b)$$

式中　M_k——相应于作用的标准组合时，作用于基础底面的力矩值（kN·m）；

　　　W——基础底面的抵抗矩；

　　　p_{kmin}——相应于作用的标准组合时，基础底面边缘的最小压力值（kPa）。

当偏心距 $e>\dfrac{b}{6}$（图 8-5）时，p_{kmax} 应按下式计算：

$$p_{kmax}=\frac{2(F_k+G_k)}{3la} \qquad (8\text{-}31)$$

式中　l——垂直于力矩作用方向的基础底面边长（m）；

　　　a——合力作用点至基础底面最大压力边缘的距离（m）。

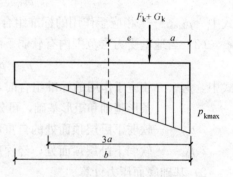

图 8-5　偏心荷载 $\left(e>\dfrac{b}{6}\right)$ 下基底压力计算示意

b——力矩作用方向基础底面边长

8.4　地基变形计算

地基土承受上部荷载作用，必然会产生地基变形，从而引起建筑物的沉降。过大的均匀沉降可能严重地影响建筑物的正常使用，而过大的不均匀沉降则可能导致建筑物的倾斜、裂缝甚至破坏。从已有的大量地基事故分析，绝大多数事故皆由地基变形过大且不均匀所造成。因此，《地基规范》明确规定了按变形设计的原则和方法。通过地基变形计算，要求建筑物的地基变形计算值，不应大于地基变形允许值（见表 8-16）。

建筑物的地基变形允许值　　　　　　　　　表 8-16

地基变形特征	地基土类别	
	中、低压缩性土	高压缩性土
砌体承重结构基础的局部倾斜	0.002	0.003
工业与民用建筑相邻柱基的沉降差 (1)框架结构 (2)砌体墙填充的边排柱 (3)当基础不均匀沉降时不产生附加应力的结构	0.002l 0.0007l 0.005l	0.003l 0.001l 0.005l
单排框架结构(柱距为 6m)柱基础的沉降量(mm)	(120)	200

地基变形特征		地基土类别	
		中、低压缩性土	高压缩性土
桥式吊车轨面的倾斜(按不调整轨道考虑) 纵向 横向		0.004 0.003	
多层和高层建筑的整体倾斜	$H_g \leqslant 24$	0.004	
	$24 < H_g \leqslant 60$	0.003	
	$60 < H_g \leqslant 100$	0.0025	
	$H_g > 100$	0.002	
体形简单的高层建筑基础平均沉降量(mm)		200	
高耸结构基础的倾斜	$H_g \leqslant 20$	0.008	
	$20 < H_g \leqslant 50$	0.006	
	$50 < H_g \leqslant 100$	0.005	
	$100 < H_g \leqslant 150$	0.004	
	$150 < H_g \leqslant 200$	0.003	
	$200 < H_g \leqslant 250$	0.002	
高耸结构基础的沉降量(mm)	$H_g \leqslant 100$	400	
	$100 < H_g \leqslant 200$	300	
	$200 < H_g \leqslant 250$	200	

注：1. 本表数值为建筑物地基实际最终变形允许值；

2. 有括号者仅适用于中压缩性土；

3. l 为相邻柱基的中心距离（mm）；H_g 为自室外地面算起的建筑物高度（m）；

4. 倾斜指基础倾斜方向两端点的沉降差与其距离的比值；

5. 局部倾斜指砌体承重结构沿纵向 6m～10m 内基础两点的沉降差与其距离的比值。

地基的变形，主要取决于建筑物的荷载大小（外因）和地基土压缩性的高低（内因）两种因素。为了计算地基的变形，必须首先研究土的压缩性和在上部荷载及地基土自重作用下地基土中的应力分布情况。

8.4.1 土的压缩性，压缩系数和压缩模量

土的压缩性，系指土在压力作用下体积缩小的特性。土体被压缩，包括土中孔隙体积的压缩、土粒体积的压缩和土中水的压缩三个方面。试验指出，当压应力 $p = 0.1 \text{N/mm}^2 \sim 0.6 \text{N/mm}^2$ 时，土粒体积和水体积的压缩仅占总压缩量的 1/400，一般可以忽略不计。所以，土的压缩，主要是孔隙结构的压缩。其压缩变形包括竖向变形和横向变形，一般以前者为主。土的压缩性大小，由土的压缩性指标——压缩系数和压缩模量来评定。

1）室内侧限压缩试验与土的压缩曲线

侧限压缩是试验时控制土样只产生竖向变形而不产生横向变形。将切取的原状土样装入圆形压缩仪（底面积为 F）内，设土样原始高度为 h_0 （mm），土样在压应力 p_1 的作用下，被压缩了 s_1，见图 8-6。

由施加附加压力以前，土在自重压力下的孔隙比：

$$e_0 = \frac{V_v}{V_s} = \frac{h_0 F - h_s F}{h_s F}$$

可得：

283

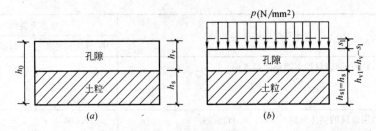

图 8-6 室内侧限压缩试验模型

(a) 压缩前；(b) 压缩后

$$h_s = \frac{h_0}{1+e_0} \qquad (a)$$

若忽略土粒本身的压缩变形（取 $V_{s1} = V_s$），则施加附加压力以后的孔隙比为：

$$e_1 = \frac{V_{v1}}{V_{s1}} = \frac{V_v - V_{s1}}{V_s} = \frac{h_0 - h_s - s_1}{h_s}$$

由此又可得，

$$h_s = \frac{h_0 - s_1}{1 + e_1} \qquad (b)$$

由 (a)、(b) 两式相等，可知：

$$\frac{h_0}{1+e_0} = \frac{h_0 - s_1}{1 + e_1}$$

于是，可得出在侧限条件下，从土自重压力施加到土自重与附加压力之和时，土的压缩量 s_1（mm）的计算公式为：

$$s_1 = \frac{e_0 - e_1}{1 + e_0} \cdot h_0 \qquad (8\text{-}32)$$

由此式也可求得从土自重压力施加至土自重与附加压力之和，且当压缩稳定后的孔隙比计算公式：

$$e_1 = e_0 - \frac{s_1}{h_0}(1 + e_0) \qquad (8\text{-}33)$$

通过试验，将附加压应力从 p_1、p_2、p_3… 逐级加载，可以测出相应的压缩量 s_1、s_2、s_3…，并由公式（8-33）计算出相应的孔隙比 e_1，e_2、e_3…。这样，以 e 为纵坐标，p 为横坐标，便可得到 $e\text{-}p$ 的关系曲线，$e\text{-}p$ 曲线称为土的压缩曲线，如图 8-7 所示。

2）土的压缩系数 a

从土的压缩曲线可见，当压力从 p_1 至 p_2 的变化范围不大时，M_1M_2 段曲线可近似为一段斜直线，此斜直线的斜率，称为土的压缩系数，并用 "a" 表示。即：

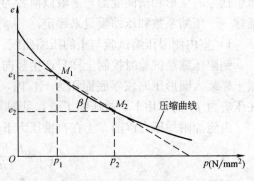

图 8-7 土的压缩曲线

$$a=\text{tg}\beta=1000\times\frac{e_1-e_2}{p_2-p_1}\quad(\text{kPa}^{-1})\qquad(8\text{-}34)$$

式中　a——土的压缩系数（kPa^{-1}），一般为从土自重压力至土自重加附加压力段的压缩系数；

　p_1、p_2——固结压力（kPa），一般取 p_1 为土自重压力，p_2 为土自重加附加压力；

　e_1、e_2——对应于 p_1、p_2 的孔隙比；

　　1000——单位换算系数。

不同土的压缩曲线不同或压力变化范围不同，压缩系数也不相同。在同一压力变化范围内，压缩曲线越陡，孔隙比变化越大，压缩系数就越大，说明土的压缩性越高。为了便于比较和应用，也可按压力间隔从 $p_1=100\text{kPa}$ 增加到 $p_2=200\text{kPa}$ 时，相对应的压缩系数 a_{1-2} 来评定土的压缩性。即：

$$a_{1-2}=1000\times\frac{e_1-e_2}{p_2-p_1}=10(e_1-e_2)\quad(\text{kPa}^{-1})\qquad(8\text{-}35)$$

根据压缩系数 a_{1-2} 的大小，可将土区分为：

当 $a_{1-2}<0.1$ 时，为低压缩性土；

当 $0.1\leqslant a_{1-2}<0.5$ 时，为中等压缩性土；

当 $a_{1-2}\geqslant0.5$ 时，为高压缩性土。

3）压缩模量 E_s

压缩模量 E_s 和弹性材料的弹性模量相似，也是应力与应变的比值，不同的是土的压缩模量不是常数，它不仅与土本身的性质有关，而且随压力的大小而变化。

参照公式（8-34），可知加载后土所受的压应力为：

$$\sigma=p_1-p_0=\frac{e_0-e_1}{a}$$

由公式（8-32），可知加载后土内产生的压应变为

$$\varepsilon=\frac{s_1}{h_0}=\frac{e_0-e_1}{1+e_0}$$

于是，可求得土的压缩模量 E_s 的计算公式：

$$E_s=\frac{\sigma}{\varepsilon}=\frac{1+e_0}{a}\qquad(8\text{-}36)$$

式中　E_s——在实际压力下土的压缩模量（MPa）；

　　e_0——土自重压力下的孔隙比；

　　a——从土自重压力至土自重加附加压力段的压缩系数。

当地基压缩层内土质不同时，应取压缩模量 E_s 的当量值。

设：$\dfrac{\sum A_i}{E_s}=\dfrac{A_1}{E_{s1}}+\dfrac{A_2}{E_{s2}}+\dfrac{A_3}{E_{s3}}+\cdots+=\sum\dfrac{A_i}{E_{si}}$

则：

$$\overline{E}_s=\frac{\sum A_i}{\sum\dfrac{A_i}{E_{si}}}\qquad(8\text{-}37)$$

式中　E_s——沉降计算深度范围内压缩模量的当量值；

　　E_{si}——基础底面下第 i 层土的压缩模量，按实际应力范围取值；

A_i——第 i 层土平均附加应力系数沿土层厚度的积分值。即：

$$A_i = z_i \bar{\alpha}_i - z_{i-1} \bar{\alpha}_{i-1} \tag{8-38}$$

式中符号见公式（8-45）。

如按压力间隔从 $p_1 = 100\text{kPa}$ 增加到 $p_2 = 200\text{kPa}$，可得出相对应的压缩模量 E_{s1-2}（MPa），同样可以用 E_{s1-2} 值评定土的压缩性高低。即：

当 $E_{s1-2} > 15\text{MPa}$ 时，为低压缩性土；

当 $15\text{MPa} \geqslant E_{s1-2} > 4\text{MPa}$ 时，为中等压缩性土；

当 $E_{s1-2} \leqslant 4\text{MPa}$ 时，为高压缩性土。

低压缩性土作为建筑物地基，一般变形不大，是良好的天然地基；高压缩性土作为建筑物地基时，往往变形过大，一般需要进行人工加固处理。

8.4.2 土层的自重应力和地基土的附加应力

1）土层的自重应力 p_c

在天然地面以下，由于各土层本身的重力所引起的压应力，称为自重应力。

对于地面以下无限伸展的土层，可以假定为半无限体。在土体自重作用下，竖向和水平面上均无剪应力存在，各土层向下传递的自重应力不会发生扩散作用。因此从天然地面以下 z 深度处的自重应力，就等于单位面积上土柱的重力。

对于自天然地面以下，有 n 个不同土层，且自 m 土层以下遇有地下水时，其自重应力为：

$$p_c = \gamma_1 h_1 + \gamma_2 h_2 + \cdots + \gamma'_m h_m + \gamma'_{m+1} h_{m+1} + \cdots + \gamma'_n h_n$$

$$= \sum_{i=1}^{m-1} \gamma_1 h_1 + \sum_{i=m}^{n} \gamma'_i h_i \tag{8-39}$$

式中 p_c——天然地面以下的竖向自重应力，简称自重应力（kPa）；

γ_i——无地下水土层的天然重度（kN/m^3）；

γ'_i——地下水位以下土层的浮重度（kN/m^3）；

h_i——第 i 层土的厚度（m）。

天然地面以下 H 深度范围内，土的自重应力分布，如图 8-8 所示。

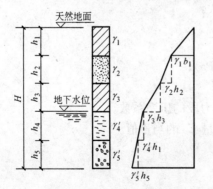

图 8-8 土的自重应力分布示意

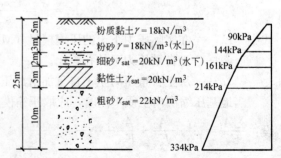

图 8-9 例 8-3 图

【例 8-3】 某工程地质剖面如图 8-9 所示。试计算 25m 深度范围内土的自重应力，并画出自重应力分布图线。

解:

根据公式（8-39）：

$$p_{c1}=18\times5=90\text{kPa}$$
$$p_{c2}=90+18\times3=144\text{kPa}$$
$$p_{c3}=144+(20-10)\times2=164\text{kPa}$$
$$p_{c4}=164+(20-10)\times5=214\text{kPa}$$
$$p_{c5}=214+(22-10)\times10=334\text{kPa}$$

2）地基土的附加应力 p_z

自基础底面以下，由于建筑荷载或大面积新填土以及地下水位下降对地基引起的压应力，称为附加应力，又称为附加压力。其中主要的是建筑荷载引起的附加应力。

建筑荷载通过基础底面传给地基，由于应力扩散的结果，在地基土内沿荷载作用线方向，随着深度的增加，附加应力越来越小；在同一水平面上，离开荷载作用线越远，附加应力越小，参见图 8-10。

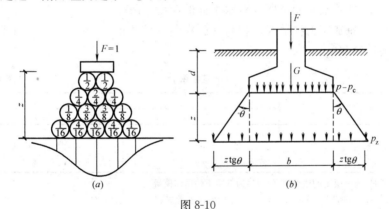

图 8-10

（a）地基土中附加应力在水平方向的扩散现象；（b）按扩散角计算附加应力

必须指出，由基础及填土自重引起的压应力属于自重应力，并不再产生附加应力。所以，基础底面处地基土承受的附加应力 p_0，当为轴心荷载作用、底面为矩形基础时，可按下式计算：

$$p_0=p_k-\frac{G_k}{A}=p_k-\gamma_p\cdot d \tag{8-40}$$

即：
$$p_0=p_k-p_c \tag{8-41}$$

式中　p_0——对应于作用的标准组合时的基础底面处的附加压力（kPa）；

p_k——对应于作用的标准组合时的基础底面处的总压力（kPa），当轴心荷载作用时，可按公式（8-29）计算；

d——基础埋置深度（m）；

γ_p——基础埋深范围内天然土层的加权平均重度（kN/m³），即：

$$\gamma_p=\frac{\gamma_1h_1+\gamma_2h_2+\cdots+\gamma_nh_n}{h_1+h_2+\cdots+h_n} \tag{8-42}$$

$p_c=\gamma_p\cdot d$——基础底面处土的自重压力标准值（kPa）；

287

G_k、A——见公式（8-29）。

如果基础埋置深度范围内只有一种土层或各土层重度相同，则 $\gamma_p = \gamma$；如果有些土层在地下水位以下，则应按浮重度计算。

按照应力扩散角原理，自基础底面以下 z 深度处，当上层土与下卧软弱土层的压缩模量比值大于或等于 3 时，地基土的附加应力，可采用下列近似计算方法（图 8-10b）。

对于条形基础：

$$p_z = \frac{b(p_k - p_c)}{b + 2z\mathrm{tg}\theta} \tag{8-43}$$

对于矩形基础：

$$p_z = \frac{b \cdot l \cdot (p_k - p_c)}{(b + 2z\mathrm{tg}\theta)(l + 2z\mathrm{tg}\theta)} \tag{8-44}$$

式中　b——矩形基础和条形基础底边的宽度（m）；

　　　l——矩形基础底边的长度（m）；

　　　z——自基础底面至所计算水平面的深度（m）；

　　　θ——地基压力扩散线与铅垂线的夹角（扩散角），可按表 8-17 采用；

其余符号同前。

地基扩散角　　　　　　　　　表 8-17

E_{s1}/E_{s2}	z/b	
	0.25	0.50
3	6°	23°
5	10°	25°
10	20°	30°

注：1. E_{s1} 为上层土的压缩模量；E_{s2} 为下层土的压缩模量；

　　2. $z < 0.25b$ 时，一般取 $\theta = 0°$，必要时宜由实验确定；$z > 0.50b$ 时，与 $z = 0.50b$ 的 θ 值相同。

【例 8-4】 已知柱下矩形基础底面积 $A = b \cdot l = 2\mathrm{m} \times 3\mathrm{m} = 6\mathrm{m}^2$。柱子传至地面标高处的荷载标准值 $F_k = 900\mathrm{kN}$。基础埋深 $d = 1.5\mathrm{m}$（重度 $\gamma = 18\mathrm{kN/m}^3$），基础底面以下 3m 范围内压缩模量 $E_s = 3\mathrm{MPa}$；3m～6m 范围内 $E_s = 5\mathrm{MPa}$；6m 以下 $E_s = 10\mathrm{MPa}$。基础与填土平均重度 $\gamma_p = 20\mathrm{kN/m}^3$ 计。试计算该基础轴线下的附加压力 p_z。

解：

（1）基础底面处的自重压力

$$p_c = \gamma_d = 18 \times 1.5 = 27\mathrm{kPa}$$

（2）基础与填土自重

$$G_k = A \cdot d \cdot \gamma_p = 6 \times 1.5 \times 20 = 180\mathrm{kN}$$

（3）基础底面处的总压力

$$p_k = \frac{F_k + G_k}{A} = \frac{900 + 180}{6} = 180\mathrm{kPa}$$

（4）基础底面处的附加压力

$$p_0 = p_k - p_c = 180 - 27 = 153\mathrm{kPa}$$

（5）按公式（8-44）计算基础轴线下的附加压力 p_z

由各土层的压缩模量 E_s 可知：基础底面以下（$z/b>0.5$）3m 范围内 $\theta=23°$，$\mathrm{tg}\theta=0.425$；3m～6m 范围内 $\theta=25°$，$\mathrm{tg}\theta=0.466$；6m 以下 $\theta=30°$，$\mathrm{tg}\theta=0.577$。由此求得各土层的附加压力 p_z 值见表 8-18 和图 8-11。

例 8-4 附加压力计算值　　　　　　　　表 8-18

点	b	l	p_0	z	$\mathrm{tg}\theta$	$p_z=\dfrac{blp_0}{(b+2z\mathrm{tg}\theta)(l+2z\mathrm{tg}\theta)}$
	（m）	（m）	（kPa）	（m）	/	（kPa）
0	2	3	153	0	0.000	153
1	2	3	153	1	0.425	83.68
2	2	3	153	2	0.425	52.79
3	2	3	153	3	0.425	36.36
4	2	3	153	4	0.466	23.82
5	2	3	153	5	0.466	17.99
6	2	3	153	6	0.466	14.07
7	2	3	153	7	0.577	8.22
8	2	3	153	8	0.577	6.68

8.4.3 地基变形计算

1）地基最终变形量计算

在计算地基变形时，可将地基土划分为若干个压缩性均匀的水平层，每一土层的应力分布按照各向同性均质的直线变形体理论，分别求其变形值（沉降量），地基的最终变形量等于各分层沉降量的总和。考虑计算值与实测值进行对比的经验系数后，地基的最终变形量可按下式计算：

$$s=\psi_s s'=\psi_s \sum_{i=1}^{n}\triangle s_i'=\psi_s \sum_{i=1}^{n}\frac{p_0}{E_{si}}\times(z_i\overline{\alpha}_i-z_{i-1}\overline{\alpha}_{i-1}) \quad (8-45)$$

式中　s——地基最终变形量（mm）；

s'——按分层总和法计算出的地基变形量（mm）；

ψ_s——沉降计算经验系数，根据地区沉降观测资料及经验确定，也可采用表 8-19 的数值；

n——地基沉降计算深度范围内所划分的土层数（图 8-11）；

p_0——相应于作用的准水久组合时的基础底面处的附加压力（kPa）；

E_{si}——基础底面以下第 i 层土的压缩模量（MPa）应取土的自重压力至土的自重压力与附加压力之和之间的压力段计算；

z_i、z_{i-1}——自基础底面至第 i 层土、第 $i-1$ 层土底面的距离（m）；

α_i、α_{i-1}——基础底面计算点至第 i 层土、第 $i-1$ 层土底面范围内平均附加应力系数。对矩形面积上均布荷载作用下角点的 α 值，可按表 8-20 采用。

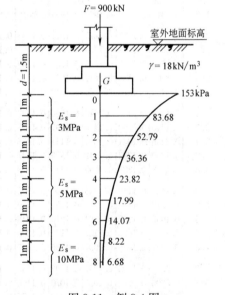

图 8-11 例 8-4 图

289

沉降计算经验系数 ψ_s　　　　　　　　　　表 8-19

E_{si}(MPa) / 基础附加压力	2.5	4.0	7.0	15.0	20.0
$p_0 \geq f_k$	1.4	1.3	1.0	0.4	0.2
$p_0 \leq 0.75 f_k$	1.1	1.0	0.7	0.4	0.2

注：1. E_{si} 为沉降计算深度范围内压缩模量的当量值，可按公式（8-37）计算；
　　2. 此表允许按直线内插法取用。

矩形面积上均布荷载作用下角点的平均附加应力系数 $\bar{\alpha}$　　　　表 8-20

z/b \ l/b	1.0	1.2	1.4	1.6	1.8	2.0	2.4	2.8	3.2	3.6	4.0	5.0	10.0
0.0	0.2500	0.2500	0.2500	0.2500	0.2590	0.2500	0.2500	0.2500	0.2500	0.2500	0.2500	0.2500	0.2500
0.2	0.2496	0.2497	0.2497	0.2498	0.2498	0.2498	0.2498	0.2498	0.2498	0.2498	0.2498	0.2498	0.2498
0.4	0.2474	0.2479	0.2481	0.2483	0.2483	0.2484	0.2485	0.2485	0.2485	0.2485	0.2485	0.2485	0.2485
0.6	0.2423	0.2437	0.2444	0.2448	0.2451	0.2452	0.2454	0.2455	0.2455	0.2455	0.2455	0.2455	0.2458
0.8	0.2346	0.2372	0.2387	0.2395	0.2400	0.2406	0.2407	0.2408	0.2400	0.2400	0.2410	0.2410	0.2410
1.0	0.2252	0.2291	0.2313	0.2326	0.2335	0.2340	0.2346	0.2349	0.2351	0.2352	0.2352	0.2353	0.2353
1.2	0.2149	0.2199	0.2229	0.2248	0.2260	0.2268	0.2278	0.2282	0.2285	0.2285	0.2287	0.2288	0.2289
1.4	0.2043	0.2102	0.2140	0.2164	0.2180	0.2191	0.2204	0.2211	0.2215	0.2217	0.2218	0.2220	0.2221
1.6	0.1939	0.2006	0.2049	0.2079	0.2009	0.2113	0.2130	0.2138	0.2143	0.2146	0.2148	0.2150	0.2152
1.8	0.1840	0.1912	0.1960	0.1994	0.2018	0.2034	0.2055	0.2066	0.2073	0.2077	0.2079	0.2032	0.2084
2.0	0.1746	0.1822	0.1875	0.1912	0.1938	0.1958	0.1982	0.1996	0.2004	0.2009	0.2042	0.2015	0.2018
2.2	0.1659	0.1737	0.1793	0.1833	0.1862	0.1883	0.1911	0.1927	0.1937	0.1943	0.1947	0.1952	0.1955
2.4	0.1578	0.1657	0.1715	0.1757	0.1789	0.1812	0.1843	0.1862	0.1873	0.1880	0.1885	0.1890	0.1895
2.6	0.1503	0.1583	0.1642	0.1686	0.1719	0.1745	0.1779	0.1799	0.1812	0.1825	0.1825	0.1832	0.1838
2.8	0.1433	0.1514	0.1574	0.1619	0.1654	0.1080	0.1717	0.1739	0.1753	0.1769	0.1769	0.1777	0.1784
3.0	0.1369	0.1449	0.1510	0.1556	0.1592	0.1619	0.1658	0.1682	0.1698	0.1708	0.1715	0.1725	0.1733
3.2	0.1310	0.1390	0.1450	0.1497	0.1533	0.1562	0.1602	0.1628	0.1645	0.1657	0.1664	0.1675	0.1685
3.4	0.1256	0.1334	0.1394	0.1441	0.1478	0.1506	0.1550	0.1577	0.1595	0.1607	0.1616	0.1628	0.1639
3.6	0.1205	0.1282	0.1342	0.1389	0.1427	0.1456	0.1500	0.1528	0.1548	0.1561	0.1570	0.1583	0.1595
3.8	0.1158	0.1234	0.1293	0.1340	0.1378	0.1408	0.1452	0.1482	0.1502	0.1516	0.1526	0.1541	0.1554
4.0	0.1114	0.1189	0.1243	0.1294	0.1332	0.1362	0.1408	0.1438	0.1459	0.1474	0.1485	0.1500	0.1516
4.2	0.1073	0.1147	0.1205	0.1251	0.1289	0.1319	0.1365	0.1396	0.1418	0.1434	0.1445	0.1462	0.1479
4.4	0.1035	0.1107	0.1164	0.1210	0.1248	0.1279	0.1325	0.1357	0.1379	0.1396	0.1407	0.1425	0.1444
4.6	0.1000	0.1070	0.1127	0.1172	0.1209	0.1240	0.1237	0.1319	0.1342	0.1359	0.1371	0.1390	0.1410
4.8	0.0967	0.1039	0.1091	0.1136	0.1173	0.1204	0.1250	0.1283	0.1307	0.1324	0.1337	0.1357	0.1379
5.0	0.0935	0.1003	0.1057	0.1102	0.1139	0.1169	0.1216	0.1249	0.1273	0.1291	0.1304	0.1325	0.1348
5.2	0.0906	0.0972	0.1023	0.1070	0.1106	0.1136	0.1183	0.1217	0.1241	0.1259	0.1273	0.1295	0.1320
5.4	0.0878	0.0943	0.0996	0.1039	0.1075	0.1105	0.1152	0.1186	0.1211	0.1229	0.1243	0.1265	0.1292
5.6	0.0852	0.0916	0.0968	0.1010	0.1046	0.1076	0.1122	0.1156	0.1181	0.1200	0.1215	0.1238	0.1266
5.8	0.0828	0.0890	0.0941	0.0983	0.1018	0.1047	0.1094	0.1128	0.1153	0.1172	0.1187	0.1211	0.1240
6.0	0.0805	0.0866	0.0916	0.0957	0.0991	0.1021	0.1067	0.1101	0.1126	0.1146	0.1161	0.1185	0.1216
6.2	0.0783	0.0842	0.0891	0.0932	0.0966	0.0995	0.1041	0.1075	0.1101	0.1120	0.1136	0.1161	0.1198
6.4	0.0762	0.0820	0.0869	0.0909	0.0942	0.0971	0.1016	0.1050	0.1076	0.1096	0.1111	0.1137	0.1171
6.6	0.0742	0.0799	0.0847	0.0886	0.0919	0.0948	0.0993	0.1027	0.1053	0.1073	0.1088	0.1114	0.1149
6.8	0.0723	0.0779	0.0826	0.0965	0.0898	0.0926	0.0970	0.1004	0.1030	0.1050	0.1066	0.1092	0.1129
7.0	0.0705	0.0761	0.0806	0.0844	0.0877	0.0904	0.0949	0.0982	0.1008	0.1023	0.1044	0.1071	0.1109
7.2	0.0688	0.0742	0.0787	0.0825	0.0857	0.0884	0.0928	0.0962	0.0987	0.1008	0.1028	0.1051	0.1090
7.4	0.0672	0.0725	0.0769	0.0806	0.0838	0.0865	0.0908	0.0942	0.0967	0.0988	0.1004	0.1031	0.1071
7.6	0.0656	0.0709	0.0752	0.0789	0.0820	0.0846	0.0889	0.0922	0.0948	0.0968	0.0984	0.1012	0.1054
7.8	0.0642	0.0693	0.0736	0.0771	0.0802	0.0828	0.0871	0.0904	0.0929	0.0950	0.0966	0.0994	0.1036

续表

z/b \ l/b	1.0	1.2	1.4	1.6	1.8	2.0	2.4	2.8	3.2	3.6	4.0	5.0	10.0
8.0	0.0627	0.0678	0.0720	0.0755	0.0785	0.0811	0.0853	0.0886	0.0912	0.0932	0.0948	0.0976	0.1020
8.2	0.0614	0.0663	0.0705	0.0739	0.0769	0.0795	0.0837	0.0869	0.0894	0.0914	0.0931	0.0959	0.1004
8.4	0.0601	0.0649	0.0690	0.0724	0.0754	0.0779	0.0820	0.0852	0.0878	0.0893	0.0914	0.0943	0.0938
8.6	0.0588	0.0636	0.0676	0.0710	0.0739	0.0764	0.0805	0.0836	0.0862	0.0882	0.0898	0.0927	0.0973
8.8	0.0576	0.0623	0.0663	0.0696	0.0724	0.0749	0.0790	0.0821	0.0846	0.0866	0.0882	0.0912	0.0958
9.2	0.0554	0.0599	0.0637	0.0670	0.0697	0.0721	0.0761	0.0792	0.0817	0.0837	0.0853	0.0882	0.0931
9.6	0.0533	0.0577	0.0614	0.0645	0.0672	0.0696	0.0734	0.0765	0.0789	0.0809	0.0825	0.0855	0.0905
10.0	0.0514	0.0556	0.0592	0.0622	0.0649	0.0672	0.0710	0.0739	0.0763	0.0783	0.0799	0.0829	0.0880
10.4	0.0496	0.0537	0.0572	0.0601	0.0627	0.0649	0.0686	0.0716	0.0739	0.0759	0.0775	0.0804	0.0857
10.8	0.0479	0.0519	0.0553	0.0581	0.0606	0.0628	0.0664	0.0693	0.0717	0.0736	0.0751	0.0781	0.0834
11.2	0.0463	0.0502	0.0585	0.0563	0.0587	0.0609	0.0644	0.0672	0.0695	0.0714	0.0730	0.0759	0.0813
11.6	0.0448	0.0485	0.0518	0.0545	0.0569	0.0590	0.0625	0.0652	0.0675	0.0694	0.0709	0.0738	0.0793
12.0	0.0435	0.0471	0.0302	0.0529	0.0552	0.0573	0.0606	0.0634	0.0656	0.0674	0.0690	0.0719	0.0774
12.8	0.0409	0.0444	0.0474	0.0499	0.0521	0.0541	0.0573	0.0599	0.0621	0.0639	0.0654	0.0682	0.0739
13.6	0.0387	0.0420	0.0448	0.0472	0.0493	0.0512	0.0543	0.0568	0.0589	0.0607	0.0621	0.0649	0.0707
14.4	0.0367	0.0398	0.0425	0.0448	0.0468	0.0486	0.0516	0.0540	0.0561	0.0577	0.0592	0.0619	0.0677
15.2	0.0349	0.0379	0.0404	0.0426	0.0446	0.0463	0.0492	0.0515	0.0535	0.0551	0.0565	0.0592	0.0650
16.0	0.0332	0.0361	0.0335	0.0407	0.0425	0.0442	0.0469	0.0492	0.0511	0.0527	0.0540	0.0567	0.0625
18.0	0.0297	0.0323	0.0345	0.0364	0.0381	0.0396	0.0422	0.0442	0.0460	0.0475	0.0478	0.0512	0.0570
20.0	0.0269	0.0292	0.0312	0.0330	0.0345	0.0359	0.0383	0.0402	0.0418	0.0432	0.0444	0.0468	0.0524

2) 地基沉降计算深度 z_n 的确定

我国《建筑地基基础设计规范》以自计算深度向上厚度为 Δz 的土层的计算变形值与计算深度以上各土层的总计算变形值的相对变形作为确定地基沉降计算深度的控制指标。其地基变形计算深度 z_n（图 8-12），应符合下式的规定：

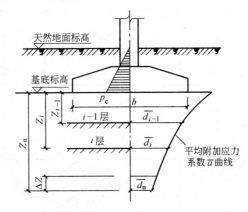

$$\Delta S'_n \leqslant 0.025 \sum_{i=1}^{n} \Delta S'_i \quad (8\text{-}46)$$

式中　$\Delta S'_i$——在计算深度范围内，第 i 层土的计算变形值（mm）；

$\Delta S'_n$——在由计算深度向上取厚度为 Δz 的土层计算变形值（mm），Δz 见图 8-12，并按表 8-21 确定。

图 8-12　基础沉降计算的分层示意

Δz

表 8-21

b(m)	$b \leqslant 2$	$2 < b \leqslant 4$	$4 < b \leqslant 8$	$b > 8$
Δz(m)	0.3	0.6	0.8	1.0

【例 8-5】　设基础底面处的平均压力 $p_k = 180 \text{ kPa}$，基础埋深 1.5m，基础平面和各层土的压缩模量如图 8-13 所示，试按分层总和法，求基础的最终变形量。

291

解：

（1）将地基土按每 2.0m 划分为一层，基础中心下各分层点为 0、1、2。

（2）基础底面处土的自重压力
$$p_c = 1.5 \times 18 = 27 \text{kPa}$$

（3）基础底面处土的附加压力
$$p_0 = p_k - p_c = 180 - 27 = 153 \text{kPa}$$

（4）为利用表 8-20，将基础底面划分为四块，每块 $bl = 1.0 \times 1.4 \text{m}^2$，分别查出各层土 0 点（每块角点）处的平均附加应力系数，并求得基础变形的计算值，见表 8-22。

（5）按表 8-21，$b = 2\text{m}$，查得向上取计算厚度 Δz 为 0.3m，由表 8-22 的计算结果可知：

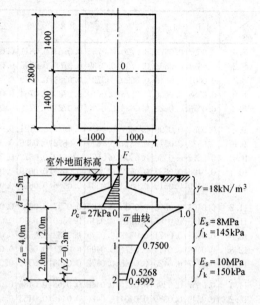

图 8-13　例 8-5 图

$$\frac{\Delta s'_n}{\sum_{i=1}^{n} \Delta s'_i} = \frac{0.73}{36.3} = 0.02 < 0.025$$

例 8-5　基础变形量计算值（$p_0 = 153\text{kPa}$）　　　　　　表 8-22

z_i (m)	$\dfrac{l}{b}$	$\dfrac{z_i}{b}$	$\bar{\alpha}_i$	$z_i\bar{\alpha}_i$ (m)	$z_i\bar{\alpha}_i - z_{i-1}\bar{\alpha}_{i-1}$ (m)	E_{si} (MPa)	$\overline{\Delta s'_i} = \dfrac{p_0}{E_{si}}$ $(z_i\bar{\alpha}_i - z_{i-1}\bar{\alpha}_{i-1})$ (mm)	$\sum_{i=1}^{n} \Delta s'_i$ (mm)	$\dfrac{\Delta s'_n}{\sum_{i=1}^{n}\Delta s'_i}$
0	$\dfrac{1.4}{1.0}=1.4$	0	4×0.25 $=1.00$	0					
2.0		$\dfrac{2.0}{1.0}=2.0$	4×0.1875 $=0.7500$	1.500	1.500	8	28.7	28.7	
4.0		$\dfrac{4.0}{1.0}=4.0$	4×0.1248 $=0.4992$	1.997	0.497	10	7.6	36.3	
3.7		$\dfrac{3.7}{1.0}=3.7$	4×0.1317 $=0.5268$	1.949	0.048	10	0.73		$\dfrac{0.73}{36.3}=0.02$

符合公式（8-46）的要求，所以，地基变形计算深度定为 4m。

（6）按公式（8-37）计算沉降范围内压缩模量的当量值 E_s，并查得沉降计算经验系数为 ψ_s：

$$E_s = \frac{\sum A_i}{\sum \dfrac{A_i}{E_{si}}} = \frac{1.5 + 0.497}{\dfrac{1.5}{8} + \dfrac{0.497}{10}} = \frac{1.997}{0.1875 + 0.0497} = 8.42 \text{MPa}$$

$$p_0 = 153 \text{kPa} > f_k = 145 \text{kPa}$$

查表 8-19 得 $\psi_s = 0.894$

（7）最终沉降量

$$s = \psi_s s' = 0.894 \times 36.3 = 32.45 \text{mm}$$

8.5 地基稳定性计算

8.5.1 地基的稳定性

地基基础的稳定性，可分为基础的稳定性和地基的稳定性两个方面。基础的稳定性包括某些建筑物的独立基础，当承受水平荷载很大时，基础是否会发生滑动；当建筑物较高或很轻，而水平荷载又较大时，建筑物是否会连同基础发生倾覆。地基的稳定性，一般包括：在一定范围内的土坡是否会整体地沿某一滑动面向下和向外移动——土坡稳定性（图 8-14a）；和经常受水平荷载作用的建筑物或构筑物（挡土墙等），是否会因地基沿某一滑动面向外和向上移动而发生倾覆——地基稳定性（图 8-14b）。本节主要介绍土坡和地基的稳定性。

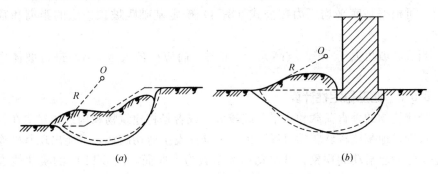

图 8-14　土坡稳定与地基稳定示意

土坡或地基失稳的原因，主要有以下几种：

1）土坡或地基作用力发生变化。例如在坡顶或地基上的荷载过大，或由于打桩、车辆行驶、爆破、地震等引起的振动改变了原来的平衡状态；

2）土的抗剪强度降低。例如土体中含水量或超静水压力增加；

3）静水力作用。例如雨水或地面水流入土中的竖向裂缝，对土体产生侧向压力，从而促进土体的滑动等。

为防止土坡失稳，《地基规范》规定，位于稳定土坡坡顶上的建筑，当垂直于坡顶边缘线的基础底面边长小于或等于 3m 时，其基础底面外边缘线至坡顶的水平距离 a（图 8-15）应符合下式要求，但不得小于 2.5m：

条形基础

$$a \geqslant 3.5b - \frac{d}{\text{tg}\beta} \tag{8-47}$$

矩形基础

$$a \geqslant 2.5b - \frac{d}{\text{tg}\beta} \tag{8-48}$$

式中　a——基础底面外边缘线至坡顶的水平距离；

　　　　b——垂直于坡顶边缘线的基础底面边长；

293

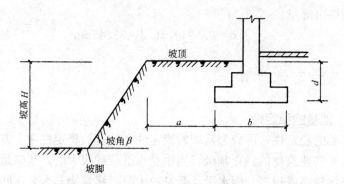

图 8-15 基础底面外边缘至坡顶的水平距离示意图

d——基础埋置深度；

β——边坡坡角。

当基础底面外边缘线至坡顶的水平距离不满足公式（8-47）或（8-48）的要求时，可根据基底平均压力按公式（8-54）确定基础距坡顶边缘的距离和基础埋深。

当边坡坡角大于 45°、坡高大于 8m 时，尚应按公式（8-54）进行坡体稳定性验算。

8.5.2 地基稳定性计算

当建筑物的垂直荷载和水平荷载较大，或者是将建筑物和构筑物建造在斜坡上，特别是地基比较软弱的时候，由于滑动面发生剪切破坏，可能出现基础连同地基土体一起滑动的现象。其滑动面大多数为一曲面，图 8-14 中的实曲线表示黏性土的实际滑动曲面。按理论分析时，可近似地假定取半径为 R 的圆筒面，如图中的虚线所示，其圆弧中心（O 点）即为滑动筒体的转动轴，一般称为滑动中心。

在地基或坡体的稳定性分析中，最基本和最常用的方法，叫做条分法，又叫圆弧滑动面法。它是由瑞典工程师 W·费兰纽斯（Fellenius，1922）首先提出的。

按条分法进行地基稳定性计算的步骤如下：

1）通过坡脚 A 或基础的后踵 B 任选一个圆筒滑动面 AC，其半径为 R，并按比例画出剖面图，再将滑动面上的土体分成等宽的竖直土条（厚度可取为基础的长度），如图 8-16（a）所示。

2）设第 i 个土条重（包括土重及建筑物重）为 G_i，G_i 的作用线（铅垂线）与该土条滑动曲面法线的夹角为 β，则其法向分力和切向分力分别为：

$$N_i = G_i \cdot \cos\beta_i \tag{8-49}$$

$$T_i = G_i \cdot \sin\beta_i \tag{8-50}$$

3）计算抗滑力矩

抗滑力矩的总和（图 8-16a），可按下式计算：

$$M_{\mathrm{R}} = \left(\mathrm{tg}\varphi \sum_{i=1}^{n} N_i + c \cdot S \cdot a \right) R \tag{8-51}$$

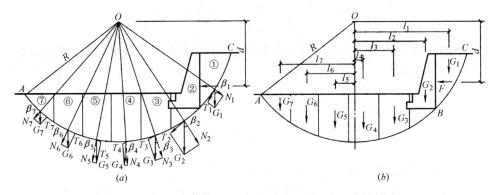

图 8-16　坡体圆弧滑动面（剖面）

式中　N_i——第 i 个土条重 G_i 在滑动曲面上的法向分力，可按公式（8-49）
　　　　　计算；

　　　n——滑动面以上土体被分成的土条个数；

　　$tg\varphi$——土的内摩擦系数，φ 为内摩擦角（°），内摩擦角一般由抗剪强度试验
　　　　　（三轴不固结不排水试验或直接剪切快剪试验）确定，或由地质勘查
　　　　　报告给出，当无试验资料时，基底摩擦系数，可参考表8-23选用；

　　　c——土的黏聚力（N/mm^2 或 kN/m^2），亦由抗剪强度试验确定，或由
　　　　　地质勘查报告给出；

　　　s——滑动面弧线（$\overgroup{AC}$）的长度（m）；

　　　a——建筑物基础垂直于滑动剖面的长度（m）；

　　　R——滑动圆曲面半径（m）。

<table>
<tr><td colspan="2" align="center">基础的摩擦系数</td><td align="right">表 8-23</td></tr>
<tr><td colspan="2" align="center">土 的 类 别</td><td align="center">摩 擦 系 数</td></tr>
<tr><td rowspan="3">黏性土</td><td>可塑</td><td>0.25</td></tr>
<tr><td>硬塑</td><td>0.25～0.30</td></tr>
<tr><td>坚塑</td><td>0.30～0.40</td></tr>
<tr><td colspan="2" align="center">砂土</td><td>0.4</td></tr>
<tr><td colspan="2" align="center">碎石土</td><td>0.40～0.50</td></tr>
<tr><td colspan="2" align="center">软质岩土</td><td>0.40～0.60</td></tr>
<tr><td colspan="2" align="center">表面粗糙的硬质岩石</td><td>0.60～0.70</td></tr>
</table>

4）计算滑动力矩

滑动力矩的总和，由图 8-16（a）或由图 8-16（b）可得：

$$M_s = Fd + (T_1 + T_2 + T_3 + T_4 - T_5 - T_6 - T_7)R \qquad (8\text{-}52)$$

或　　$$M_s = Fd + G_1 l_1 + G_2 l_2 + G_3 l_3 + G_4 l_4 - G_5 l_5 - G_6 l_6 - G_7 l_7 \qquad (8\text{-}53)$$

以上两式中　F——作用于建筑物或构筑物上的水平荷载（kN）；

　$G_1 G_2 \cdots G_7$——各土条重，包括土重及土条内可能有的建筑物或构筑物重
　　　　　　　　（kN）；

　$T_1 T_2 \cdots T_7$——分别为 $G_1 G_2 \cdots G_7$ 在滑动曲面上的切向分力，可按公式

295

(8-50)计算。其余符号，如图 8-16 所示。

5）地基稳定性计算

按照《地基规范》规定，对经常受水平荷载作用的高层建筑和高耸结构，以及建造在斜坡上的建筑物和构筑物，其地基设计，除应满足承载力和变形要求外，尚应验算其稳定性。

地基稳定性验算，应符合下式要求：

$$K=\frac{M_R}{M_S} \geqslant 1.2 \tag{8-54}$$

式中　M_R——抗滑力矩，可按公式（8-51）计算；

　　　M_S——滑动力矩，可参照公式（8-52）或公式（8-53）计算；

　　　K——稳定安全系数，当滑动面为平面时，稳定安全系数应提高为 1.3。

需要指出，由于计算的滑动中心是任意选定的，因此所选的滑动面不一定就是最危险的滑动面。为了求得最危险的滑动面，需要用试算法。即选择几个滑动中心，按以上方法分别计算出相应的稳定安全系数，其中最小安全系数相应的滑动面就是最危险的滑动面。

根据大量的计算经验，简单土坡最危险滑动面的滑动中心位于图 8-17 所示的直线 DE 附近。D 点在坡脚 A 下 H 深度处，AD 的水平距离为 $4.5H$（H 为坡高），E 点由角度 a 和 b 确定。角度 a 和 b 的数值可由坡角 β 按表 8-24 取用。

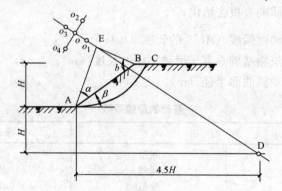

图 8-17　简单土坡滑动中心的确定示意

a 和 b 角的数值　　　　　　　　　　表 8-24

土坡坡度	坡角 β	角 a	角 b
1 : 0.58	60°	29°	40°
1 : 1.0	45°	28°	37°
1 : 1.5	33°41′	26°	35°
1 : 2.0	26°34′	25°	35°
1 : 3.0	18°26′	25°	35°
1 : 4.0	14°03′	25°	36°
1 : 5.0	11°19′	25°	37°

思考题与计算题

一、思考题

1. 简述建筑类专业学生为什么要学习建筑结构?

2. 试举一个工程实例说明建筑结构与建筑艺术的统一。

3. 钢材的主要强度指标和塑性指标各有哪两种?各如何确定?

4. 试分别绘出软钢和硬钢的典型应力—应变曲线,并说明二者有什么不同?钢材的屈服强度和抗拉强度是怎样确定的?

5. 钢材的塑性和韧性有什么不同?各如何度量?

6. 在钢筋混凝土结构中,常采用的普通钢筋有哪四种?它们的主要区别有哪些?钢筋混凝土结构对钢筋的性能有哪些要求?

7. 混凝土强度等级是如何确定的?我国《混凝土结构设计规范》规定的混凝土强度等级有哪些?

8. 混凝土立方体抗压强度标准值是怎样确定的?

9. 混凝土棱柱体抗压强度和混凝土立方体抗压强度有什么不同?为什么?在设计中为什么采用两个抗压强度值?

10. 试述棱柱体试件在单向受压短期加载时的应力—应变曲线的特点。在结构设计中,峰值应变 ε_0 和极限压应变 ε_{cu} 各在何时采用?对于普通混凝土(≤C50)各如何取值?

11. 什么是混凝土的徐变?影响徐变的主要因素有哪些?徐变对混凝土构件有何影响?如何减少混凝土的徐变?

12. 什么是混凝土的收缩?收缩对混凝土构件有何影响?收缩与哪些因素有关?如何减少收缩?

13. 混凝土弹性模量如何确定?弹性模量与弹塑性模量有什么不同?二者的关系如何?

14. 混凝土与钢筋为什么能共同工作?混凝土与钢筋之间的黏结力由那些力组成?什么是黏结应力?什么是黏结强度?影响黏结强度的主要因素有哪些?

15. 何谓钢筋的锚固长度?受拉钢筋的锚固长度如何确定?为什么受压钢筋的锚固长度小于受拉钢筋的锚固长度?

16. 砌体结构所用的块体有哪几种?块体的强度等级如何确定?

17. 普通砂浆的强度等级是如何确定的?现行《砌体结构设计规范》将普通砂浆的强度等级划分为几级?

18. 简述砖砌体受压破坏过程,并指出影响砌体强度的主要因素有哪些?

19. 砌体的弹性模量是如何测定的?

20. 建筑结构设计的基本目的是什么?结构设计应满足哪些功能要求?

21. 什么是结构的可靠性和结构可靠度？影响结构可靠性的因素有哪些？

22. 什么是作用效应？什么是结构抗力？作用效应与荷载效应有什么异同？

23. 什么是结构的极限状态？结构的极限状态分为哪两类？其含义各是什么？

24. 设计基准期和设计使用年限有什么不同？结构超过设计使用年限是否意味着不能再使用？为什么？

25. 正态分布概率密度曲线有何特点？有哪些数理统计特征？各具有什么含义？

26. 什么是结构功能函数？什么是结构的极限状态？功能函数 $Z>0$、$Z<0$、$Z=0$ 各表示结构处于什么样的状态？

27. 什么是结构可靠概率（保证率）P_s 和失效概率 P_f？什么是目标可靠指标？

28. 说明《结构可靠性设计统一标准》给出的承载能力极限状态按荷载效应基本组合表达式中，各符号的含义及荷载效应基本组合的取值原则。

29. 材料强度标准值和设计值是按什么原则确定的？

30. 什么是荷载标准值？什么是可变荷载的频遇值和准永久值？正常使用极限状态为什么要分别采用荷载效应的标准组合、频遇组合和准永久组合进行设计？

31. 为什么要对钢结构轴心受拉构件进行刚度验算？构件长细比应如何计算？

32. 钢结构轴心受压构件，为什么常常考虑按"等稳度"概念进行设计？为此，常采用哪些措施？

33. 钢结构轴心受压构件的稳定系数 ϕ 都考虑了哪些因素？ϕ 值如何取用？

34. 钢结构轴心受压构件设计，一般需进行哪些计算或验算？在什么情况下可以不进行强度计算？在什么情况下不需进行局部稳定计算？

35. 简述钢梁在荷载作用下四个受力阶段的受力特点及实用意义。

36. 钢梁在正应力计算中，为什么要引用截面塑性发展系数 γ_x、γ_y？γ_x（或 γ_y）$=1$ 意味着什么？

37. 钢梁在什么条件下可以不进行整体稳定计算？组合截面梁常设置加劲肋，其作用是什么？

38. 钢梁如何进行刚度验算？在计算钢梁挠度时，荷载应如何取值？

39. 简述钢结构压弯构件，在稳定性计算中，为什么要引入等效弯矩系数 β_{mx}？

40. 钢结构对连接的总要求是什么？具体要求有哪些？

41. 简述钢结构连接的类型及主要特点。

42. 为什么角焊缝的焊脚尺寸 h_f 不能太小，也不能太大？为什么焊缝长度 L_w 不能太长，也不能太短？

43. 矩形截面钢筋混凝土受弯构件的截面有效高度 h_0 与哪些因素有关？在设计中，h_0 应如何取值？

44. 简述钢筋混凝土受弯构件正截面破坏类型及破坏特征。破坏类型与纵筋配筋率有什么关系？

45. 简述钢筋混凝土适筋梁三个受力阶段的特点以及实用意义。

46. 钢筋混凝土受弯构件正截面承载力计算的基本假定有哪些？

47. 钢筋混凝土受弯构件正截面承载力计算时，受压区压应力图形是如何简化的？系数 α_1、β_1 的含义是什么？应如何取值？

48. 何谓界限破坏？相对界限受压区高度 ξ_b 是怎样确定的？ξ_b 与 ρ_{max} 有什么关系？

49. 钢筋混凝土受弯构件的最小配筋率是根据什么原则确定的？在工程设计中，最小配筋率应如何取值？

50. 绘出单筋矩形截面钢筋混凝土梁，正截面承载力计算的计算图形，写出计算公式及适用条件。

51. 什么情况下宜采用双筋梁？双筋梁正截面承载力计算公式为何要满足 $x \geq 2a_s'$？如不满足，应如何计算所需纵向受拉钢筋的截面面积？

52. 钢筋混凝土 T 形截面梁，受压翼缘计算宽度 b_f' 与哪些因素有关？为什么？

53. 如何判别两类 T 形截面梁？

54. 写出第二类（中和轴在梁肋内）T 形截面梁的承载力计算公式及适用条件。

55. 钢筋混凝土梁上的斜裂缝是怎样产生的？影响斜截面抵抗剪力的主要因素有哪些？

56. 简述钢筋混凝土受弯构件斜截面三种破坏类型及破坏特征。

57. 在设计中如何防止发生斜压破坏和斜拉破坏？β_c 是什么系数？如何取值？

58. 写出一般矩形截面梁仅配有箍筋时的斜截面承载力计算公式，并说明式中每个符号的含义。

59. 什么是抵抗弯矩图？它与设计弯矩图的关系怎样？什么是纵筋的充分利用点和理论切断点？

60. 为什么钢筋混凝土受弯构件在"裂缝出齐"以后，其配筋数量相同的纯弯段内的裂缝间距大体上是等间距分布的？

61. 影响钢筋混凝土构件平均裂缝间距的主要因素有哪些？

62. 钢筋混凝土构件平均裂缝宽度如何计算？为什么最大裂缝宽度要比平均裂缝宽度增大较多？

63. 钢筋混凝土梁的抗弯刚度与材料力学中的抗弯刚度有何区别及特点？何谓"最小刚度原则"？

64. 钢筋混凝土梁的挠度计算中，如何考虑荷载长期作用对挠度增大的影响？试说明抗弯刚度计算公式中每个符号的含义。

$$B = \frac{M_k}{M_q(\theta-1)+M_k} \cdot B_s$$

65. 钢筋混凝土柱中配置的纵筋和箍筋各起什么作用？其主要构造要求有哪些？

66. 简要说明钢筋混凝土轴心受压构件承载力计算公式中，为什么要乘以系数 0.9？并说明符号 ϕ 的名称和含义，ϕ 应如何取值？

67. 简述钢筋混凝土偏心受压构件的破坏类型及破坏特征，各在什么条件下会发生？

68. 何谓钢筋混凝土偏心受压构件，轴向压力在挠曲杆件产生的二阶效应（$P-\delta$ 效应）？考虑 $P-\delta$ 效应后，控制截面的弯矩设计值应如何计算？

69. 钢筋混凝土偏心受压构件，在哪些条件下可以不考虑轴向压力在同一主轴方向挠曲杆件中产生的附加弯矩影响？

70. 何谓构件侧移二阶效应（$P-\Delta$ 效应）？排架结构柱考虑 $P-\Delta$ 效应后的弯矩设计值应如何计算？

71. 钢筋混凝土偏心受压构件承载力计算中，为什么在轴向压力对截面重心的偏心距 e_0 的基础上，还要再增加一个附加偏心距 e_a？e_a 应如何取值？

72. 试分别绘出大、小偏心受压的承载力计算图形，写出计算公式及适用条件。

73. 钢筋混凝土大偏心受压构件，当 $x<2a_s'$ 时，应如何计算 A_s？

74. 钢筋混凝土矩形截面对称配筋的偏心受压构件承载力计算，如何判别大、小偏心？当先按大偏心受压求出 ξ 后，如果 $\xi>\xi_b$，此时应如何计算所需纵筋截面面积？

75. 钢筋混凝土轴心受拉构件的裂缝宽度验算公式与受弯构件有哪些不同？

76. 钢筋混凝土大、小偏心受拉构件如何划分？两种构件的承载力计算公式及适用条件有什么不同？

77. 钢筋混凝土矩形截面纯扭构件的截面受扭塑性抵抗矩计算公式是怎样推导出来的？

78. 何谓钢筋混凝土受扭构件的配筋强度比 ζ？ζ 的物理意义是什么？

79. 钢筋混凝土受扭构件有哪四种破坏类型？其破坏特征各有哪些？

80. 钢筋混凝土弯剪扭构件中配置的箍筋和纵筋有哪些构造要求？

81. 为什么采用预应力混凝土结构？

82. 什么是张拉控制应力 σ_{con}？为什么 σ_{con} 的取值不能过小，也不能过大？为什么先张法的 σ_{con} 略大于后张法？

83. 常用施加预应力的方法有哪两种？二者有什么区别？

84. 预应力损失有哪几种？哪些属于第一批损失？哪些属于第二批损失？两批损失如何划定？各用于哪个受力阶段？

85. 对预应力混凝土受弯构件的纵筋施加预应力后，是否能提高正截面承载力？为什么？

86. 预应力混凝土受弯构件正截面相对界限受压区高度 ξ_b 与钢筋混凝土受弯构件正截面相对界限受压区高度 ξ_b 是否相同？为什么？

87. 预应力混凝土受弯构件中，配置受压预应力钢筋有什么作用？它对正截面受弯承载力有什么影响？

88. 预应力钢筋混凝土构件的裂缝控制等级有几级？每级对裂缝的要求有什么不同？

89. 什么是无筋砌体受压构件的高厚比 β？β 应如何计算？

90. 刚性方案房屋墙、柱的计算高度 H_0 与哪些因素有关？墙、柱的实际高度 H 如何确定？

91. 刚性方案房屋墙、柱高厚比验算中的横墙，指的是哪一段墙体？作为横墙应符合哪些条件？

92. 无筋砌体受压构件，T 形截面折算厚度如何计算？其计算公式是怎样得出的？

93. 无筋砌体受压构件承载力计算，为什么要考虑承载力影响系数 ϕ？ϕ 主要取决于哪两个因素？在计算中 ϕ 应如何取值？

94. 无筋砌体受压构件，为什么《砌体结构设计规范》要给出偏心距 e 不应超过 $0.6y$ 的限值？y 值应如何求得？当 $e>0.6y$ 时，一般应采取什么措施进行调整？

95. 墙、柱高厚比验算的目的是什么？

96. 《砌体结构设计规范》给出的墙、柱允许高厚比 $[\beta]$ 是在什么条件下确定的？

97. 在什么情况下要对 $[\beta]$ 加以修正？为什么？如何修正？

98. 砌体局部抗压强度和砌体抗压强度有什么不同？为什么要对砌体局部抗压强度提高系数 γ 的取值加以限制？

99. 砌体局部均匀受压和局部非均匀受压承载力计算有什么不同？当局部受压面积上同时有上部结构传来的轴向压力时，为什么对上部轴向压力要考虑上部荷载的折减系数 ψ？在什么情况下，可以不考虑上部荷载作用？为什么？

100. 梁端设有刚性垫块时的局部受压承载力计算与无筋砌体受压构件的承载力计算有什么不同？

101. 关于地基岩土的几个术语解释：矿物、造岩矿物、地质作用、内力地质作用、外力地质作用、土粒粒径、粒组及颗粒级配。

102. 土的物理性质指标有哪些？哪几个是实测指标？哪几个是换算指标？各有什么物理意义？

103. 什么是黏性土的塑限和液限？什么是塑性指数和液性指数？塑性指数和液性指数有何工程意义？

104. 《建筑地基基础设计规范》将地基岩土划分为哪几类？各如何划分？

105. 地基基础设计等级是如何划分的？划分时考虑了哪些因素？不同设计等级对地基设计有哪些要求？

106. 简述地基基础设计荷载效应最不利组合的取值原则。

107. 什么是地基承载力特征值？如何用浅层平板载荷试验法确定地基承载力特征值？

108. 当基础宽度大于 3m 或埋深大于 0.5m 时，如何对地基承载力特征值进行修正？何谓加权平均重度 γ_m？

109. 轴心受压基础和偏心受压基础底面地基承载力计算有何不同？

110. 当地基受力层范围内有软弱下卧层时，地基承载力应怎样计算？

111. 什么是土的压缩曲线？什么是土的压缩系数？什么是土的压缩模量？如何利用土的压缩系数或压缩模量来评定土的压缩性？

112. 何谓土层的自重应力 p_c？何谓地基土的附加应力 p_z？p_c 和 p_z 应如何计算？

113. 地基最终沉降量如何计算？

114. 地基沉降计算深度如何确定？

115. 在采用条分法进行地基稳定性计算中，何谓滑动中心？抗滑力矩 M_R 和滑动力矩 M_s 是怎样组成的？地基稳定性应如何验算？

二、计算题

1. 已知某屋架下弦杆，由两个等肢角钢（Q235A）制成，两角钢间距 $a=10mm$，$l_{0x}=l_{0y}=4m$，承受轴心拉力设计值 $N=136kN$，$[\lambda]=350$。试按 $A_n＝A$ 选用角钢型号。

2. 已知某屋架上弦杆，由两个等肢角钢（Q235A）制成，两角钢间距 $a=10mm$，$l_{0x}=l_{0y}=2.42m$，承受轴心压力设计值 $N=147kN$，$[\lambda]=150$。试按 $A_n＝A$ 选用角钢型号。

3. 有一热轧工字型钢柱（Q235A，$b/h\leqslant0.8$），$l_{0x}=4.12m$，$l_{0y}=2.06m$，承受轴心压力设计值 $N=706kN$，$[\lambda]=150$。试按 $A_n＝A$ 选用型钢型号．

4. 有一用钢板（Q235A，板厚$\leqslant16mm$）焊接而成的工字形组合截面受压构件，其翼缘为焰切边。该构件的计算长度 $l_{0x}=9m$，$l_{0y}=3m$，承受轴心压力设计值 $N=600kN$，$[\lambda]=150$。试设计该构件的截面尺寸。

5. 有一两端铰接的钢压杆，钢材选用 Q235A，$l_0=4.12m$，承受轴心压力设计值 $N=706kN$。现采用工字形组合截面，焊接，翼缘为焰切边，无侧向支承，其截面尺寸如图计-5 所示，试复核此截面是否满足设计要求。

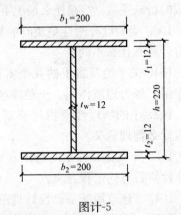

图计-5

6. 某工作平台下的轴心受压柱，柱高 6m，两端铰接，无侧向支承，承受轴心压力设计值 $N=500kN$。该柱采用 Q235A 级钢，焊接工字形组合截面，翼缘为焰切边，试设计该柱的截面尺寸。

7. 有一两端铰接的焊接工字形截面轴心受压柱，柱高 6m，上下翼缘为 $2-500\times10$，腹板为 $1-500\times8$，钢材为 Q235 级，翼缘为火焰切割以后又经过焊接。试计算该柱所能承受的轴心压力，并计算板件的局部稳定是否满足要求？

8. 有一焊接工字形截面简支梁，跨中承受集中荷载设计值 $P=1500kN$（不包括梁自重），钢材为 Q235 级，梁的跨度及几何尺寸如图计-8 所示。试按强度

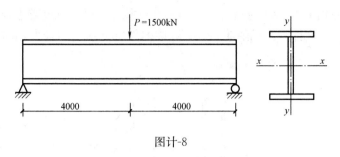

图计-8

要求确定梁截面。

9. 某工作平台次梁，由热轧工字型钢（Q235）制成，计算跨度 $l=6$m。梁上承受均布永久荷载标准值 9kN/m，均布可变荷载标准值 13.5kN/m。假定平台为刚性，可以保证次梁的整体稳定，且平台上无动态荷载，容许挠度 $[v]=\frac{l}{250}$，试选择该次梁的型钢型号。

10. 有一简支梁，计算跨度 $l=5.5$m，承受均布荷载，其中，永久荷载标准值 10.2kN/m（不包括梁自重），可变荷载标准值 25kN/m。梁的受压翼缘通过设置侧向支承保证其整体稳定，容许挠度 $[v]=\frac{l}{250}$。试用 Q235 级工字型钢进行该梁的截面设计。

11. 有一长 18m 的简支钢梁，计算简图如图计-11 所示。该梁承受均布永久荷载标准值（包括梁自重）$q_k=15$kN/m，集中可变荷载标准值 $p_k=400$kN。此梁拟采用 Q345 级钢焊接组合截面，且不需进行整体稳定验算，容许挠度为 $l/350$，试对此梁进行截面设计。

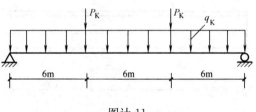

图计-11

12. 有一焊接简支工字形组合截面梁如图计-12 所示，跨度为 12m，跨中 6m处梁上翼缘有简支侧向支撑，材料为 Q345 级钢。集中荷载设计值 $P=330$kN，间接动力荷载，试验算该梁的整体稳定是否满足要求。

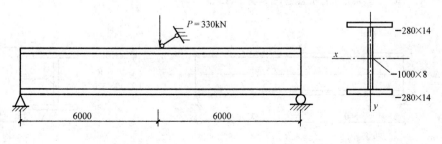

图计-12

303

13. 有一用 Q345A 轧制的工字型钢Ⅰ45a 拉弯构件，承受静态荷载设计值如图计-13 所示。构件截面无削弱，试计算该构件所能承受的最大轴向拉力设计值 $N_u=$？

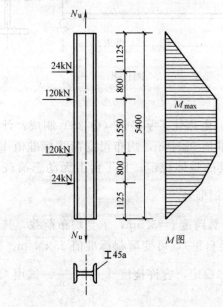

图计-13

14. 某两端铰接的拉弯构件，截面为 I45a 轧制工字形钢，钢材为 Q235。作用力如图计-14 所示，截面无削弱，要求确定构件所能承受的最大轴心拉力。

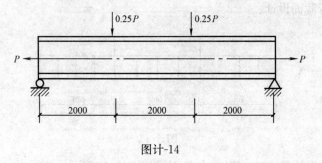

图计-14

15. 有一用 Q235 级钢制作的工字形截面柱，两端铰接，采用焊接，翼缘为焰切边，截面无削弱，承受轴心压力设计值 $N=900kN$，跨中集中力设计值 $F=100kN$。试验算其平面内稳定性（见图计-15）。

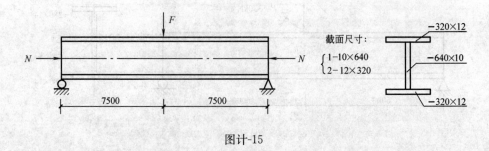

图计-15

16. 有一用 Q235 钢焊接而成的工字型截面压弯杆，翼缘为焰切边，承受轴心压力设计值 $N=800\text{kN}$，在杆中央有一横向集中荷载设计值 $P=160\text{kN}$。杆两端为铰接，并在杆中央有一侧向支撑点，如图计-16 所示。试验算此压弯杆的整体稳定性和局部稳定性。

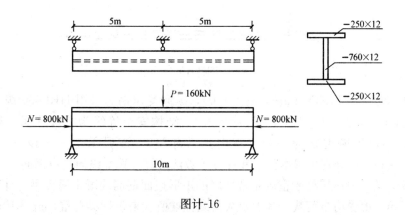

图计-16

17. 如图计-17 所示为两块盖板的连接构造，钢材均为 Q235A 结构钢，$f_f^w=160\text{N/mm}^2$，承受静态轴心压力设计值 $N=968\text{kN}$。试分别按侧面角焊缝和三边围焊设计盖板尺寸。

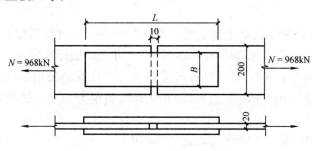

图计-17

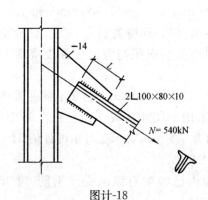

图计-18

18. 如图计-18 所示为 $2\llcorner 100\times 80\times 10$ 角钢，通过 14mm 厚的连接钢板与柱的翼缘焊接连接构造。两角钢共承受静态轴心拉力设计值 $N=540\text{kN}$。钢材为 Q235 钢，采用两边侧面角焊缝，肢背和肢尖的内力分配系数分别为 0.65 和 0.35，采用 E43 系列型手工焊条。试确定角钢与连接板的焊缝长度。

19. 两块截面为 $-18\text{mm}\times 400\text{mm}$ 的钢板（图计-19），用直径为 22mm 的粗制螺栓连接。钢板材料为 Q235F 钢，承受轴向拉力设计值 $N=1181\text{kN}$，试进行此连接设计。

20. 有一钢筋混凝土矩形截面简支梁，$bh=200\text{mm}\times 500\text{mm}$，混凝土强度等

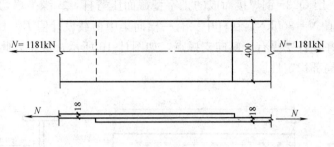

图计-19

级为 C30（$f_c = 14.3\text{N/mm}^2$，$\alpha_1 = 1.0$），纵向受拉钢筋采用 HRB400 级（$f_y = 360\text{N/mm}^2$），$\xi_b = 0.518$，$\alpha_{s,\max} = 0.384$。结构安全等级为二级（属一般房屋 $\gamma_0 = 1.0$），环境类别为一类（室内正常环境）。该梁承受弯矩设计值 $M = 160\text{kN} \cdot \text{m}$。试分别用基本公式和计算系数法计算并选配纵向受拉钢筋。

21. 某一般房屋处于室内正常环境的矩形截面钢筋混凝土简支梁，计算跨度 $l = 5.7\text{m}$，承受均布荷载，其中永久荷载标准值（未包括梁自重）$g_k = 10\text{kN/m}$，可变荷载标准值 $q_k = 9.5\text{kN/m}$，钢筋混凝土自重 25kN/m^3。材料选用：混凝土强度等级为 C30（$f_c = 14.3\text{N/mm}^2$，$\alpha_1 = 1.0$），纵筋采用 HRB335 级（$f_y = 300\text{N/mm}^2$），$\xi_b = 0.55$，$\alpha_{s,\max} = 0.399$。试确定该梁的截面尺寸，并计算和选配纵向受拉钢筋。

22. 有一现浇钢筋混凝土简支板，板厚 $h = 80\text{mm}$，计算跨度 $l = 2\text{m}$，承受均布荷载，其中永久荷载标准值 $g_k = 2\text{kN/m}^2$，可变荷载标准值 $q_k = 4\text{kN/m}^2$，混凝土强度等级为 C20（$f_c = 9.6\text{N/mm}^2$，$\alpha_1 = 1.0$），纵筋采用 HPB300 级（$f_y = 270\text{N/mm}^2$），$\xi_b = 0.576$，$\alpha_{s,\max} = 0.410$。环境类别为一类，试计算并选配纵向受拉钢筋。

23. 已知钢筋混凝土矩形截面简支梁，$bh = 200\text{mm} \times 500\text{mm}$，承受最大弯矩设计值 $M = 160\text{kN} \cdot \text{m}$，纵筋采用 HRB400 级（$f_y = 360\text{N/mm}^2$），混凝土强度等级分别为 C20、C25 和 C30，（$f_c = 9.6\text{N/mm}^2$、$f_c = 11.9\text{N/mm}^2$ 和 $f_c = 14.3\text{N/mm}^2$，$\alpha_1 = 1.0$），$\xi_b = 0.518$，$\alpha_{s,\max} = 0.384$。环境类别为一类。试分别计算纵向受拉钢筋截面面积，并分析受拉钢筋截面面积与混凝土强度等级的关系。

24. 已知钢筋混凝土双筋矩形截面梁，$bh = 250 \times 450\text{mm}$，混凝土强度等级为 C25（$f_c = 11.9\text{N/mm}^2$，$\alpha_1 = 1.0$），纵筋采用 HRB400 级（$f_y = f_y' = 360\text{N/mm}^2$），$\xi_b = 0.518$，$\alpha_{s,\max} = 0.384$。环境类别为一类。该梁承受弯矩设计值 $M = 250\text{kN} \cdot \text{m}$。试求此截面所需纵向受力钢筋 A_s 和 A_s'。

25. 已知数据同计算题 24。此外已知梁内已经配有纵向受压钢筋 3Φ18（$A_s' = 763\text{mm}^2$），试计算并选配纵向受拉钢筋 A_s。

26. 已知钢筋混凝土矩形截面简支梁，截面尺寸 $bh = 250\text{mm} \times 600\text{mm}$，混凝土强度等级为 C30（$f_c = 14.3\text{N/mm}^2$，$\alpha_1 = 1.0$），纵筋采用 HRB400 级（$f_y = 360\text{N/mm}^2$），$\xi_b = 0.518$，$\alpha_{s,\max} = 0.384$。环境类别为一类，梁跨中截面

承受最大弯矩设计值为 $M=450kN \cdot m$。若上述设计条件不能改变，求截面所需的受力钢筋截面面积。

27. 已知钢筋混凝土 T 形截面梁，$b=200mm$，$h=500mm$，$b'_f=500mm$，$h'_f=120mm$。混凝土强度等级为 C25（$f_c=11.9N/mm^2$，$\alpha_1=1.0$），纵筋为 HRB335 级（$f_y=300N/mm^2$），$\xi_b=0.55$，$\alpha_{s,max}=0.399$。环境类别为一类，该梁承受弯矩设计值 $M=150kN \cdot m$。试计算并选配纵向受拉钢筋。

28. 已知钢筋混凝土 T 形截面梁，$b=250mm$，$h=700mm$，$b'_f=650mm$，$h'_f=100mm$。混凝土强度等级为 C25（$f_c=11.9N/mm^2$，$\alpha_1=1.0$），纵筋为 HRB400 级（$f_y=360N/mm^2$），$\xi_b=0.518$，$\alpha_{s,max}=0.384$。环境类别为一类，该梁承受弯矩设计值 $M=600kN \cdot m$。试计算并选配纵向受拉钢筋。

29. 有一钢筋混凝土矩形截面简支梁，$bh=200mm \times 500mm$，混凝土强度等级为 C25（$f_c=11.9N/mm^2$，$f_t=1.27N/mm^2$，$\beta_c=1.0$），纵筋设一排，箍筋采用 HPB300 级（$f_{yv}=270N/mm^2$），该梁承受剪力设计值 $V=174.8kN$。环境类别为一类，试按计算和构造要求配置箍筋。

30. 有一钢筋混凝土矩形截面简支梁，两端支承在砖墙上，净距为 5m，截面尺寸 $bh=200mm \times 500mm$。该梁承受全部均布荷载设计值 $q=70kN/m$（包括梁自重），混凝土强度等级为 C20（$f_c=9.6N/mm^2$，$f_t=1.1N/mm^2$，$\beta_c=1.0$），箍筋为 HPB300 级（$f_{yv}=270N/mm^2$），纵筋已配置 HRB335 级（2Φ25+1Φ22）。试按只配箍筋和同时配置箍筋与一排弯起钢筋（1Φ22）两种方案，分别计算和配置箍筋直径和间距。

31. 已知钢筋混凝土矩形截面简支梁，截面尺寸 $bh=250mm \times 600mm$，计算跨度 $l=6m$。混凝土强度等级为 C25，梁内配置纵向受拉钢筋 6Φ16，混凝土保护层厚度 $c=25mm$。该梁承受均布永久荷载标准值 $g_k=8kN/m$（包括梁自重），均布可变荷载标准值 $q_k=12kN/m$。最大裂缝宽度限值 $\omega_{lin}=0.3mm$。试验算该梁在室内正常环境下的最大裂缝宽度。

32. 验算计算题 31 简支梁的最大挠度。挠度限值为 $l_0/250$（l_0 为计算跨度）。

33. 已知钢筋混凝土轴心受压柱，截面尺寸为 $350mm \times 350mm$，计算长度 $l_0=4.5m$，混凝土强度等级为 C25（$f_c=11.9N/mm^2$），纵筋采用 HRB335 级（$f'_y=300N/mm^2$）。柱上作用有轴心压力设计值 $N=1800kN$（包括柱自重），试计算并选配柱内纵筋。

34. 已知钢筋混凝土偏心受压柱，截面尺寸 $b=400mm$，$h=400mm$，混凝土保护层厚度 $c=25mm$。截面承受轴向压力设计值 $N=350kN$，柱顶截面弯矩设计值 $M_1=90kN \cdot m$，柱底截面弯矩设计值 $M_2=105kN \cdot m$。柱端弯矩已在结构分析时考虑侧移二阶效应。柱挠曲变形为单曲率。弯矩作用平面内柱上下两端的支撑长度为 9.6m，弯矩作用平面外柱的计算长度 $l_0=12.0m$。混凝土强度等级为 C35（$f_c=16.7N/mm^2$，$\alpha_1=1.0$），纵筋采用 HRB500 级（$f_y=435N/mm^2$），$\xi_b=0.482$。受压区已配有 3Φ18（$A'_s=763mm^2$），求纵向受拉钢筋 A_s。

35. 已知钢筋混凝土偏心受压柱，截面尺寸 $b=500mm$，$h=600mm$，$a_s=a'_s=50mm$，截面承受轴向压力设计值 $N=3768kN$，柱顶截面弯矩设计值 $M_1=505kN \cdot m$，

柱底截面弯矩设计值 $M_2 = 540$kN·m。柱端弯矩已在结构分析时考虑侧移二阶效应。柱挠曲变形为单曲率。弯矩作用平面内柱上下两端的支撑长度为 4.5m，弯矩作用平面外柱的计算长度 $l_0 = 5.625$m。混凝土强度等级为 C35（$f_c = 16.7$N/mm^2，$\alpha_1 = 1.0$），纵筋采用 HRB400 级（$f_y = f'_y = 360$N/mm^2），$\xi_b = 0.518$。采用对称配筋，求受拉和受压钢筋 A_s 和 A'_s。

36. 已知钢筋混凝土偏心受压柱，截面尺寸 $b = 500$mm，$h = 500$mm，$a_s = a'_s = 50$mm，截面承受轴向压力设计值 $N = 200$kN，柱顶截面弯矩设计值 $M_1 = 280$kN·m，柱底截面弯矩设计值 $M_2 = 300$kN·m。柱端弯矩已在结构分析时考虑侧移二阶效应。柱挠曲变形为单曲率。弯矩作用平面内柱上下两端的支撑长度为 4.2m，弯矩作用平面外柱的计算长度 $l_0 = 5.25$m。混凝土强度等级为 C35（$f_c = 16.7$N/mm^2，$\alpha_1 = 1.0$），纵筋采用 HRB500 级（$f_y = 435$N/mm^2，$f'_y = 410$N/mm^2），$\xi_b = 0.482$。采用对称配筋，求受拉和受压钢筋 A_s 和 A'_s。

37. 某截面为 370mm×490mm 的砖柱，用 MU10 蒸压灰砂砖和 M5 水泥砂浆砌筑，柱高 7m，上、下两端均为不动铰支座。该柱柱顶承受轴心压力设计值 $N = 180$kN，试对此砖柱进行高厚比验算和承载力计算。

38. 某影剧院窗间墙的计算截面如图计-38 所示。该墙体用 MU10 普通黏土砖和 M5 混合砂浆砌筑而成。其计算高度 $H_0 = 10.5$m，相邻横墙间距 $s = 6$m，每开间设有 2.8m 宽的窗口。该墙体承受轴向力设计值 $N = 350$kN，弯矩设计值 $M = 42$kN·m，荷载偏向翼缘，试对此墙体进行高厚比验算和承载力计算。

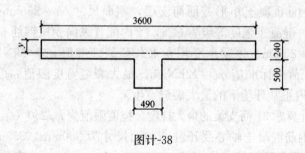

图计-38

39. 某轴心荷载作用下的独立基础底面宽度 $b = 2$m，基础埋置深度 $d = 1.0$m。由上部结构传至基础顶面的竖向压力设计标准值 $F_k = 900$kN，基础自重和基础上的土重按 20kN/m^3 计，地基承载力特征值 $f_a = 200$kPa，试计算所需基础底面长度 $l = ?$

40. 某框架柱截面尺寸为 300mm×400mm，传至室内外平均标高位置处的竖向力标准值 $F_k = 700$kN，弯矩标准值 $M_k = 80$kN·m，水平剪力标准值 $V_k = 13$kN。基础底面距室外地坪为 1.0m（见图计-40），基础以上填土重度 $\gamma = 17.5$kN/m^3，持力层为黏性土，重度 $\gamma = 18.5$kN/m^3。饱和重度 $\gamma_{sat} = 19.6$kN/m^3，孔隙比 $e = 0.7$，液性指数 $I_L = 0.78$。地基承载力特征值 $f_{ak} = 226$kPa，持力层下为淤泥土，淤泥土承载力特征值 $f_{ak} = 80$kPa，由 $E_{s1}/E_{s2} = 3$ 查得地基压力扩散角 $\theta = 23°$。试确定柱基础的底面尺寸。

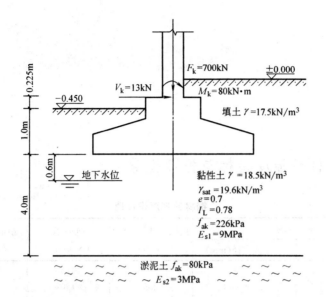

图计-40

附录

附录一：材料强度指标与弹性模量

<table><tr><td colspan="5" align="right">钢材的强度设计值   附表 1-1</td></tr></table>

钢材的强度设计值　　　　　　　　　　　　　　　　　　附表 1-1

钢 材		抗拉、抗压和抗弯 f(N/mm²)	抗剪 f_v (N/mm²)	端面承压(刨平顶紧) f_{ce} (N/mm²)
牌 号	厚度或直径(mm)			
Q235 钢	≤16	215	125	325
	>16～40	205	120	
	>40～60	200	115	
	>60～100	190	110	
Q345 钢	≤16	310	180	400
	>16～35	295	170	
	>35～50	265	155	
	>50～100	250	145	
Q390 钢	≤16	350	205	415
	>16～35	335	190	
	>35～50	315	180	
	>50～100	295	170	
Q420 钢	≤16	380	220	440
	>16～35	360	210	
	>35～50	340	195	
	>50～100	325	185	

注：表中厚度系指计算点的厚度，对轴心受力构件系指截面中较厚板件的厚度。

焊缝的强度设计值（N/mm²）　　　　　　　　　　　　附表 1-2

焊接方法和焊条型号	构件钢材		对接焊缝				角焊缝
	牌号	厚度或直径(mm)	抗压 f_c^w	焊缝质量为下列等级时，抗拉 f_t^w		抗剪 f_v^w	抗拉、抗压和抗剪 f_f^w
				一级、二级	三级		
自动焊、半自动焊和 E43 型焊条的手工焊	Q235 钢	≤16	215	215	185	125	160
		>16～40	205	205	175	120	
		>40～60	200	200	170	115	
		>60～100	190	190	160	110	
自动焊、半自动焊和 E50 型焊条的手工焊	Q345 钢	≤16	310	310	265	180	200
		>16～35	295	295	250	170	
		>35～50	265	265	225	155	
		>50～100	250	250	210	145	

续表

焊接方法和焊条型号	构件钢材		对接焊缝				角焊缝
	牌号	厚度或直径（mm）	抗压 f_c^w	焊缝质量为下列等级时,抗拉 f_t^w		抗剪 f_v^w	抗拉、抗压和抗剪 f_f^w
				一级、二级	三级		
自动焊、半自动焊和E55型焊条的手工焊	Q390钢	≤16	350	350	300	205	220
		>16～35	335	335	285	190	
		>35～50	315	315	270	180	
		>50～100	295	295	250	170	
自动焊、半自动焊和E55型焊条的手工焊	Q420钢	≤16	380	380	320	220	220
		>16～35	360	360	305	210	
		>35～50	340	340	290	195	
		>50～100	325	325	275	185	

注：1. 自动焊、半自动焊所采用的焊丝和焊剂，应保证其熔敷金属的力学性能不低于埋弧焊用焊剂国家标准中的有关规定。

2. 焊缝质量等级应符合现行国家标准《钢结构工程施工验收规范》GB 50205的要求。

3. 对接焊缝抗弯受压区强度设计值取 f_c^w，抗弯受拉区强度设计值取 f_t^w。

4. 同附表1-1注。

螺栓的强度设计值（N/mm²） 附表1-3

螺栓的钢材牌号（或性能等级）和构件的钢材牌号		普通螺栓						锚栓	承压型连接高强度螺栓		
		C级螺栓			A级、B级螺栓						
		抗拉 f_t^b	抗剪 f_v^b	承压 f_c^b	抗拉 f_t^b	抗剪 f_v^b	承压 f_c^b	抗拉 f_t^a	抗拉 f_t^b	抗剪 f_v^b	承压 f_c^b
普通螺栓	4.6级、4.8级	170	140	—	—	—	—	—	—	—	—
	8.8级	—	—	—	400	320	—	—	—	—	—
锚栓	Q235钢	—	—	—	—	—	—	140	—	—	—
	Q345钢	—	—	—	—	—	—	180	—	—	—
承压型连接高强度螺栓	8.8级	—	—	—	—	—	—	—	400	250	—
	10.9级	—	—	—	—	—	—	—	500	310	—
构件	Q235钢	—	—	305	—	—	405	—	—	—	470
	Q345钢	—	—	385	—	—	510	—	—	—	590
	Q390钢	—	—	400	—	—	530	—	—	—	615
	Q420钢	—	—	425	—	—	560	—	—	—	655

注：1. A级螺栓用于 d≤24mm 和 l≤10d 或 l≤150mm（按较小值）的螺栓；B级螺栓用于 d>24mm 或 l>10d 或 l>150mm（按较小值）的螺栓。d 为公称直径，l 为螺杆公称长度。

2. A、B级螺栓孔的精度和孔壁表面粗糙度，C级螺栓孔的允许偏差和孔壁表面粗糙度，均应符合现行国家标准《钢结构工程施质量验收规范》GB 50205的要求。

311

普通钢筋强度标准值（N/mm²）　　　　　　　　附表 1-4

牌号	符号	公称直径 d(mm)	屈服强度标准值 f_{yk}	极限强度标准值 f_{stk}
HPB300	Φ	6～22	300	420
HRB335 HRBF335	Φ Φ^F	6～50	335	455
HRB400 HRBF400 RRB400	Φ Φ^F Φ^R	6～50	400	540
HRB500 HRBF500	Φ Φ^F	6～50	500	630

预应力钢筋强度标准值（N/mm²）　　　　　　　附表 1-5

种类		符号	公称直径 d(mm)	屈服强度标准值 f_{pyk}	极限强度标准值 f_{ptk}
中强度预应力 钢丝	光面 螺旋肋	Φ^{PM} Φ^{HM}	5、7、9	620	800
				780	970
				980	1270
预应力螺纹 钢筋	螺纹	Φ^T	18、25、 32、40、 50	785	980
				930	1080
				1080	1230
消除应力钢丝	光面 螺旋肋	Φ^P Φ^H	5	—	1570
				—	1860
			7	—	1570
			9	—	1470
				—	1570
钢绞线	1×3 （三股）	Φ^S	8.6、10.8、 12.9	—	1570
				—	1860
				—	1960
	1×7 （七股）		9.5、12.7、 15.2、17.8	—	1720
				—	1860
				—	1960
			21.6	—	1860

注：极限强度标准值为 1960N/mm² 的钢绞线作后张预应力配筋时，应有可靠的工程经验。

普通钢筋强度设计值（N/mm²）　　　　　　　附表 1-6

牌号	抗拉强度设计值 f_y	抗压强度设计值 f'_y
HPB300	270	270
HRB335、HRBF335	300	300
HRB400、HRBF400、RRB400	360	360
HRB500、HRBF500	435	410

预应力钢筋强度设计值（N/mm²） 附表 1-7

种类	极限强度标准值 f_{ptk}	抗拉强度设计值 f_{py}	抗压强度设计值 f'_{py}
中强度预应力钢丝	800	510	410
	970	650	
	1270	810	
消除应力钢丝	1470	1040	410
	1570	1110	
	1860	1320	
钢绞线	1570	1110	390
	1720	1220	
	1860	1320	
	1960	1390	
预应力螺纹钢筋	980	650	410
	1080	770	
	1230	900	

注：当预应力筋的强度标准值不符合附表 1-7 的规定时，其强度设计值应进行相应的比例换算。

混凝土强度标准值（N/mm²） 附表 1-8

强度种类	混凝土强度等级													
	C15	C20	C25	C30	C35	C40	C45	C50	C55	C60	C65	C70	C75	C80
f_{ck}	10.0	13.4	16.7	20.1	23.4	26.8	29.6	32.4	35.5	38.5	41.5	44.5	47.4	50.2
f_{tk}	1.27	1.54	1.78	2.01	2.20	2.39	2.51	2.64	2.74	2.85	2.93	2.99	3.05	3.11

混凝土强度设计值（N/mm²） 附表 1-9

强度种类	混凝土强度等级													
	C15	C20	C25	C30	C35	C40	C45	C50	C55	C60	C65	C70	C75	C80
f_c	7.2	9.6	11.9	14.3	16.7	19.1	21.1	23.1	25.3	27.5	29.7	31.8	33.8	35.9
f_t	0.91	1.10	1.27	1.43	1.57	1.71	1.80	1.89	1.96	2.04	2.09	2.14	2.18	2.22

注：1. 计算现浇钢筋混凝土轴心受压及偏心受压构件时，如截面的长边或直径小于 300mm，则表中混凝土的强度设计值应乘以系数 0.8；当构件质量（如混凝土成型、截面和轴线尺寸等）确有保证时，可不受此限制。

2. 离心混凝土的强度设计值应按专门标准取用。

烧结普通砖和烧结多孔砖砌体的抗压强度设计值（MPa） 附表 1-10

砖强度等级	砂浆强度等级					砂浆强度
	M15	M10	M7.5	M5	M2.5	0
MU30	3.94	3.27	2.93	2.59	2.26	1.15
MU25	3.60	2.98	2.68	2.37	2.06	1.05
MU20	3.22	2.67	2.39	2.12	1.84	0.94
MU15	2.79	2.31	2.07	1.83	1.60	0.82
MU10	—	1.89	1.69	1.50	1.30	0.67

蒸压灰砂砖和蒸压粉煤灰砖砌体的抗压强度设计值（MPa） 附表 1-11

砖强度等级	砂浆强度等级				砂浆强度
	M15	M10	M7.5	M5	0
MU25	3.60	2.98	2.68	2.37	1.05
MU20	3.22	2.67	2.39	2.12	0.94
MU15	2.79	2.31	2.07	1.83	0.82

注：当采用专用砂浆砌筑时，其抗压强度设计值按表中数值采用。

单排孔混凝土砌块和轻集料混凝土砌块对孔砌筑砌体的

抗压强度设计值（MPa） 附表 1-12

砌块强度等级	砂浆强度等级					砂浆强度
	Mb20	Mb15	Mb10	Mb7.5	Mb5	0
MU20	6.30	5.68	4.95	4.44	3.94	2.33
MU15	—	4.61	4.02	3.61	3.20	1.89
MU10	—	—	2.79	2.50	2.22	1.31
MU7.5	—	—	—	1.93	1.71	1.01
MU5	—	—	—	—	1.19	0.70

注：1. 对独立柱或厚度为双排组砌的砌块砌体，应按表中数值乘以 0.7；
　　2. 对 T 形截面墙体、柱，应按表中数值乘以 0.85。

毛石砌体的抗压强度设计值（MPa） 附表 1-13

毛石强度等级	砂浆强度等级			砂浆强度
	M7.5	M5	M2.5	0
MU100	1.27	1.12	0.98	0.34
MU80	1.13	1.00	0.87	0.30
MU60	0.98	0.87	0.76	0.26
MU50	0.90	0.80	0.69	0.23
MU40	0.80	0.71	0.62	0.21
MU30	0.69	0.61	0.53	0.18
MU20	0.56	0.51	0.44	0.15

沿砌体灰缝截面破坏时砌体的轴心抗拉强度设计值、

弯曲抗拉强度设计值和抗剪强度设计值（MPa） 附表 1-14

强度类别	破坏特征及砌体种类		砂浆强度等级			
			≥M10	M7.5	M5	M2.5
轴心抗拉	沿齿缝	烧结普通砖、烧结多孔砖	0.19	0.16	0.13	0.09
		混凝土普通砖、混凝土多孔砖	0.19	0.16	0.13	—
		蒸压灰砂普通砖、蒸压粉煤灰普通砖	0.12	0.10	0.08	—
		混凝土和轻集料混凝土砌块	0.09	0.08	0.07	—
		毛石	—	0.07	0.06	0.04
弯曲抗拉	沿齿缝	烧结普通砖、烧结多孔砖	0.33	0.29	0.23	0.17
		混凝土普通砖、混凝土多孔砖	0.33	0.29	0.23	—
		蒸压灰砂普通砖、蒸压粉煤灰普通砖	0.24	0.20	0.16	—
		混凝土和轻集料混凝土砌块	0.11	0.09	0.08	—
		毛石	—	0.11	0.09	0.07

续表

强度类别	破坏特征及砌体种类		砂浆强度等级			
			≥M10	M7.5	M5	M2.5
弯曲抗拉	沿通缝	烧结普通砖、烧结多孔砖	0.17	0.14	0.11	0.08
		混凝土普通砖、混凝土多孔砖	0.17	0.14	0.11	—
		蒸压灰砂普通砖、蒸压粉煤灰普通砖	0.12	0.10	0.08	—
		混凝土和轻集料混凝土砌块	0.08	0.06	0.05	—
抗剪	烧结普通砖、烧结多孔砖		0.17	0.14	0.11	0.08
	混凝土普通砖、混凝土多孔砖		0.17	0.14	0.11	—
	蒸压灰砂普通砖、蒸压粉煤灰普通砖		0.12	0.10	0.08	—
	混凝土和轻集料混凝土砌块		0.09	0.08	0.06	—
	毛石		—	0.19	0.16	0.11

注：1. 对于用形状规则的块体砌筑的砌体，当搭接长度与块体高度的比值小于1时，其轴心抗拉强度设计值 f_t 和弯曲抗拉强度设计值 f_{tm} 应按表中数值乘以搭接长度与块体高度比值后采用；
2. 表中数值是依据普通砂浆砌筑的砌体确定，采用经研究性试验且通过技术鉴定的专用砂浆砌筑的蒸压灰砂普通砖、蒸压粉煤灰普通砖砌体，其抗剪强度设计值按相应普通砂浆强度等级砌筑的烧结普通砖砌体采用；
3. 对混凝土普通砖、混凝土多孔砖、混凝土和轻集料混凝土砌块砌体，表中的砂浆强度等级分别为：≥Mb10、Mb7.5及Mb5。

钢材和钢铸件的物理性能指标　　　　　附表 1-15

弹性模量 E （N/mm²）	剪变模量 G （N/mm²）	线膨胀系数 α （以每℃计）	质量密度 ρ （kg/m³）
206×10^3	79×10^3	12×10^{-6}	7850

钢筋弹性模量（$\times10^5$ N/mm²）　　　　　附表 1-16

牌号或种类	弹性模量 E_s
HPB300 钢筋	2.10
HRB335、HRB400、HRB500 钢筋 HRBF335、HRBF400、HRBF500 钢筋 RRB400 钢筋 预应力螺纹钢筋	2.00
消除应力钢丝、中强度预应力钢丝	2.05
钢绞线	1.95

注：必要时可采用实测的弹性模量。

混凝土弹性模量（$\times10^4$ N/mm²）　　　　　附表 1-17

混凝土强度等级	C15	C20	C25	C30	C35	C40	C45	C50	C55	C60	C65	C70	C75	C80
E_c	2.20	2.55	2.80	3.00	3.15	3.25	3.35	3.45	3.55	3.60	3.65	3.70	3.75	3.80

315

砌体弹性模量（MPa）　　　附表 1-18

砌体种类	砂浆强度等级			
	≥M10	M7.5	M5	M2.5
烧结普通砖、烧结多孔砖砌体	1600f	1600f	1600f	1390f
蒸压灰砂砖、蒸压粉煤灰砖砌体	1060f	1060f	1060f	960f
混凝土砌块砌体	1700f	1600f	1500f	—
粗料石、毛料石、毛石砌体	7300	5650	4000	2250
细料石	22000	17000	12000	6750

附录二：型钢规格表

普通工字钢　　　附表 2-1

符号：h——高度；
b——翼缘宽度；
d——腹板厚；
t——翼缘平均厚度；
I——惯性矩；
W——截面抵抗矩；

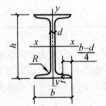

i——回转半径；
S_x——半截面的面积矩。
长度：型号 10～18，
长 5～19m；
型号 20～63，
长 6～19m。

型号	尺寸(mm)					截面积 (cm²)	质量 (kg/m)	x-x 轴				y-y 轴		
	h	b	d	t	R			I_x (cm⁴)	W_x (cm³)	i_x (cm)	I_x/S_x (cm)	I_y (cm⁴)	W_y (cm³)	i_y (cm)
10	100	68	4.5	7.6	6.5	14.3	11.2	245	49	4.14	8.59	33	9.7	1.52
12.6	126	74	5.0	8.4	7.0	18.1	14.2	488	77	5.19	16.8	47	12.7	1.61
14	140	80	5.5	9.1	7.5	21.5	16.9	712	102	5.79	12.0	64	16.1	1.73
16	160	88	6.0	9.9	8.0	26.1	20.5	1130	141	6.58	13.8	93	21.2	1.89
18	180	94	6.5	10.7	8.5	30.6	24.1	1660	185	7.36	15.4	122	26.0	2.00
20a	200	100	7.0	11.4	9.0	35.5	27.9	2370	237	8.15	17.2	158	31.5	2.12
b	200	102	9.0	11.4	9.0	39.5	31.1	2500	250	7.96	16.9	169	33.1	2.06
22a	220	110	7.5	12.3	9.5	42.0	33.0	3400	309	8.99	18.9	225	40.9	2.31
b	220	112	9.5	12.3	9.5	46.4	36.4	3570	325	8.78	18.7	239	42.7	2.27
25a	250	116	8.0	13.0	10.0	48.5	38.1	5020	402	10.18	21.6	280	48.3	2.40
b	250	118	10.0	13.0	10.0	53.5	42.0	5280	423	9.94	21.3	309	52.4	2.40
28a	280	122	8.5	13.7	10.5	65.4	43.4	7110	508	11.3	24.6	345	56.6	2.49
b	280	124	10.0	13.7	10.5	61.0	47.9	7480	534	11.1	24.2	379	61.2	2.49
a	320	130	9.5	15.0	11.5	67.0	52.7	11080	692	12.8	27.5	460	70.8	2.62
32b	320	132	11.5	15.0	11.5	73.4	57.7	11620	726	12.6	27.1	502	76.0	2.61
c	320	134	13.5	15.0	11.5	79.9	62.8	12170	760	12.3	26.8	544	81.2	2.61
a	360	136	10.0	15.8	12.0	76.3	59.9	15760	875	14.4	30.7	552	81.2	2.69
36b	360	138	12.0	15.8	12.0	83.5	65.6	16530	919	14.1	30.3	582	84.3	2.64
c	360	140	14.0	15.8	12.0	90.7	71.2	17310	962	13.8	29.9	612	87.4	2.60
a	400	142	10.5	16.5	12.5	86.1	67.6	21720	1090	15.9	34.1	660	93.2	2.77
40b	400	144	12.5	16.5	12.5	94.1	73.8	22780	1140	15.6	33.6	692	96.2	2.71
c	400	146	14.5	16.5	12.5	102	80.1	23850	1190	15.2	33.2	727	99.6	2.65
a	450	150	11.5	18.0	13.5	102	80.4	32240	1430	17.7	38.6	855	114	2.89
45b	450	152	13.5	18.0	13.5	111	87.4	33760	1500	17.4	38.0	894	118	2.84
c	450	154	15.5	18.0	13.5	120	94.5	35280	1570	17.1	37.6	938	122	2.79

续表

型号	尺寸(mm)					截面积 (cm²)	质量 (kg/m)	x-x 轴				y-y 轴		
	h	b	d	t	R			I_x (cm⁴)	W_x (cm³)	i_x (cm)	I_x/S_x (cm)	I_y (cm⁴)	W_y (cm³)	i_y (cm)
50a	500	158	12.0	20	14	119	93.6	46470	1860	19.7	42.8	1120	142	3.07
50b	500	160	14.0	20	14	129	101	48560	1940	19.4	42.4	1170	146	3.01
50c	500	162	16.0	20	14	139	109	50640	2080	19.0	41.8	1220	151	2.96
56a	560	166	12.5	21	14.5	135	106	65590	2342	22.0	47.7	1370	165	3.18
56b	560	168	14.5	21	14.5	146	115	68510	2447	21.6	47.2	1487	174	3.16
56c	560	170	16.5	21	14.5	158	124	71440	2551	21.3	46.7	1558	183	3.16
63a	630	176	13.0	22	15	155	122	93920	2981	24.6	54.2	1701	193	3.31
63b	630	178	15.0	22	15	167	131	98080	3164	24.2	53.5	1812	204	3.29
63c	630	180	17.0	22	15	180	141	102250	3298	23.8	52.9	1925	214	3.27

普通槽钢　　　　　　　　　　　　　　　　附表 2-2

符号：同普通工字型钢

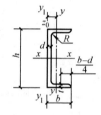

长度：型号 5～8，长 5～12m；
　　　型号 10～18，长 5～19m；
　　　型号 20～40，长 6～19m。

型号	尺寸(mm)					截面积 (cm²)	质量 kg/m	x-x 轴			y-y 轴			y₁-y₁ 轴	z₀ (cm)
	h	b	d	t	R			I_x (cm⁴)	W_x (cm³)	i_x (cm)	I_y (cm⁴)	W_y (cm³)	i_y (cm)	I_{y1} (cm⁴)	
5	50	37	4.5	7.0	7.0	6.9	5.4	26	10.4	91.94	8.3	3.55	1.10	20.9	1.35
6.3	63	40	4.8	7.5	7.5	8.4	6.6	51	16.1	2.45	11.9	4.50	1.18	28.4	1.36
8	80	43	5.0	8.0	8.0	10.2	8.0	101	25.3	3.15	16.6	5.79	1.27	37.4	1.43
10	100	48	5.3	8.5	8.5	12.7	10.0	198	39.7	3.95	25.6	7.8	1.41	55	1.52
12.6	126	53	5.5	9.0	9.0	15.7	12.4	391	62.1	4.95	38.0	10.2	1.57	77	1.59
14 a	140	58	6.0	9.5	9.5	18.5	14.5	564	80.5	5.52	53.2	13.0	1.70	107	1.71
14 b	140	60	8.0	9.5	9.5	21.3	16.7	609	87.1	5.35	61.1	14.1	1.69	121	1.67
16 a	160	63	6.5	10.0	10.0	21.9	17.2	866	108	6.28	73.3	16.3	1.83	144	1.80
16 b	160	65	8.5	10.0	10.0	25.1	19.7	934	117	6.10	83.4	17.5	1.82	161	1.75
18 a	180	68	7.0	10.5	10.5	25.7	20.2	1273	141	7.04	98.6	20.0	1.96	190	1.88
18 b	180	70	9.0	10.5	10.5	29.3	23.0	1370	152	6.84	111	21.5	1.95	210	1.84
20 a	200	73	7.0	11.0	11.0	28.8	22.6	1780	178	7.86	128	24.2	2.11	244	2.01
20 b	200	75	9.0	11.0	11.0	32.8	25.8	1914	191	7.64	144	25.9	2.09	268	1.95
22 a	220	77	7.0	11.5	11.5	314.8	25.0	2394	218	8.67	158	28.2	2.23	298	2.10
22 b	220	79	9.0	11.5	11.5	36.2	28.4	2571	234	8.42	176	30.0	2.21	326	2.03
25a	250	78	7.0	12.0	12.0	34.9	27.5	3370	270	9.82	175	30.5	2.24	322	2.07
25b	250	80	9.0	12.0	12.0	39.9	31.4	3530	282	9.40	196	32.7	2.22	353	1.98
25c	250	82	11.0	12.0	12.0	44.9	35.3	3696	295	9.07	218	35.9	2.21	384	1.92
28a	280	82	7.5	12.5	12.5	40.0	31.4	4765	340	10.9	218	35.7	2.10	388	2.10
28b	280	84	9.5	12.5	12.5	45.6	35.8	5130	366	10.6	242	37.9	2.30	428	2.02
28c	280	86	11.5	12.5	12.5	51.2	40.2	5495	393	10.3	268	40.3	2.29	463	1.95
32a	320	88	8.0	14.0	14.0	48.7	38.2	7598	475	12.5	305	46.5	2.50	552	2.24

续表

型号	尺寸(mm) h	b	d	t	R	截面积 (cm²)	质量 kg/m	x—x轴 I_x (cm⁴)	W_x (cm³)	i_x (cm)	y—y轴 I_y (cm⁴)	W_y (cm³)	i_y (cm)	y1—y1轴 I_{y1} (cm⁴)	z_0 (cm)
32b	320	90	10.0	14.0	14.0	55.1	43.2	8144	509	12.1	336	49.2	2.47	593	2.16
c	320	92	12.0	14.0	14.0	61.5	48.3	8690	543	11.9	374	52.6	2.47	643	2.09
a	360	96	9.0	16.0	16.0	60.9	47.8	11870	660	14.0	455	63.5	2.73	818	2.44
36b	360	98	11.0	16.0	16.0	68.1	53.4	12650	703	13.6	497	66.8	2.70	880	2.37
c	360	100	13.0	16.0	16.0	75.3	59.1	13430	746	13.4	536	70.0	2.67	948	2.34
a	400	100	10.5	18.0	18.0	75.0	58.9	17580	879	15.3	592	78.8	2.81	1068	2.49
40b	400	102	12.5	18.0	18.0	83.0	65.2	18640	932	15.0	640	82.5	2.78	1136	2.44
c	400	104	14.5	18.0	18.0	91.0	71.5	19710	986	14.7	688	86.2	2.75	1221	2.42

等肢角钢

附表 2-3

单角钢 x_0, y_0 轴, x—x 轴, R, Z_0

双角钢 a, y—y 轴

角钢型号	圆角 R (mm)	重心距 Z_0 (mm)	截面积 (cm²)	质量 (kg/m)	惯性矩 I_x (cm⁴)	截面抵抗矩 W_x^{max} (cm³)	W_x^{min} (cm³)	回转半径 i_x (cm)	i_{x0} (cm)	i_{y0} (cm)	i_y当a为下列数值 6mm (cm)	8mm	10mm	12mm
L20×3	3.5	6.0	1.13	0.89	0.4	0.67	0.29	0.59	0.75	0.39	1.08	1.16	1.25	1.34
4	3.5	6.4	1.46	1.14	0.5	0.78	0.36	0.58	0.73	0.38	1.11	1.19	1.28	1.37
L25×3	3.5	7.3	1.43	1.12	0.81	1.12	0.46	0.76	0.95	0.49	1.28	1.36	1.44	1.53
4	3.5	7.6	1.86	1.46	1.03	1.36	0.59	0.74	0.93	0.48	1.30	1.38	1.46	1.55
L30×3	4.5	8.5	1.75	1.37	1.46	1.72	0.68	0.91	1.15	0.59	1.47	1.55	1.63	1.71
4	4.5	8.9	2.28	1.79	1.84	2.05	0.87	0.90	1.13	0.58	1.49	1.57	1.66	1.74
L36×3	4.5	10.0	2.11	1.65	2.58	2.58	0.99	1.1	1.39	0.71	1.71	1.75	1.86	1.95
4	4.5	10.4	2.76	2.16	3.29	3.16	1.28	1.09	1.38	0.70	1.73	1.81	1.89	1.97
5	4.5	10.7	3.38	2.65	3.95	3.70	1.56	1.08	1.36	0.70	1.74	1.82	1.91	1.99
L40×3	5	10.9	2.36	1.85	3.59	3.3	1.23	1.23	1.55	0.79	1.85	1.93	2.01	2.09
4	5	11.3	3.09	2.42	4.60	4.07	1.60	1.22	1.54	0.79	1.88	1.96	2.04	2.12
5	5	11.7	3.79	2.98	5.53	4.73	1.96	1.21	1.52	0.78	1.90	1.98	2.06	2.14
L45×3	5	12.2	2.66	2.09	5.17	4.24	1.58	1.40	1.76	0.90	2.06	2.14	2.21	2.20
4	5	12.6	3.49	2.74	6.65	5.28	2.05	1.38	1.74	0.89	2.08	2.16	2.24	2.32
5	5	13.0	4.29	3.37	8.04	6.19	2.51	1.37	1.72	0.88	2.11	2.18	2.26	2.34
6	5	13.3	5.08	3.98	9.33	7.0	2.95	1.36	1.70	0.88	2.12	2.20	2.28	2.36
L50×3	5.5	13.4	2.97	2.33	7.18	5.36	1.96	1.55	1.96	1.00	2.26	2.33	2.41	2.49
4	5.5	13.8	3.90	3.06	9.26	6.71	2.56	1.54	1.94	0.99	2.28	2.35	2.43	2.51
5	5.5	14.2	4.80	3.77	11.21	7.89	3.13	1.53	1.92	0.98	2.30	2.38	2.45	2.53
6	5.5	14.6	5.69	4.46	13.05	8.94	3.68	1.52	1.91	0.98	2.32	2.40	2.48	2.56
L56×3	6	14.8	3.34	2.62	10.2	6.89	2.48	1.75	2.20	1.13	2.49	2.57	2.64	2.71
4	6	15.3	4.39	3.45	13.2	8.63	3.24	1.73	2.18	1.11	2.52	2.59	2.67	2.75
5	6	15.7	5.41	4.25	16.0	10.2	3.97	1.72	2.17	1.10	2.54	2.62	2.69	2.77
8	6	16.8	8.37	6.57	23.6	14.0	6.03	1.68	2.11	1.09	2.60	2.67	2.75	2.83

角钢型号		圆角 R	重心距 Z_0	截面积	质量	惯性矩 I_x	截面抵抗矩		回转半径			i_y，当 a 为下列数值			
							W_x^{max}	W_x^{min}	i_x	i_{x0}	i_{y0}	6mm	8mm	10mm	12mm
		(mm)		(cm²)	(kg/m)	(cm⁴)	(cm³)		(cm)			(cm)			
	4	7	17.0	4.98	3.91	19.0	11.2	4.13	1.96	2.46	1.26	2.80	2.87	2.94	3.02
	5	7	17.4	6.14	4.82	23.2	13.3	5.08	1.94	2.45	1.25	2.82	2.89	2.97	3.04
L63×6	7	17.8	7.29	5.72	27.1	15.2	6.0	1.93	2.43	1.24	2.84	2.91	2.99	3.06
	8	7	18.5	9.51	7.47	34.5	18.6	7.75	1.90	2.40	1.23	2.87	2.95	3.02	3.10
	10	7	19.3	11.66	9.15	41.1	21.3	9.39	1.88	2.36	1.22	2.91	2.99	3.07	3.15
	4	8	18.6	5.57	4.37	26.4	14.2	5.14	2.18	2.74	1.40	3.07	3.14	3.21	3.28
	5	8	19.1	6.87	5.40	32.2	16.8	6.32	2.16	2.73	1.39	3.09	3.17	3.24	3.31
L70×6	8	19.5	8.16	6.41	37.8	19.4	7.48	2.15	2.71	1.38	3.11	3.19	3.26	3.34
	7	8	19.9	9.42	7.40	43.1	21.6	8.59	2.14	2.69	1.38	3.13	3.21	3.28	3.36
	8	8	20.3	10.7	8.37	48.2	23.8	9.68	2.12	2.68	1.37	3.15	3.23	3.30	3.38
	5	9	20.4	7.38	5.82	40.0	19.6	7.32	2.33	2.92	1.50	3.30	3.37	3.45	3.52
	6	9	20.7	8.80	6.90	47.0	22.7	8.64	2.31	2.90	1.49	3.31	3.38	3.46	3.53
L75×7	9	21.1	10.2	7.98	53.0	25.4	9.93	2.30	2.89	1.48	3.33	3.40	3.48	3.55
	8	9	21.5	11.5	9.03	60.0	27.9	11.2	2.28	2.88	1.47	3.35	3.42	3.50	3.57
	10	9	22.2	14.1	11.1	72.0	32.4	13.6	2.26	2.84	1.46	3.38	3.46	3.53	3.61
	5	9	21.5	7.91	6.21	48.8	22.7	8.34	2.48	3.13	1.60	3.49	3.56	3.63	3.71
	6	9	21.9	9.40	7.38	57.3	26.1	9.87	2.47	3.11	1.59	3.51	3.58	3.65	3.72
L80×7	9	22.3	10.9	8.52	65.6	29.4	11.4	2.46	3.10	1.58	3.53	3.60	3.67	3.75
	8	9	22.7	12.3	9.66	73.5	32.4	12.8	2.44	3.08	1.57	3.55	3.62	3.69	3.77
	10	9	23.5	15.1	11.9	88.4	37.6	15.6	2.42	3.04	1.56	3.59	3.66	3.74	3.81
	6	10	24.4	10.6	8.35	82.8	33.9	12.6	2.79	3.51	1.80	3.91	3.98	4.05	4.13
	7	10	24.8	12.3	9.66	94.8	38.2	14.5	2.78	3.50	1.78	3.93	4.00	4.07	4.15
L90×8	10	25.2	13.9	10.9	106	42.1	16.4	2.76	3.48	1.78	3.95	4.02	4.09	4.17
	10	10	25.9	17.2	13.5	129	49.7	20.1	2.74	3.45	1.76	3.98	4.05	4.10	4.20
	12	10	26.7	20.3	15.9	149	56.0	23.0	2.71	3.41	1.75	4.02	4.10	4.17	4.25
	6	12	26.7	11.9	9.37	115	43.1	15.7	3.10	3.90	2.00	4.30	4.37	4.44	4.51
	7	12	27.1	13.8	10.8	132	48.6	18.1	3.09	3.89	1.99	4.31	4.39	4.46	4.53
	8	12	27.6	15.6	12.3	148	53.7	20.5	3.08	3.88	1.98	4.34	4.41	4.48	4.56
L100×10	12	28.4	19.3	15.1	179	63.2	25.1	3.05	3.84	1.96	4.38	4.45	4.52	4.60
	12	12	29.1	22.8	17.9	209	71.9	29.5	3.03	3.81	1.95	4.41	4.49	4.56	4.63
	14	12	29.9	26.3	20.6	236	79.1	33.7	3.00	3.77	1.94	4.45	4.53	4.60	4.68
	16	12	30.6	29.6	23.3	262	89.6	37.8	2.98	3.74	1.94	4.49	4.56	4.64	4.72

角钢型号	单角钢					截面抵抗矩		回转半径			i_y,当a为下列数值				双角钢
	圆角 R	重心距 Z_0	截面积	质量	惯性矩 I_x	W_x^{max}	W_x^{min}	i_x	i_{x0}	i_{y0}	6mm	8mm	10mm	12mm	
	(mm)		(cm^2)	(kg/m)	(cm^4)	(cm^3)		(cm)			(cm)				
7	12	29.6	15.2	11.9	177	59.9	22.0	3.41	4.30	2.20	4.72	4.79	4.86	4.92	
8	12	30.1	17.2	13.5	199	64.7	25.0	3.40	4.28	2.19	4.75	4.82	4.89	4.96	
L110×10	12	30.9	21.3	16.7	242	78.4	30.6	3.38	4.25	2.17	4.78	4.86	4.93	5.00	
12	12	32.6	25.2	19.8	283	89.4	36.0	3.35	4.22	2.15	4.81	4.89	4.96	5.03	
14	12	31.4	29.1	22.8	321	99.2	41.3	3.32	4.18	2.14	4.85	4.93	5.00	5.07	
8	14	33.7	19.7	15.5	297	88.1	32.5	3.88	4.88	2.50	5.34	5.41	5.48	5.55	
10	14	34.5	24.4	19.1	362	105	40.0	3.85	4.85	2.49	5.38	5.45	5.52	5.59	
L125× 12	14	35.3	28.9	22.7	423	120	41.2	3.83	4.82	2.46	5.41	5.48	5.56	5.63	
14	14	36.1	33.4	26.2	482	133	54.2	3.80	4.78	2.45	5.45	5.52	5.60	5.67	
10	14	38.2	27.4	21.5	515	135	50.6	4.34	5.46	2.78	5.98	6.05	6.12	6.19	
12	14	39.0	32.5	25.5	604	155	59.8	4.31	5.43	2.76	6.02	6.09	6.16	6.23	
L140× 14	14	39.8	37.6	29.5	689	173	68.7	4.28	5.40	2.75	6.05	6.12	6.20	6.27	
16	14	40.6	42.5	33.4	770	190	77.5	4.26	5.36	2.74	6.09	6.16	6.24	6.31	
10	16	43.1	31.5	24.7	779	180	66.7	4.98	6.27	3.20	6.78	6.85	6.92	6.99	
12	16	43.9	37.4	29.4	917	208	79.0	4.95	6.24	3.18	6.82	6.89	6.96	7.02	
L160× 14	16	44.7	4.33	34.0	1048	234	90.9	4.92	6.20	3.16	6.85	6.92	6.99	7.07	
16	16	45.5	49.1	38.5	1175	258	103	4.89	6.17	3.14	6.89	6.96	7.03	7.10	
12	16	48.9	42.2	33.2	1321	271	101	5.59	7.05	3.58	7.63	7.70	7.77	7.84	
14	16	49.7	48.9	38.4	1514	305	116	5.56	7.02	3.56	7.66	7.73	7.81	7.87	
L180× 16	16	50.5	55.5	43.5	1701	338	131	5.54	6.98	3.55	7.70	7.77	7.84	7.91	
18	16	51.3	62.0	48.6	1875	365	146	5.50	6.94	3.51	7.73	7.80	7.87	7.94	
14	18	54.6	54.6	42.9	2104	387	145	6.20	7.82	3.98	8.47	8.53	8.60	8.67	
16	18	55.4	62.0	48.7	2366	428	164	6.18	7.79	3.96	8.50	8.57	8.04	8.71	
L200×18	18	56.2	69.3	54.4	2621	467	182	6.15	7.75	3.94	8.54	8.61	8.67	8.75	
20	18	56.9	76.5	60.1	2867	503	200	6.12	7.72	3.93	8.56	8.64	8.71	8.78	
24	18	58.7	90.7	71.2	3338	570	236	6.07	7.64	3.90	8.65	8.73	8.80	8.87	

附表 2-4

不等边角钢

单角钢　双角钢

角钢型号	圆角 R (mm)	重心距 Z_x (mm)	重心距 Z_y (mm)	截面积 (cm²)	质量 (kg/m)	I_x (cm⁴)	I_y (cm⁴)	i_x (cm)	i_y (cm)	i_{y0} (cm)	i_{y1} 当 a 为下列数 6mm (cm)	8mm	10mm	12mm	i_{y2} 当 a 为下列数 6mm (cm)	8mm	10mm	12mm
∟25×16×3	3.5	4.2	8.6	1.16	0.91	0.22	0.70	0.44	0.78	0.34	0.84	0.93	1.02	1.11	1.40	1.48	1.57	1.65
×4	3.5	4.6	9.0	1.50	1.18	0.27	0.88	0.43	0.77	0.34	0.87	0.96	1.05	1.14	1.42	1.51	1.60	1.68
∟32×20×3	3.5	4.9	10.8	1.49	1.17	0.46	1.53	0.55	1.01	0.43	0.97	1.05	1.14	1.22	1.71	1.79	1.88	1.96
×4	3.5	5.3	11.2	1.94	1.52	0.57	1.93	0.54	1.00	0.42	0.99	1.08	1.16	1.25	1.74	1.82	1.90	1.99
∟40×25×3	4	5.9	13.2	1.89	1.48	0.93	3.03	0.70	1.28	0.54	1.13	1.21	1.30	1.38	2.06	2.14	2.22	2.31
×4	4	6.3	13.7	2.47	1.94	1.18	3.93	0.69	1.26	0.54	1.16	1.24	1.32	1.41	2.09	2.17	2.26	2.34
∟45×28×3	5	6.4	14.7	2.15	1.69	1.34	4.45	0.79	1.44	0.61	1.23	1.31	1.39	1.47	2.28	2.36	2.44	2.52
×4	5	6.8	15.1	2.81	2.20	1.70	4.69	0.78	1.42	0.60	1.25	1.33	1.41	1.50	2.30	2.38	2.49	2.55
∟50×32×3	5.5	7.3	16.0	2.43	1.91	2.02	6.24	0.91	1.60	0.70	1.38	1.45	1.53	1.61	2.49	2.56	2.64	2.72
×4	5.5	7.7	16.5	3.18	2.49	2.58	8.02	0.90	1.59	0.69	1.40	1.48	1.56	1.64	2.52	2.59	2.67	2.75
∟56×36×3	6	8.0	17.8	2.74	2.15	2.92	8.88	1.03	1.80	0.79	1.51	1.58	1.66	1.74	2.75	2.83	2.90	2.98
×4	6	8.5	18.2	3.59	2.82	3.76	11.4	1.02	1.79	0.79	1.54	1.62	1.69	1.77	2.77	2.85	2.93	3.01
×5	6	8.8	18.7	4.41	3.47	4.49	13.9	1.01	1.77	0.78	1.55	1.63	1.71	1.79	2.80	2.87	2.96	3.04
∟63×40×4	7	9.2	20.4	4.06	3.18	5.23	16.5	1.14	2.02	0.88	1.67	1.74	1.82	1.90	3.09	3.16	3.24	3.32
×5	7	9.5	20.8	4.99	3.92	6.31	20.0	1.12	2.00	0.87	1.68	1.76	1.83	1.91	3.11	3.19	3.27	3.35
×6	7	9.9	21.2	5.91	4.64	7.29	23.4	1.11	1.98	0.86	1.70	1.78	1.86	1.94	3.13	3.21	3.29	3.37
×7	7	10.3	21.5	6.80	5.34	8.24	26.5	1.10	1.96	0.86	1.73	1.80	1.88	1.97	3.15	3.23	3.30	3.39

续表

角钢型号	圆角 R	重心距 Zx (mm)	重心距 Zy (mm)	截面积 (cm²)	质量 (kg/m)	惯性矩 Ix (cm⁴)	惯性矩 Iy (cm⁴)	ix (cm)	iy (cm)	iy0 (cm)	iy1 当a为6mm	iy1 当a为8mm	iy1 当a为10mm	iy1 当a为12mm	iy2 当a为6mm	iy2 当a为8mm	iy2 当a为10mm	iy2 当a为12mm
L70×45×4	7.5	10.2	22.4	4.55	3.57	7.55	23.2	1.29	2.26	0.98	1.84	1.92	1.99	2.07	3.40	3.48	3.56	3.62
5	7.5	10.6	22.8	5.61	4.40	9.13	27.9	1.28	2.23	0.98	1.86	1.94	2.01	2.09	3.41	3.49	3.57	3.64
6	7.5	10.9	23.2	6.65	5.22	10.6	32.5	1.26	2.21	0.98	1.88	1.95	2.03	2.11	3.43	3.51	3.58	3.66
7	7.5	11.3	23.6	7.66	6.01	12.0	37.2	1.25	2.20	0.97	1.90	1.98	2.06	2.14	3.45	3.53	3.61	3.69
L75×50×5	8	11.7	24.0	6.12	4.81	12.6	34.9	1.44	2.39	1.10	2.05	2.13	2.20	2.28	3.60	3.68	3.76	3.83
6	8	12.1	24.4	7.26	5.70	14.7	41.1	1.42	2.38	1.08	2.07	2.15	2.22	2.30	3.63	3.71	3.78	3.86
8	8	12.9	25.2	9.47	7.43	18.5	52.4	1.40	2.35	1.07	2.12	2.19	2.27	2.35	3.67	3.75	3.83	3.91
10	8	13.6	26.0	11.6	9.10	22.0	62.7	1.38	2.33	1.06	2.16	2.23	2.31	2.40	3.72	3.80	3.88	3.98
L80×50×5	8	11.4	26.0	6.37	5.00	12.8	42.0	1.42	2.56	1.10	2.02	2.09	2.17	2.24	3.87	3.95	4.02	4.10
6	8	11.8	26.5	7.56	5.93	14.9	49.5	1.41	2.55	1.08	2.04	2.12	2.19	2.27	3.90	3.98	4.06	4.14
7	8	12.1	26.9	8.72	6.86	17.0	56.2	1.39	2.54	1.08	2.06	2.13	2.21	2.28	3.92	4.00	4.08	4.15
8	8	12.5	27.3	9.87	7.74	18.8	62.8	1.38	2.52	1.07	2.08	2.15	2.23	2.31	3.94	4.02	4.10	4.18
L90×56×5	9	12.5	29.1	7.21	5.66	18.3	60.4	1.59	2.90	1.23	2.22	2.29	2.37	2.44	4.32	4.40	4.47	4.55
6	9	12.9	29.5	8.56	6.72	21.4	71.0	1.58	2.88	1.23	2.24	2.32	2.39	2.46	4.34	4.42	4.49	4.57
7	9	13.3	30.0	9.83	7.76	24.4	81.0	1.57	2.86	1.22	2.26	2.34	2.41	2.49	4.37	4.45	4.52	4.60
8	9	13.6	30.4	11.2	8.78	27.1	91.0	1.56	2.85	1.21	2.28	2.35	2.43	2.50	4.39	4.47	4.55	4.62

单角钢　双角钢

回转半径

续表

单角钢 / 双角钢

角钢型号	圆角 R	重心距 Z_x (mm)	重心距 Z_y (mm)	截面积 (cm²)	质量 (kg/m)	惯性矩 I_x (cm⁴)	惯性矩 I_y (cm⁴)	i_x (cm)	i_y (cm)	i_{y0}	i_{y1},当 a 为下列数 6mm (cm)	8mm	10mm	12mm	i_{y2},当 a 为下列数 6mm (cm)	8mm	10mm	12mm
L100×63× 6	10	14.3	32.4	9.62	7.55	30.9	99.1	1.79	3.21	1.38	2.49	2.56	2.63	2.71	4.78	4.85	4.93	5.00
7	10	14.7	32.8	11.1	8.72	35.8	113	1.78	3.20	1.38	2.51	2.58	2.66	2.73	4.80	4.87	4.95	5.03
8	10	15.0	33.2	12.6	9.88	39.4	127	1.77	3.18	1.37	2.52	2.60	2.67	2.75	4.82	4.89	4.97	5.05
10	10	15.8	34.0	15.5	12.1	47.1	154	1.74	3.15	1.35	2.57	2.64	2.72	2.79	4.86	4.94	5.02	5.09
L100×80× 6	10	19.7	29.5	10.6	8.35	61.2	107	2.40	3.17	1.72	3.30	3.37	3.44	3.52	4.54	4.61	4.69	4.76
7	10	20.1	30.0	12.3	9.66	70.1	123	2.39	3.16	1.72	3.32	3.39	3.46	3.54	4.57	4.64	4.71	4.79
8	10	20.5	30.4	13.9	10.9	78.6	138	2.37	3.14	1.71	3.34	3.41	3.48	3.56	4.59	4.66	4.74	4.81
10	10	21.3	31.2	17.2	13.5	94.6	167	2.35	3.12	1.69	3.38	3.45	3.53	3.60	4.63	4.70	4.78	4.85
L110×70× 6	10	15.7	35.3	10.6	8.35	42.9	133	2.01	3.54	1.54	2.74	2.81	2.88	2.97	5.22	5.29	5.36	5.44
7	10	16.1	35.7	12.3	9.66	49.0	153	2.00	3.53	1.53	2.76	2.83	2.90	2.98	5.24	5.31	5.39	5.46
8	10	16.5	36.2	13.9	10.9	54.9	172	1.98	3.51	1.53	2.78	2.85	2.93	3.00	5.26	5.34	5.41	5.49
10	10	17.2	37.0	17.2	13.5	65.9	208	1.9	3.48	1.51	2.81	2.89	2.96	3.04	5.30	5.38	5.46	5.53
L125×80× 7	11	18.0	40.1	14.1	11.1	74.4	228	2.30	4.02	1.76	3.11	3.18	3.26	3.32	5.89	5.97	6.04	6.12
8	11	18.4	40.6	16.0	12.6	83.5	257	2.28	4.01	1.75	3.13	3.20	3.27	3.34	5.92	6.00	6.07	6.15
10	11	19.2	41.4	19.7	15.5	101	312	2.26	3.98	1.74	3.17	3.24	3.31	3.38	5.96	6.04	6.11	6.19
12	11	20.0	42.2	23.4	18.3	117	364	2.24	3.95	1.72	3.21	3.28	3.35	3.43	6.00	6.08	6.15	6.23

续表

单角钢 / 双角钢

角钢型号	圆角 R (mm)	重心距 Z_x (mm)	重心距 Z_y (mm)	截面积 (cm²)	质量 (kg/m)	惯性矩 I_x (cm⁴)	惯性矩 I_y (cm⁴)	回转半径 i_x (cm)	回转半径 i_y (cm)	回转半径 i_{y0} (cm)	i_{y1} 当 a 为下列数 (cm) 6mm	8mm	10mm	12mm	i_{y2} 当 a 为下列数 (cm) 6mm	8mm	10mm	12mm
L140×90×8	12	20.4	45.0	18.0	14.2	121	366	2.59	4.50	1.98	3.49	3.56	3.63	3.70	6.58	6.65	6.72	6.79
L140×90×10	12	21.2	45.8	22.3	17.5	146	445	2.56	4.47	1.96	3.52	3.59	3.66	3.74	6.62	6.69	6.77	6.84
L140×90×12	12	21.9	46.6	26.4	20.7	170	522	2.54	4.44	1.95	3.55	3.62	3.70	3.77	6.66	6.74	6.81	6.89
L140×90×14	12	22.7	47.4	30.5	23.9	192	594	2.51	4.42	1.94	3.59	3.67	3.81	3.81	6.70	6.78	6.85	6.93
L160×100×10	13	22.8	52.4	25.3	19.9	205	669	2.85	5.14	2.19	3.84	3.91	3.98	4.05	7.56	7.63	7.70	7.78
L160×100×12	13	23.6	53.2	30.1	23.6	239	785	2.82	5.11	2.17	3.88	3.95	4.02	4.09	7.60	7.67	7.75	7.82
L160×100×14	13	24.3	54.0	34.7	27.2	271	896	2.80	5.08	2.16	3.91	3.98	4.05	4.12	7.64	7.71	7.79	7.86
L160×100×16	13	25.1	54.8	39.3	30.8	302	1003	2.77	5.05	2.16	3.95	4.02	4.09	4.17	7.68	7.75	7.83	7.91
L180×110×10	14	24.4	58.9	28.4	22.3	278	956	3.13	5.80	2.42	4.16	4.23	4.29	4.36	8.47	8.56	8.63	8.71
L180×110×12	14	25.2	59.8	33.7	26.5	325	1125	3.10	5.78	2.40	4.19	4.26	4.33	4.40	8.53	8.61	8.68	8.76
L180×110×14	14	25.9	60.6	39.0	30.6	370	1287	3.08	5.75	2.39	4.22	4.29	4.36	4.43	8.57	8.65	8.72	8.80
L180×110×16	14	26.7	61.4	44.1	34.6	412	1443	3.06	5.72	2.38	4.26	4.33	4.40	4.47	8.61	8.69	8.76	8.84
L200×125×12	14	28.3	65.4	37.9	29.8	483	1571	3.57	6.44	2.74	4.75	4.81	4.88	4.95	9.39	9.47	9.54	9.61
L200×125×14	14	29.1	66.2	43.9	34.4	551	1801	3.54	6.41	2.73	4.78	4.85	4.92	4.99	9.43	9.50	9.58	9.65
L200×125×16	14	29.9	67.0	49.7	39.0	615	2023	3.52	6.38	2.71	4.82	4.89	4.96	5.03	9.47	9.54	9.62	9.69
L200×125×18	14	30.6	67.8	55.5	43.6	677	2238	3.49	6.35	2.70	4.85	4.92	4.99	5.07	9.51	9.58	9.66	9.74

附录三：钢结构轴心受压构件稳定系数

a 类截面轴心受压构件的稳定系数 φ 　　　　　　附表 3-1

$\lambda\sqrt{\dfrac{f_y}{235}}$	0	1	2	3	4	5	6	7	8	9
0	1.000	1.000	1.000	1.000	0.999	0.999	0.998	0.998	0.997	0.996
10	0.995	0.994	0.993	0.992	0.991	0.989	0.988	0.986	0.985	0.983
20	0.981	0.979	0.977	0.976	0.974	0.972	0.970	0.968	0.966	0.964
30	0.963	0.961	0.959	0.957	0.955	0.952	0.950	0.948	0.946	0.944
40	0.941	0.939	0.937	0.934	0.932	0.929	0.927	0.924	0.921	0.919
50	0.916	0.913	0.910	0.907	0.904	0.900	0.897	0.894	0.890	0.886
60	0.883	0.879	0.875	0.871	0.867	0.863	0.858	0.854	0.849	0.844
70	0.839	0.834	0.829	0.824	0.818	0.813	0.807	0.801	0.795	0.789
80	0.783	0.776	0.770	0.763	0.757	0.750	0.743	0.736	0.728	0.721
90	0.714	0.706	0.699	0.691	0.684	0.676	0.668	0.661	0.653	0.645
100	0.638	0.630	0.622	0.615	0.607	0.600	0.592	0.585	0.577	0.570
110	0.563	0.555	0.548	0.541	0.534	0.527	0.520	0.514	0.507	0.500
120	0.494	0.488	0.481	0.475	0.469	0.463	0.457	0.451	0.445	0.440
130	0.434	0.429	0.423	0.418	0.412	0.407	0.402	0.397	0.392	0.387
140	0.383	0.378	0.373	0.369	0.364	0.360	0.356	0.351	0.347	0.343
150	0.339	0.335	0.331	0.327	0.323	0.320	0.316	0.312	0.309	0.305
160	0.302	0.298	0.295	0.292	0.289	0.285	0.282	0.279	0.276	0.273
170	0.270	0.267	0.264	0.262	0.259	0.256	0.253	0.251	0.248	0.246
180	0.243	0.241	0.238	0.236	0.233	0.231	0.229	0.226	0.224	0.222
190	0.220	0.218	0.215	0.213	0.211	0.209	0.207	0.205	0.203	0.201
200	0.199	0.198	0.196	0.194	0.192	0.190	0.189	0.187	0.185	0.183
210	0.182	0.180	0.179	0.177	0.175	0.174	0.172	0.171	0.169	0.168
220	0.166	0.165	0.164	0.162	0.161	0.159	0.158	0.157	0.155	0.154
230	0.153	0.152	0.150	0.149	0.148	0.147	0.146	0.144	0.143	0.142
240	0.141	0.140	0.139	0.138	0.136	0.135	0.134	0.133	0.132	0.131
250	0.130									

b 类截面轴心受压构件的稳定系数 φ 　　　　　　附表 3-2

$\lambda\sqrt{\dfrac{f_y}{235}}$	0	1	2	3	4	5	6	7	8	9
0	1.000	1.000	1.000	0.999	0.999	0.998	0.997	0.996	0.995	0.994
10	0.992	0.991	0.989	0.987	0.985	0.983	0.981	0.978	0.976	0.973
20	0.970	0.967	0.963	0.960	0.957	0.953	0.950	0.946	0.943	0.939
30	0.936	0.932	0.929	0.925	0.922	0.918	0.914	0.910	0.906	0.903
40	0.899	0.895	0.891	0.887	0.882	0.878	0.874	0.870	0.865	0.861
50	0.856	0.852	0.847	0.842	0.838	0.833	0.828	0.823	0.818	0.813
60	0.807	0.802	0.797	0.791	0.786	0.780	0.774	0.769	0.763	0.757
70	0.751	0.745	0.739	0.732	0.726	0.720	0.714	0.707	0.701	0.694
80	0.688	0.681	0.675	0.668	0.661	0.655	0.648	0.641	0.635	0.628
90	0.621	0.614	0.608	0.601	0.594	0.588	0.581	0.575	0.568	0.561
100	0.555	0.549	0.542	0.536	0.529	0.523	0.517	0.511	0.505	0.499
110	0.493	0.487	0.481	0.475	0.470	0.464	0.458	0.453	0.447	0.442
120	0.437	0.432	0.426	0.421	0.416	0.411	0.406	0.402	0.397	0.392
130	0.387	0.383	0.378	0.374	0.370	0.365	0.361	0.357	0.353	0.349
140	0.345	0.341	0.337	0.333	0.329	0.326	0.322	0.318	0.315	0.311
150	0.308	0.304	0.301	0.298	0.295	0.291	0.288	0.285	0.282	0.279
160	0.276	0.273	0.270	0.267	0.265	0.262	0.259	0.256	0.254	0.251
170	0.249	0.246	0.244	0.241	0.239	0.236	0.234	0.232	0.229	0.227
180	0.225	0.223	0.220	0.218	0.216	0.214	0.212	0.210	0.208	0.206
190	0.204	0.202	0.200	0.198	0.197	0.195	0.193	0.191	0.190	0.188
200	0.186	0.184	0.183	0.181	0.180	0.178	0.176	0.175	0.173	0.172
210	0.170	0.169	0.167	0.166	0.165	0.163	0.162	0.160	0.159	0.158
220	0.156	0.155	0.154	0.153	0.151	0.150	0.149	0.148	0.146	0.145
230	0.144	0.143	0.142	0.141	0.140	0.138	0.137	0.136	0.135	0.134
240	0.133	0.132	0.131	0.130	0.129	0.128	0.127	0.126	0.125	0.124
250	0.123									

c类截面轴心受压构件的稳定系数 φ   附表3-3

$\lambda\sqrt{\frac{f_y}{235}}$	0	1	2	3	4	5	6	7	8	9
0	1.000	1.000	1.000	0.999	0.999	0.998	0.997	0.996	0.995	0.993
10	0.992	0.990	0.988	0.986	0.983	0.981	0.978	0.976	0.973	0.970
20	0.966	0.959	0.953	0.947	0.940	0.934	0.928	0.921	0.915	0.909
30	0.902	0.896	0.890	0.884	0.877	0.871	0.865	0.858	0.852	0.846
40	0.839	0.833	0.826	0.820	0.814	0.807	0.801	0.794	0.788	0.781
50	0.775	0.768	0.762	0.755	0.748	0.742	0.735	0.729	0.722	0.715
60	0.709	0.702	0.695	0.689	0.682	0.676	0.669	0.662	0.656	0.649
70	0.643	0.636	0.629	0.623	0.616	0.610	0.604	0.597	0.591	0.584
80	0.578	0.572	0.566	0.559	0.553	0.547	0.541	0.535	0.529	0.523
90	0.517	0.511	0.505	0.500	0.494	0.488	0.483	0.477	0.472	0.467
100	0.463	0.458	0.454	0.449	0.445	0.441	0.436	0.432	0.428	0.423
110	0.419	0.415	0.411	0.407	0.403	0.399	0.395	0.391	0.387	0.383
120	0.379	0.375	0.371	0.367	0.364	0.360	0.356	0.353	0.349	0.346
130	0.342	0.339	0.335	0.332	0.328	0.325	0.322	0.319	0.315	0.312
140	0.309	0.306	0.303	0.300	0.297	0.294	0.291	0.288	0.285	0.282
150	0.280	0.277	0.274	0.271	0.269	0.266	0.264	0.261	0.258	0.256
160	0.254	0.251	0.249	0.246	0.244	0.242	0.239	0.237	0.235	0.233
170	0.230	0.288	0.226	0.224	0.222	0.220	0.218	0.216	0.214	0.212
180	0.210	0.208	0.206	0.205	0.203	0.201	0.199	0.197	0.196	0.194
190	0.192	0.190	0.189	0.187	0.186	0.184	0.182	0.181	0.179	0.178
200	0.176	0.175	0.173	0.172	0.170	0.169	0.168	0.166	0.165	0.163
210	0.162	0.161	0.159	0.158	0.157	0.156	0.154	0.153	0.152	0.151
220	0.150	0.148	0.147	0.146	0.145	0.144	0.143	0.142	0.140	0.139
230	0.138	0.137	0.136	0.135	0.134	0.133	0.132	0.131	0.130	0.129
240	0.128	0.127	0.126	0.125	0.124	0.124	0.123	0.122	0.121	0.120
250	0.119									

d类截面轴心受压构件的稳定系数 φ   附表3-4

$\lambda\sqrt{\frac{f_y}{235}}$	0	1	2	3	4	5	6	7	8	9
0	1.000	1.000	0.999	0.999	0.998	0.996	0.994	0.992	0.990	0.987
10	0.984	0.981	0.978	0.974	0.969	0.965	0.960	0.955	0.949	0.944
20	0.937	0.927	0.918	0.909	0.900	0.891	0.883	0.874	0.865	0.857
30	0.848	0.840	0.831	0.823	0.815	0.807	0.799	0.790	0.782	0.744
40	0.766	0.759	0.751	0.743	0.735	0.728	0.720	0.712	0.705	0.697
50	0.690	0.683	0.675	0.668	0.661	0.654	0.646	0.639	0.632	0.625
60	0.618	0.612	0.605	0.598	0.591	0.585	0.578	0.572	0.565	0.559
70	0.552	0.546	0.540	0.534	0.528	0.522	0.516	0.510	0.504	0.498
80	0.493	0.487	0.481	0.476	0.470	0.465	0.460	0.454	0.449	0.444
90	0.439	0.434	0.429	0.424	0.419	0.414	0.410	0.405	0.401	0.397
100	0.394	0.390	0.387	0.383	0.380	0.376	0.373	0.370	0.366	0.363
110	0.359	0.356	0.353	0.350	0.346	0.343	0.340	0.337	0.334	0.331
120	0.328	0.325	0.322	0.319	0.316	0.313	0.310	0.307	0.304	0.301
130	0.299	0.296	0.293	0.290	0.288	0.285	0.282	0.280	0.277	0.275
140	0.272	0.270	0.267	0.265	0.262	0.260	0.258	0.255	0.253	0.251
150	0.248	0.246	0.244	0.242	0.240	0.237	0.235	0.233	0.231	0.229
160	0.227	0.225	0.223	0.221	0.219	0.217	0.215	0.213	0.212	0.210
170	0.208	0.206	0.204	0.203	0.201	0.199	0.197	0.196	0.194	0.192
180	0.191	0.189	0.188	0.186	0.184	0.183	0.181	0.180	0.178	0.177
190	0.176	0.174	0.173	0.171	0.170	0.168	0.167	0.166	0.164	0.163
200	0.162									

附录四：钢筋截面面积表

钢筋截面面积（mm²）　　　　　　　　　　　　　　　　　附表 4-1

直径(mm)	钢筋截面面积 A_s(mm²)及钢筋排列成一排时梁的最小宽度 b/mm												μ/mm $\left(\dfrac{面积\,A_s}{周长\,s}\right)$	单根钢筋公称质量(kg/m)
	1根	2根	3根		4根		5根		6根	7根	8根	9根		
	A_s	A_s	A_s	b	A_s	b	A_s	b	A_s	A_s	A_s	A_s		
2.5	4.9	9.8	14.7		19.6		24.5		29.4	34.3	39.2	44.1	0.624	0.039
3	7.1	14.1	21.2		28.3		35.3		42.4	49.5	56.5	63.6	0.753	0.055
4	12.6	25.1	37.7		50.2		62.8		75.4	87.9	100.5	113	1.00	0.099
5	19.6	39	59		79		98		118	138	157	177	1.25	0.154
6	28.3	57	85		113		142		170	198	226	255	1.50	0.222
6.5	33.2	66	100		133		166		199	232	265	299	1.63	0.260
8	50.3	101	151		201		252		302	352	402	453	2.00	0.395
8.2	52.8	106	158		211		264		317	370	423	475	2.05	0.432
9	63.6	127	191		254		318		382	445	509	572	2.25	0.499
10	78.5	157	236		314		393		471	550	628	707	2.50	0.617
12	113.1	226	339	150	452	200/180	565	250/220	678	791	904	1017	3.00	0.888
14	153.9	308	462	150	615	200/180	769	250/220	923	1077	1230	1387	3.50	1.21
16	201.1	402	603	180/150	804	200	1005	250	1206	1407	1608	1809	4.00	1.58
18	254.5	509	763	180/150	1018	220/200	1272	300/250	1526	1780	2036	2290	4.50	2.00
20	314.2	628	942	180	1256	220	1570	300/250	1884	2200	2513	2827	5.00	2.47
22	380.1	760	1140	180	1520	250/220	1900	300	2281	2661	3041	3421	5.50	2.98
25	490.9	982	1473	200/180	1964	250	2454	300	2945	3436	3927	4418	6.25	3.85
28	615.8	1232	1847	200	2463	250	3079	350/300	3695	4310	4926	5542	7.00	4.83
30	706.9	1414	2121		2827		3534		4241	4948	5655	6262	7.50	5.55
32	804.3	1609	2413	220	3217	300	4021	350	4826	5630	6434	7238	8.00	6.31
36	1017.9	2036	3054		4072		5089		6107	7125	8143	9161	9.00	7.99
40	1256.6	2513	3770		5027		6283		7540	8796	10053	11310	10.00	9.87

注：1. 表中 $d=8.2$mm 的计算截项面积及理论重量仅适用于有纵肋的热处理钢筋。

　　2. 表中梁最小宽度 b 为分数时，斜线以上数字表示钢筋在梁顶部时所需宽度，斜线以下数字表示钢筋在梁底部时所需宽度（mm）。

每米板宽内的钢筋截面面积

钢筋间距 (mm)	当钢筋直径(mm)为下列数值时的钢筋截面面积(mm²)													
	3	4	5	6	6/8	8	8/10	10	10/12	12	12/14	14	14/16	16
70	101	179	281	404	561	719	920	1121	1369	1616	1908	2199	2536	2872
75	94.3	167	262	377	524	671	859	1047	1277	1508	1780	2053	2367	2681
80	88.4	157	245	354	491	629	805	981	1198	1414	1669	1924	2218	2513
85	83.2	148	231	333	462	592	758	924	1127	1331	1571	1811	2088	2365
90	78.5	140	218	314	437	559	716	872	1064	1257	1484	1710	1972	2234
95	74.5	132	207	298	414	529	678	826	1008	1190	1405	1620	1868	2116
100	70.5	126	196	283	393	503	644	785	958	1131	1335	1539	1775	2011
110	64.2	114	178	257	357	457	585	714	871	1028	1214	1399	1614	1828
120	58.9	105	163	236	327	419	537	654	798	942	1112	1283	1480	1676
125	56.5	100	157	226	314	402	515	628	766	905	1068	1232	1420	1608
130	54.4	96.6	151	218	302	387	495	604	737	870	1027	1184	1366	1547
140	50.5	89.7	140	202	281	359	460	561	684	808	954	1100	1268	1436
150	47.1	83.8	131	189	262	335	429	523	639	754	890	1026	1183	1340
160	44.1	78.5	123	177	246	314	402	491	599	707	834	962	1110	1257
170	41.5	73.9	115	166	231	296	379	462	564	665	786	906	1044	1183
180	39.2	69.8	109	157	218	279	358	436	532	628	742	855	985	1117
190	37.2	66.1	103	149	207	265	339	413	504	595	702	810	934	1058
200	35.3	62.8	98.2	141	196	251	322	393	479	565	668	770	888	1005
220	32.1	57.1	89.3	129	178	228	292	357	436	514	607	700	807	914
240	29.4	52.4	81.9	118	164	209	268	327	399	471	556	641	740	838
250	28.3	50.2	78.5	113	157	201	258	314	383	452	534	616	710	804
260	27.2	48.3	75.5	109	151	193	248	302	368	435	514	592	682	773
280	25.2	44.9	70.1	101	140	180	230	281	342	404	477	550	634	718
300	23.6	41.9	65.5	94	131	168	215	262	320	377	445	513	592	670
320	22.1	39.2	61.4	88	123	157	201	245	299	353	417	481	554	628

注：表中钢筋直径中的 6/8，8/10，…系指两种直径的钢筋间隔放置。

参 考 文 献

[1] 中华人民共和国国家标准. 工程结构可靠性设计统一标准 GB 50153—2008. 北京：中国建筑工业出版社，2008.

[2] 中华人民共和国国家标准. 建筑结构荷载规范 GB 50009—2012. 北京：中国建筑工业出版社，2012.

[3] 中华人民共和国国家标准. 钢结构设计规范 GB 50017—2003. 北京：中国建筑工业出版社，2003.

[4] 中华人民共和国国家标准. 混凝土结构设计规范 GB 50010—2010. 北京：中国建筑工业出版社，2010.

[5] 中华人民共和国国家标准. 砌体结构设计规范 GB 50003—2011. 北京：中国建筑工业出版社，2011.

[6] 中华人民共和国国家标准. 建筑地基基础设计规范 GB 50007—2011. 北京：中国建筑工业出版社，2011.

[7] 宋占海、宋东、贾建东编著. 建筑结构基本原理（第二版）. 北京，中国建筑工业出版社，2006.

[8] 宋占海、宋东、贾建东编著. 建筑结构设计（第二版）. 北京，中国建筑工业出版社，2006.

[9] ［意］P·L·奈尔维著. 建筑的艺术与技术. 北京，中国建筑工业出版社，1981.

[10] 陈绍蕃、顾强主编. 钢结构上册——钢结构基础（第二版）. 北京，中国建筑工业出版社，2007.

图书在版编目（CIP）数据

建筑结构基本原理/宋东，贾建东编著. —3 版. —北京：中国建筑工业出版社，2014.9
高等学校规划教材
ISBN 978-7-112-17173-6

Ⅰ.①建…　Ⅱ.①宋…②贾…　Ⅲ.①建筑结构-高等学校-教材　Ⅳ.①TU3

中国版本图书馆 CIP 数据核字（2014）第 189274 号

　　本教材分上、下两册。本册为上册《建筑结构基本原理》，主要讲述基本理论和基本构件；下册《建筑结构设计》，主要讲述砖混房屋、平面楼盖、单层厂房、多层与高层建筑、中跨与大跨建筑的结构设计原理和结构选型。上下两册配套使用。

　　上册共分 8 章，内容有：绪论，建筑结构材料，建筑结构的基本计算原则，钢结构基本构件，钢筋混凝土基本构件，预应力混凝土，无筋砌体的基本构件和地基，并附有典型设计例题、计算题与思考题。

　　本教材系专门为高等学校建筑类各专业（含建筑学、城市规划、室内设计、建筑装饰、景观园林、建筑艺术等）编写的建筑结构课程教材，也可作为土木工程专业大专学科，以及相关专业（环境工程、工程管理、物业管理、工程造价等）的教学用书和有关建筑工程设计与施工技术人员的参考书。

责任编辑：陈　桦　王　惠
责任设计：张　虹
责任校对：姜小莲　赵　颖

高等学校规划教材
建筑结构基本原理
（第三版）
宋　东　贾建东　编著
　　　　宋占海　主审

*

中国建筑工业出版社出版、发行（北京西郊百万庄）
各地新华书店、建筑书店经销
霸州市顺浩图文科技发展有限公司制版
北京同文印刷有限责任公司印刷

*

开本：787×1092 毫米　1/16　印张：21　字数：524 千字
2014 年 11 月第三版　　2019 年 2 月第二十五次印刷
定价：**39.00** 元
ISBN 978-7-112-17173-6
　　　（25942）